新农村住宅建设指南丛书

弘扬中华文明 / 建造时代农宅 / 展现田园风光 / 找回梦里桃源

寻找满意的家

100个精选方案

骆中钊　江瑞昊　虞文军/主编

中国林业出版社

图书在版编目(CIP)数据

寻找满意的家：100个精选方案／骆中钊，江瑞昊，虞文军主编.
—北京：中国林业出版社，2012.10
（新农村住宅建设指南丛书）
ISBN 978-7-5038-6611-1

Ⅰ.①寻… Ⅱ.①骆… ②江… ③虞… Ⅲ.①农村住宅－建筑设计－设计方案－图集 Ⅳ.①TU241.4-64

中国版本图书馆CIP数据核字(2012)第097051号

中国林业出版社·环境园林图书出版中心
责任编辑：何增明　张　华
电话：010－83229512　　传真：010－83286967

出版　中国林业出版社
（100009　北京西城区刘海胡同7号）
E-mail　shula5@163.com
网址　http://lycb.forestry.gov.cn
发行　新华书店北京发行所
印刷　北京卡乐富印刷有限公司
版次　2012年10月第1版
印次　2012年10月第1次
开本　710mm×1000mm　1/16
印张　20
字数　486千字

定价　39.00元

“新农村住宅建设指南”丛书总前言

中共中央十一届三中全会以来，全国农村住宅建设量每年均保持6.5亿m^2的水平递增，房屋质量稳步提高，楼房在当年的新增住宅中所占比例逐步增长。住宅内部设施日益配套，功能趋于合理，内外装修水平提高。一批功能比较完善、设施比较齐全、安全卫生、设计新颖的新型农村住宅相继建设起来。但从总体上来看，由于在相当一段时间里，受城乡二元结构和管理制度差异的影响，对农村住宅的设计、建设和管理的研究缺乏足够的重视和投入。因此，现在全国农村住宅的建设在功能齐备、施工质量以及与自然景观、人文景观、生态环境等相互协调方面，都还有待于进一步完善和提高。

当前，有些地方一味追求大面积、楼层高和装饰的“现代化”，也有个别地方认为新农村住宅应该是简陋的傻、大、黑、粗，这些不良的倾向应引起各界的充分重视。我们要从实际出发，加强政策上和技术上的引导，引导农民在完善住宅功能质量和安全上下工夫；要充分考虑我国人多地少的特点，充分发挥村两委的作用，县(市、区)和镇(乡)的管理部门即应加强组织各方面力量给予技术上和管理上的支持引导，以提高广大农民群众建设社会主义新农村的积极性。改革开放30多年来，随着农村经济的飞速发展，不少农村已建设了大量的农村住宅，尤其是东南沿海经济比较发达的地区，家家几乎都建了新房。因此，当前最为紧迫的任务，首先应从村庄进行有效的整治规划入手，疏通道路、铺设市政管网、加强环境整治和风貌保护。在新农村住宅的建设上，应从现有住宅的改造入手；对于新建的农村住宅即应引导从分散到适当的集中建设，合理规划、合理布局、合理建设；并应严格控制，尽量少建低层独立式住宅，提倡推广采用并联式、联排式和组合的院落式低层住宅，在具备条件的农村要提倡发展多层公寓式住宅。要引导农民群众了解住宅空间卫生条件的基本要求，合理选择层高和合理间距；要引导农民群众重视人居环境的基本要求，合理布局，选择适合当地特色的建筑造型；要引导农村群众因地制宜，就地取材，选择适当的装修。总之，要引导农村群众统筹考虑农村长远发展及农民个人的利益与需求。还要特别重视自然景观和人文景观等生态环境的保护和建设，以确保农村经济、社会、环境和文化的可持续发展。努力提高农村住宅的功能质量，为广大农民群众创造居住安全舒适、生产方便和整洁清新的家居环境，使我国广大的农村都能建成独具特色、各放异彩的社会主义新农村。

2008年，中国村社发展促进会特色村专业委员会启动了“中国绿色村庄”创建活动，目前全国已经有32个村庄被授予“中国绿色村庄”，这些“绿色村庄”都是各地创建绿色村、生态文明村、环保村的尖子村，有的已经创建成国家级生态文明村，更有7个曾先后被联合国环境规划署授予“全球生态500佳”称号。具有很高的先进性和代表性。

我国9亿农民在摆脱了温饱问题的长期困扰之后，迫切地要求改善居住条件。随着农村经济体制改革的不断深化，农民的物质和精神文化生活质量有了明显的提高，农村的思想意识、居住形态和生活方式也正在发生根本性的变化。由于新农村住宅具有生活、生产的双重功能，它不仅是农民的居住用房，而且还是农民的生产资料。因此，新农村住宅是农村经济发展、农民生活水平提高的重要标志之一，也是促进农村经济可持续发展的重要因素。

新农村住宅建设是广大农民群众在生活上投资最大、最为关心的一件大事，是“民心工程”，也是“德政工程”，牵动着各级党政领导和各界人士的心。搞好新农村住宅建设，最为关键的因素在于提高新农村住宅的设计水平。

新农村住宅不同于仅作为生活居住的城市住宅；新农村住宅不是“别墅”，也不可能是“别墅”；新农村住宅不是“小洋楼”，也不应该是“小洋楼”。那些把新农村住宅称为“别墅”、“小洋楼”的仅仅是一种善意的误导。

新农村住宅应该是能适应可持续发展的实用型住宅。它应承上启下，既要适应当前农村生活和生产的需要，又要适应可持续发展的需要。它不仅要包括房屋本身的数量，而且应该把居住生活的改善紧紧地和经济的发展联系在一起，同时还要求必须具备与社会、经济、环境发展相协调的质量。为此，新农村住宅的设计应努力探索适应21世纪我国经济发展水平，体现科学技术进步，并能充分体现以现代农村生活、生产为核心的设计思想。农民建房资金来之不易，应努力发挥每平方米建筑面积的作用，尽量为农民群众节省投资，充分体现农民参与精神，创造出环境优美、设施完善、高度文明和具有田园风光的住宅小区，以提高农村居住环境的居住性、舒适性和安全性。推动新农村住宅由小农经济向适应经济发展的住宅组群形态过渡，加速农村现代化的进程。努力吸收地方优秀民居建筑规划设计的成功经验，创造具有地方特色和满足现代生活、生产需要的居住环境。努力开发研究和推广应用适合新农村住宅建设的新技术、新结构、新材料、新产品，提高新农村住宅建设的节地、节能和节材效果，并具有舒适的装修、功能齐全的设备和良好的室内声、光、热、空气环境，以实现新农村住宅设计的灵活性、多样性、适应性和可改性，提高新农村住宅的功能质量，创造温馨的家居环境。

2010年中央一号文件《中共中央国务院关于加大统筹城乡发展力度，进一步夯实农业农村发展基础的若干意见》中指出：“加快推进农村危房改造和国有林区(场)、垦区棚户区改造，继续实施游牧民定居工程。抓住当前农村建房快速增长和建筑材料供给充裕的时机，把支持农民建房作为扩大内需的重大举措，采取有效措施推动建材下乡，鼓励有条件的地方通过各种形式支持农民依法依规建设自用住房。加强村镇规划，引导农村建设富有地方特点、民族特色、传统风貌的安全节能环保型住房。”

为了适应广大农村群众建房急需技术支持和科学引导的要求，在中国林业出版社的大力支持下，在我2010年心脏搭桥术后的休养期间，为了完成总结经验、服务农村的心愿，经过一年多的努力，在适值我国“十二五”规划的第一年，特编著“新农村住宅建设指南”丛书，借

迎接新中国成立63周年华诞之际，奉献给广大农民群众。

“新农村住宅建设指南”丛书包括《寻找满意的家——100个精选方案》、《助您科学建房——15种施工图》、《探索理念为安居 ——建筑设计》、《能工巧匠聚智慧——建造知识》、《瑰丽家园巧营造——住区规划》和《优化环境创温馨——家居装修》共六册，是一套内容丰富、理念新颖和实用性强的新农村住宅建设知识读物。

“新农村住宅建设指南”丛书的出版，首先要特别感谢福建省住房和城乡建设厅自1999年以来开展村镇住宅小区建设试点，为我创造了长期深入农村基层进行实践研究的机会，感谢厅领导的亲切关怀和指导，感谢村镇处同志们常年的支持和密切配合，感谢李雄同志坚持陪同我走遍八闽大地，并在生活上和工作上给予无微不至的关照，感谢福建省各地从事新农村建设的广大基层干部和故乡的广大农民群众对我工作的大力支持和提供很多方便条件，感谢福建省各地的规划院、设计院以及大专院校的专家学者和同行的倾心协助，才使我能够顺利地进行实践研究，并积累了大量新农村住宅建设的一手资料，为斗胆承担“新农村住宅建设指南”丛书的编纂创造条件。同时也要感谢我的太太张惠芳抱病照顾家庭，支持我长年累月外出深入农村，并协助我整理大量书稿。上初中的孙女骆集莹，经常向我提出很多有关新农村建设的疑问，时常促进我去思考和探究，并在电脑操作上给予帮助，也使我在辛勤编纂中深感欣慰。

“新农村住宅建设指南”丛书的编著，得到很多领导、专家学者的支持和帮助，原国家建委农房办公室主任、原建设部村镇建设试点办公室主任、原中国建筑学会村镇建设研究会会长冯华老师给予热情的关切和指导，中国村社发展促进会和很多村庄的村两委以及专家学者都提供了大量的资料，借此一并致以深深地感谢。并欢迎广大设计人员、施工人员、管理人员和农民群众能够提出宝贵的批评意见和建议。

骆中钊

2012年夏于北京什刹海畔滋善轩

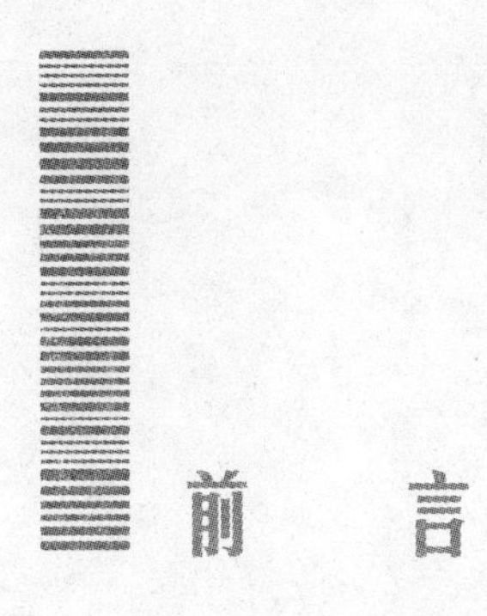

前　言

农村住宅不同于仅作为生活居住的城市住宅；农村住宅不是“别墅”，也不可能是“别墅”；农村住宅不是“小洋楼”，也不应该是“小洋楼”。

农村住宅具有生活、生产的双重功能，农村住宅不仅是农民的居住建筑，而且还是农民的生产资料。因此，农村住宅是农村经济发展、农民生活水平提高的重要标志之一，也是促进农村经济可持续发展的重要因素。

农村住宅建设是广大农民群众在生活上投资最大、最为关心的一件大事，牵动着各级党政领导和各界人士的心。搞好农村住宅建设，最为关键的因素在于提高农村住宅的设计水平。在建设社会主义新农村中，要做好农村住宅的设计，就必须更新观念，努力做到：一是不能只用城市的生活理念进行设计；二是不能只用现在的观念进行设计；三是不能只用“自我”的观念进行设计；四是不能只用模式化进行设计。因此，必须踏踏实实地坚持深入农村基层，认认真真地去熟悉农民群众，做到理解群众、尊重群众，与广大农民群众建立共同语言，才能提高农村住宅的设计水平，真正为广大农民群众谋福祉，为建设社会主义新农村服务。

本书是“新农村住宅建设指南”丛书中的一册，为了适应当前建设社会主义新农村和进行村庄整治的需要，特将从收集到的资料中精选100例具有代表性的新农村住宅设计方案，其中有已经建成并为广大农民群众欢迎的方案，也有中央电视台经济频道《点亮空间——2006全国家居设计电视大赛》金银奖方案和部分优秀方案。按独立、并联、联排和特色四大类型进行汇编，并专章指出提高农村住宅的设计水平，为建设社会主义新农村服务。希望能为各地建设新农村住宅提供参考。

书中编录的方案，资料来源多为同行们提供的方案和从各地无偿赠送给广大农民群众的非正式出版资料。本着对设计人的尊重，每个方案都标注了设计单位和设计人。本书汇编的主要目的是为建设社会主义新农村提供参考的同时，宣传广大建筑师、设计人员为广大农民群众所作的辛勤劳动和奉献，借此致以崇高的敬意。

本书的汇编得到很多专家、学者和同行的支持，张惠芳、骆伟、陈磊、冯惠玲、李雄、骆毅、蒋万东、郭炳南、宋煜、樊京伟、常萌等参加了本书的汇编，借此一并致以衷心的感谢。

限于水平，不足之处，敬请广大读者批评指正。

骆中钊

2012年夏于北京什刹海畔滋善轩

目　录

1 独立住宅

1.1 两层独立式住宅①

设计：中国建筑技术研究院　骆中钊 刘燕辉

方案特点：本方案是作为中国与加拿大合作的木结构试点住宅。平面布置突出以客厅为中心组织平面布置的民居特点。二层均布置了较大面积的外廊，适应了南方湿热地区消夏纳凉和晾晒衣被谷物之所需。一层的外廊还可作为停车所用。采用坡屋顶，利用屋面隔热和防水。

效果图

南立面图

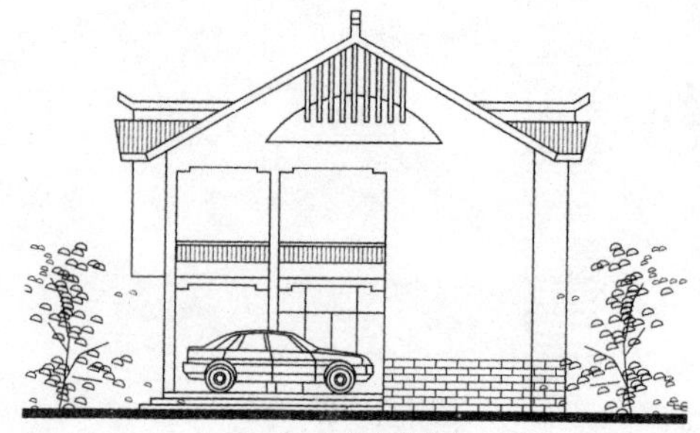

东立面图

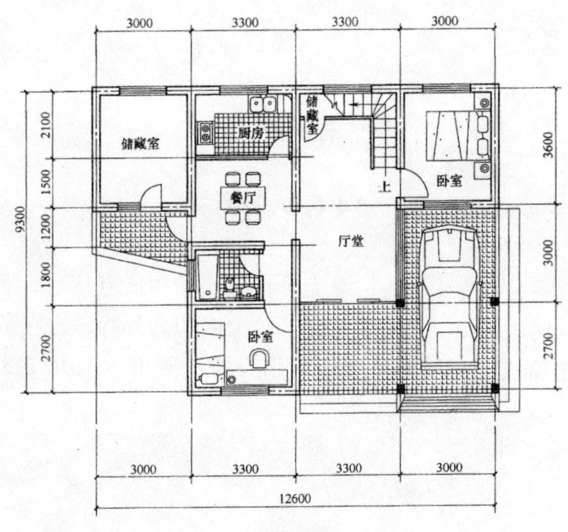

一层平面图

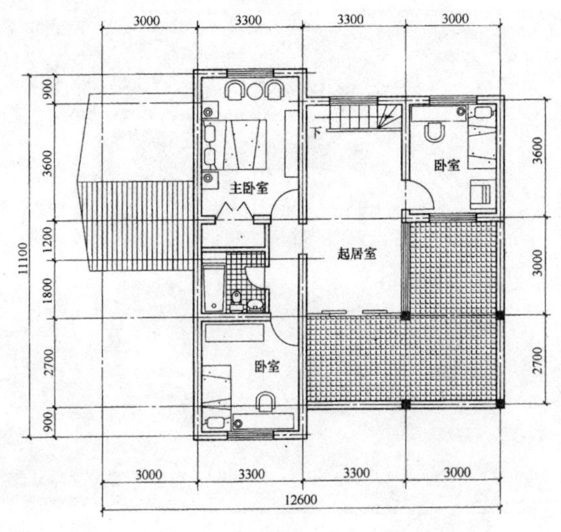

二层平面图

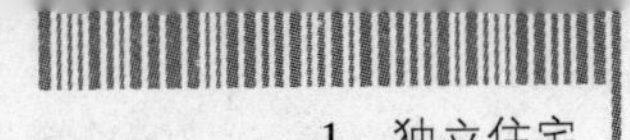

1.2 两层独立式住宅②

设计：河北省保定市建筑设计院 腾云

方案特点：本方案为中央电视台经济频道《点亮空间——2006 全国家居设计电视大赛》河北清苑冉庄农村住宅(已建成)银奖方案。平面为三开间，突出了以中间堂屋为核心，组织平面和楼层间的垂直交通，平面紧凑，功能合理。堂屋与庭院的紧密联系，使得室内外的空间融为一体，方便了农家的生活和生产之需要。前、后院的布置，分工明确，方便使用。主面造型简洁、明快，具有农村住宅的特色。

鸟瞰图

雪景图

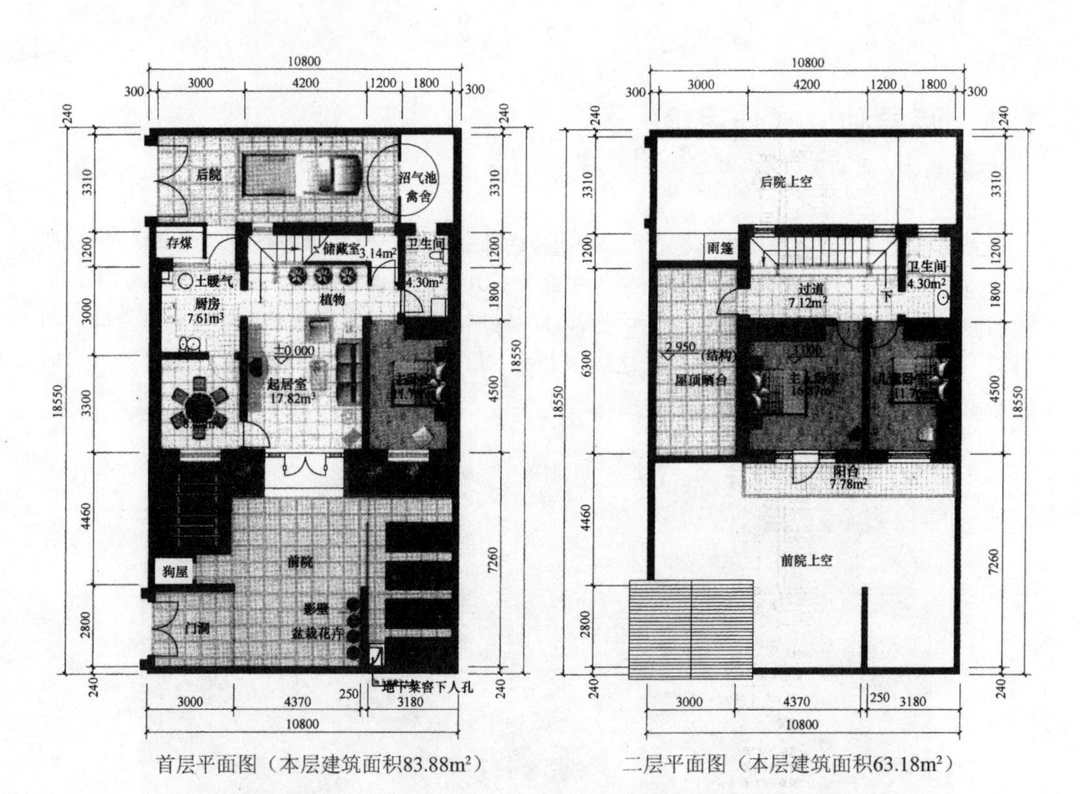

首层平面图（本层建筑面积83.88m²）　　二层平面图（本层建筑面积63.18m²）

南立面图

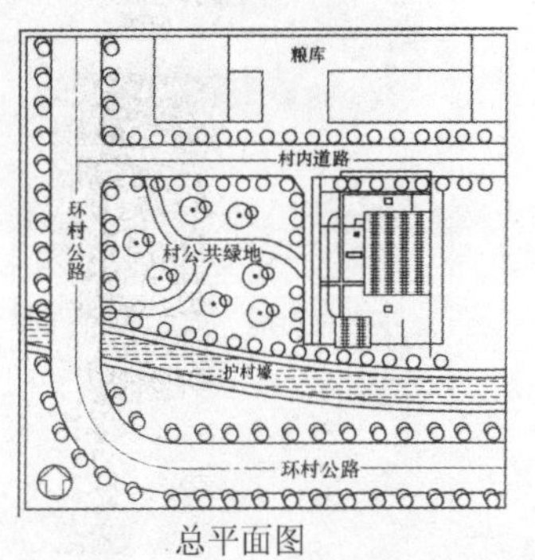

总平面图

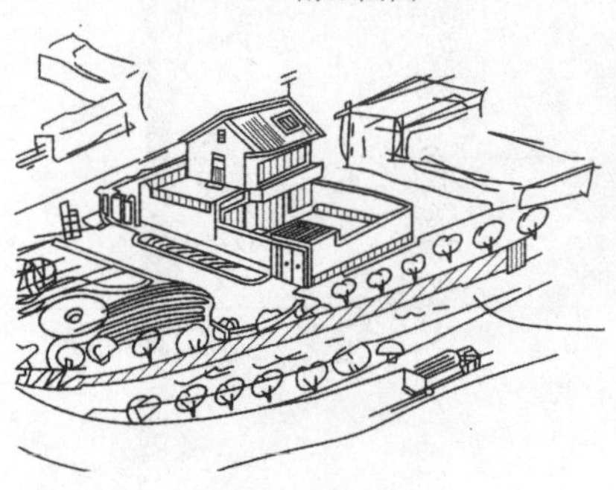

透视草图

西立面图

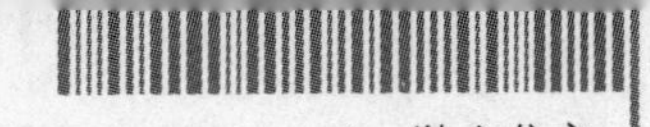

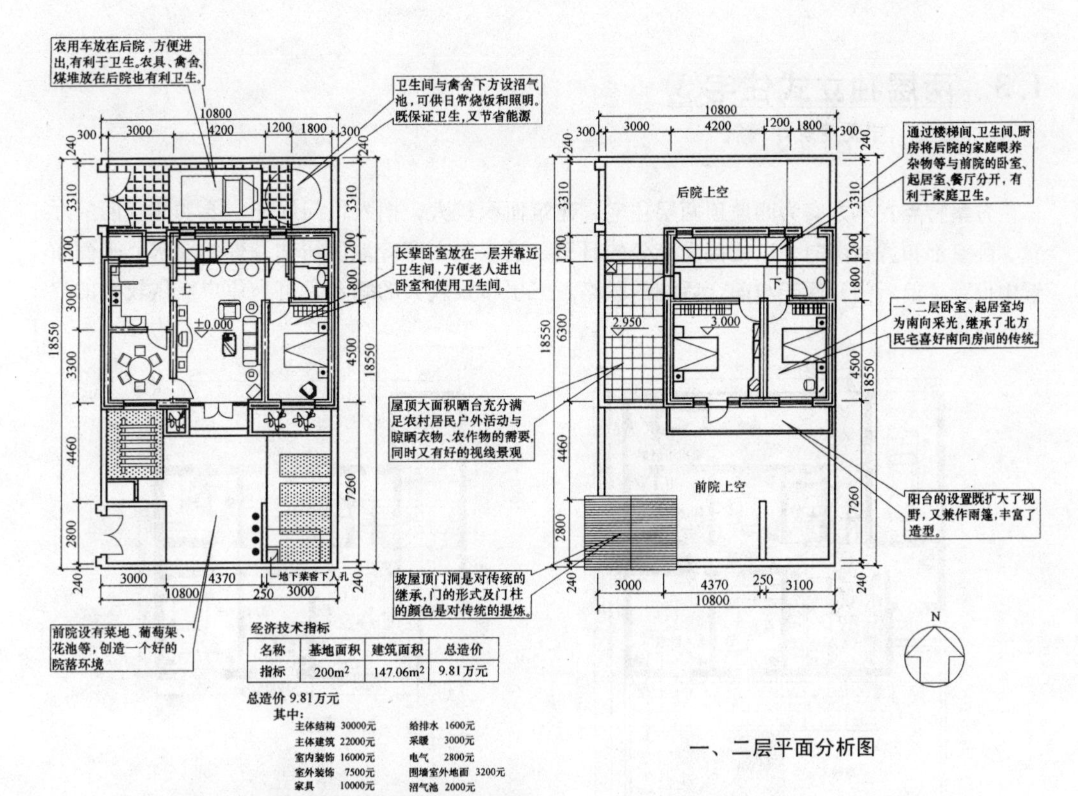

经济技术指标

名称	基地面积	建筑面积	总造价
指标	200m²	147.06m²	9.81万元

总造价 9.81万元

其中：

主体结构	30000元	给排水	1600元
主体建筑	22000元	采暖	3000元
室内装饰	16000元	电气	2800元
室外装饰	7500元	围墙室外地面	3200元
家具	10000元	沼气池	2000元

一、二层平面分析图

儿童卧室示意

白色涂料
红色波形瓦
浅黄色涂料
金属栏杆
红色波形瓦
浅黄色涂料

北立面图

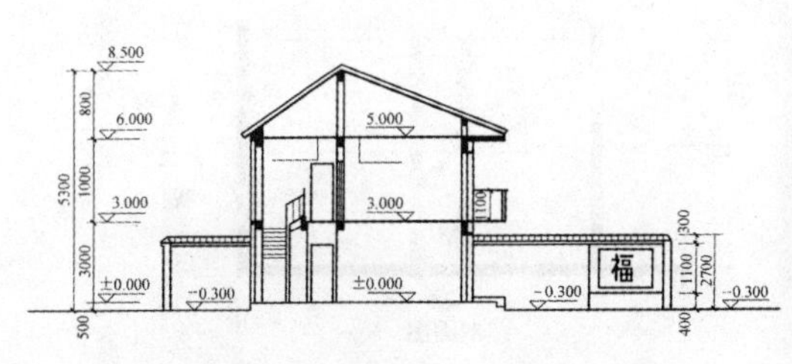

剖面图

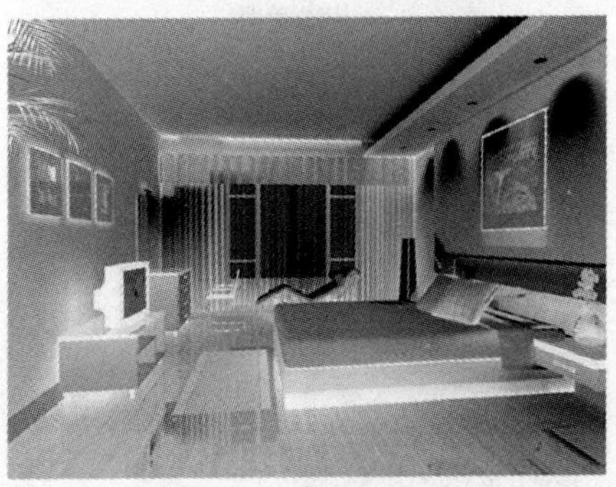

主要卧室示意

1.3 两层独立式住宅③

设计：宁夏建筑厅编制

方案特点：本方案为四坡顶两层住宅。建筑面积较大，把入口门厅和主要功能空间的厅堂、卧室都布置在南向，以便接受充分的日照，适应北方寒冷地区居住条件的要求。平面布置中设置了前后门，便于与前、后院的联络。二层布置较大的晒台，可为住户提供较大的户外活动场所。

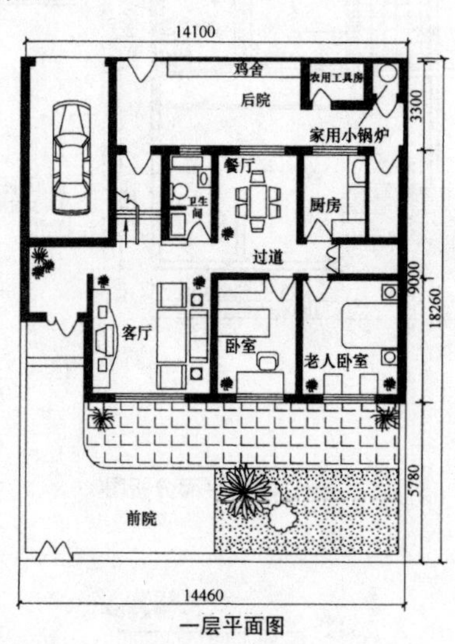

一层平面图

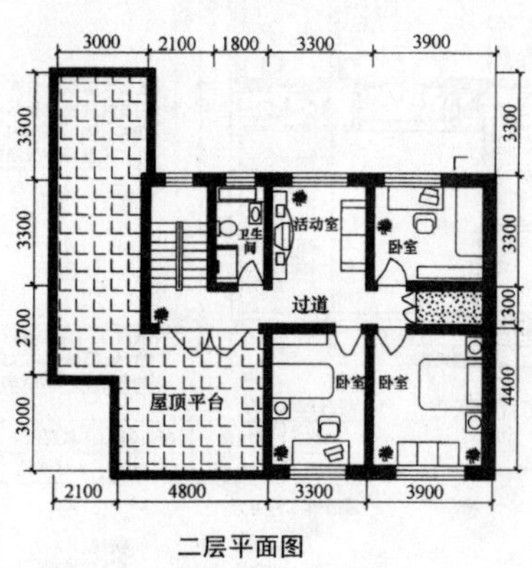

二层平面图

南立面图

北立面图

效果图

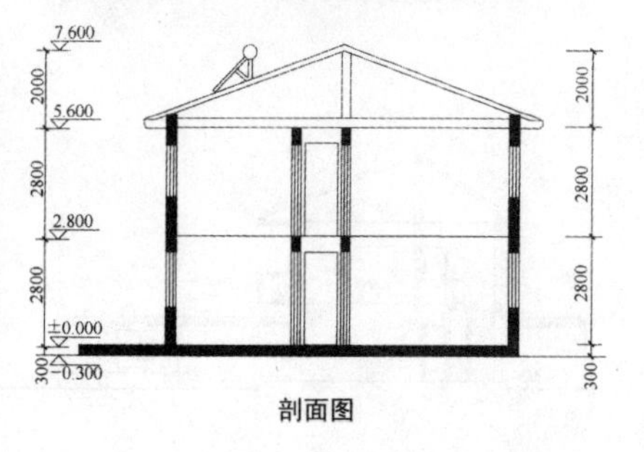

剖面图

设计说明：

- 用地面积 270m²
- 建筑面积 208.22m²
- 使用面积 147.95m²
- 平面利用系数 73.8%

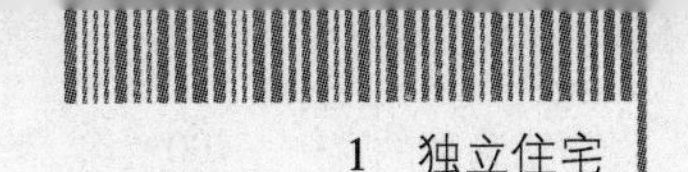

1.4 两层独立式住宅④

设计：富阳市建设局编制

方案特点：本方案为二层独立式住宅。带门厅的宽敞客厅与带有专门餐厅的家庭生活空间有一定分隔，做到动静分离。带阳台的卧室，使居住者获得较多的室外活动空间，并获得较好的遮阳效果，适应江南地区气候条件的需要。采用带有大挑檐的四坡顶和双坡顶结合，为二层的卧室起到较好的遮阳和避雨作用，立面造型富有变化。

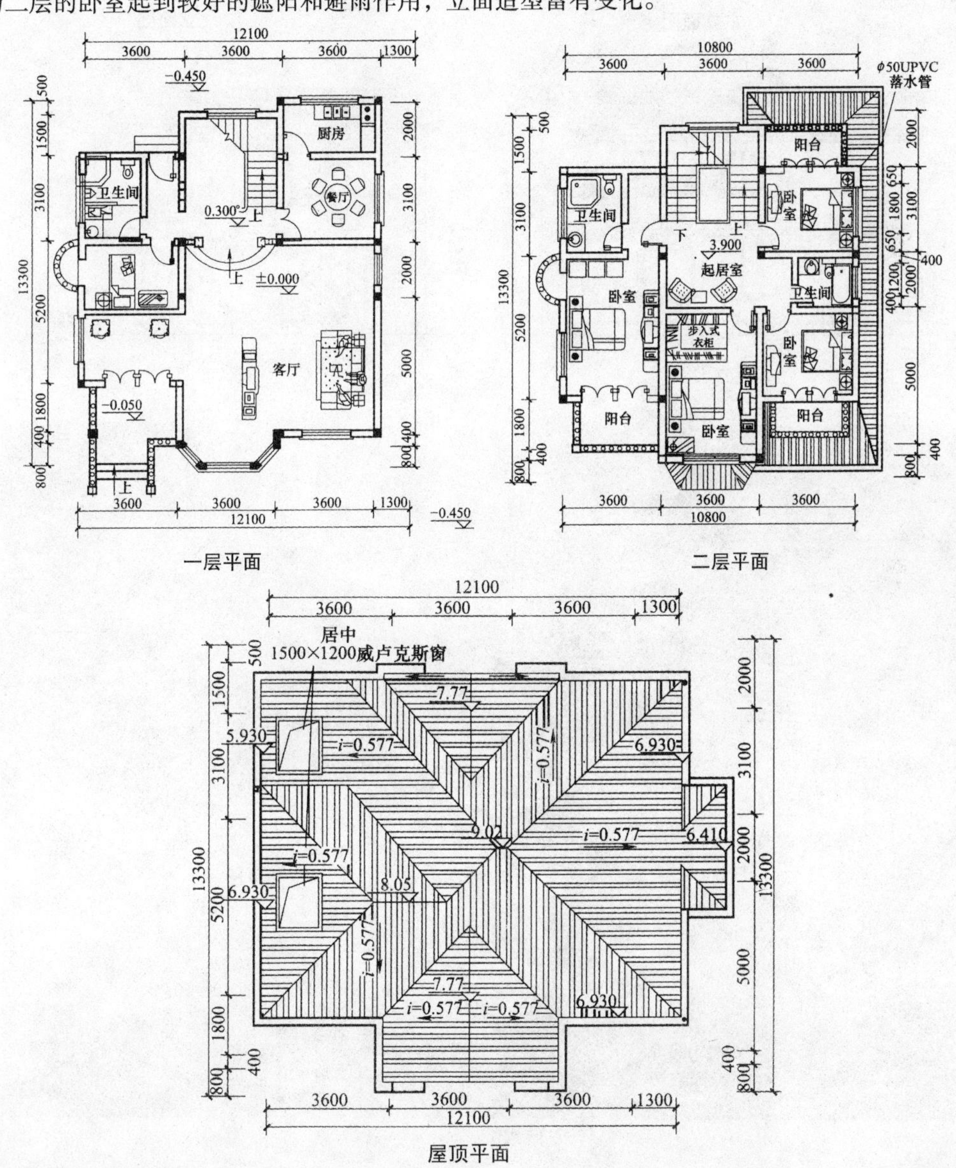

一层平面

二层平面

屋顶平面

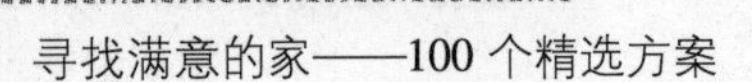

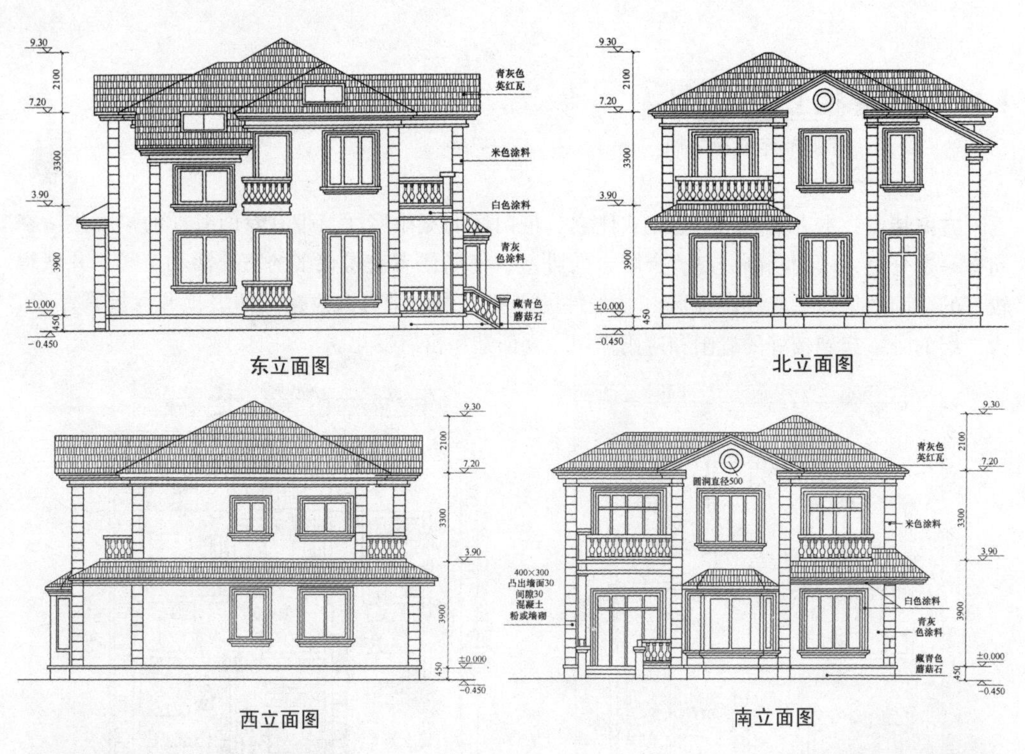

东立面图

北立面图

西立面图

南立面图

效果图

1.5 两层独立式住宅⑤

设计：山东建筑大学　王崇杰 薛一冰 王艳 张蓓 管振忠

效果图

设计说明：“建设社会主义新农村”和“解决‘三农’问题”是我国当前重大的历史任务。近年来，拥有丰富旅游资源的山东地区旅游业蓬勃发展起来。一方面，拓宽了农民致富门路，盘活了地方资源；另一方面，也为城市居民提供舒适的休闲场所，成为城市居民旅游休闲的时尚。山东地区传统农宅经过几千年岁月的磨砺，以朴素的生态观，遵循相互适应与补偿的协同式进化原则，与地区生态环境相逢共生。但风格单调、功能落后的农村居住环境严重地制约了旅游经济的发展。因此，只有对传统农宅进行“人居、生态、旅游”一体化改造设计，才能满足发展近郊旅游的要求。

(1)人居——以人为本，创造舒适的居住环境

山东地区传统农宅室内热舒适环境较差，尤其在寒冷的冬季，“一日三把火”的火坑取暖方式远远不能满足农民对热舒适度的要求。因此，在设计过程中，应充分尊重传统，在农宅功能、空间设置等问题上，结合当地气候、地理、经济条件，力争以最经济的造价，创造最舒适的居住环境。

(2)生态——传承精华，利用现代技术进行生态化改造

在设计过程中，将传统的生态理念与现代技术相结合，尽量考虑最大限度地利用可再生

能源，降低建筑能耗，减少对环境的破坏，营造宜人的居住环境，达到人、建筑、环境和谐共生。

(3)旅游——功能合理，提供必要的私密与交流空间

传统农宅缺少对旅游者的人文关怀，一度成为发展近效旅游，农民增收的“软肋”。因此，设计中，从旅游者的角度出发，为他们设计相对独立的私密空间，以及与当地农民的交流空间，是发展近郊旅游经济必不可少的前提条件。

随着农村产业结构的逐步改变，山东地区传统农宅已远远不能满足农民发展近郊旅游业的强烈要求。传统农宅要生存，必须将传统建筑理念与现代建筑技术相结合，建设节能省地型的新农宅。

(1)节地

①少占耕地，发展集合式住宅：在能源匮乏、耕地骤减的今天，充分咀嚼可持续发展的理念，尽量少占耕地，尽可能利用荒地、劣地、坡地建设农宅，发展集合式住宅。

②充分利用地下空间：充分利用一定深度的地下土壤恒温的性能，结合地窖在土壤层中设置通风管道，分别将通风管道的两端开口于室外和室内。这样将室外的空气经过冷却(夏季)或预热(冬季)导入室内，从而提高室内舒适度。另外，这也是一种利用生土节能省地的好方法。

(2)节能

①生物质能利用：建成的“养、沼、厕”三位一体的生态循环系统，对资源进行了优化配置。

②太阳能综合热利用：包括太阳能、沼气低温地板辐射采暖技术、太阳炕技术、太阳墙空气采暖通风技术、阳光走廊的设置等。

③围护结构：墙体和屋顶使用水泥植物纤维板作为保温层，墙体采用蒸压粉煤灰砖，所有原料就地取材，造价低廉，是源于自然、成于自然、合于自然、还于自然的生态建筑材料。

(3)节水

在院落内，靠近建筑物的地下部分，设计了用于雨水收集的蓄水池，它可将有屋面有组织排水收集的雨水和院落地表的雨水收集，并进行简单地过滤处理。处理后的水可用于冲洗农用车，浇灌院落内的瓜果蔬菜。

经济技术指标

宅基地面积	160.17m^2	占地面积	100.85m^2
建筑面积	196.00m^2	使用面积	166.26m^2
使用面积系数	0.85	造价约	15万元

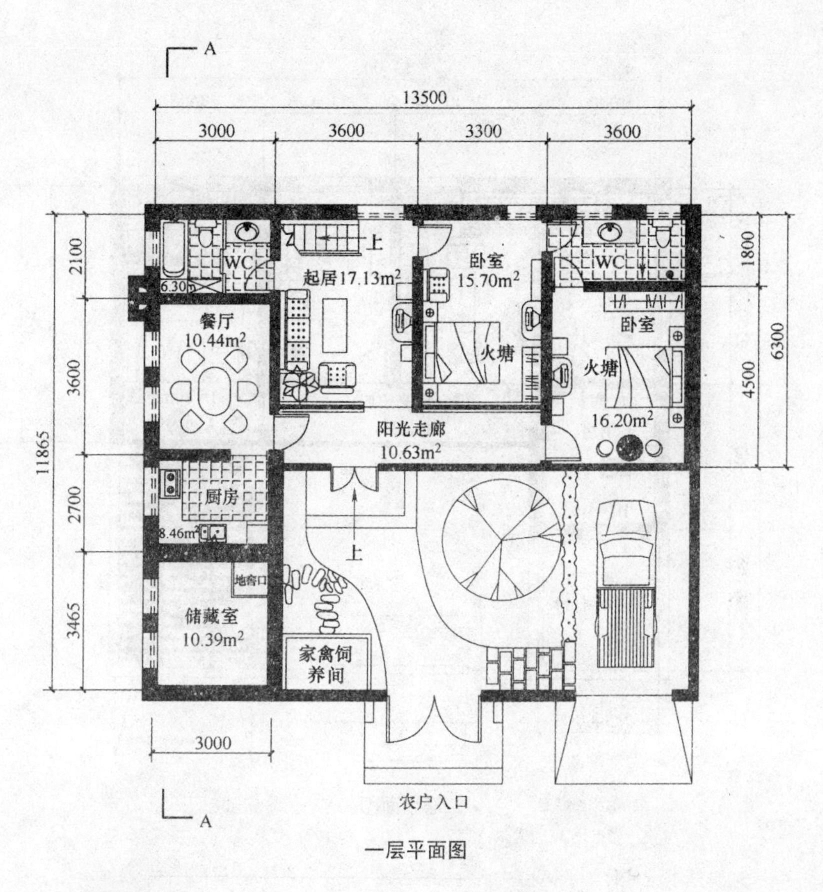
A
13500
3000
3600
3300
3600
2100
3600
2700
3465
11865
1800
4500
6300
上
WC
6.30
起居17.13m²
卧室
15.70m²
WC
餐厅
10.44m²
卧室
火塘
火塘
16.20m²
阳光走廊
10.63m²
厨房
8.46m²
上
地窖口
储藏室
10.39m²
家禽饲
养间
3000
农户入口
A

一层平面图

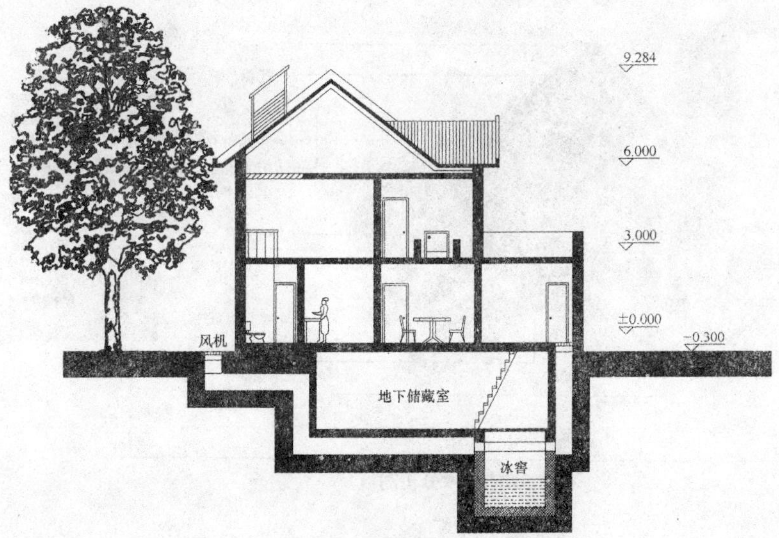
9.284
6.000
3.000
±0.000
-0.300
风机
地下储藏室
冰窖

A-A 剖面图

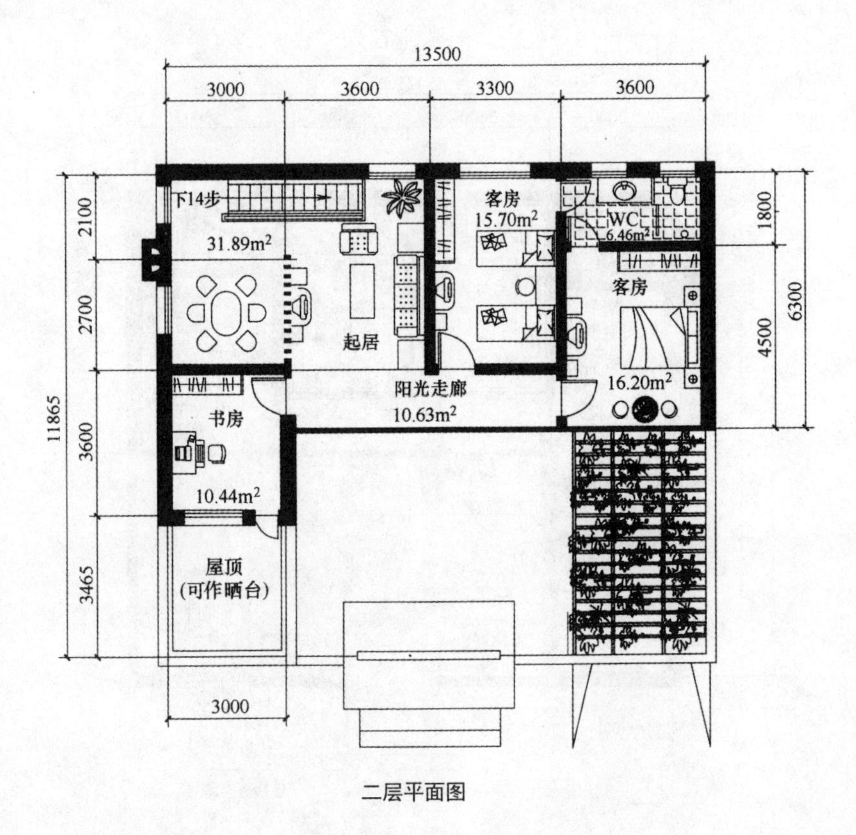

二层平面图

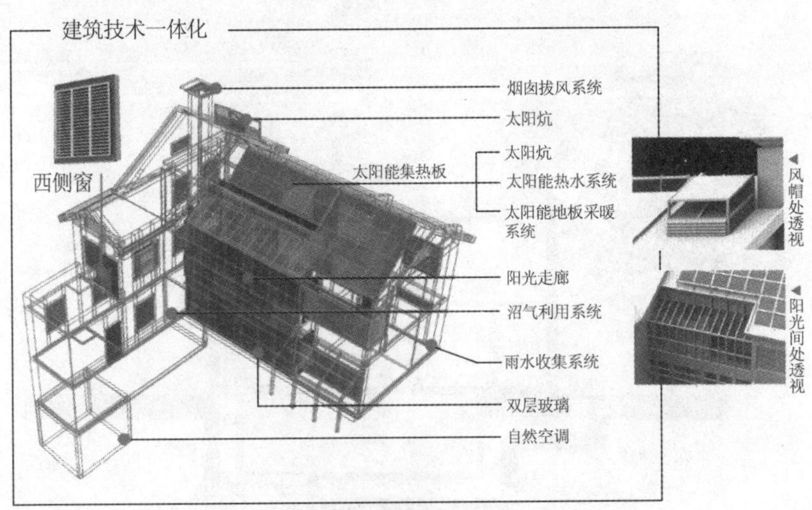

节能技术分析图

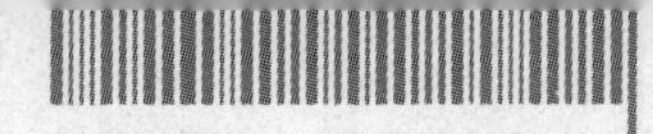

1.6 两层独立式住宅⑥

设计：江西省丰城市城建局　罗桂英 陈珺

方案特点：本方案为中央电视台经济频道《点亮空间——2006 全国家居设计电视大赛》江西省南昌市罗亭镇农村住宅(已建成)金奖方案。平面布局突出了厅堂和起居室的作用，在二层布置了带有晒台的大阳台，弘扬了南方传统民居的布局特点，适应南方湿热地区居住环境要求。建筑材料除采用多孔砖墙体和钢筋混凝土楼板外，就地取材地采用了杉木作为层面结构和室内装修材料，并以竹为吊顶材料，既节省了造价，又方便施工，缩短了工期。

建成外景图

木楼梯

木栏杆、木地板和竹席吊顶

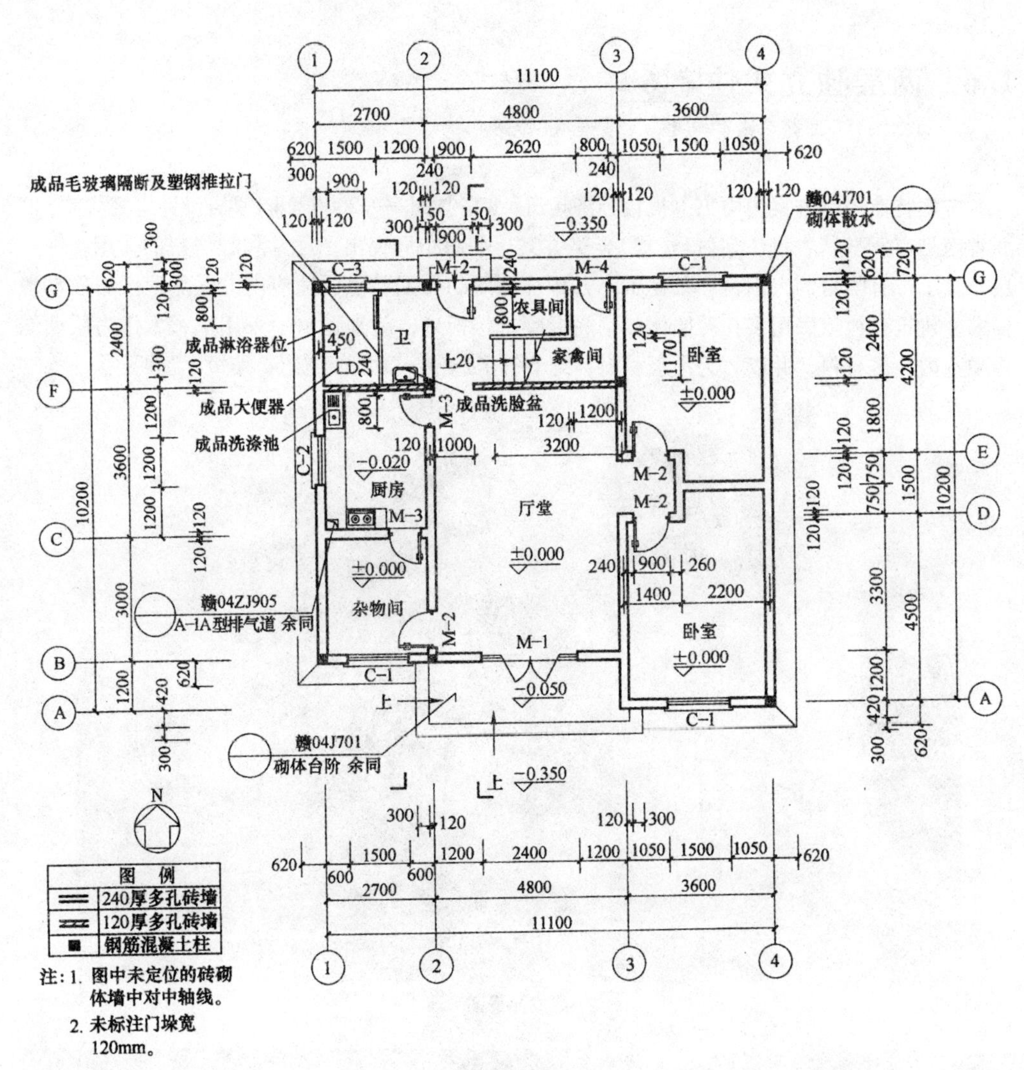

首层平面图

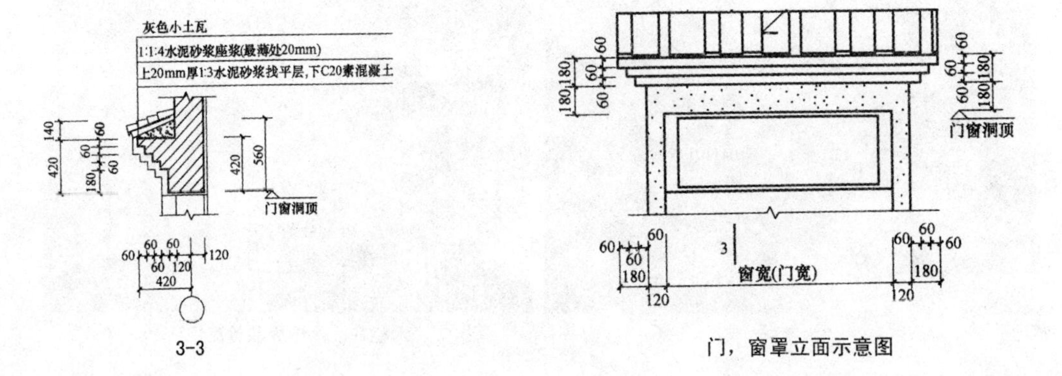

3-3

门，窗罩立面示意图

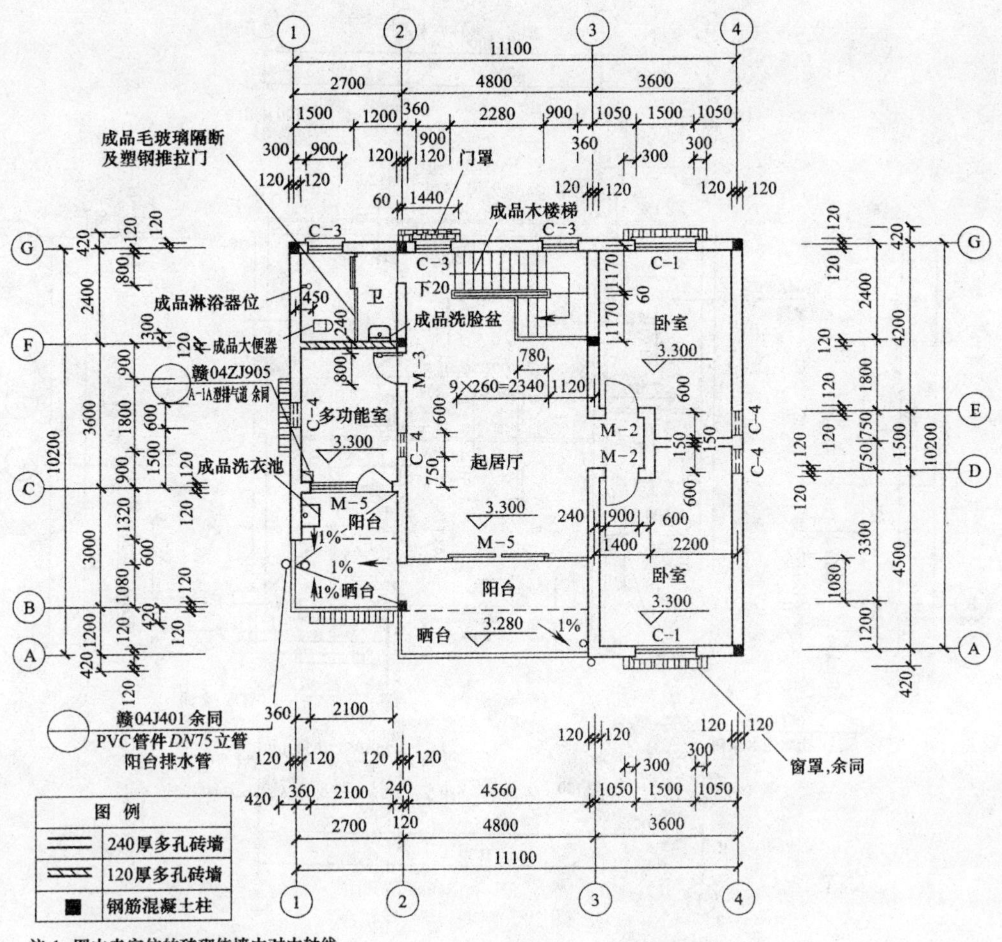

注:1. 图中未定位的砖砌体墙中对中轴线。
2. 未标注门垛宽120mm。

二层平面图

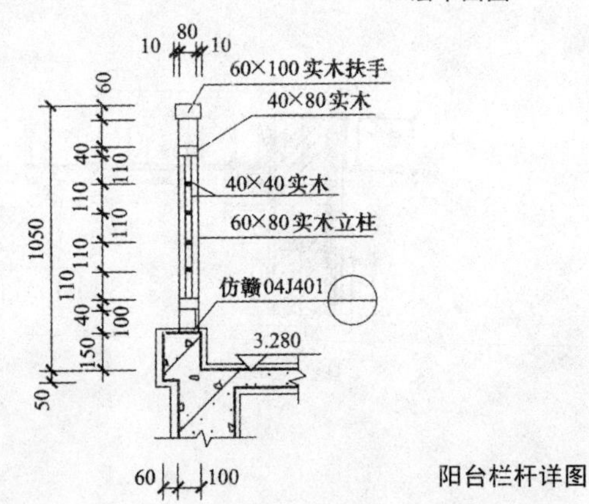

阳台栏杆详图

栏杆需加设扁钢作加强，
以保证安全。本图作参考。

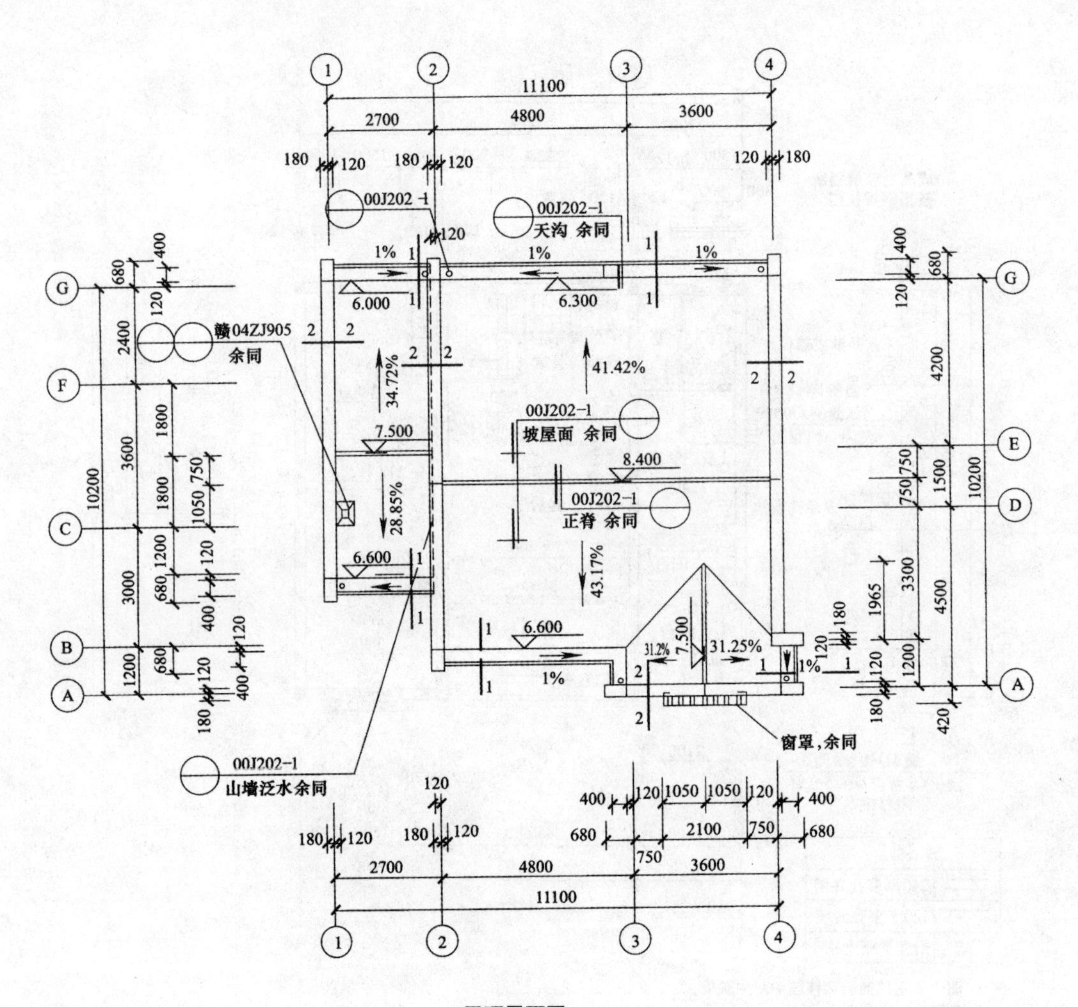
11100
2700
4800
3600
00J202-1
天沟 余同
1%
6.000
6.300
赣04ZJ905
余同
34.72%
41.42%
00J202-1
坡屋面 余同
7.500
8.400
00J202-1
正脊 余同
28.85%
43.17%
6.600
31.25%
00J202-1
山墙泛水余同
窗罩，余同
10200

屋顶平面图

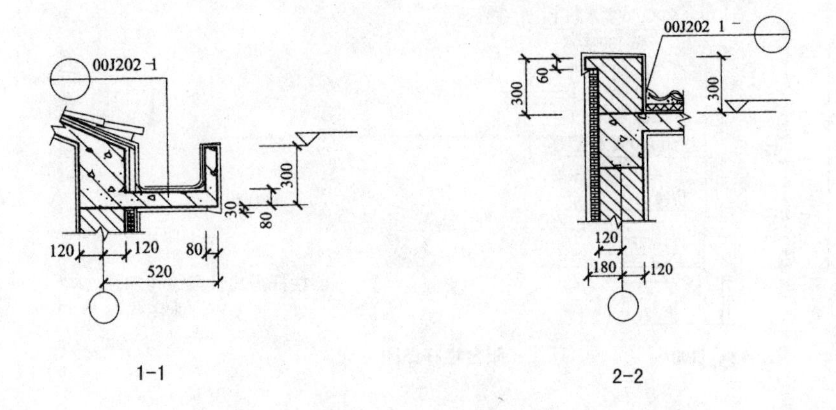
00J202-1
300
520
00J202 1

1-1

2-2

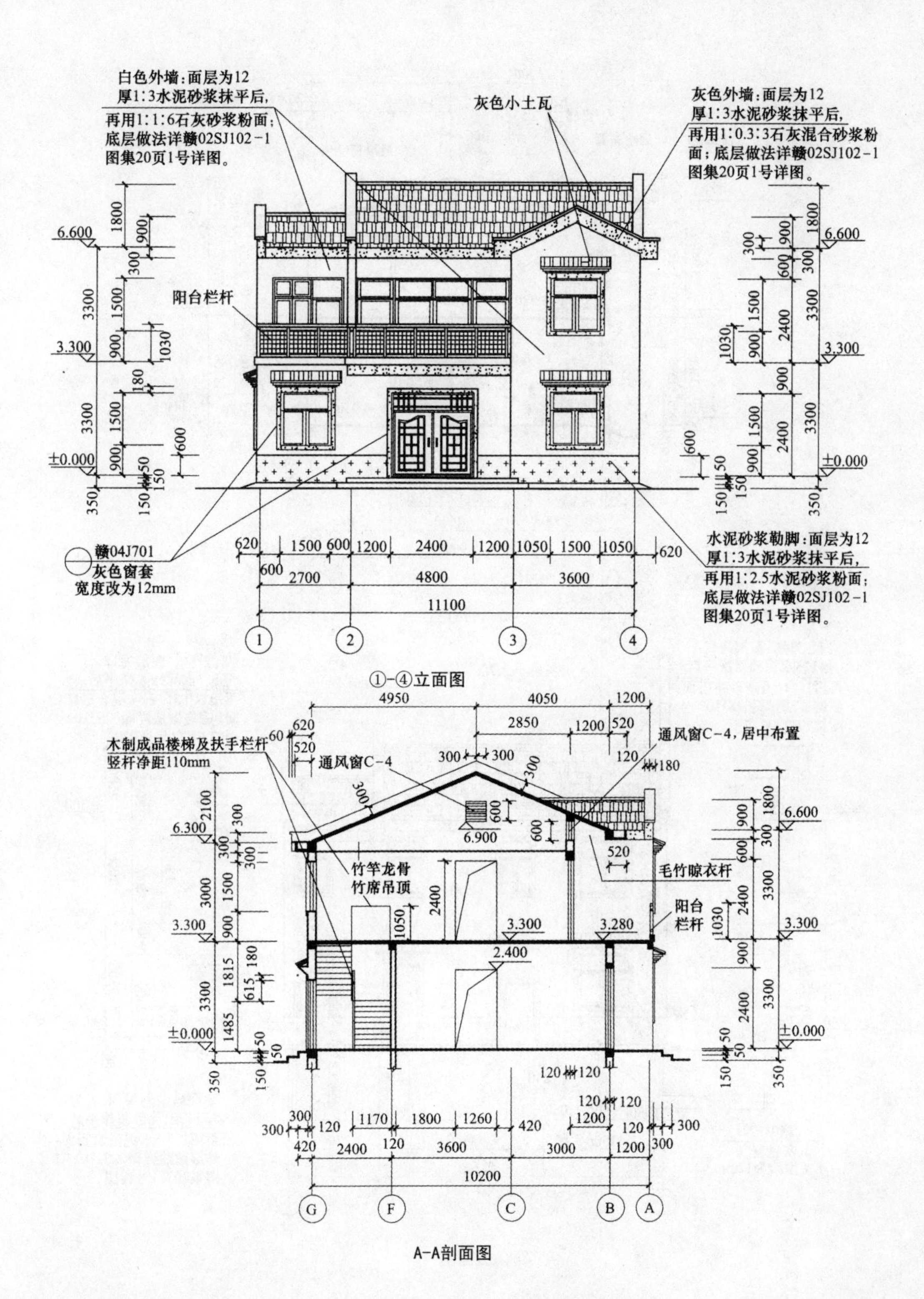

白色外墙：面层为12厚1∶3水泥砂浆抹平后，再用1∶1∶6石灰砂浆粉面；底层做法详赣02SJ102－1图集20页1号详图。
灰色小土瓦
灰色外墙：面层为12厚1∶3水泥砂浆抹平后，再用1∶0.3∶3石灰混合砂浆粉面；底层做法详赣02SJ102－1图集20页1号详图。
阳台栏杆
赣04J701
灰色窗套
宽度改为12mm
水泥砂浆勒脚：面层为12厚1∶3水泥砂浆抹平后，再用1∶2.5水泥砂浆粉面；底层做法详赣02SJ102－1图集20页1号详图。
6.600
3.300
±0.000
11100

①-④立面图

木制成品楼梯及扶手栏杆
竖杆净距110mm
通风窗C-4
通风窗C-4，居中布置
竹竿龙骨
竹席吊顶
毛竹晾衣杆
阳台栏杆
6.900
6.600
6.300
3.300
3.280
2.400
±0.000
10200

A-A剖面图

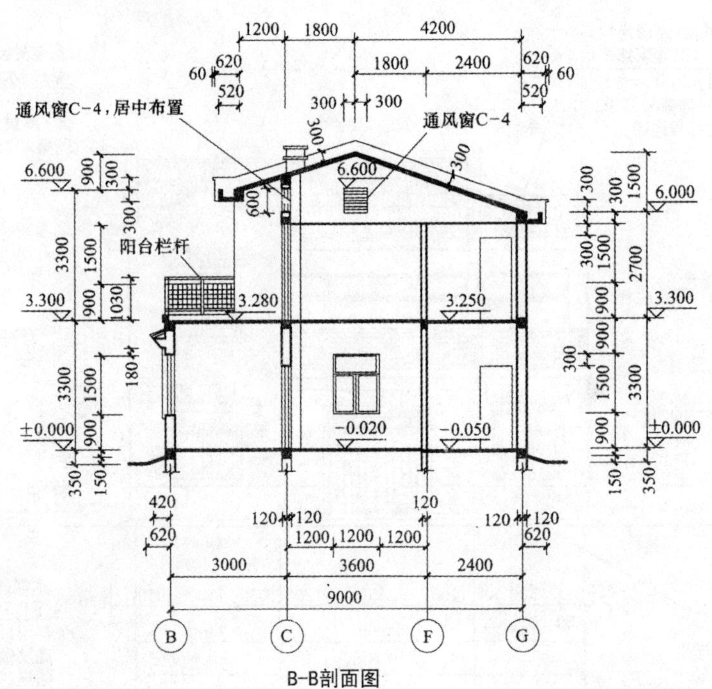
通风窗C-4，居中布置
通风窗C-4
阳台栏杆
6.600
3.300
±0.000
3.280
3.250
-0.020
-0.050
6.000
1200
1800
4200
2400
620
520
60
300
900
3300
1500
1030
180
350
150
420
120
3000
3600
9000
B
C
F
G

B-B剖面图

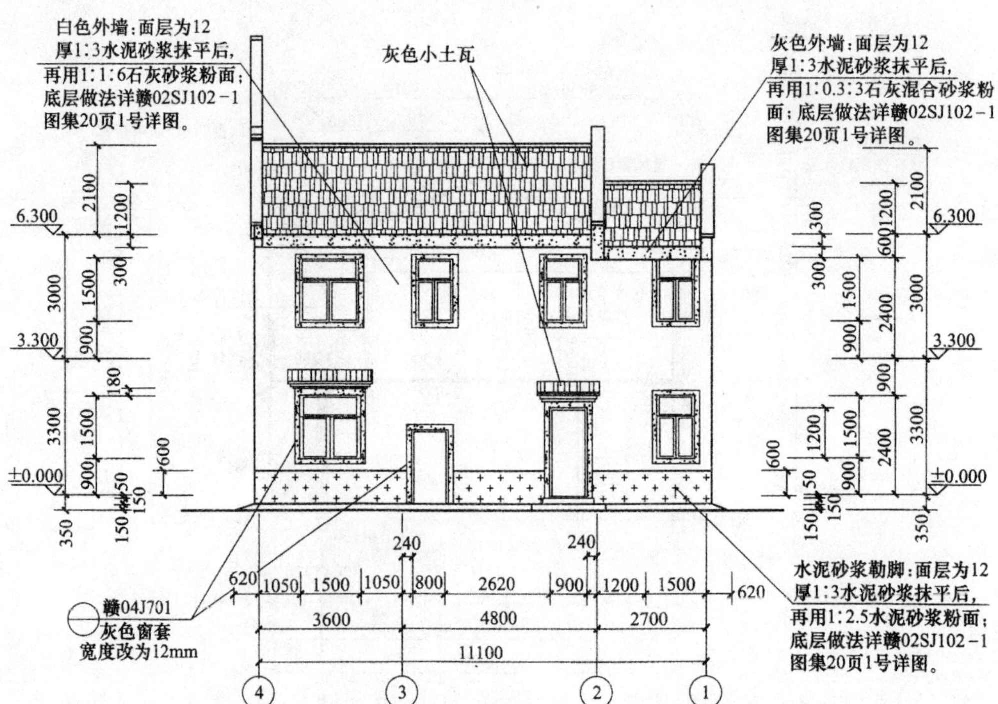
白色外墙：面层为12
厚1:3水泥砂浆抹平后，
再用1:1:6石灰砂浆粉面；
底层做法详赣02SJ102-1
图集20页1号详图。
灰色小土瓦
灰色外墙：面层为12
厚1:3水泥砂浆抹平后，
再用1:0.3:3石灰混合砂浆粉
面；底层做法详赣02SJ102-1
图集20页1号详图。
6.300
3.300
±0.000
赣04J701
灰色窗套
宽度改为12mm
水泥砂浆勒脚：面层为12
厚1:3水泥砂浆抹平后，
再用1:2.5水泥砂浆粉面；
底层做法详赣02SJ102-1
图集20页1号详图。
620
1050
1500
800
2620
900
1200
240
3600
4800
2700
11100
4
3
2
1

④-①立面图

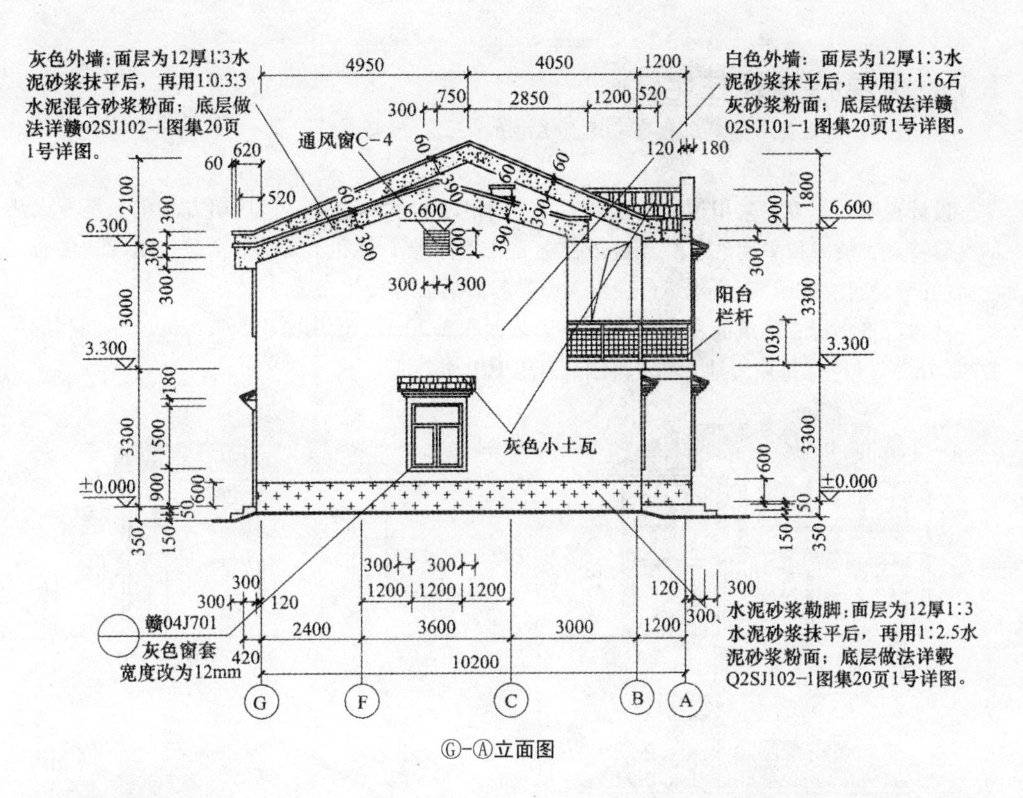

灰色外墙：面层为12厚1:3水泥砂浆抹平后，再用1:0.3:3水泥混合砂浆粉面；底层做法详赣02SJ102-1图集20页1号详图。
通风窗C-4
白色外墙：面层为12厚1:3水泥砂浆抹平后，再用1:1:6石灰砂浆粉面；底层做法详赣02SJ101-1图集20页1号详图。
6.600
6.300
3.300
±0.000
阳台栏杆
灰色小土瓦
赣04J701
灰色窗套宽度改为12mm
水泥砂浆勒脚：面层为12厚1:3水泥砂浆抹平后，再用1:2.5水泥砂浆粉面；底层做法详毂Q2SJ102-1图集20页1号详图。
4950
4050
1200
2400
3600
3000
10200
G
F
C
B
A

Ⓖ-Ⓐ立面图

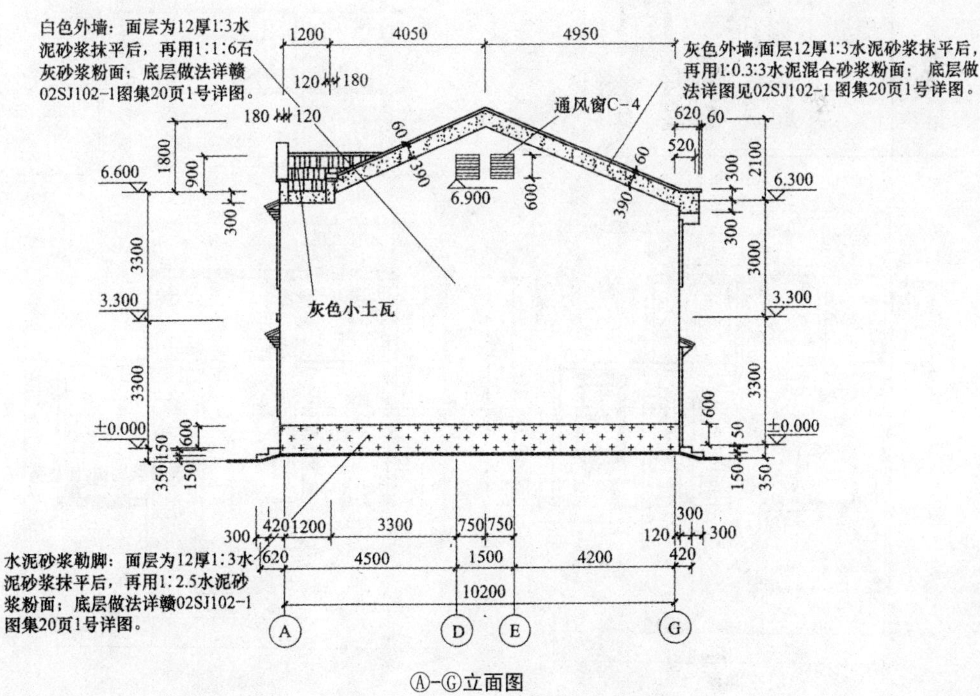

白色外墙：面层为12厚1:3水泥砂浆抹平后，再用1:1:6石灰砂浆粉面；底层做法详赣02SJ102-1图集20页1号详图。
灰色外墙：面层12厚1:3水泥砂浆抹平后，再用1:0.3:3水泥混合砂浆粉面；底层做法详图见02SJ102-1图集20页1号详图。
通风窗C-4
6.900
6.600
6.300
3.300
±0.000
灰色小土瓦
水泥砂浆勒脚：面层为12厚1:3水泥砂浆抹平后，再用1:2.5水泥砂浆粉面；底层做法详赣02SJ102-1图集20页1号详图。
1200
4050
4950
4500
1500
4200
10200
A
D
E
G

Ⓐ-Ⓖ立面图

1.7　两层独立式住宅⑦

设计：广西第一建筑工程公司建筑设计所　王勇　叶炳麟

设计说明：本方案采用传统的双坡屋顶，有利于排水、隔热，适应南方多雨、夏季火热的气候特点，坡屋顶采用红色彩瓦盖顶，立面处理体现了对乡土文化的衔接、延续，再通过立面的凹凸变化高低错落，建筑造型给人以雅静、活泼有变化之感。

技术经济指标：建筑面积207.36m²；阳台面积3.30m²；使用面积167.52m²；平面利用系数80.78%。（注：每户用地150m²；建筑占地101.5m²。）

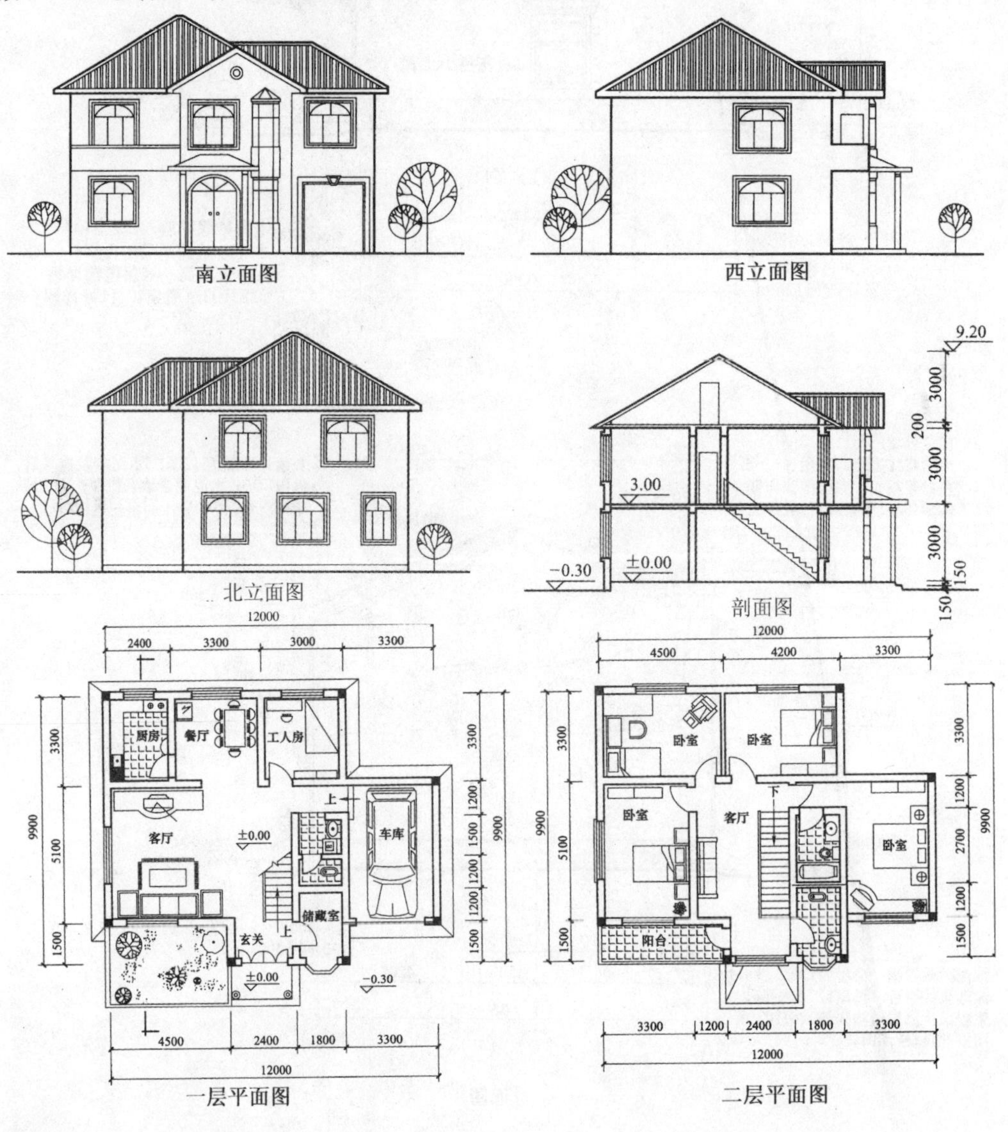

南立面图　西立面图　北立面图　剖面图　一层平面图　二层平面图

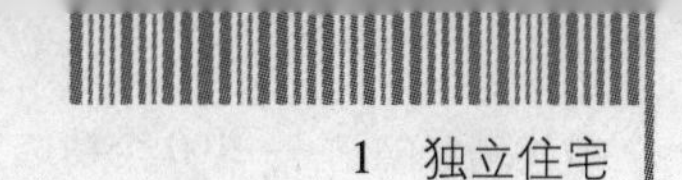

1.8 两层独立式住宅⑧

摘自《台湾农村现代民居建筑设计》

方案特点：本方案为乡村农宅。采用合院布置形式，主人起居生活用房和客居部分主次分明，联系方便。厅的布置既有传统文化的展现，又具现代气息。

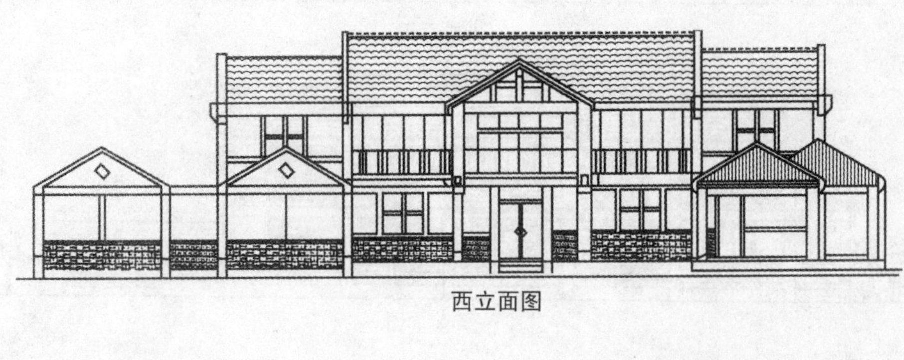

西立面图

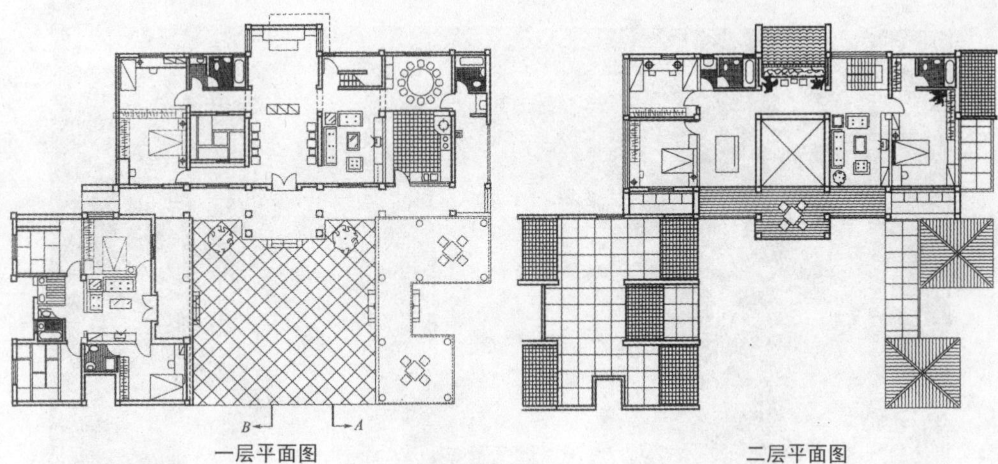

一层平面图　　二层平面图

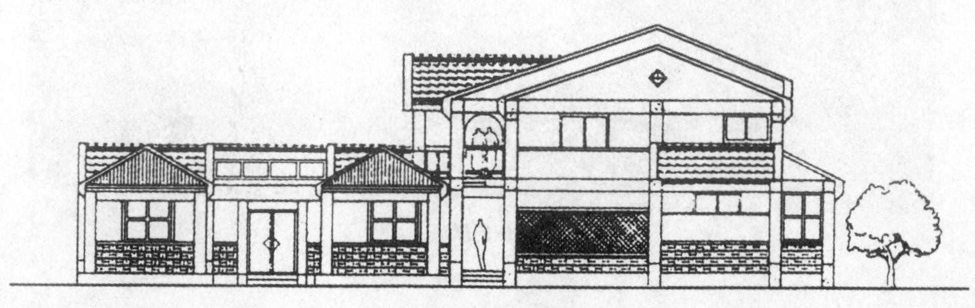

南立面图

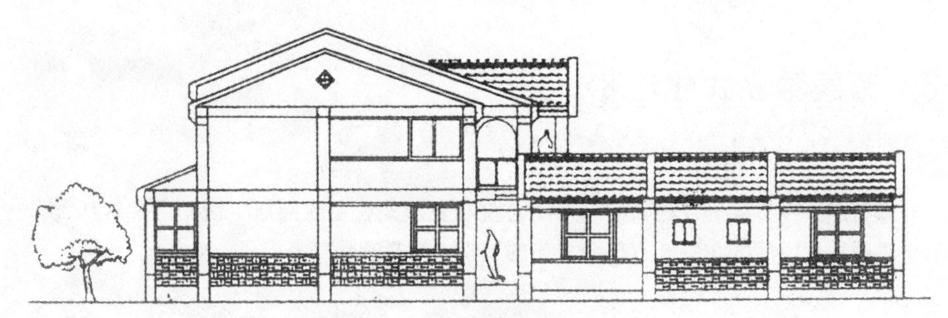

北立面图

东立面图

模型的屋顶

模型南立面

模型东南视点鸟瞰

模型东立面

模型西立面

模型西南视点鸟瞰

模型鸟瞰

1.9　两层独立式住宅⑨

设计：北京东方华脉工程设计有限公司　王学军

本方案为中央电视台经济频道《点亮空间——2006全国家居设计电视大赛》河北清苑冉庄农村住宅优秀方案。

设计前言

故乡情结：每逢佳节倍思亲，金秋时节，回归故里。双重愿望：既想寻觅少小时的记忆，又想看到新时代的生活变化。

发展经济：民居建设为经济发展提供支持，创造条件，安居方能乐业。

传承文化：建设民居，既要满足百姓的物质需求，更要满足百姓的精神需求，正如美食文化，在满足温饱的同时人们更重视口味、品位。

点亮空间："地道战"的革命精神使星星之火可以燎原。点亮空间同样可以照亮大地，通过设计农村民居的点滴探索，为推动新农村建设添砖加瓦。

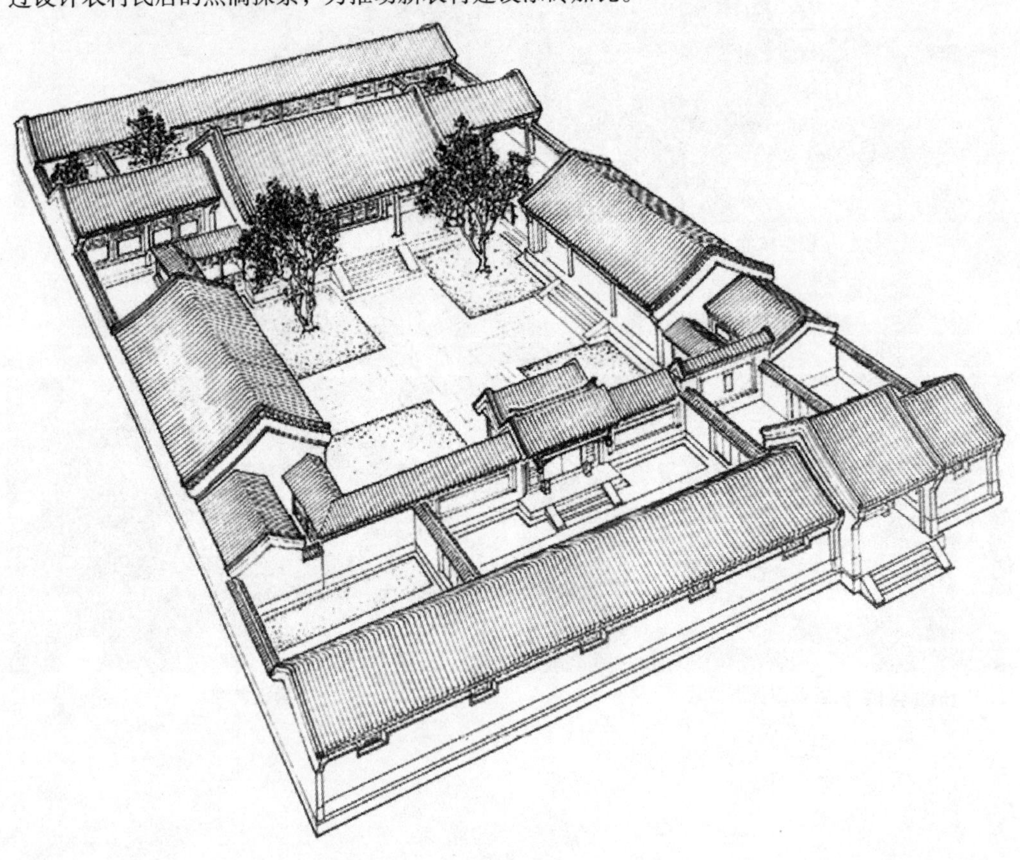

典型四合院

设计立意

(1)强化民居的传统文化内涵

①地域文化：包括乡土和民俗，通过建筑造型、色彩体现地方特色(大门、屋脊、水口等)。

②厅堂文化：以厅堂作为家庭活动中心，接待、礼仪空间，体现家族的亲和力及民族的凝聚力。

③庭院文化：庭院作为室外集中活动场是北方四合院的精华所在，与自然(天、地)有机融合。

(2)符合农村生活习惯、农业生产要求

农村民居不照搬城市住宅，注重功能实用、合理，控制造价。

(3)持续发展的适应性

灵活布局以适应生产生活方式的不断变化。

(4)提倡现代、健康、卫生的生活方式

采用新材料、新技术，注重环保、节能。

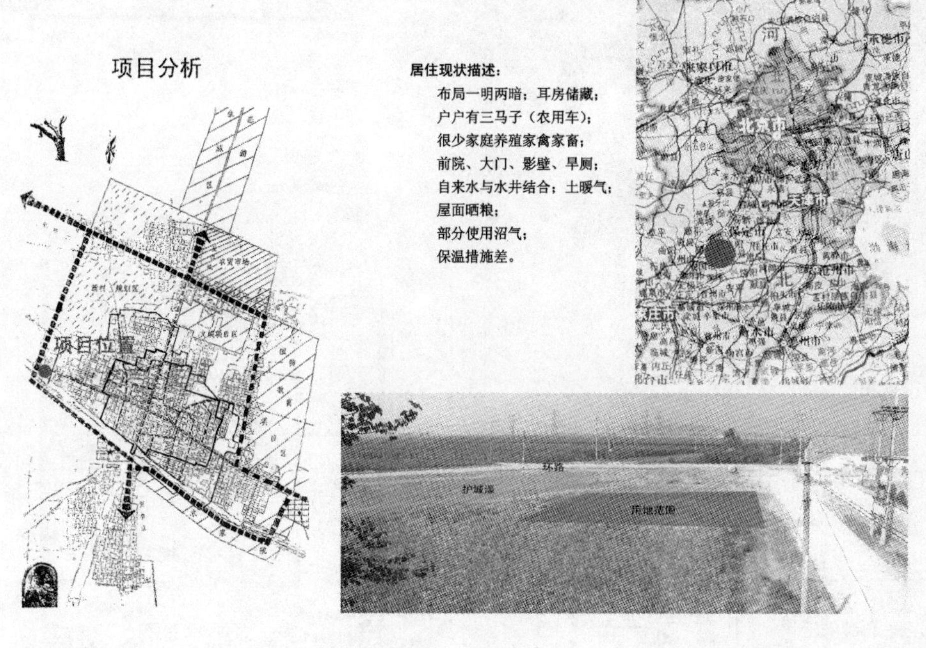

功能分析

(1)户内空间

①一层：厅堂、厨餐、老人卧室、车库、卫生间、储藏、锅炉间(土暖气)。

②二层：起居、卧室、晒台、平台、洗衣间、卫生间。

③房间全明，管线集中。

④动静分离，洁污分离，餐居分离，寝居分离。

总平面布局

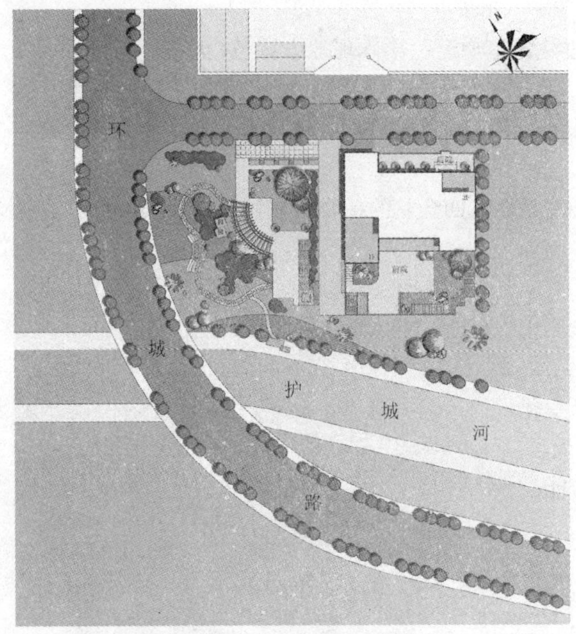

南部庭院： 接待、主入口、影壁、花园绿化、柿子树，地下设沼气池和雨水收集池。采用通透木栅栏围墙，预留水井和水缸的位置，并在二层设辅助水箱。

北部小院： 杂物、储藏，辅助入口。

西侧绿地： 铺装、花园、大槐树、花架。

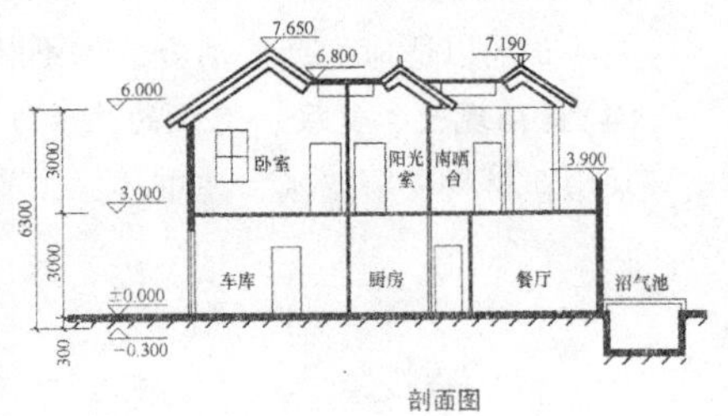

剖面图

⑤厅堂考虑供天地、祖先的牌位空间。

⑥卫生间设水冲式蹲便。

⑦厨房考虑面食加工空间。

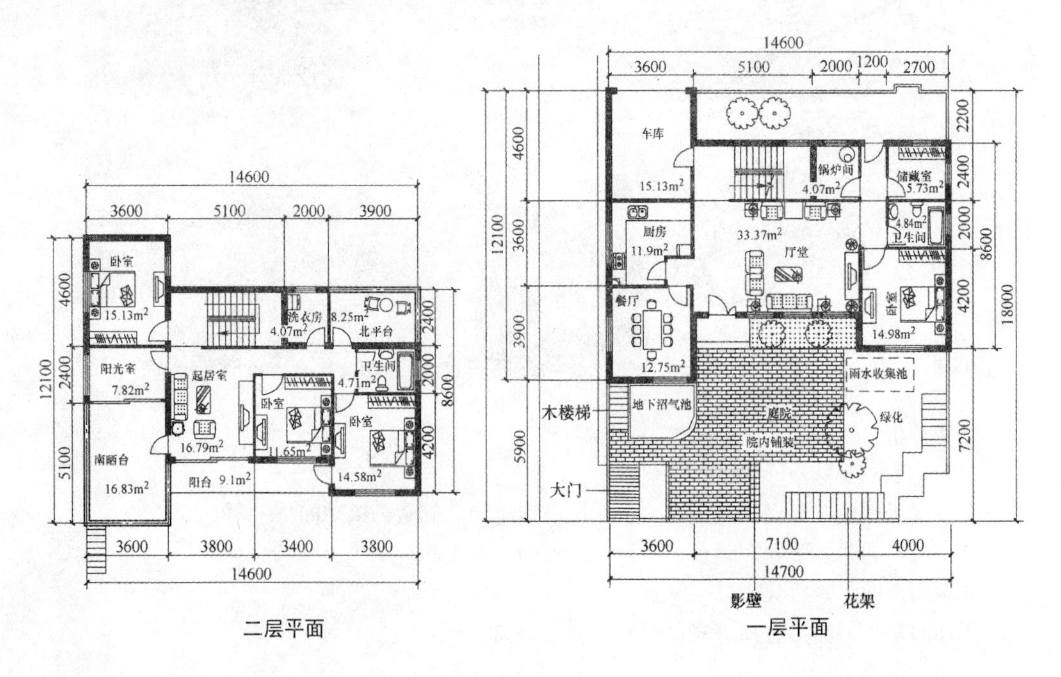

二层平面　　一层平面

节能分析

节地：每户建筑面积200m²，占地230m²，地上二层。

造型：简洁方整，减少体型系数，节约能耗。

墙体：采用混凝土多孔砖，内加保温层；屋顶设隔热层，形成通风屋顶，局部设空气夹层，减少顶层热辐射。

门窗：单柜双玻断桥铝合金或塑钢门窗。

通风：房间南北通透，有利于空气对流，房间换气，保持室内空气清新。L型布局，充分利用当地主导风向(南偏西、北偏东)。

雨水利用(节水)：院内设雨水收集系统，用于卫生间便池冲洗及绿化浇灌。

太阳能：结合坡屋顶设太阳能集热器，提供生活热水。

利用农村循环经济：回收牲畜粪便、秸秆等制造沼气。

就地取材：充分利用当地材料及工艺。

风格：现代中见古朴。

材料：外墙砖、青瓦、木栏杆、白墙、灰线条、窗柜、灰色仿古墙裙。

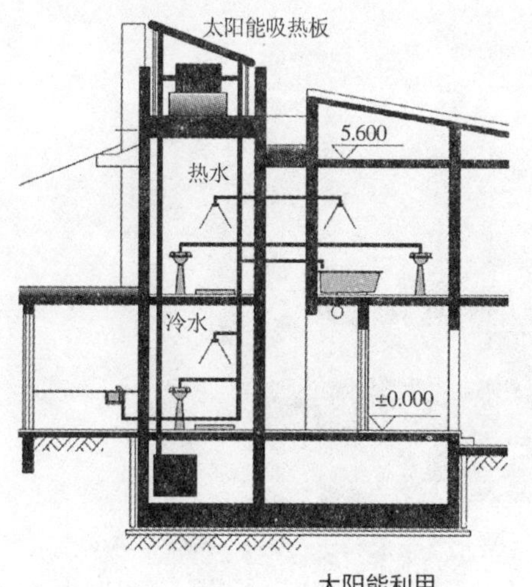

太阳能利用

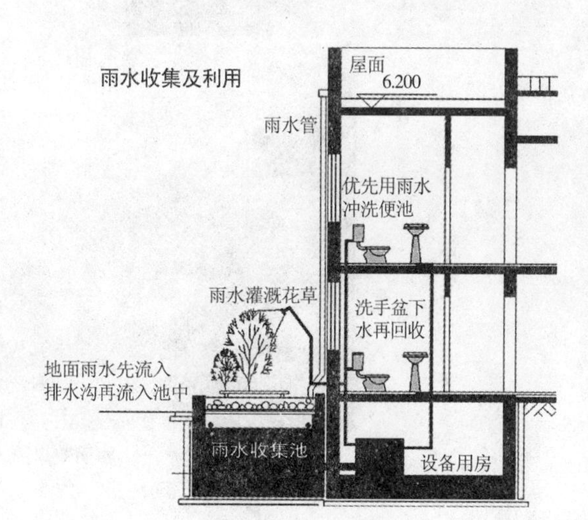

雨水收集及利用

造型分析

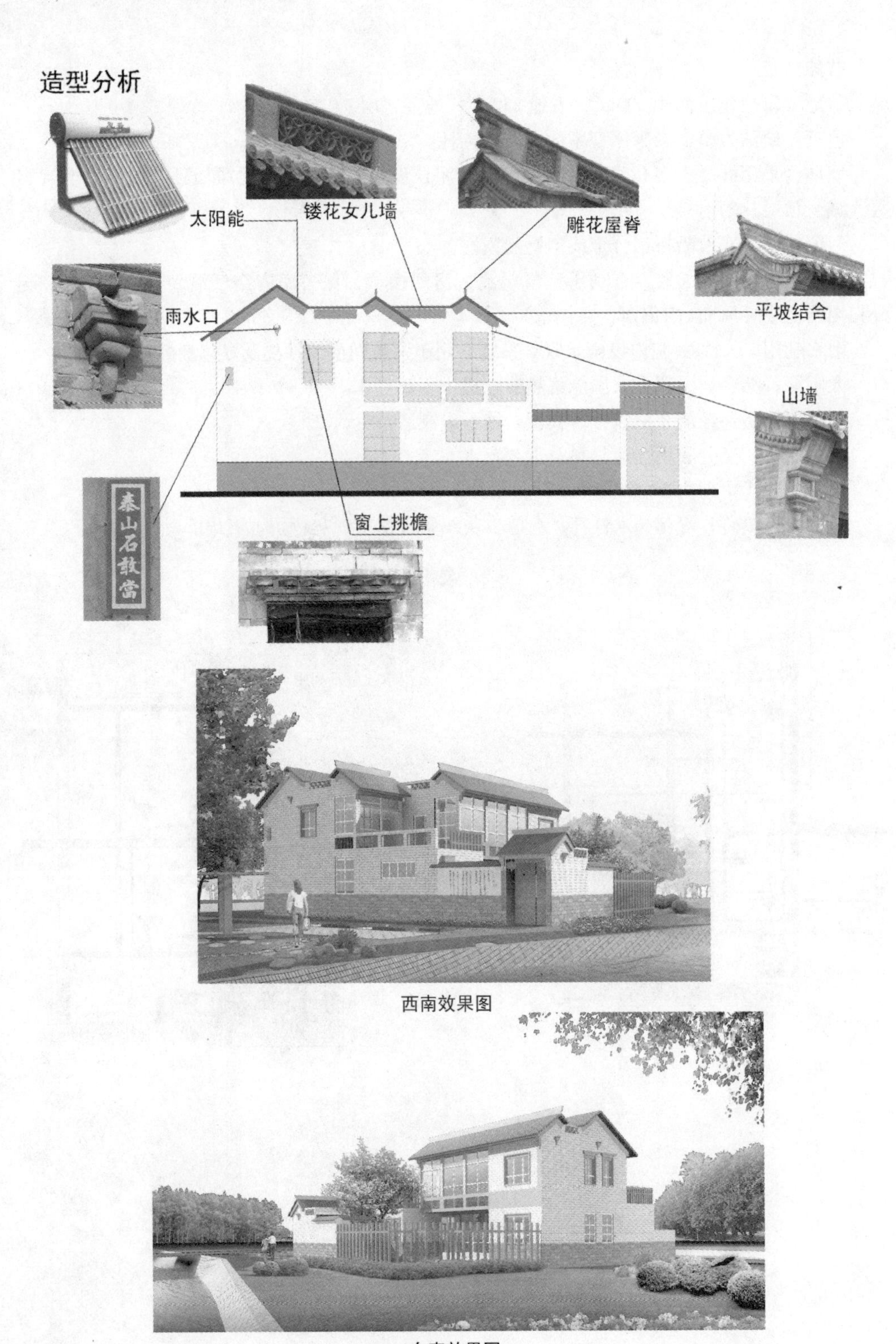

西南效果图

东南效果图

西南鸟瞰效果图

东侧鸟瞰效果图

1.10　两层独立式住宅⑩

设计：安徽省建设厅　倪虹

设计简介：方案设计为合肥市附近农村农业户而作，房屋布局风格采用传统的三间屋方式，中堂居中，传统生活文化氛围浓郁。功能则满足当代生活需求，分区明确，做到食寝分离、居寝分离、洁污分离。

为节约土地，采用前院开敞、后院封闭融为一体，扩大空间，方便交流，后院圈养家禽、家畜，安全卫生，管理方便。

建筑底层布置大家习惯的堂屋、老人居室及客房，并考虑杂物储藏空间。客房农忙时可作为临时谷库。二层主要为卧屋，可根据房主的经济状况分期建造。

厕所置于后院，与正房联系紧密而又能有效隔绝气味，并与后院的家禽（家畜）舍统一考虑设置沼气池。二楼储藏间在供水条件改善后可改造为水冲式卫生间，进一步改善生活质量。

房屋造型采用当地农民常见的样式，朴实大方，建造方便。

经济指标：占地面积 156.00m²；建筑基地面积 75.57m²；

基本型：总建筑面积 123.70m²；

一期扩建：总建筑面积 136.70m²；

二期扩建后：总建筑面积 148.00m²。

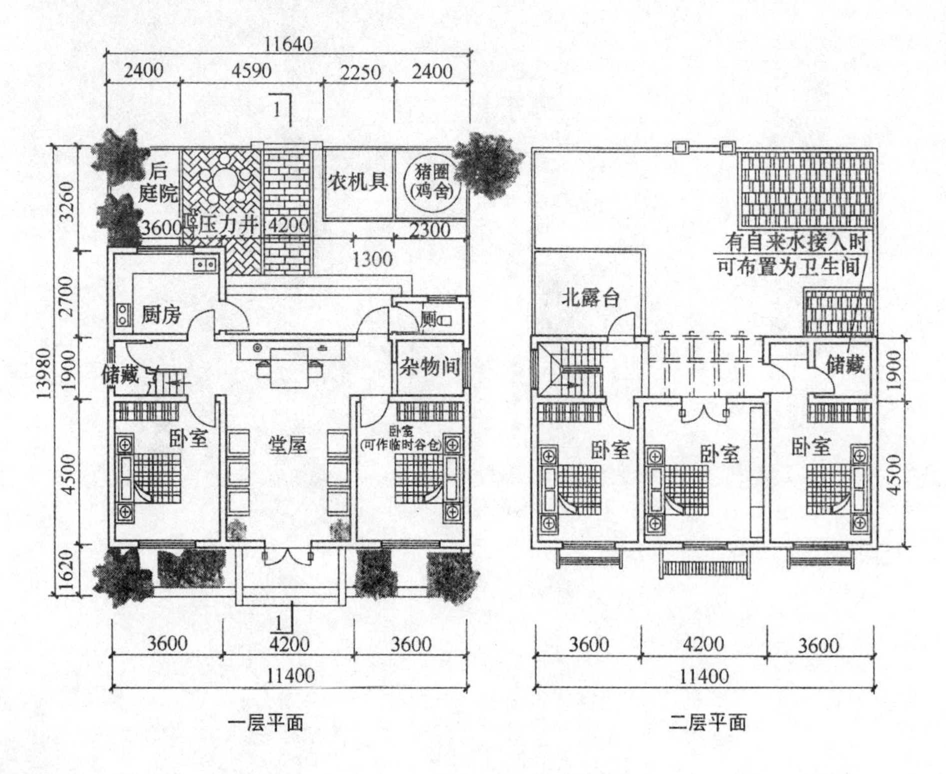

一层平面　　　　二层平面

侧立面　　南立面

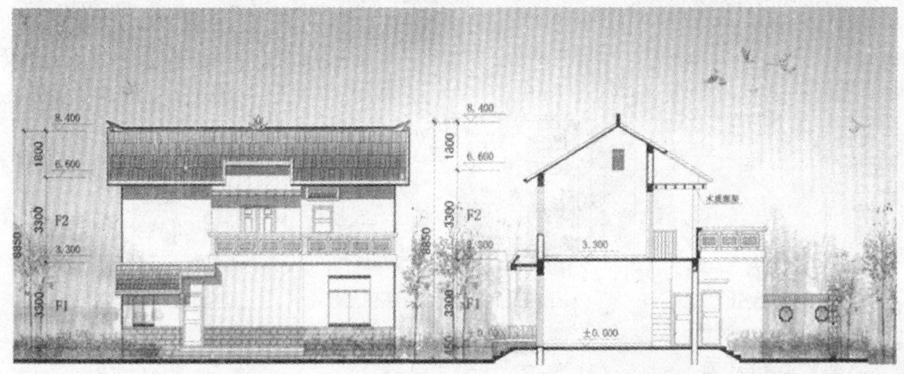

北立面　　剖面图

透视图

持续建造示意图

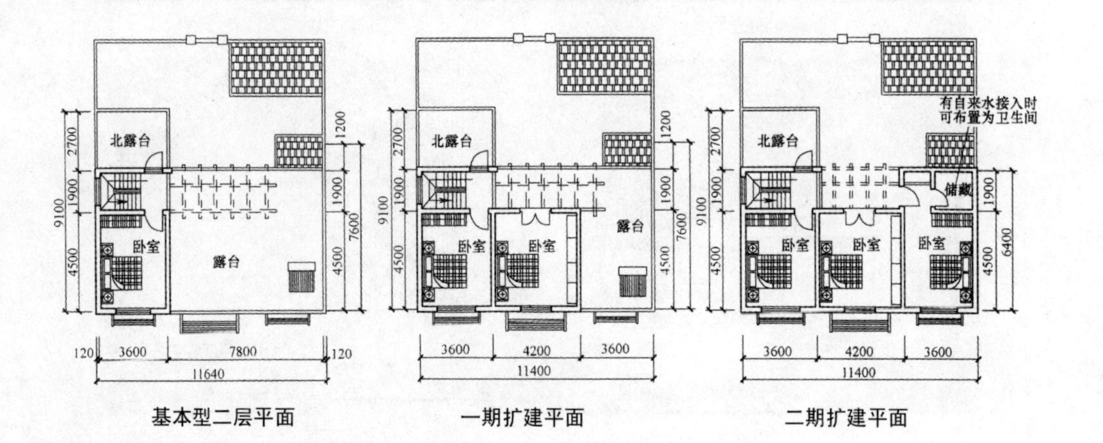

基本型二层平面　　一期扩建平面　　二期扩建平面

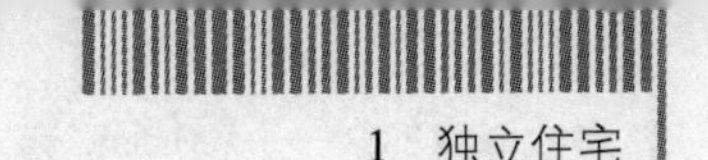

1.11 两层独立式住宅⑪

设计：江阴市建筑设计研究院 顾爱天

设计说明：民居中所含的文化韵味往往是以一种生活方式的延续为体现的。在农村，外界干扰相对较少，传统的影响因而也较城市中要大，而作为生活方式延续的重要外界之物，建筑所成的环境只有与人有所沟通才能产生意义。这也正是现阶段农村住宅所缺乏的。

通过对农村生活方式的研究，本人认为有4点是值得重视的。

①中堂的设置：中堂的空间使用上与城市住宅中的起居室有所不同，它较为开放，往往不具备休息娱乐的功能；同时它也是一些传统活动的场所(如祭祖先等)。

②厨房的位置及设备：大灶是农村生活方式的又一重要体现。

③建筑用地相对宽松，因而许多住宅有院子。

④农村中较为良好的睦邻关系。

本方案为两开间两层房。平面分布上厨房、中堂朝南布置，厨房在农村生活中有重要地位，它不仅是做饭菜的地方，同时也往往是串门的主要场所。农村习惯烧灶，现在虽有了液化气，但烧灶仍十分普遍，因此，作为生活方式的延续，本方案在厨房中设置了大灶。由于设计中不仅考虑独立式布置，也还考虑到两户相对衔接，因而内院在空间上两户相互借用，减少闭塞的感觉；同时，走廊、楼梯临内院设置也增加了内院空间层析。服务空间设在中部，以减少交通面积。

造型本着朴实、雅致的原则进行设计，立面上利用烟囱拔高处理，形成物质性，以增加居户的认同感。造型上着重要突出的是屋面和色彩，屋面处理时也考虑了结构、施工和造价方面的因素，因而屋面突出一个群体的艺术效果，不强调单幢单户，而是作为一个整体来考虑，同时造型中吸收了传统民居中四合院和女儿墙的处理。

技术经济指标：用地面积181.05m^2；总建筑面积178.2m^2；容积率0.98；绿化率23%。

效果图

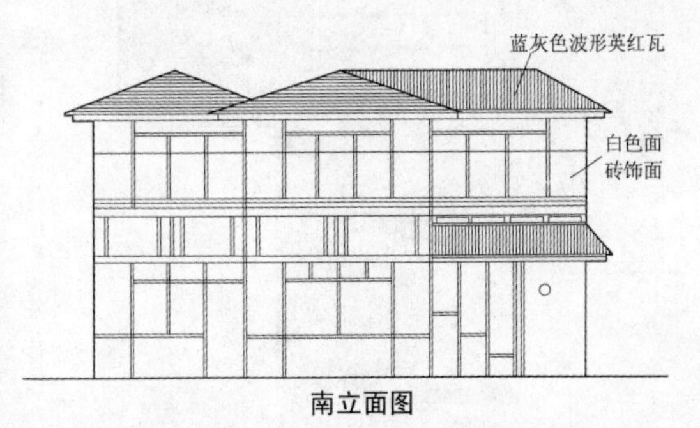

南立面图

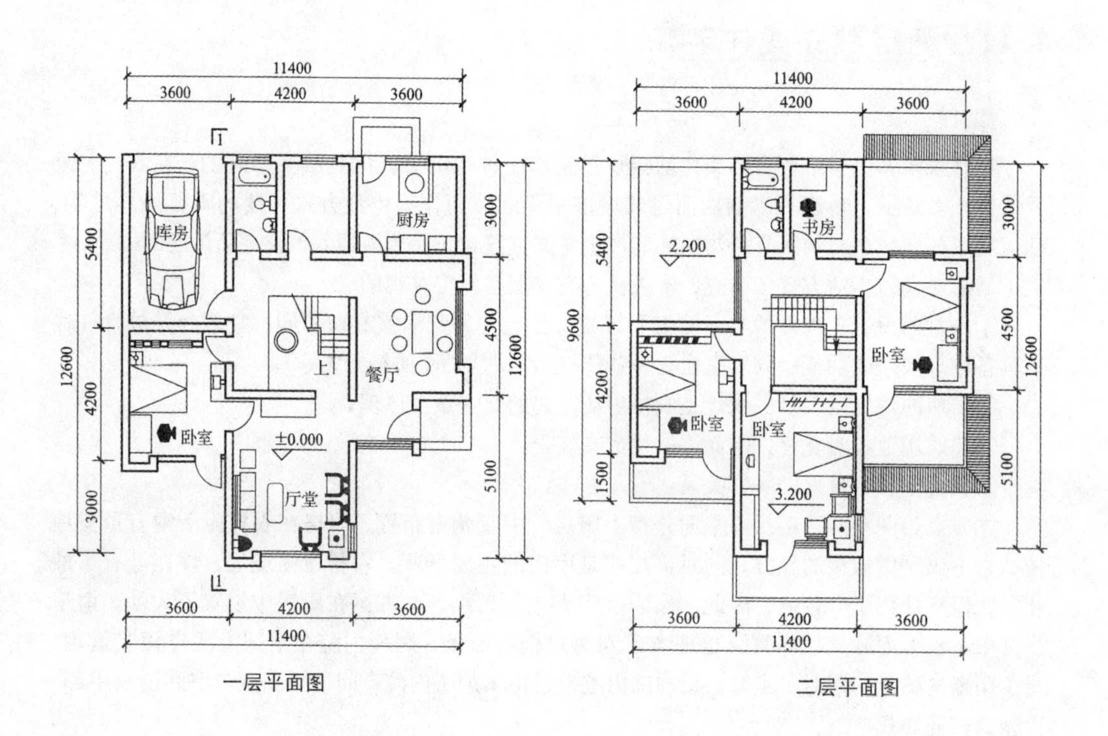
11400
3600
4200
3600
库房
厨房
餐厅
上
卧室
±0.000
厅堂
5400
4200
3000
12600
4500
5100
一层平面图
书房
2.200
卧室
卧室
卧室
3.200
9600
1500
二层平面图

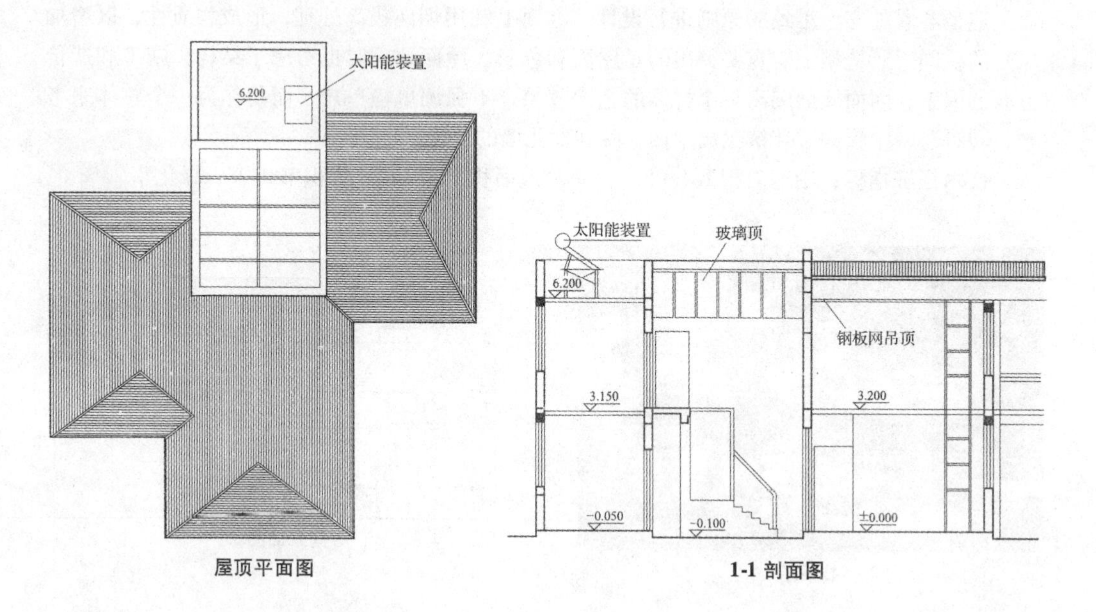
太阳能装置
6.200
屋顶平面图
太阳能装置
玻璃顶
钢板网吊顶
3.150
3.200
-0.050
-0.100
±0.000
1-1 剖面图

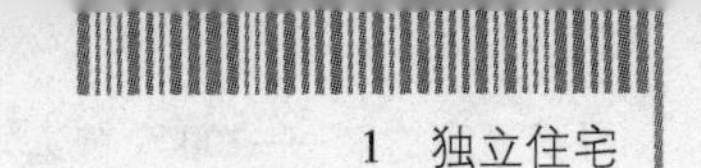

1.12 两层独立式住宅⑫

设计：昆明理工大学建筑学系

方案特点：本方案为独立式农民住宅，建筑面积：322.5m²。以厅为中心组织平面，功能布局合理；屋顶平、坡结合，立面富有变化。

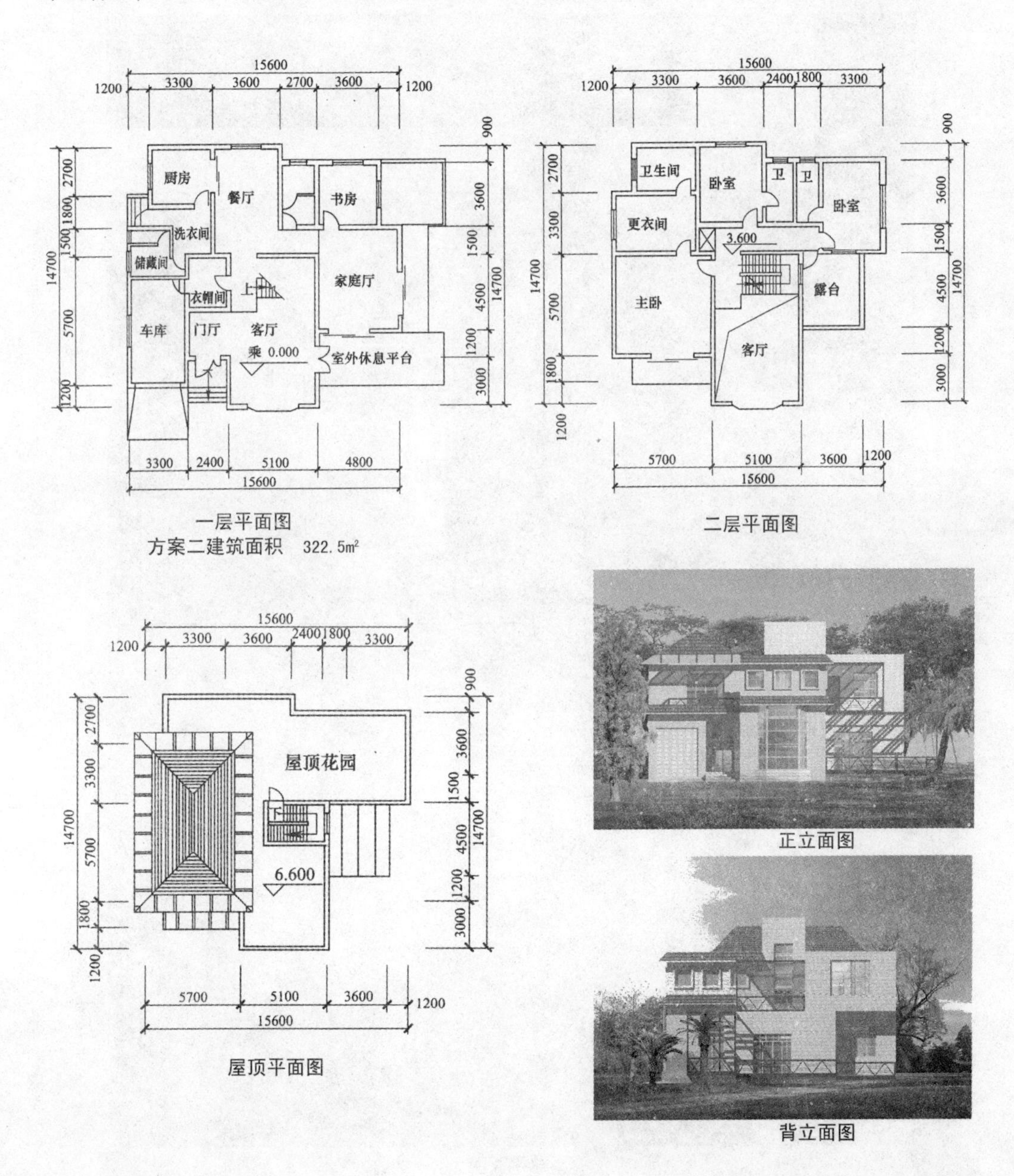

一层平面图

方案二建筑面积　322.5m²

二层平面图

屋顶平面图

正立面图

背立面图

1.13 两层独立式住宅⑬

设计：保定市建筑设计研究院 韩军

方案特点：本方案为中央电视台经济频道《点亮空间——2006全国家居设计电视大赛》河北清苑冉庄农村住宅优秀方案。

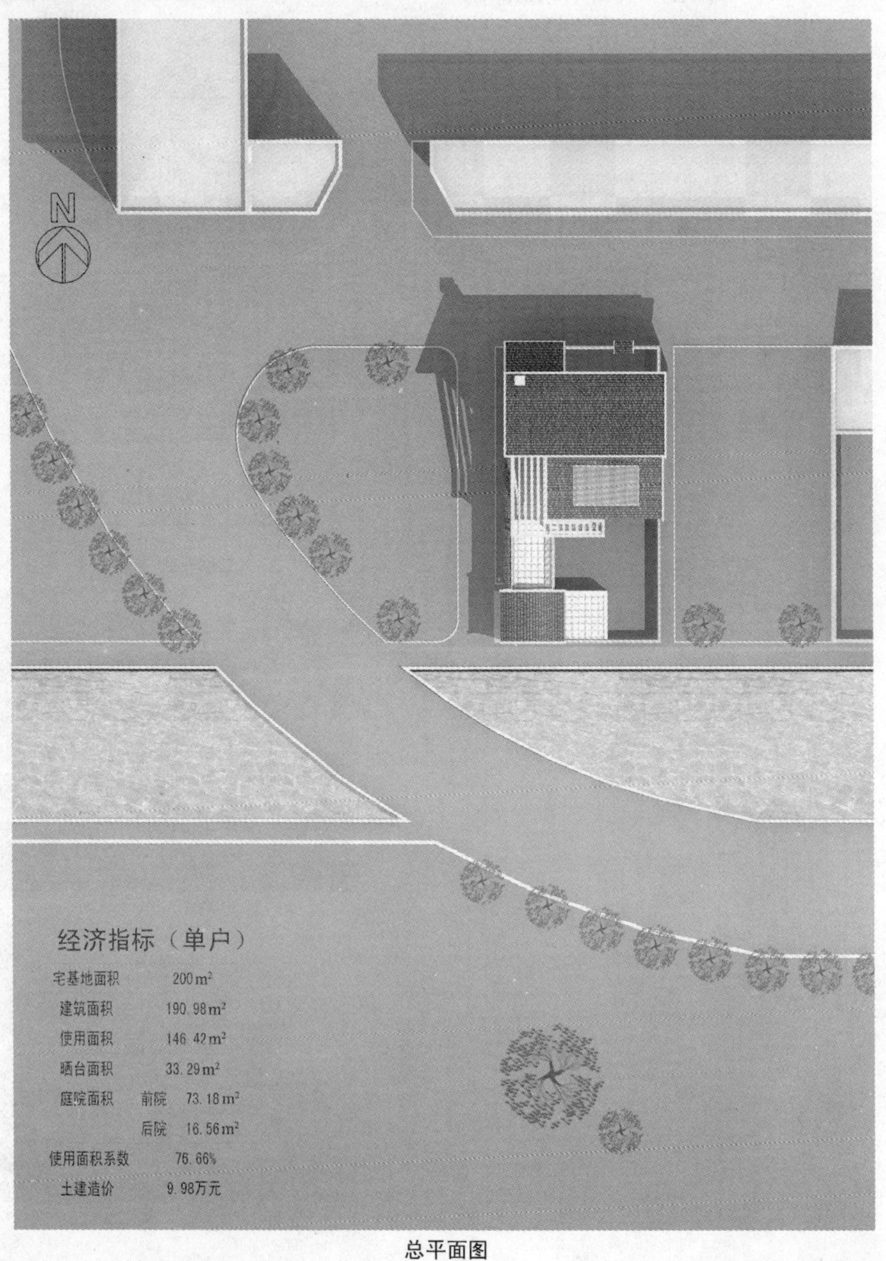

总平面图

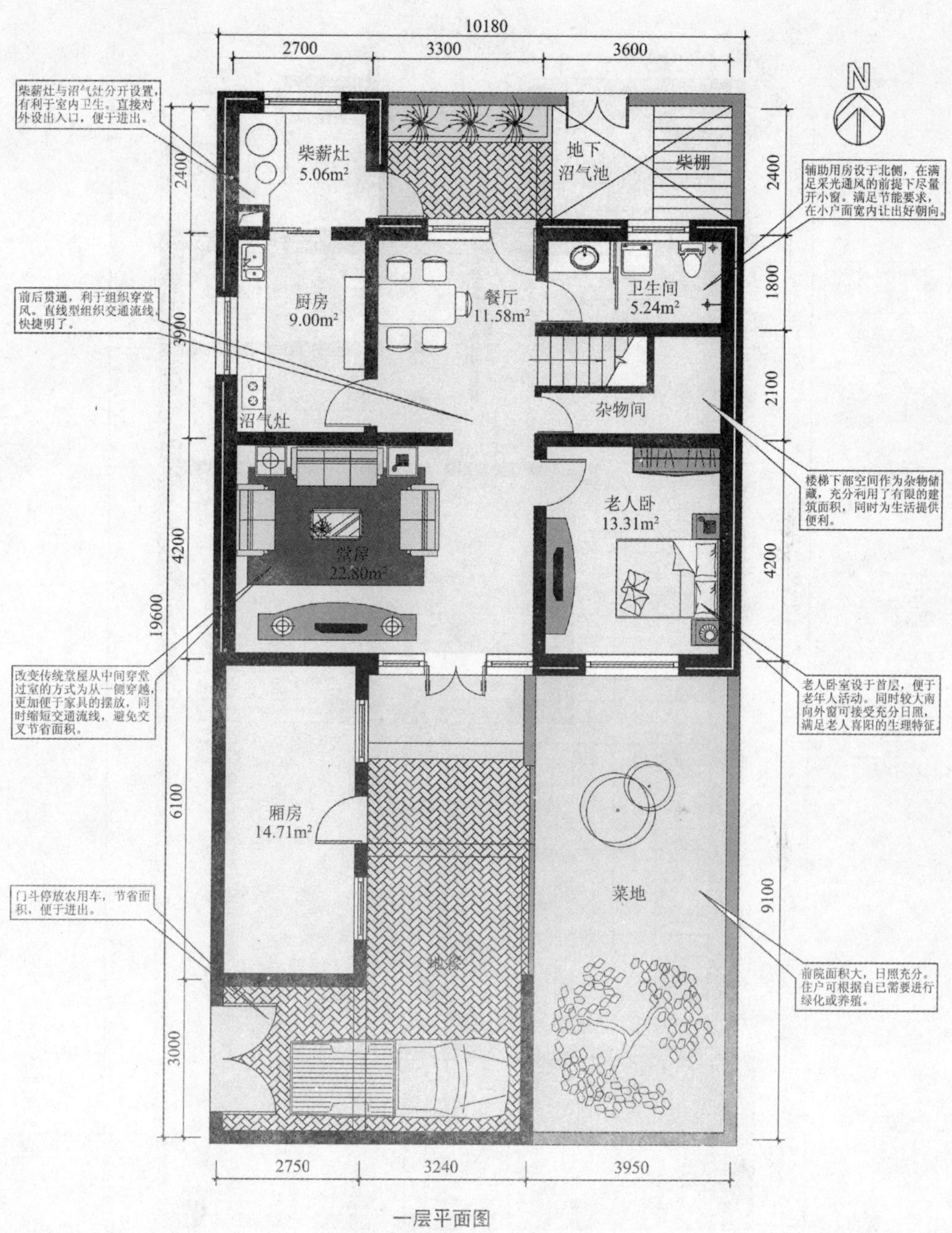

一层平面图

本层建筑面积：113.96㎡

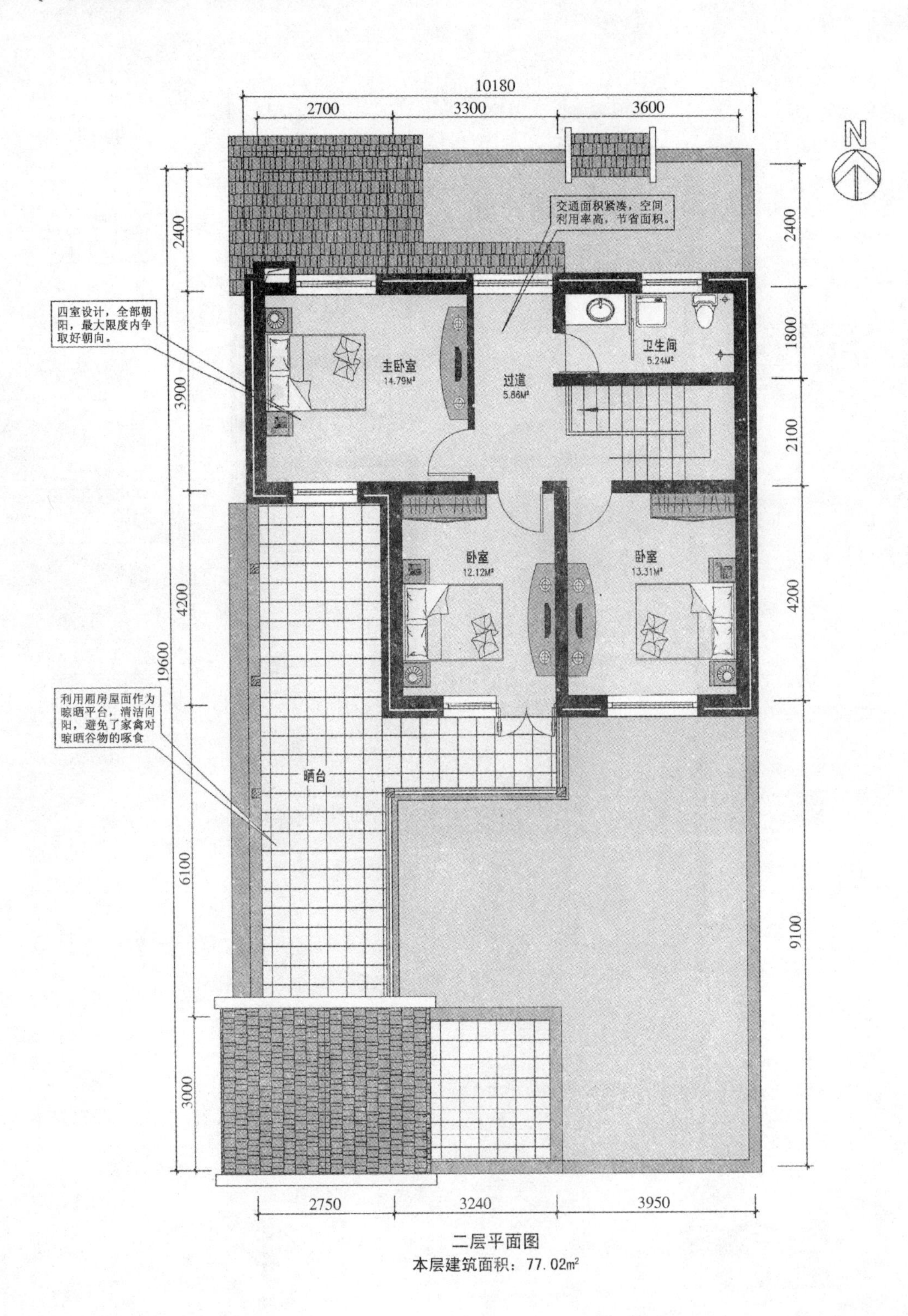

二层平面图

本层建筑面积：77.02m²

南立面图

西立面图

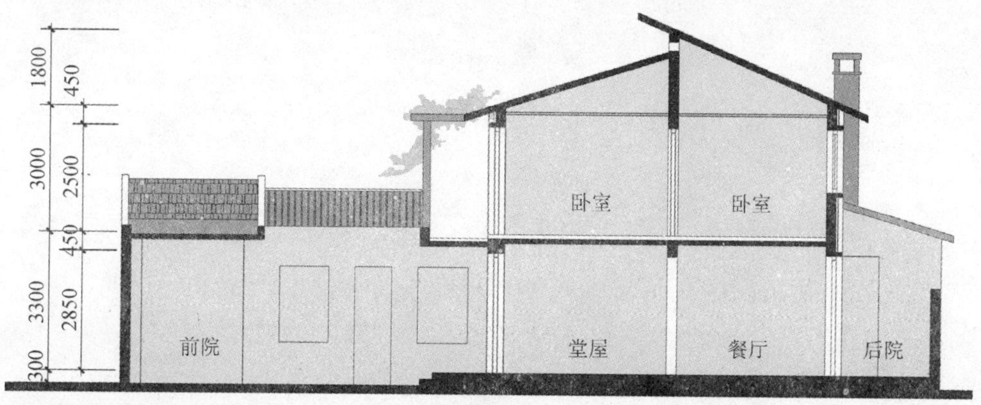

剖面图

效果图

1.14 三层独立式住宅①

设计：华新工程顾问国际有限公司 康菁，指导：骆中钊

方案特点：本方案为三层独立式住宅，平面布置较为紧凑，入门设置了小天井内庭，活跃了居住气氛。立面造型富于变化。

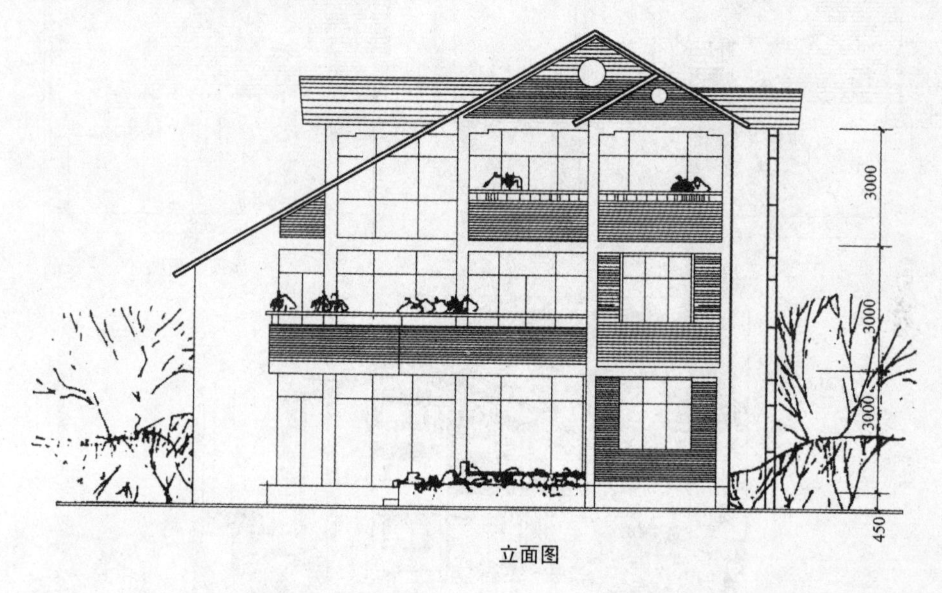

立面图

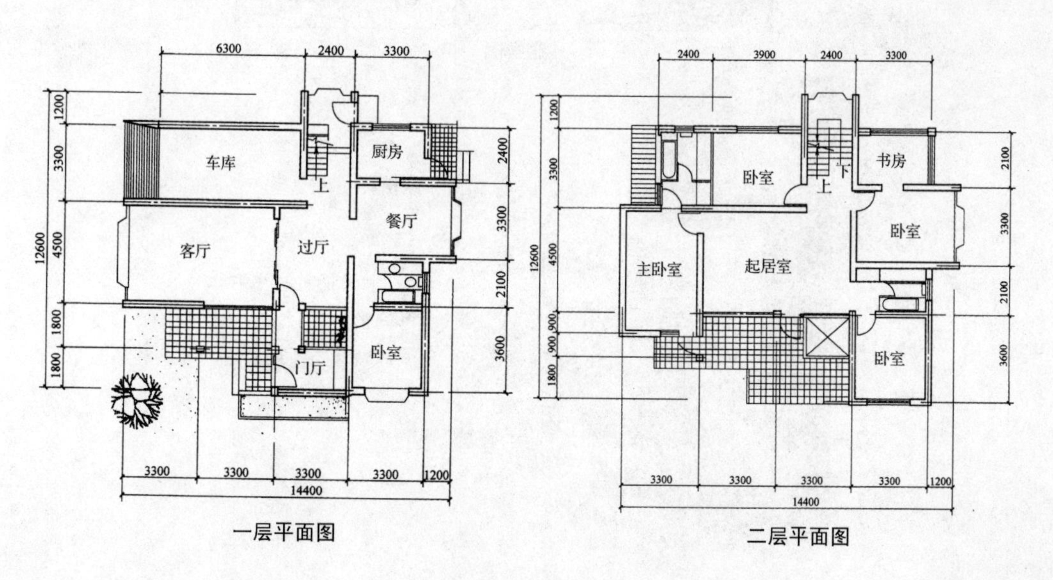

一层平面图

二层平面图

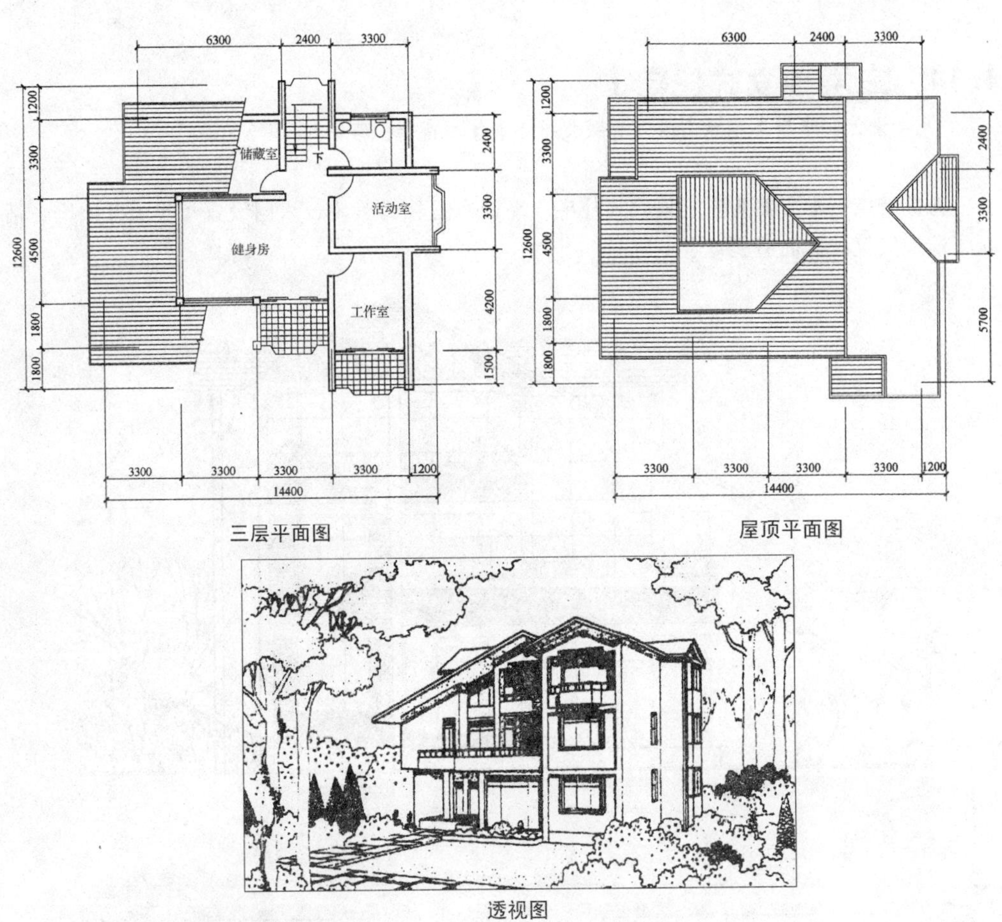

三层平面图

屋顶平面图

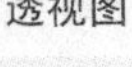

透视图

建成外景

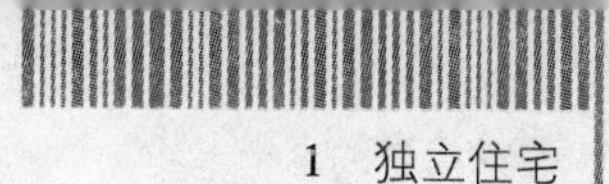

1.15 三层独立式住宅②

设计：华新工程顾问国际有限公司　康菁，指导：骆中钊

方案特点：本方案为四坡顶三层住宅，大片的二层露台利于夏季乘凉及布置屋顶花园，提高居住环境质量。

南立面图

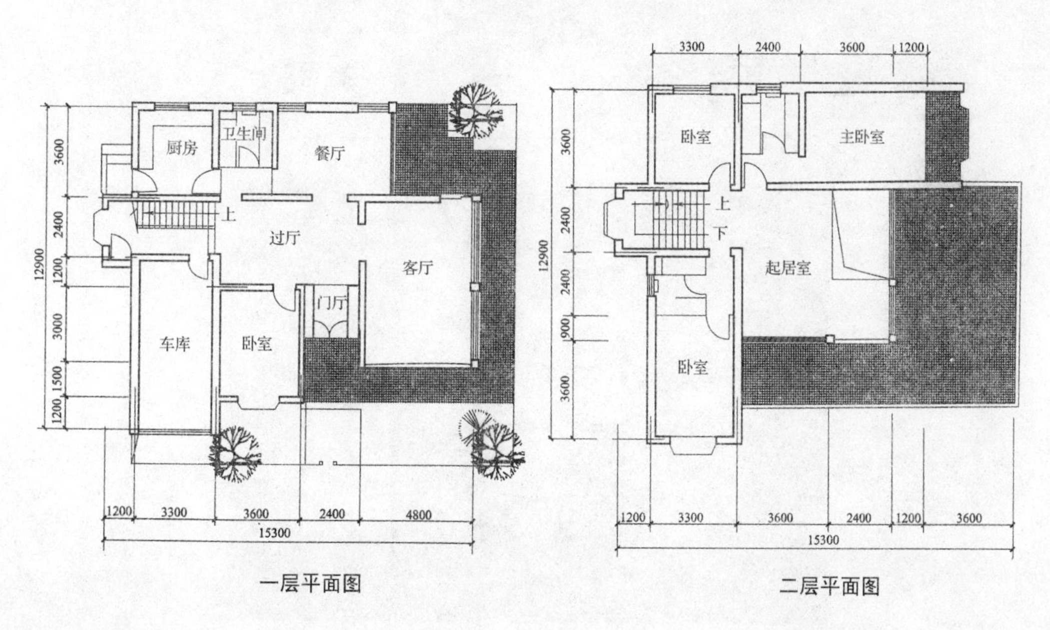

一层平面图　　二层平面图

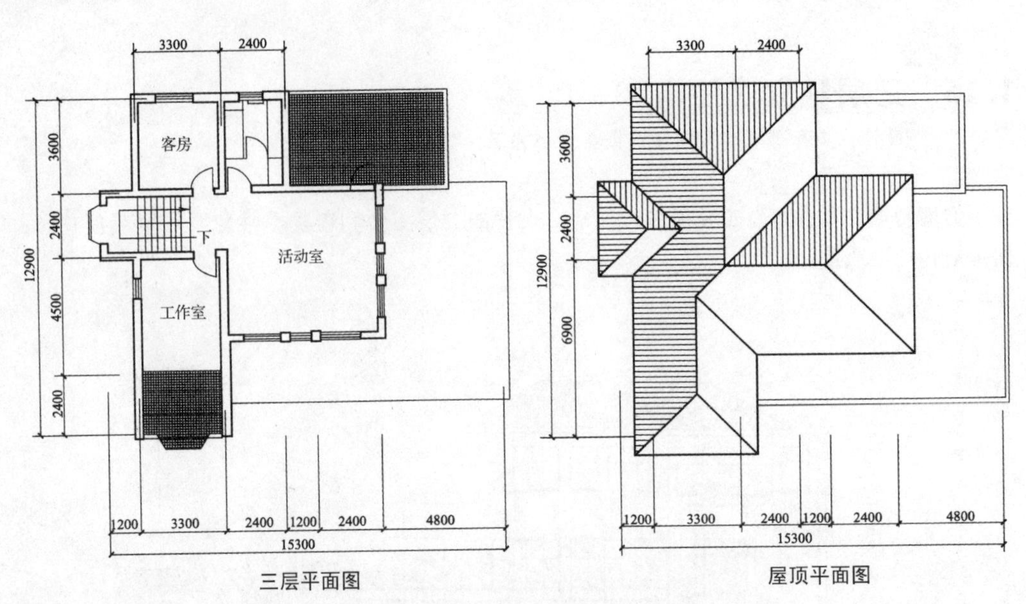

三层平面图　　　　屋顶平面图

透视图

模型

1.16 三层独立式住宅③

设计：福建省连城县建设局 陈建明，指导：骆中钊

方案特点：本方案为面宽二开间的三层坡屋顶独立式住宅。平面布局以厅为中心组织平面。后半部3.6m进深。可根据具体使用要求，用轻质隔断进行分隔，具有较高的可改性。设置的侧面阳台，可以使朝北的房间得到朝南的进风口；而一层的厨房即可利用南面开门，加深与邻里之间的联络。三层的三户设置，不仅可以为湿热的南方提供一个避雨纳凉的场地，还可为农户提供一个洗衣晾晒的场所。实践证明，这一做法深受群众的欢迎。台阶式的阳台设置，既可为朝南阳台的门窗避免风吹日晒和雨淋，又可获得充足的阳光，便于晾晒衣被谷物，同时还使得本方案的侧立面富有变化，颇为生动活泼。

技术经济指标：总建筑面积270.50m²；建筑基底面积98.40m²；建筑造价估算约10万元。

建成外景

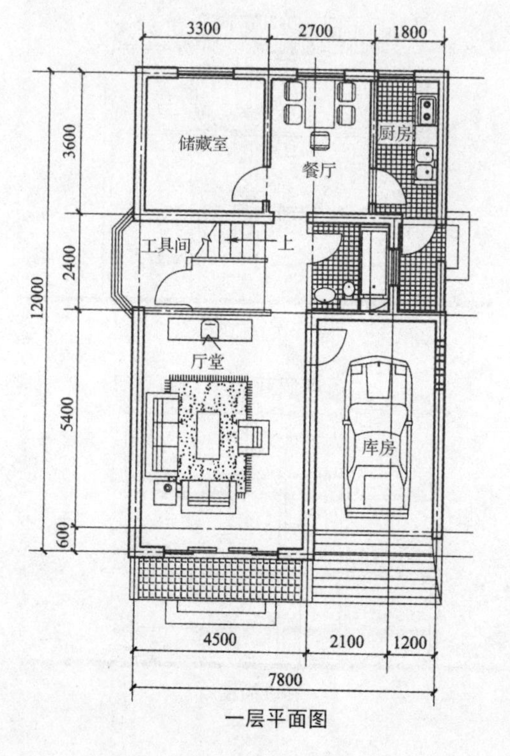

一层平面图

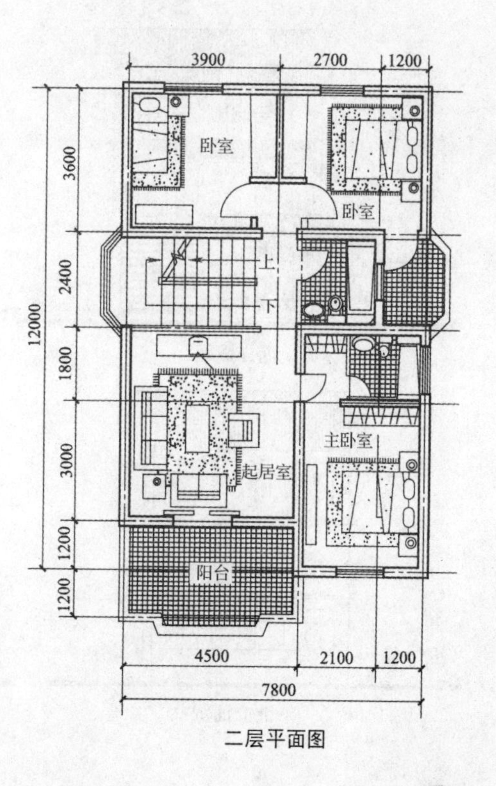

二层平面图

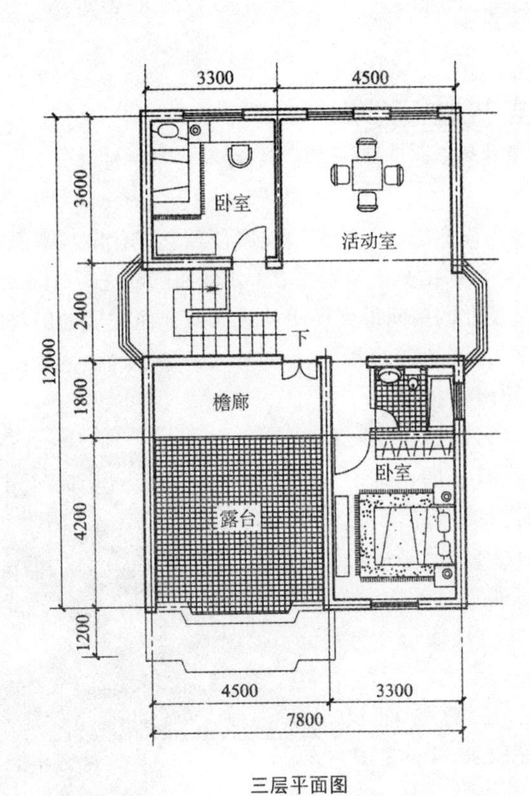

三层平面图

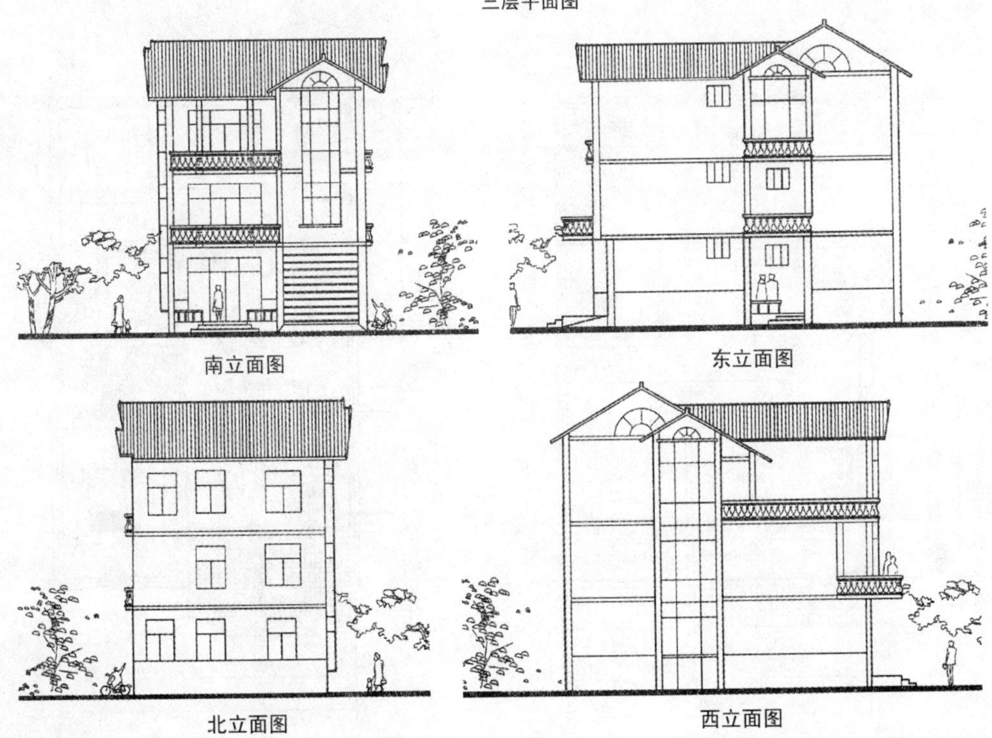

南立面图

东立面图

北立面图

西立面图

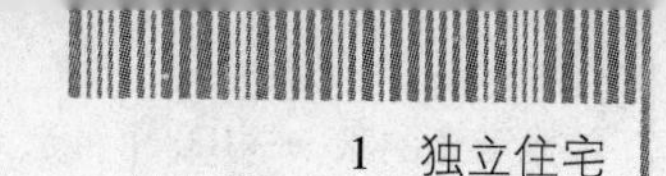

1.17 三层独立式住宅④

设计：福建龙海市建设局　刘海明，指导：骆中钊

方案特点：本方案为独立式三层住宅。一层库房有三种不同的布置，可适应总平面布局的要求。平面布置各层均有较大的室外活动场所，便于晾晒谷物和栽植花卉。

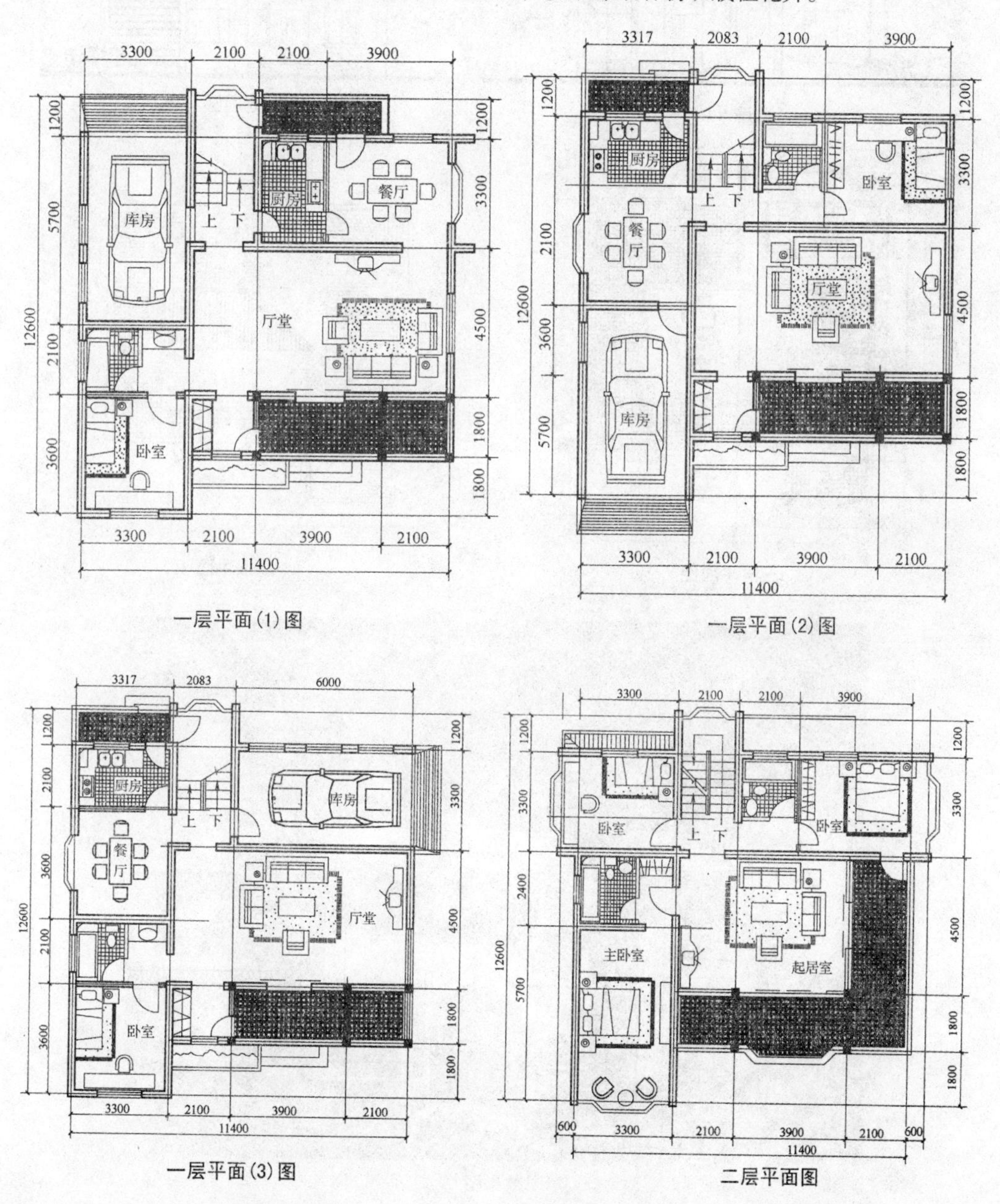

一层平面(3)图

二层平面图

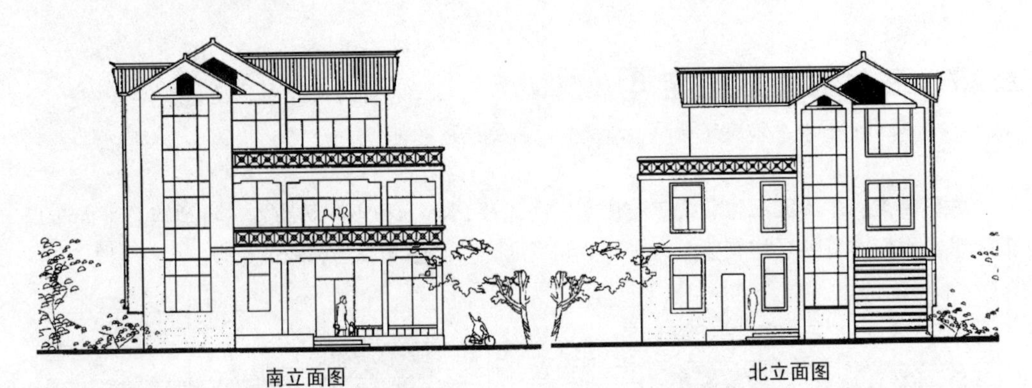

南立面图　　北立面图

三层平面图

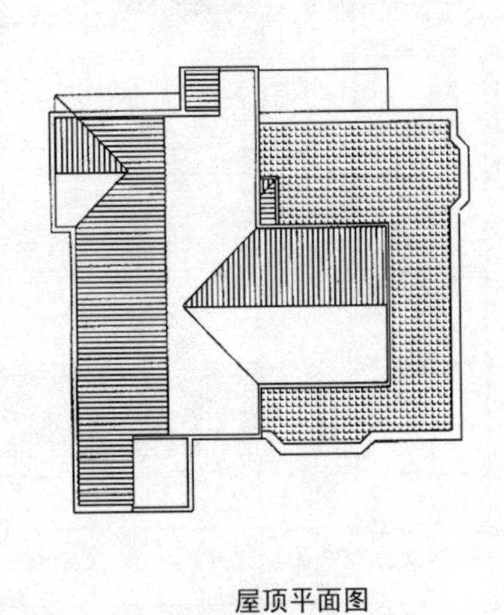

屋顶平面图

效果图

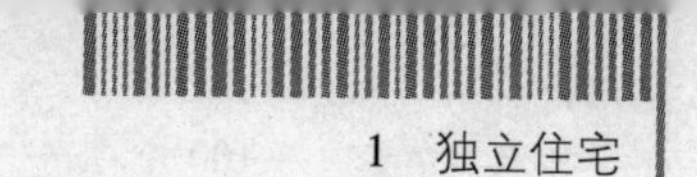

1.18 三层独立式住宅⑤

设计：华新工程顾问国际有限公司　康菁，指导：骆中钊

方案特点：本方案为三层独立式住宅，立面造型富于变化，颇具时代特色。平面布置功能合理。

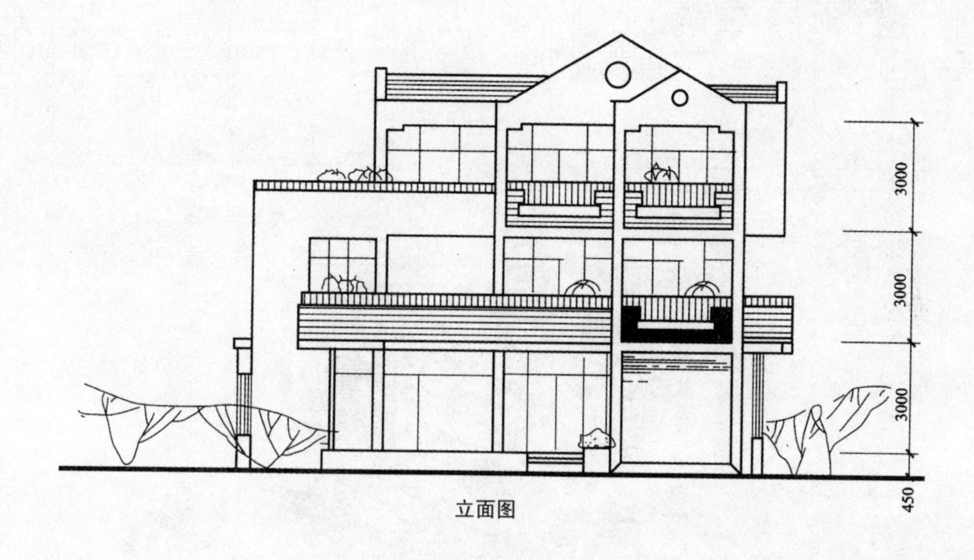

立面图

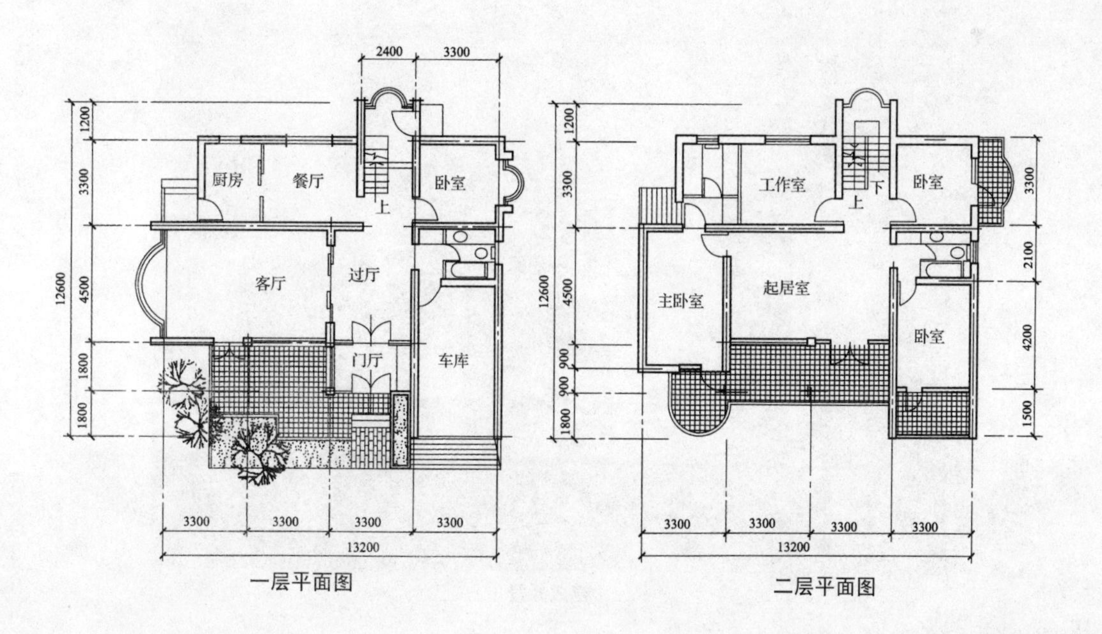

一层平面图　　二层平面图

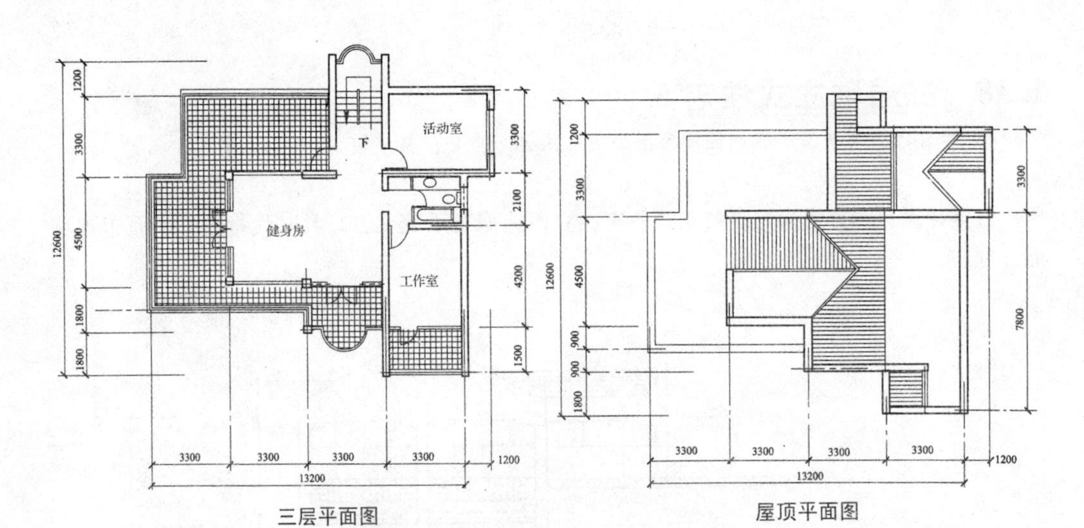

三层平面图　　　　屋顶平面图

透视图

建成外景

1.19 三层独立式住宅⑥

设计：华新工程顾问国际有限公司 康菁，指导：骆中钊

方案特点：本方案为双坡顶三层住宅，功能空间齐全，平面布置紧凑。立面造型简洁大方。

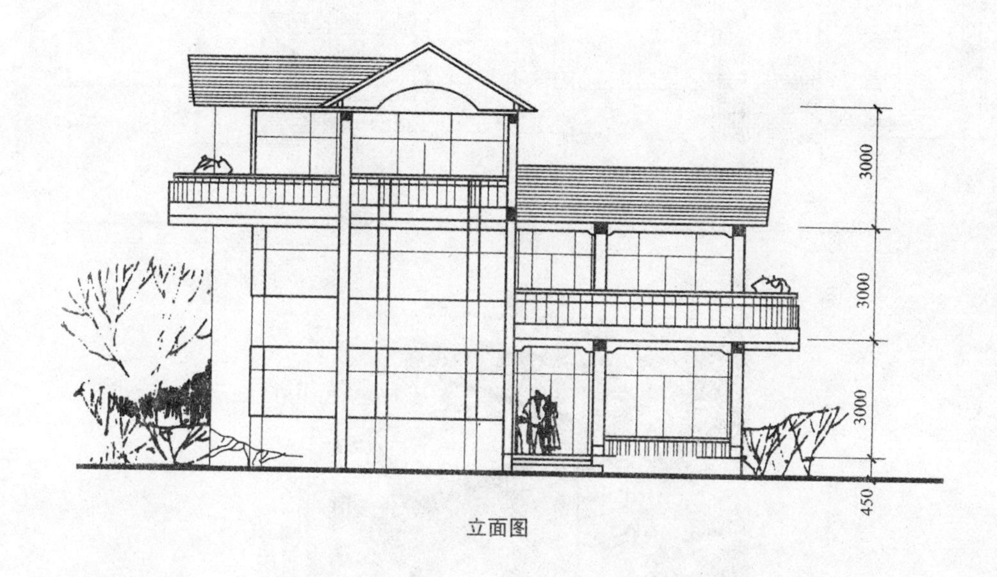

立面图

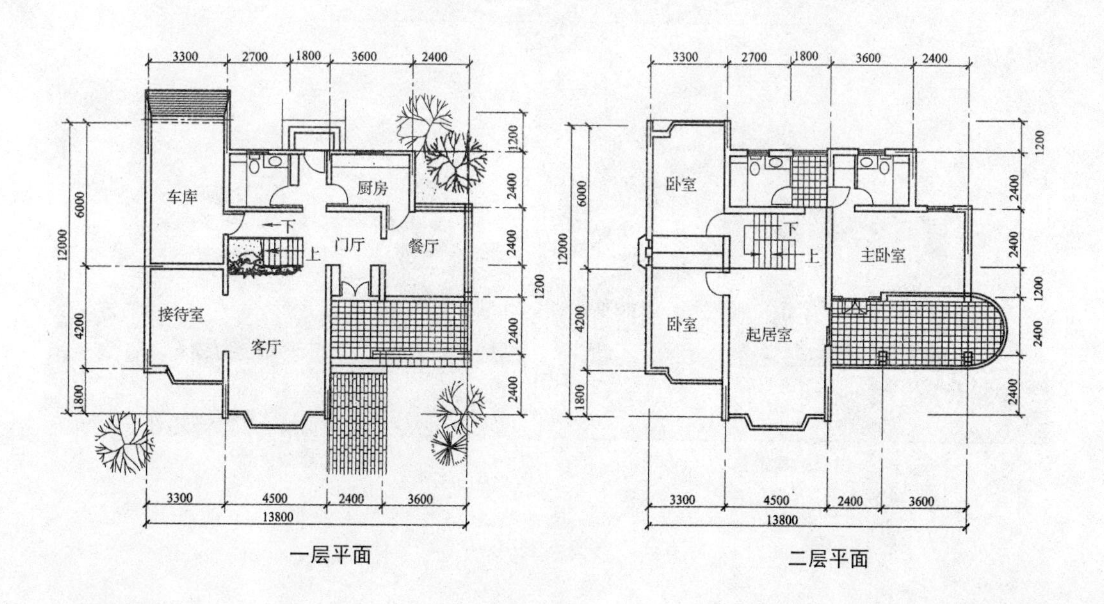

一层平面　　二层平面

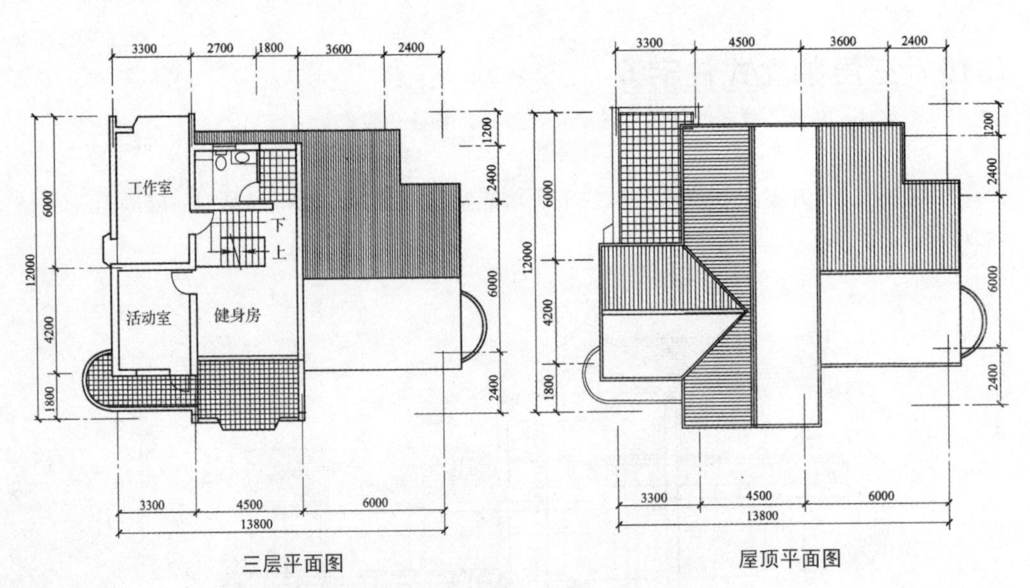

三层平面图　　　　屋顶平面图

透视图

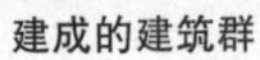

建成的建筑群

建成外景

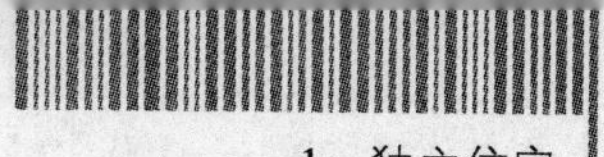

1.20 三层独立式住宅⑦

设计：福建长汀县建设局 林渊，指导：骆中钊）

方案特点：本方案为独立式三层住宅。设计中考虑到所处基址依山傍水，但为坐南朝北，主导风向为东北风的特点，特在住宅的南面布置带有门廊的餐厅，以供用户夏天纳凉，二层东北向阳台和三层西南向露台又可为用户提供更多的室外活动场所。

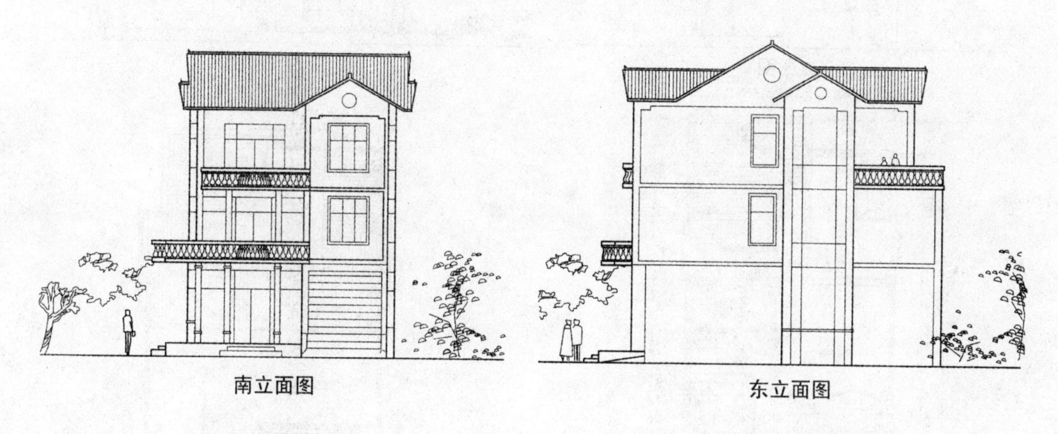

南立面图 东立面图

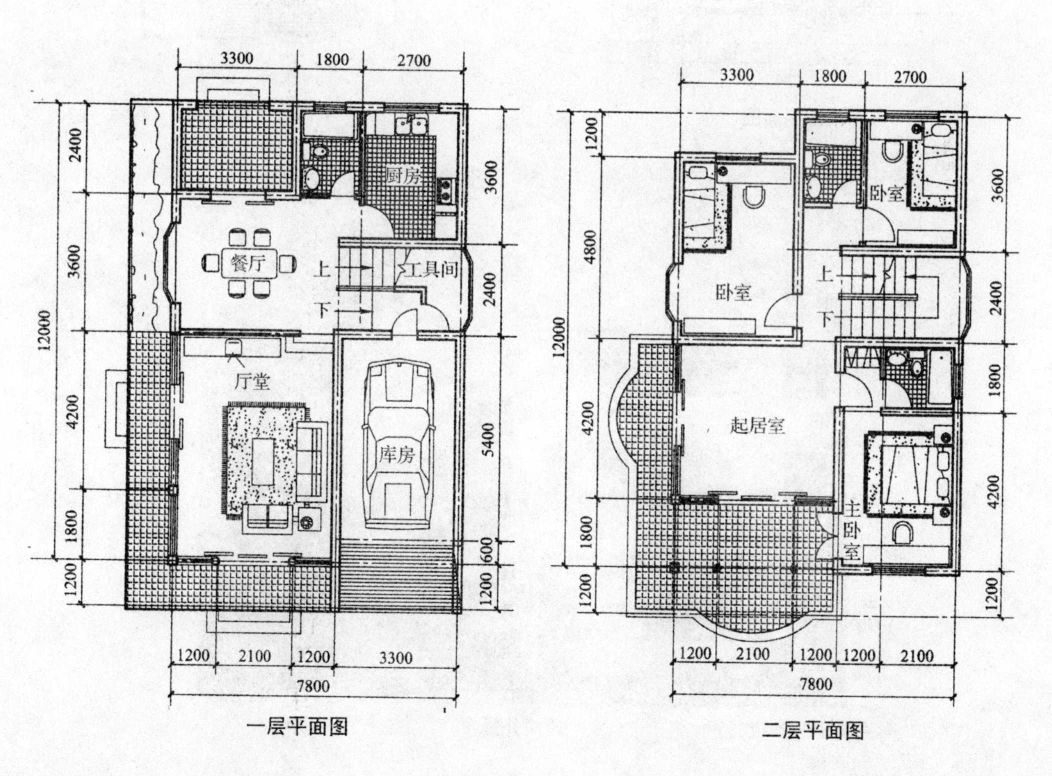

一层平面图 二层平面图

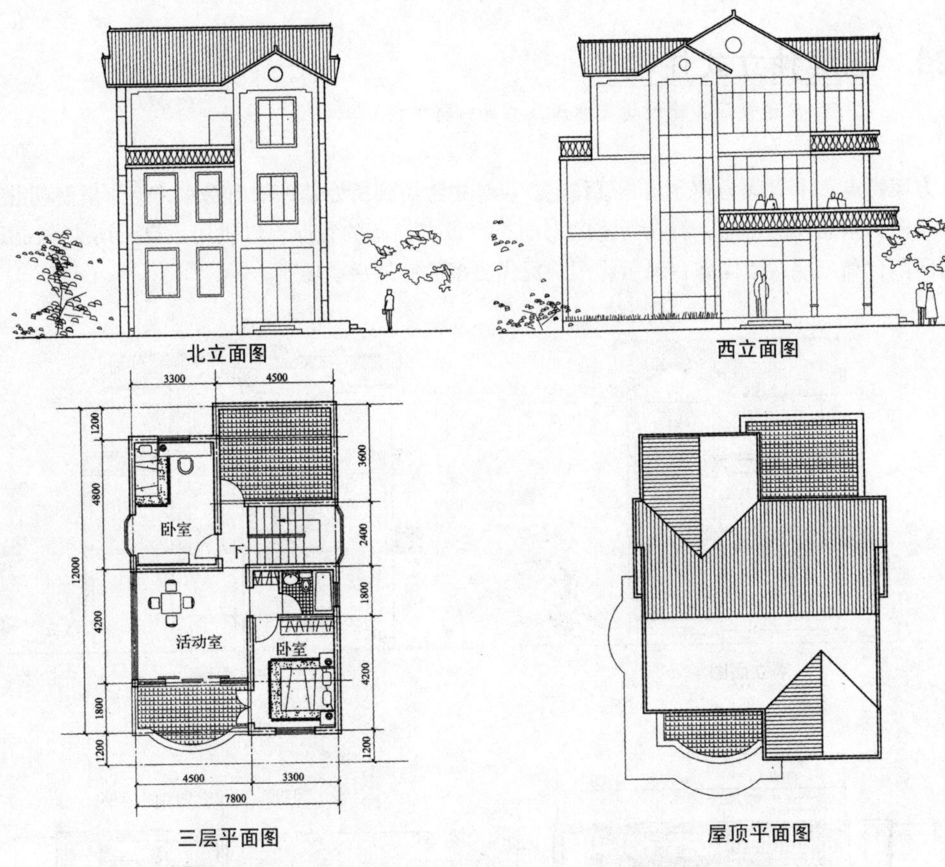

北立面图

西立面图

三层平面图

屋顶平面图

建成外景

1.21 三层独立式住宅⑧

设计：昆明理工大学建筑学系

方案特点：本方案为独立式三层住宅，适用于开发观光旅游之所需。建筑面积：方案(一)268.56m²；方案(二)359.3m²。

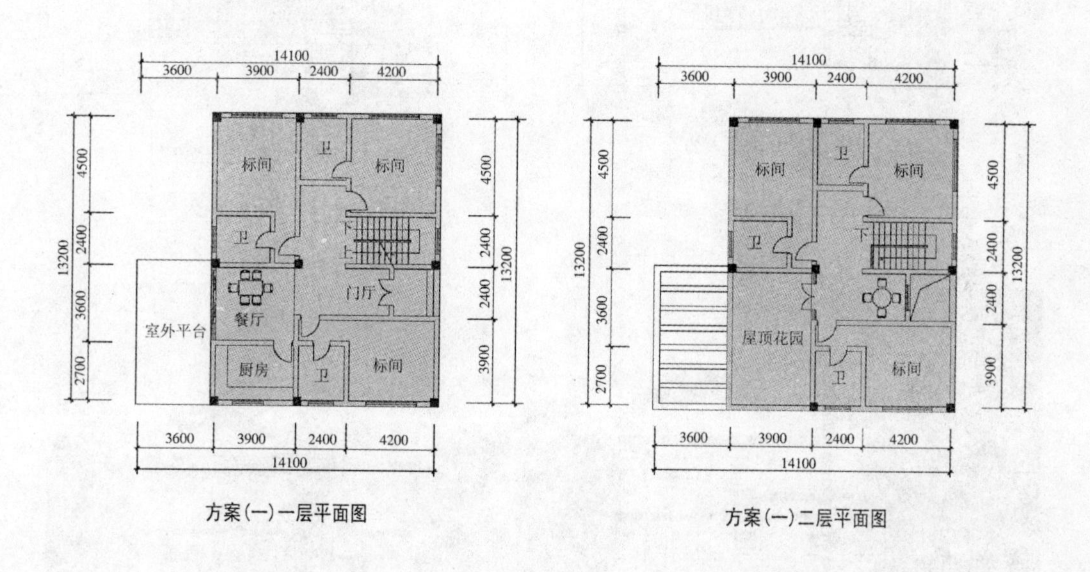

方案(一)一层平面图

方案(一)二层平面图

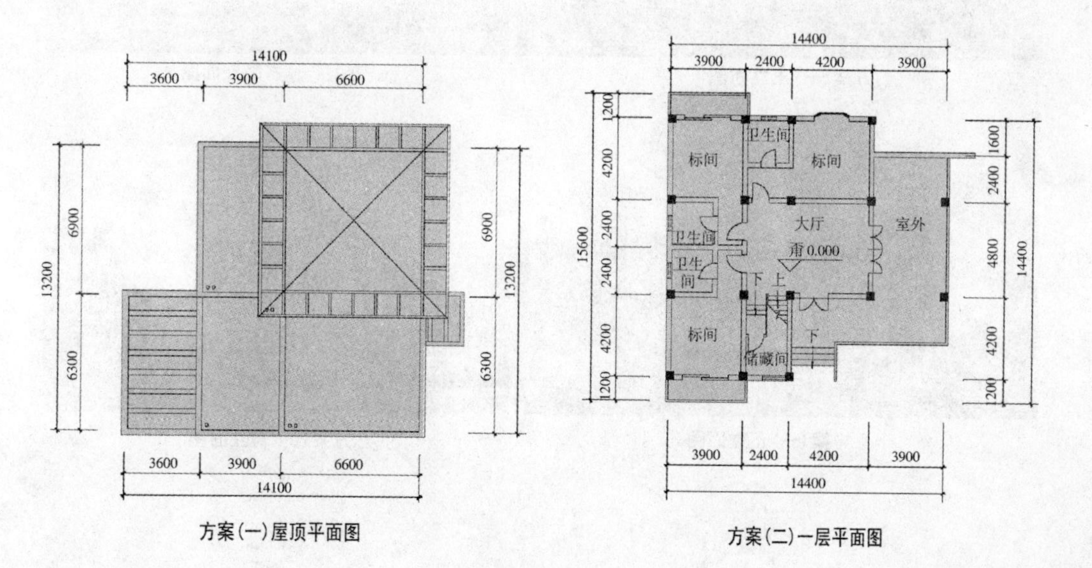

方案(一)屋顶平面图

方案(二)一层平面图

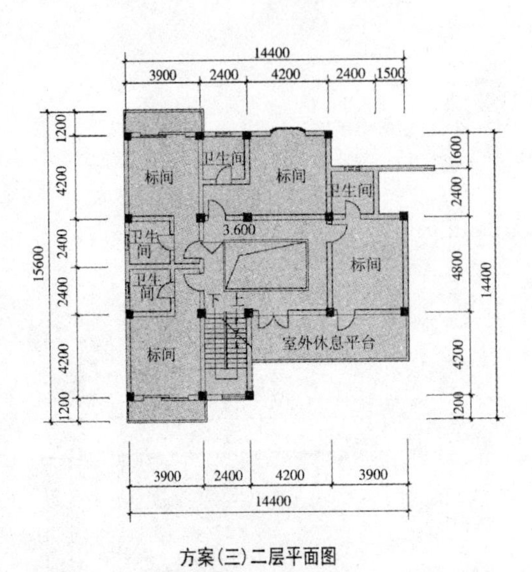

方案(三)二层平面图

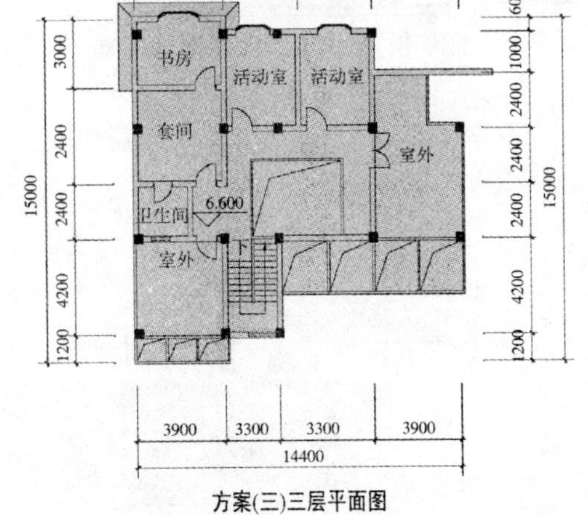

方案(三)三层平面图

方案(一)正立面图

方案(一)右侧立面图

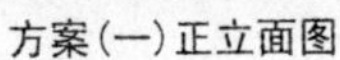

方案(一)正立面图

方案(一)背立面图

1.22 三层独立式住宅⑨

设计：华新工程顾问国际有限公司 康菁，指导：骆中钊

方案特点：本方案为三层独立式住宅，功能空间齐全，平面组织合理。立面造型富于变化。

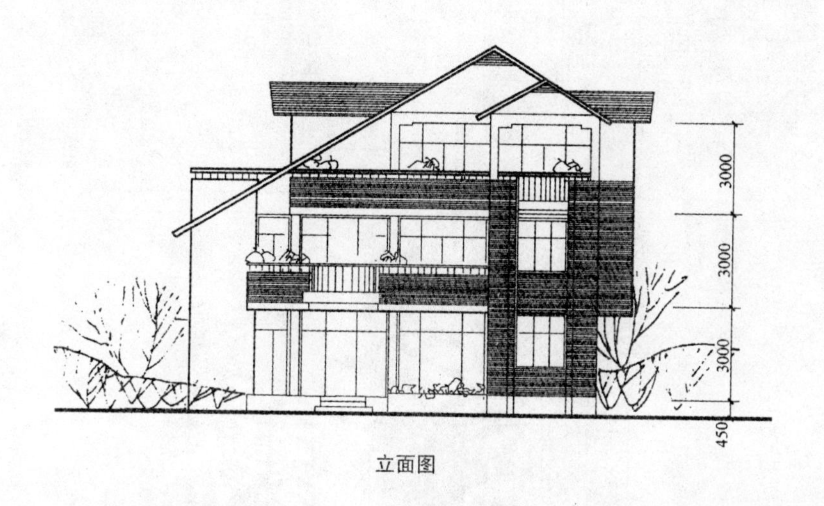

立面图

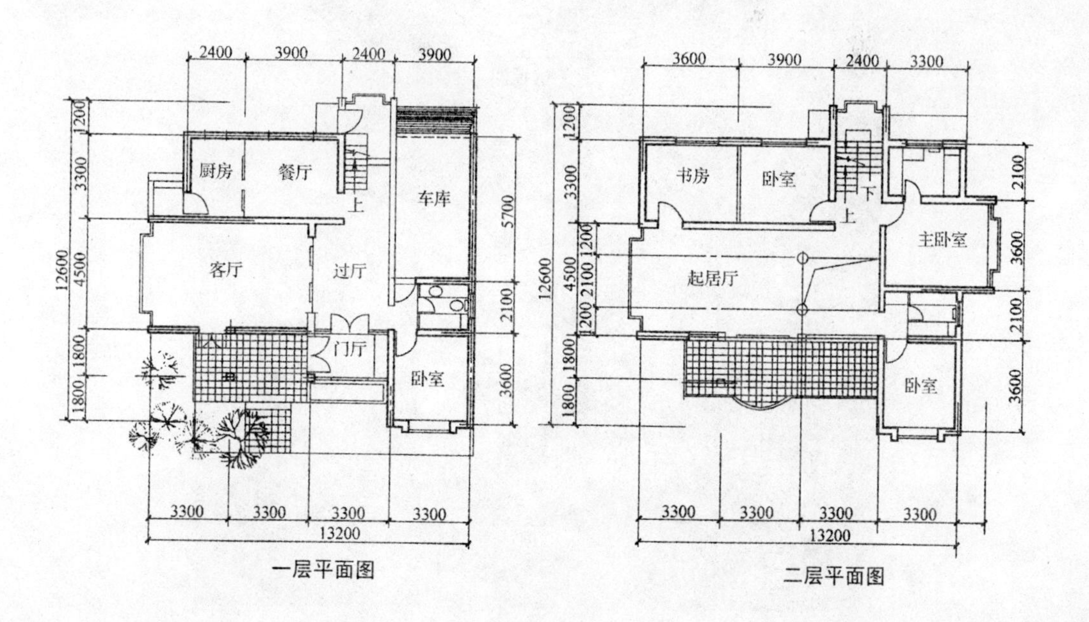

一层平面图　　二层平面图

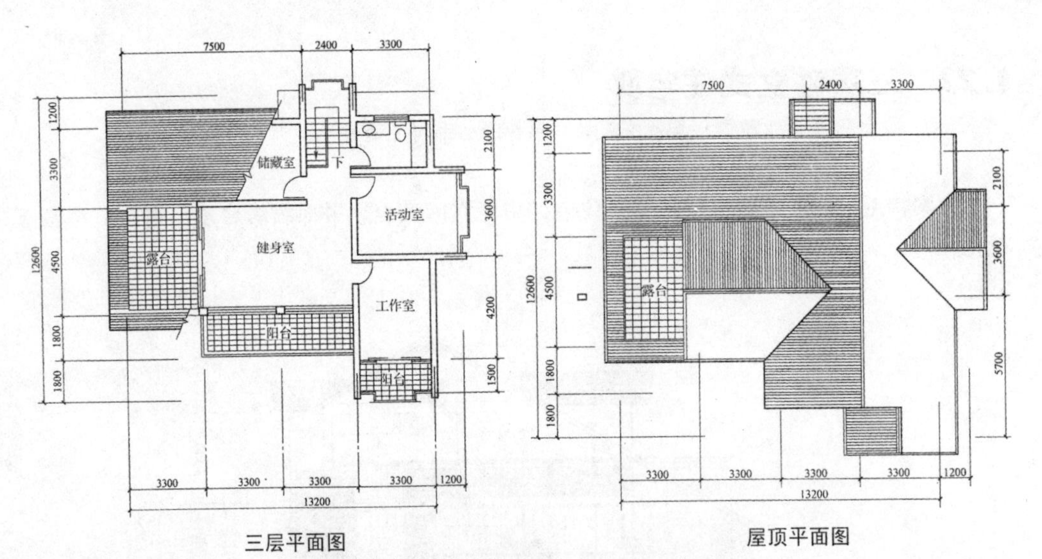

三层平面图　　　　屋顶平面图

透视图

建成外景图

1.23 三层独立式住宅⑩

设计：福建省龙岩市规划设计院 陈雄超，指导：骆中钊

方案特点：本方案为三层坡屋顶独立式住宅。平面功能齐全，布置紧凑。在二、三层相同的情况下，一层平面可根据单体平面在总平面中的位置，把库房（车库）分别布置在南向或北向，使得方案具有较大的适应性。各层平面都布置了较大的室外阳台，以适应南方地区农村生活和生产的需要。立面造型，轻巧多变，层次丰富，颇具现代气息。

技术经济指标：宅基地面积 158.40m²；总建筑面积 345.46m²；建筑基底面积 129.51m²；建筑造价估算约 13 万元。

效果图

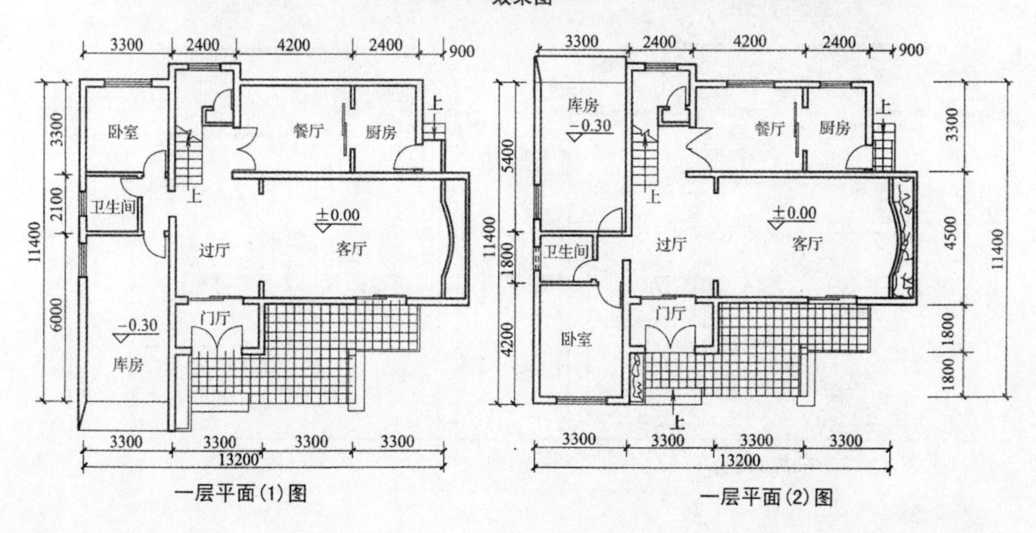

一层平面(1)图　　一层平面(2)图

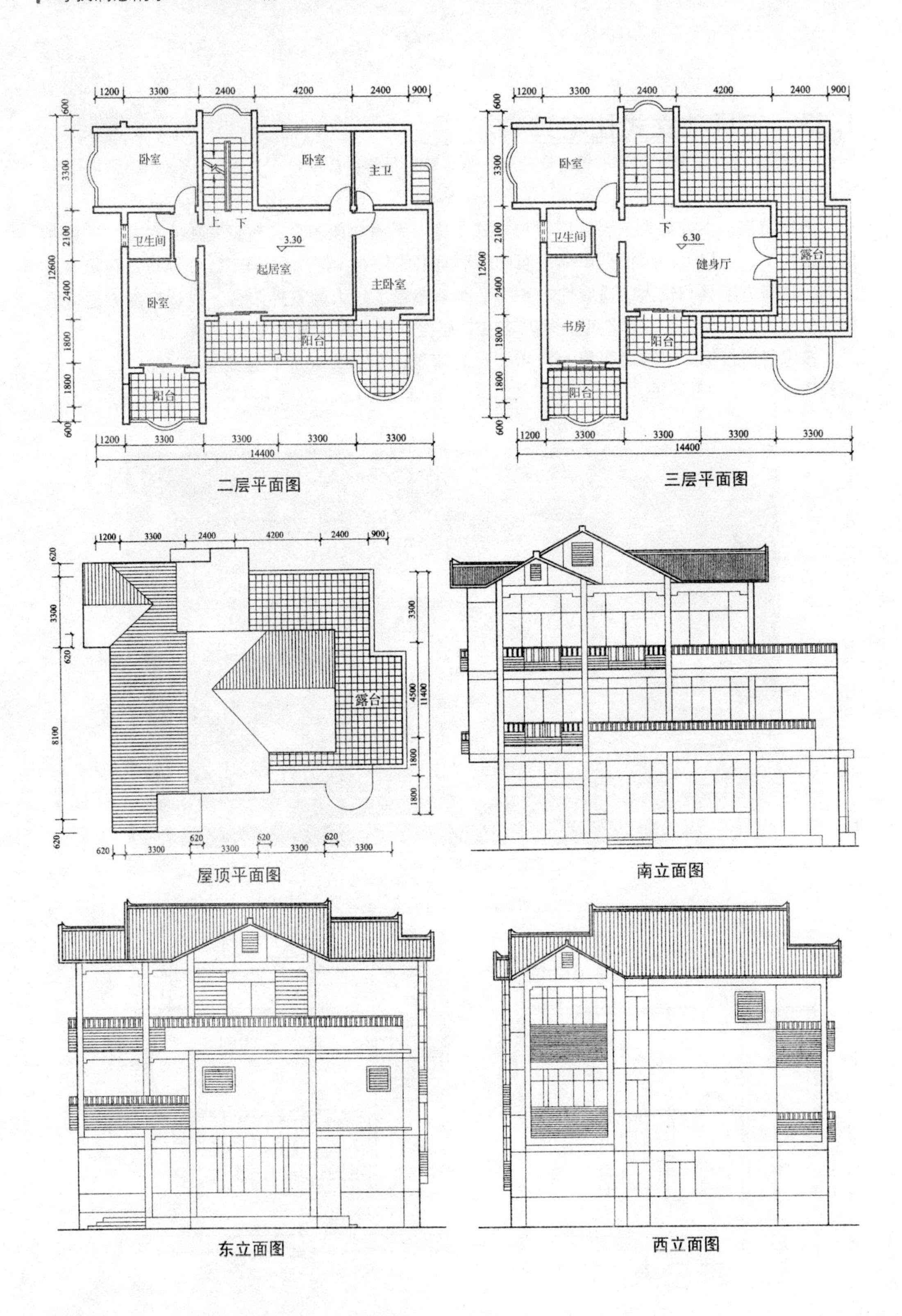

二层平面图

三层平面图

屋顶平面图

南立面图

东立面图

西立面图

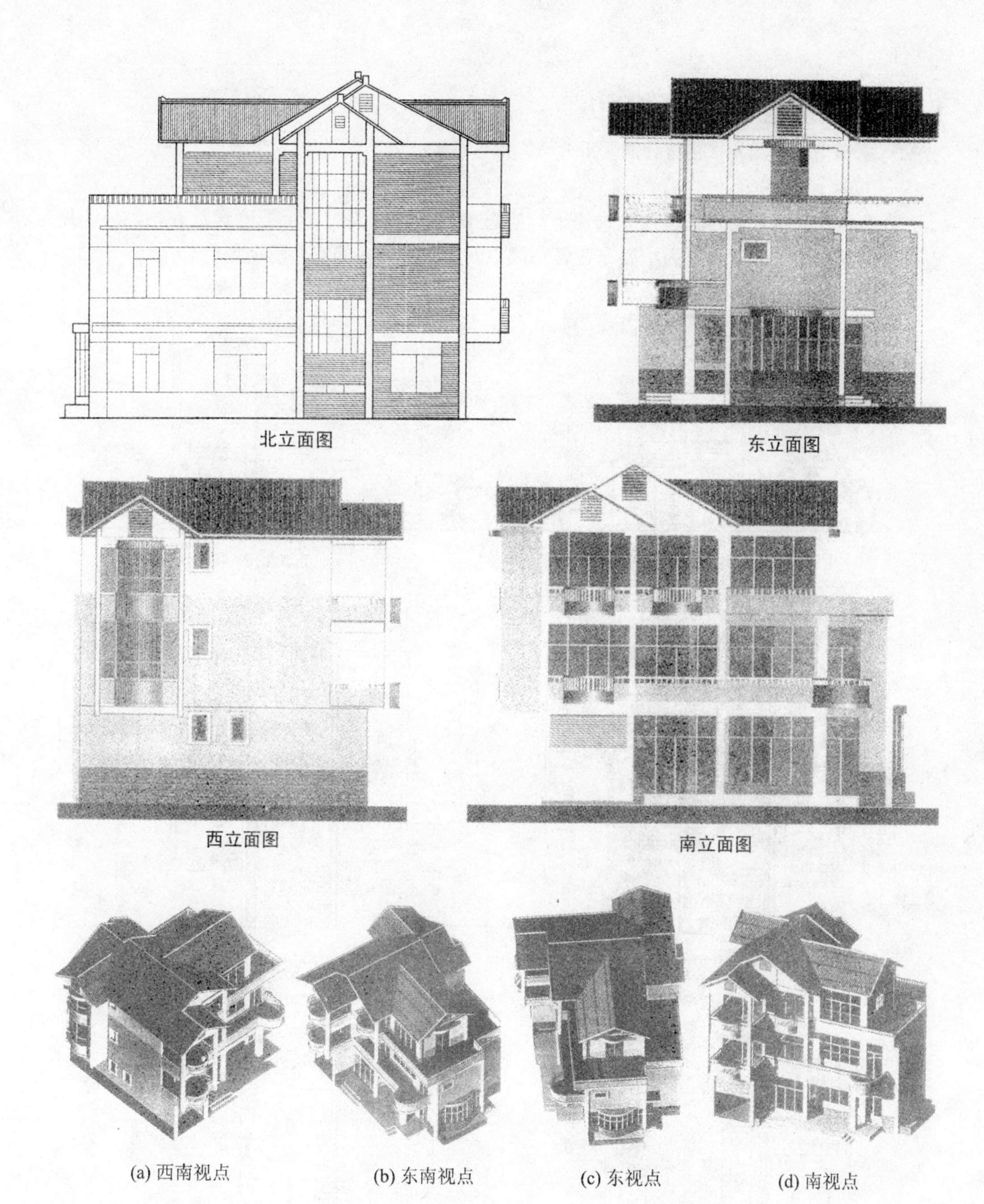

北立面图

东立面图

西立面图

南立面图

(a) 西南视点

(b) 东南视点

(c) 东视点

(d) 南视点

多视角鸟瞰

1.24 三层独立式住宅⑪

设计：福州市住宅设计院　王向辉，指导：骆中钊

方案特点：本方案为三层独立式住宅。当总平面布置需要时，可把库房放在南面，与卧室、卫生间对调。平面以厅为中心布置各功能空间，并有较多的室外活动场所。

南立面图　东立面图

一层平面图　二层平面图

西立面图　北立面图

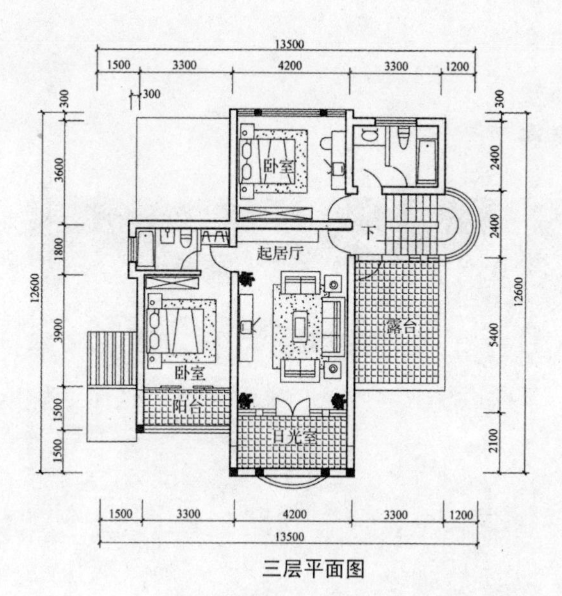

三层平面图

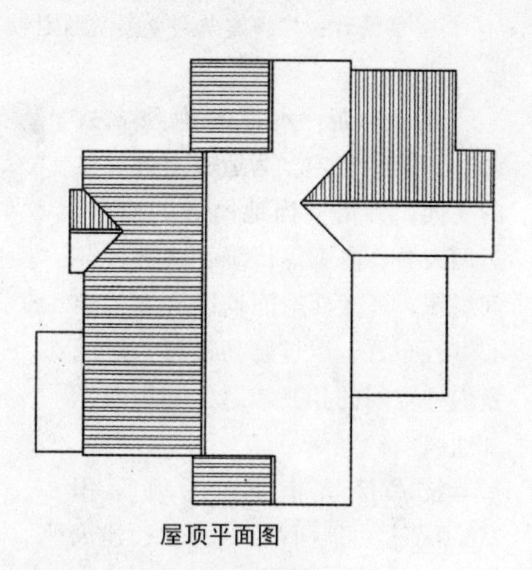

屋顶平面图

效果图

1.25　三层独立式住宅⑫

设计：广西建筑科学研究设计院　谢灏　方莉

设计说明：本方案为独立式（亦可并联）住宅，为适应南方炎热的气候，并借鉴当地民居的特点，运用天井、内廊等传统手法进行空间组织，各生活空间均以天井为中心进行布置，以过廊为过渡，形成室内外空间的相互渗透，利用采光和通风。

技术经济指标：用地面积250.0m²；占地面积124.0m²；建筑面积353.0m²；使用面积308.4m²；平面利用系数87.4%。（注：阳台算一半建筑面积。）

效果图

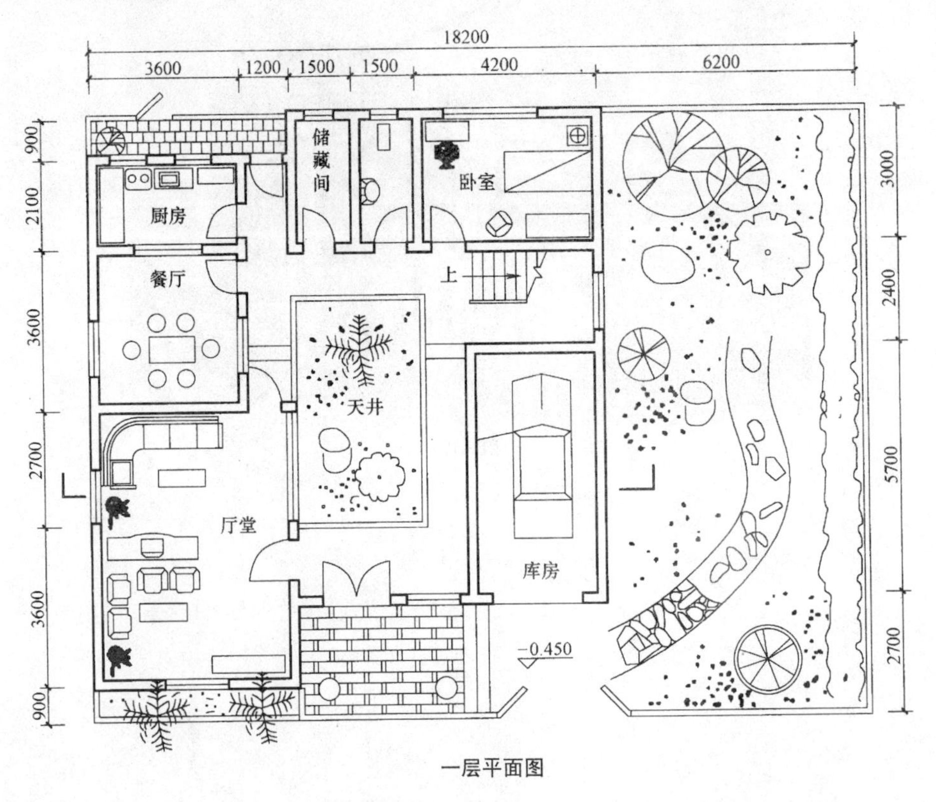

一层平面图

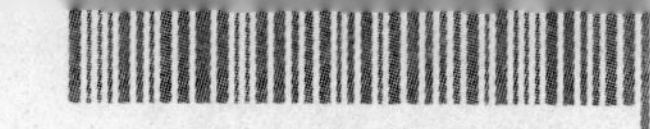

南立面图

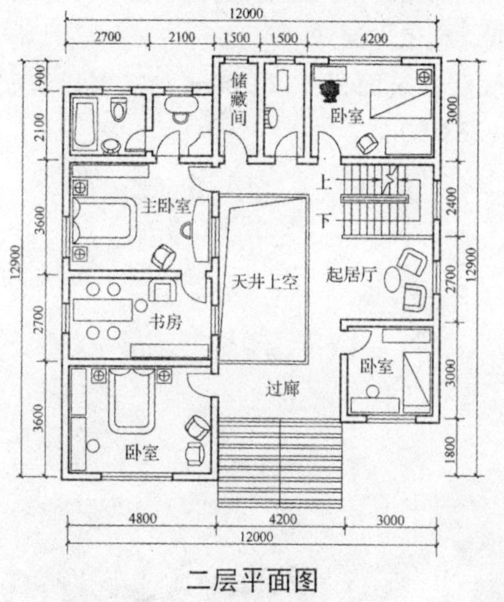

二层平面图

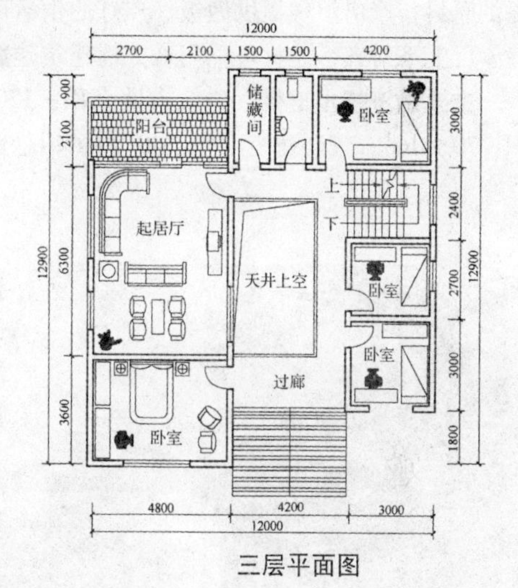

三层平面图

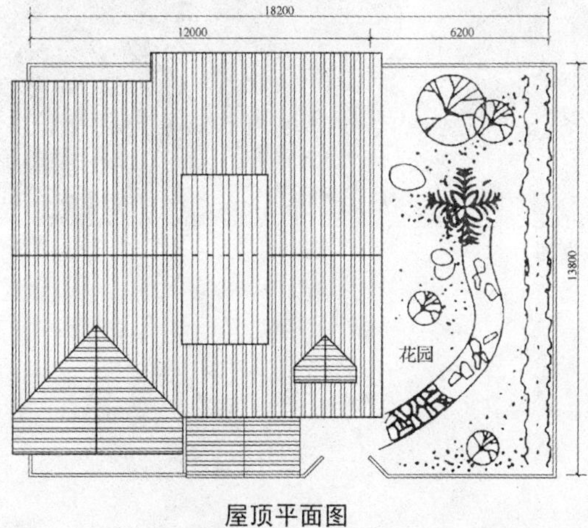

屋顶平面图

起居厅 卧室
书房 起居厅
天井
厅堂 库房

1-1剖面图

1.26　三层独立式住宅⑬

（设计：赣州市建筑设计研究院　郭庭翔）

本方案为中央电视台经济频道《点亮空间——2006全国家居设计电视大赛》江西省南昌市罗亭镇农村住宅优秀方案。

设计说明：本方案是以建设“经济繁荣、设施配套、功能齐全、环境优美、生态协调、文明进步”的社会主义新农村为中心思想。紧紧围绕“以人为本、以环境为中心”的设计理念进行创作设计。本方案平面布局为单家独院式三层住宅楼，整体平面布局紧凑、功能分区合理。底层设有宽敞明亮客厅，主要居室均朝南，日照、通风、采光良好。厨房、餐厅面积适中，使用方便。可直与客厅、后院相通。后院结合院外猪圈、院内鸡舍、室内厕所为后院沼气池提供原料，产出沼气提供做饭、点灯的生活用能源。建筑的结构形式适合选用砖混结构形式，墙体可上下对齐，建材可采用地方性建筑建造。造价低、施工方便。

主要经济技术指标：建筑占地面积：120.00m^2；底层建筑面积：120.00m^2；二层建筑面积：70.00m^2；三层建筑面积：40.00m^2；总建筑面积：238.00m^2。

效果图

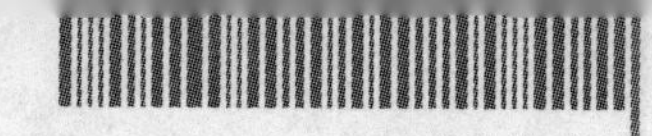

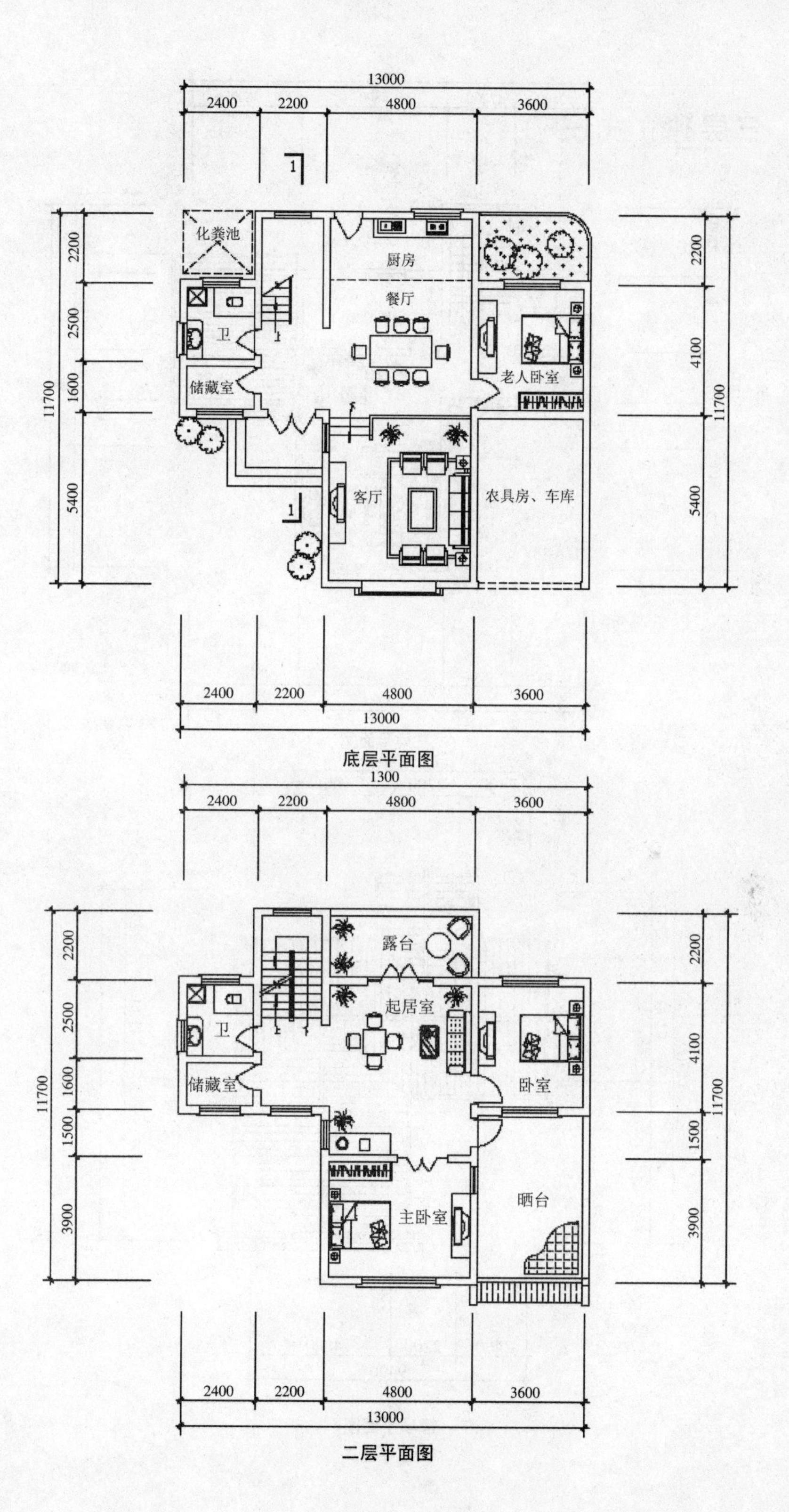
13000
2400
2200
4800
3600
化粪池
厨房
餐厅
卫
储藏室
老人卧室
客厅
农具房、车库
2200
2500
1600
5400
11700
4100
底层平面图
1300
露台
起居室
卧室
主卧室
晒台
1500
3900
二层平面图

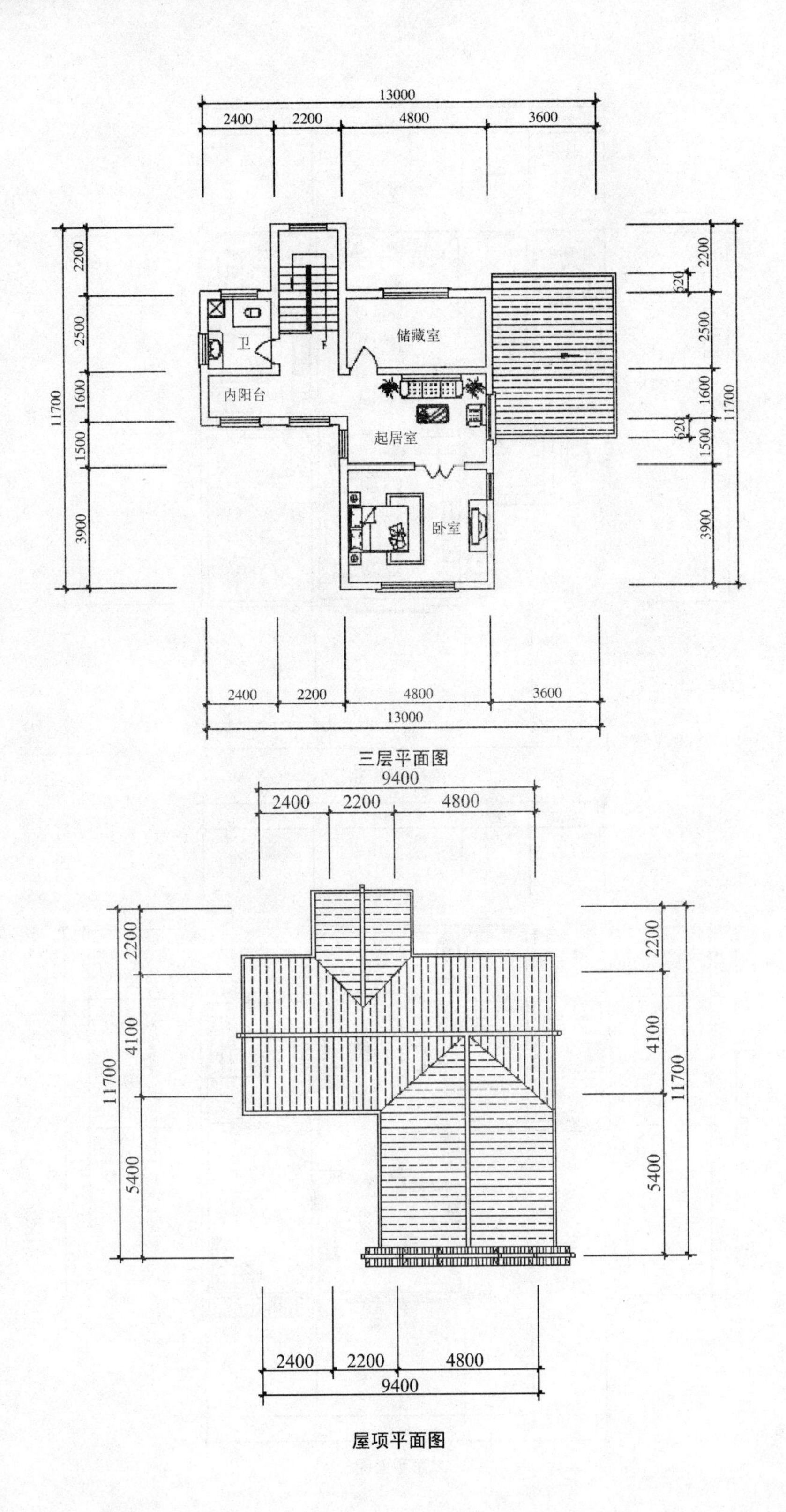
13000
2400
2200
4800
3600
2200
2500
1600
1500
3900
11700
620
620
卫
储藏室
内阳台
起居室
卧室
9400
4100
5400

三层平面图

屋项平面图

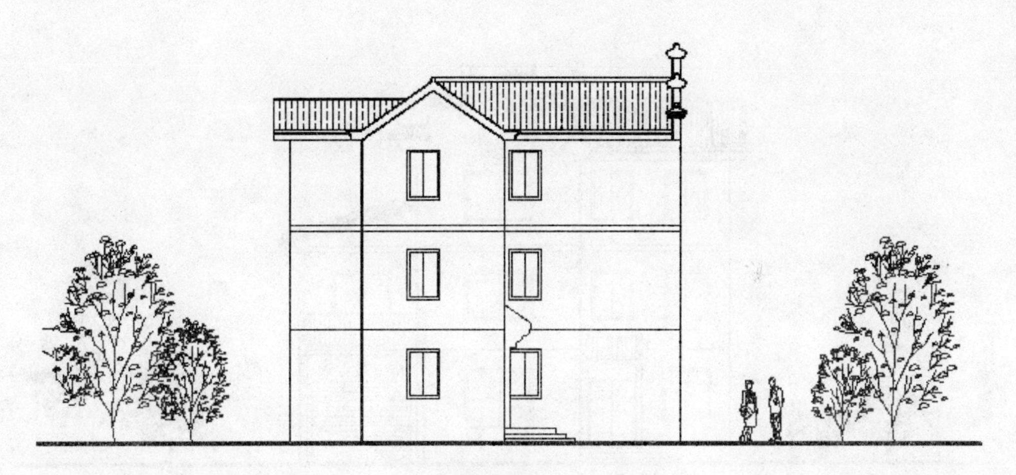

西立面图

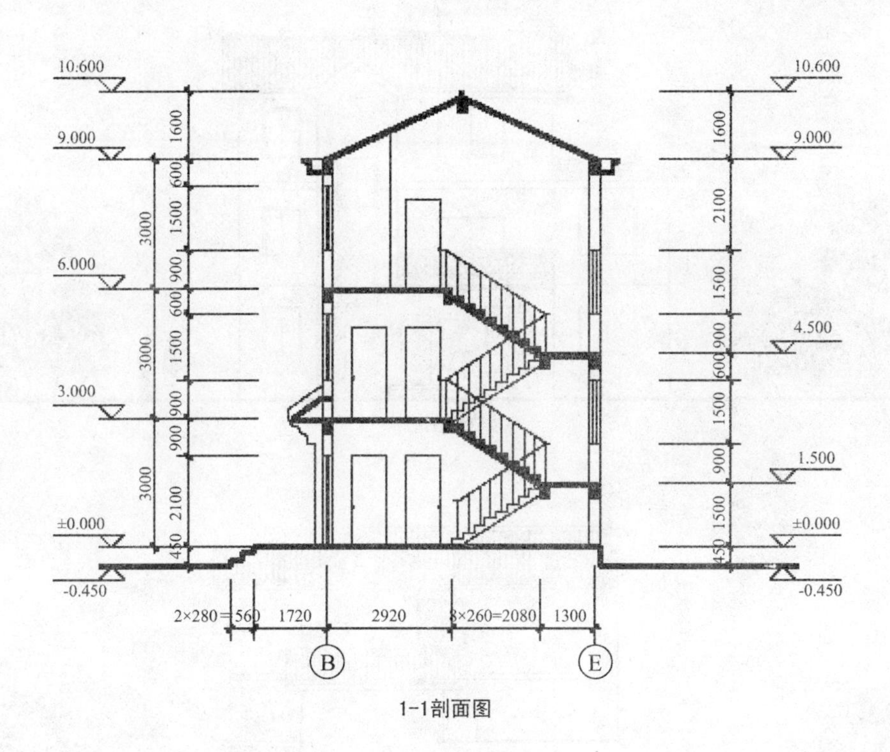
10.600
9.000
6.000
3.000
±0.000
-0.450
1600
600
1500
900
3000
2100
450
4.500
1.500
2×280=560
1720
2920
8×260=2080
1300
B
E

1-1剖面图

正立面图

背立面图

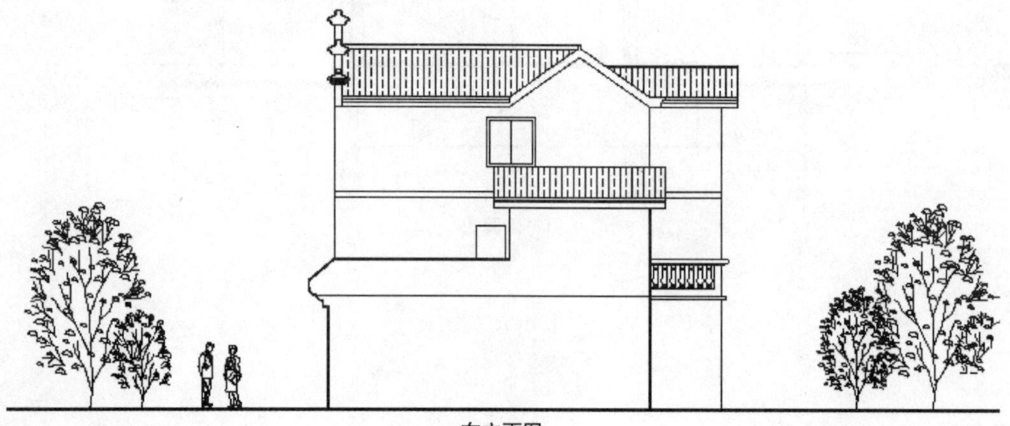

东立面图

2 并联住宅

2.1 两层并联式住宅①

设计：北方工业大学 宋效巍，中国建筑技术研究院 梁咏华，指导：骆中钊

方案特点：本方案吸取闽南东南民居的建筑风格。多种的二层布置方式可供用户根据需要进行选择。阁楼层的利用，不仅提高空间的利用率还可以为立面造型的创作提供条件。

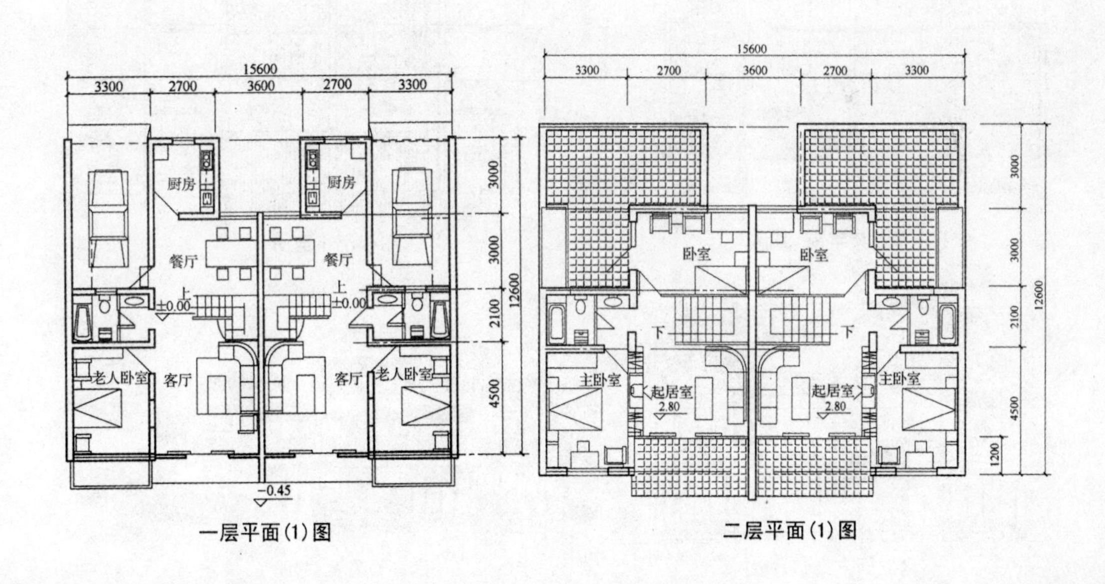

一层平面(1)图　　二层平面(1)图

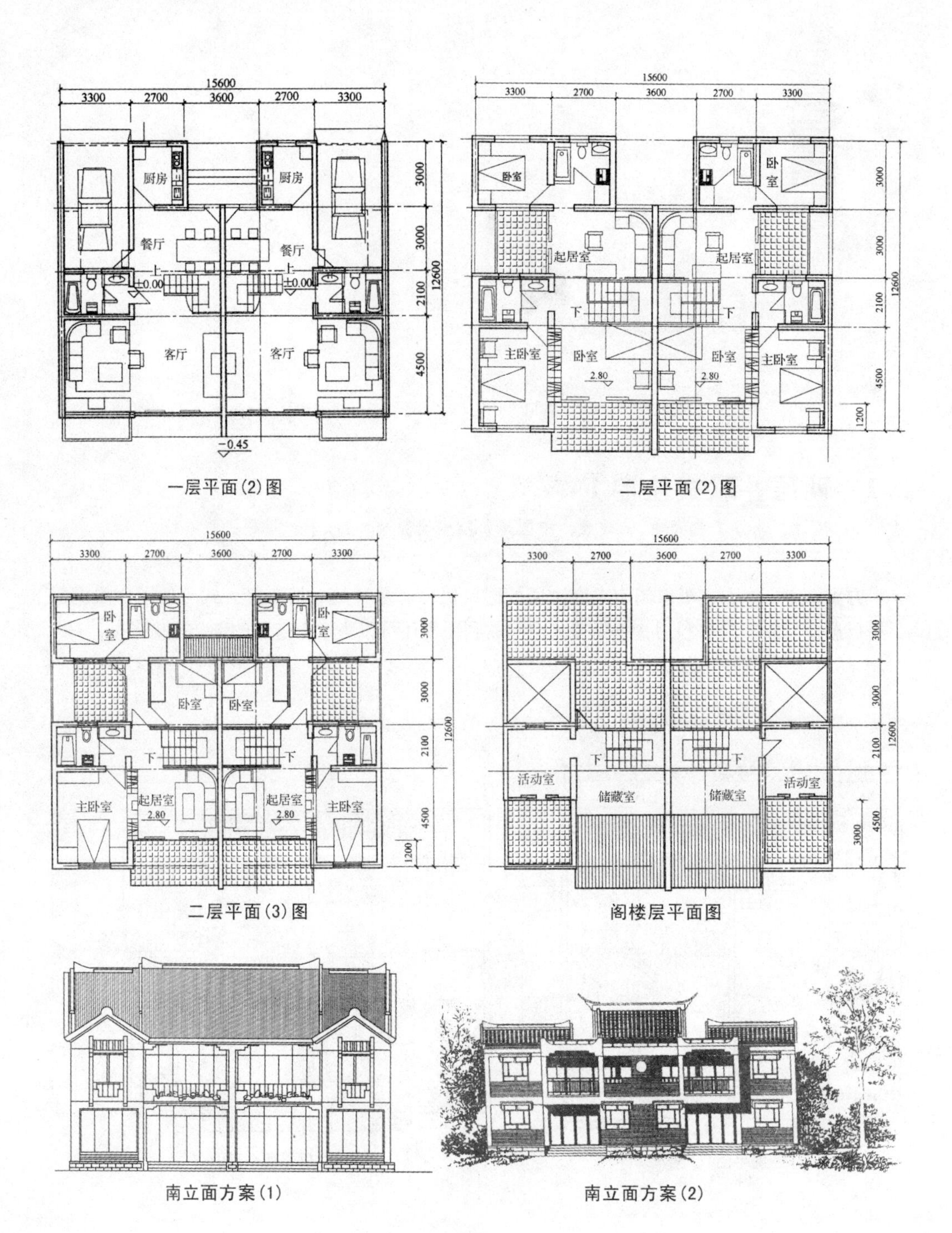

一层平面(2)图

二层平面(2)图

二层平面(3)图

阁楼层平面图

南立面方案(1)

南立面方案(2)

立面方案(1)透视图

立面方案(2)透视图

2.2 两层并联式住宅②

设计：沈阳建筑工程学院建筑计院　彭晓烈

方案特点：本方案为两层并联式住宅，平面布置紧凑、功能合理。

南立面图

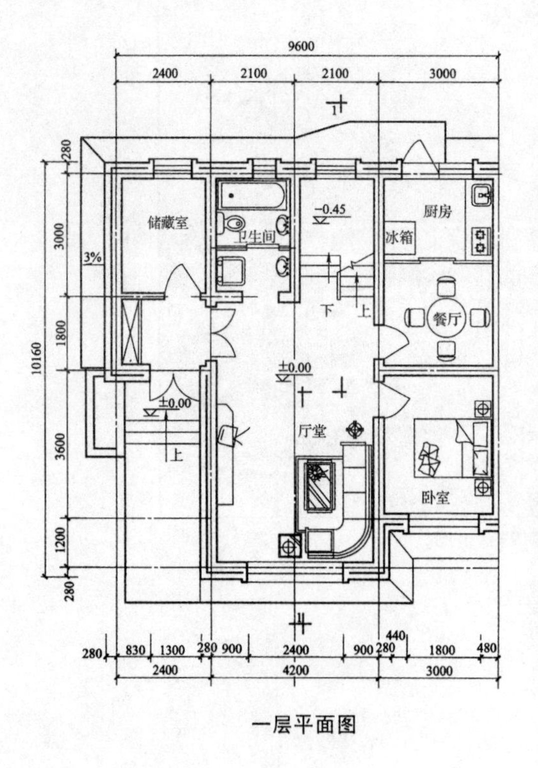

一层平面图

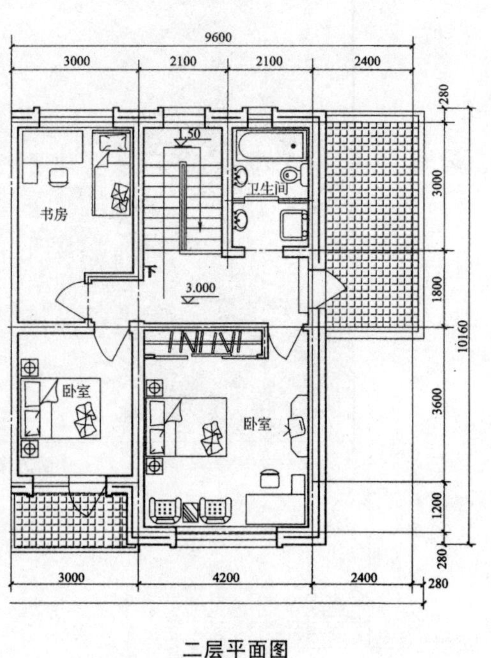

二层平面图

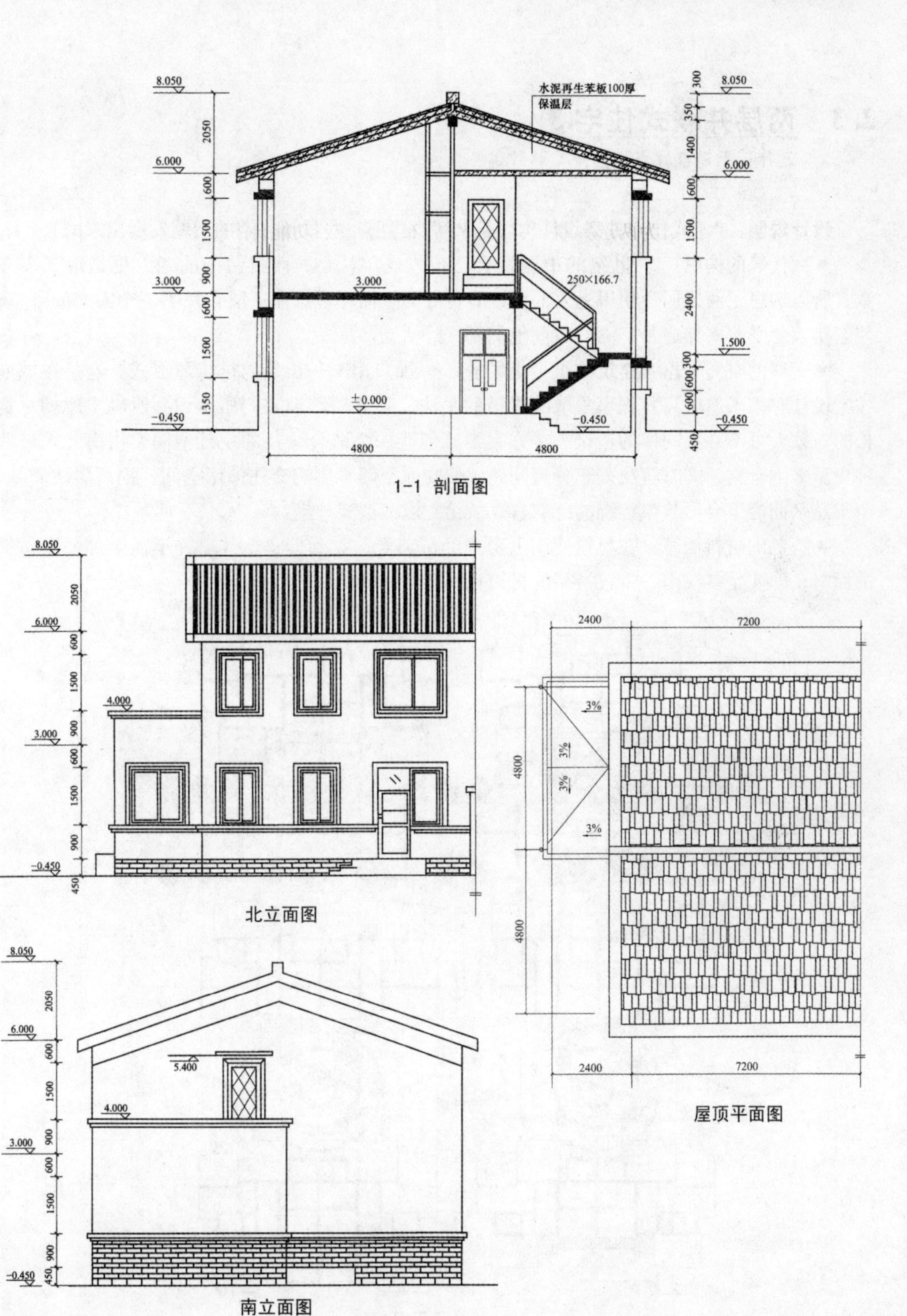

1-1 剖面图

北立面图

屋顶平面图

南立面图

2.3 两层并联式住宅③

设计：无锡市城市设计院 林纹剑

设计说明：（囍式住宅方案设计构思是从解决当前一些村镇住宅的问题发展出来的）

• 两代居的构思：21世纪的中国社会已步入老年社会，而村镇中的老人更是占了大多数，所以构思了两代居，使得老人们可以有良好的生活环境。在一层布置了一个南向的卧室，使老年人免受爬楼梯之苦；同时方便他们到户外活动。

• 交往的空间构思：建筑的组合上防止了一种户型——长条的排排屋形式，这是在城市住宅设计时为了追求高容积率采取的机械的手法，其弊端已被人们所认识，所以土地相对宽松的村镇大可不必犯同样的错误。本方案尝试创造一个适合交往的室外空间，用南北入口两种户型来围合它，同时解决人车分流问题，使交通空间不影响交往休闲空间，提高居住质量，由于总平面的组合形状似传统的红双喜，故给它取名囍式住宅。

• 特色的材料构思：在材料使用上考虑经济美观，点到即止，外墙并不需全部贴满昂贵的面材，即使是在江南一带较富裕的村镇也要运用材质的对比，点到即止。

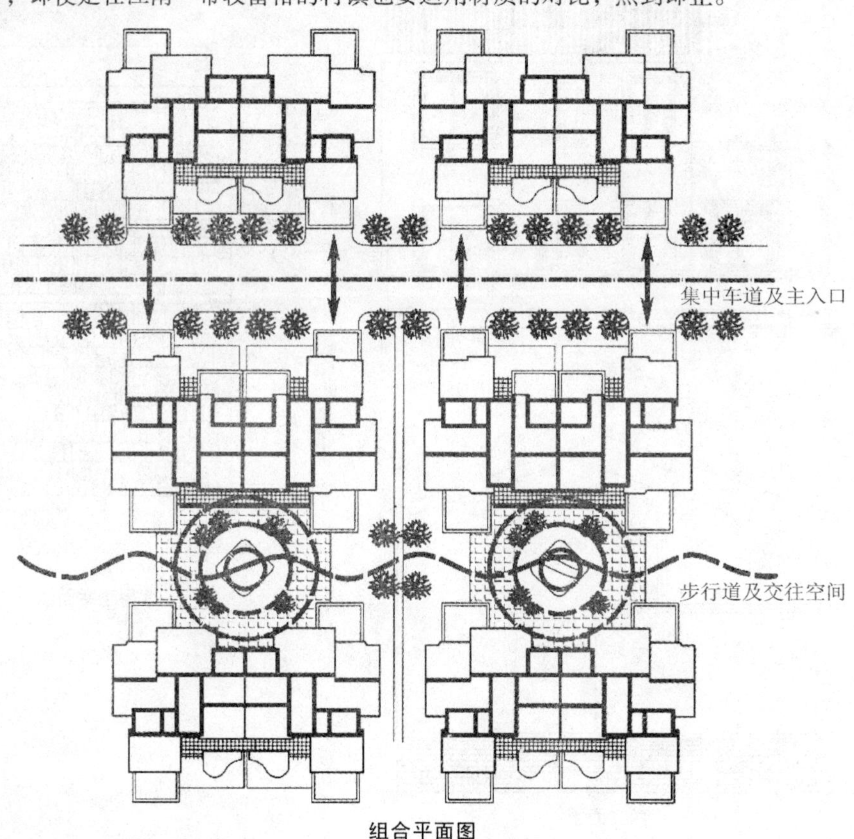

组合平面图

效果图

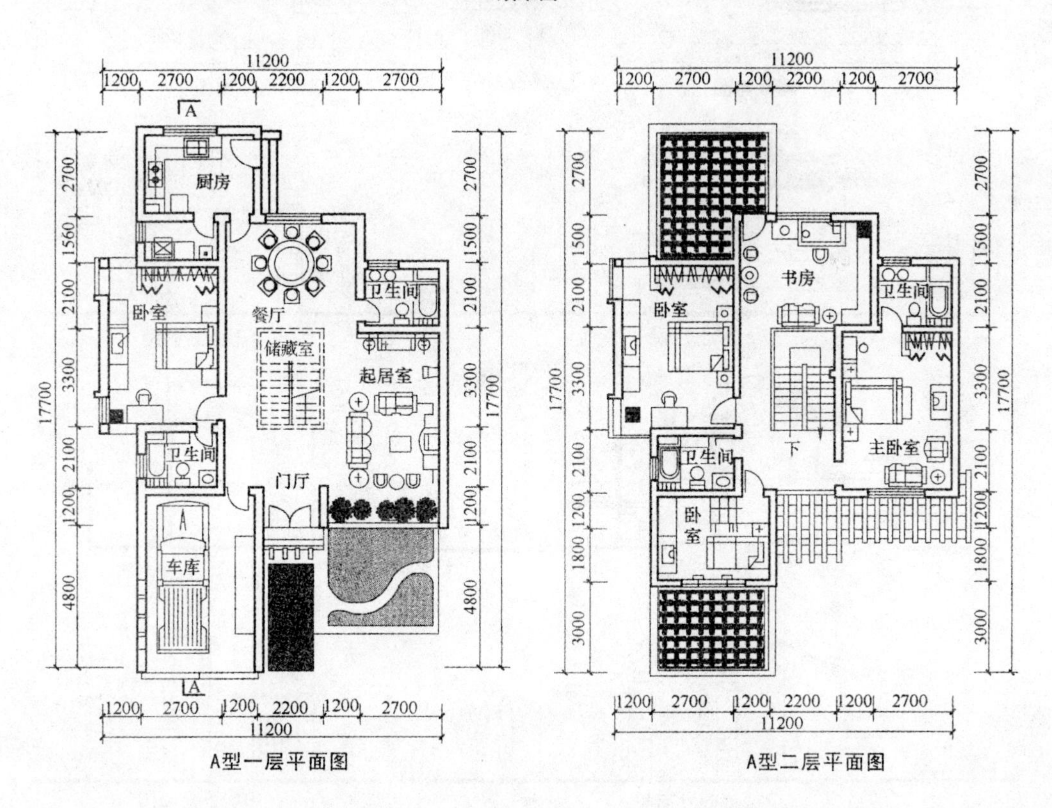

A型一层平面图

A型二层平面图

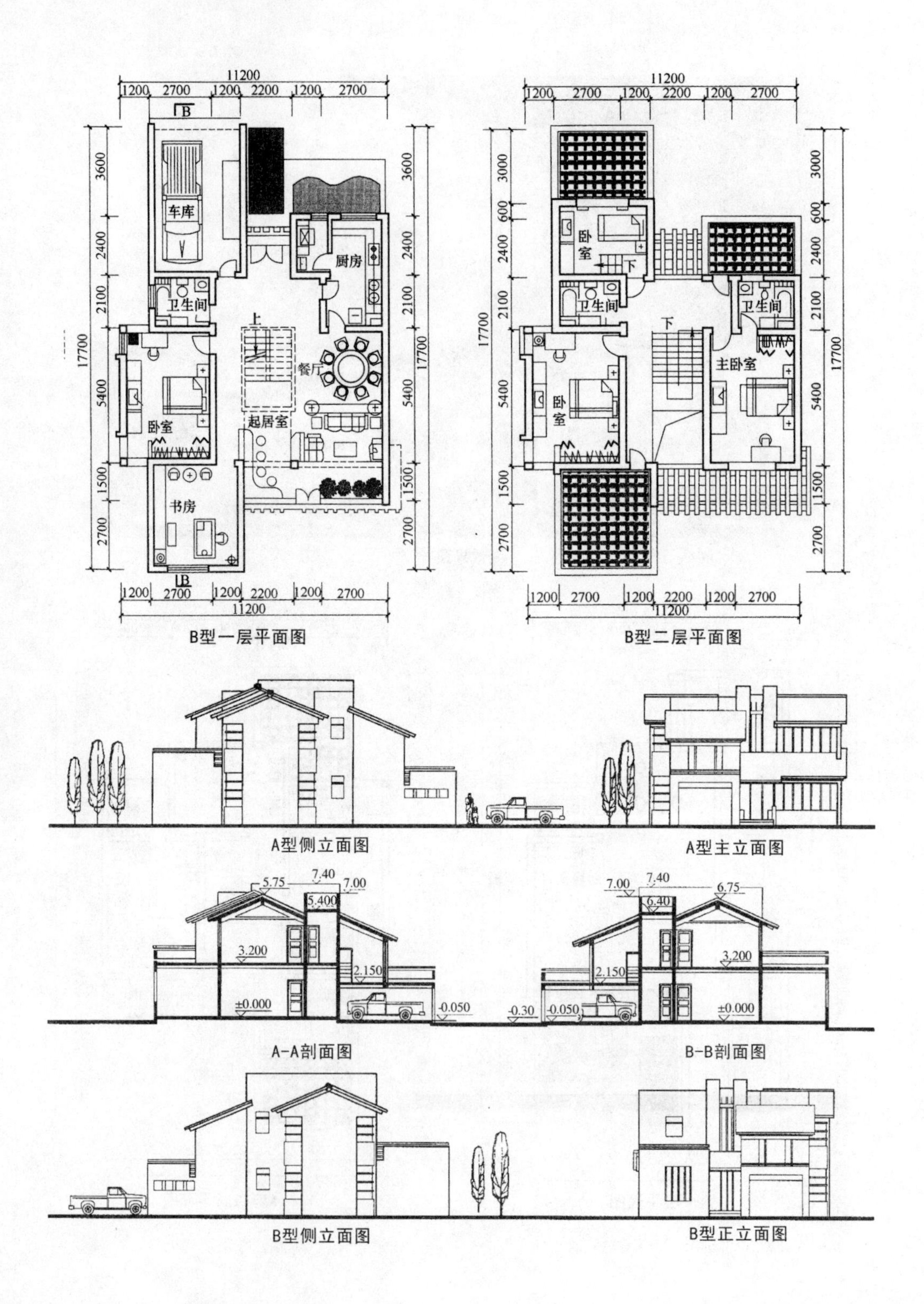

B型一层平面图

B型二层平面图

A型侧立面图

A型主立面图

A-A剖面图

B-B剖面图

B型侧立面图

B型正立面图

2.4 两层并联式住宅④

设计：安徽省建筑设计研究院　姚茂举

设计简介

①用地为小面宽、大进深，有利于节地。

②住宅单体平面采用中等面宽和进深，方便使用，布局紧凑。

③单体均可拼接，非常节地。

④南、北内院设计，功能分区明确，充分考虑农家小院饲养家禽和停放农用车及私人轿车等特点。

⑤户内各功能房间均为全明设计，自然通风。

⑥南、中、北分为三个灰空间和绿化庭院，增强领域感，体验空间的魅力。

⑦可根据经济情况和家庭成员数量以及功能要求的变化进行扩建和改建，具有可持续发展性。

⑧砖混结构 + 轻质墙体，节约造价和节能。

经济指标：总用地面积 169.48m^2；总建筑面积 179.52m^2；其中：一层、二层每层建筑面积为 89.76m^2，三层楼梯间建筑面积 13.76m^2 未计入总建筑面积。土建造价 7.7 万元；单位面积造价 400 元/m^2。

效果图

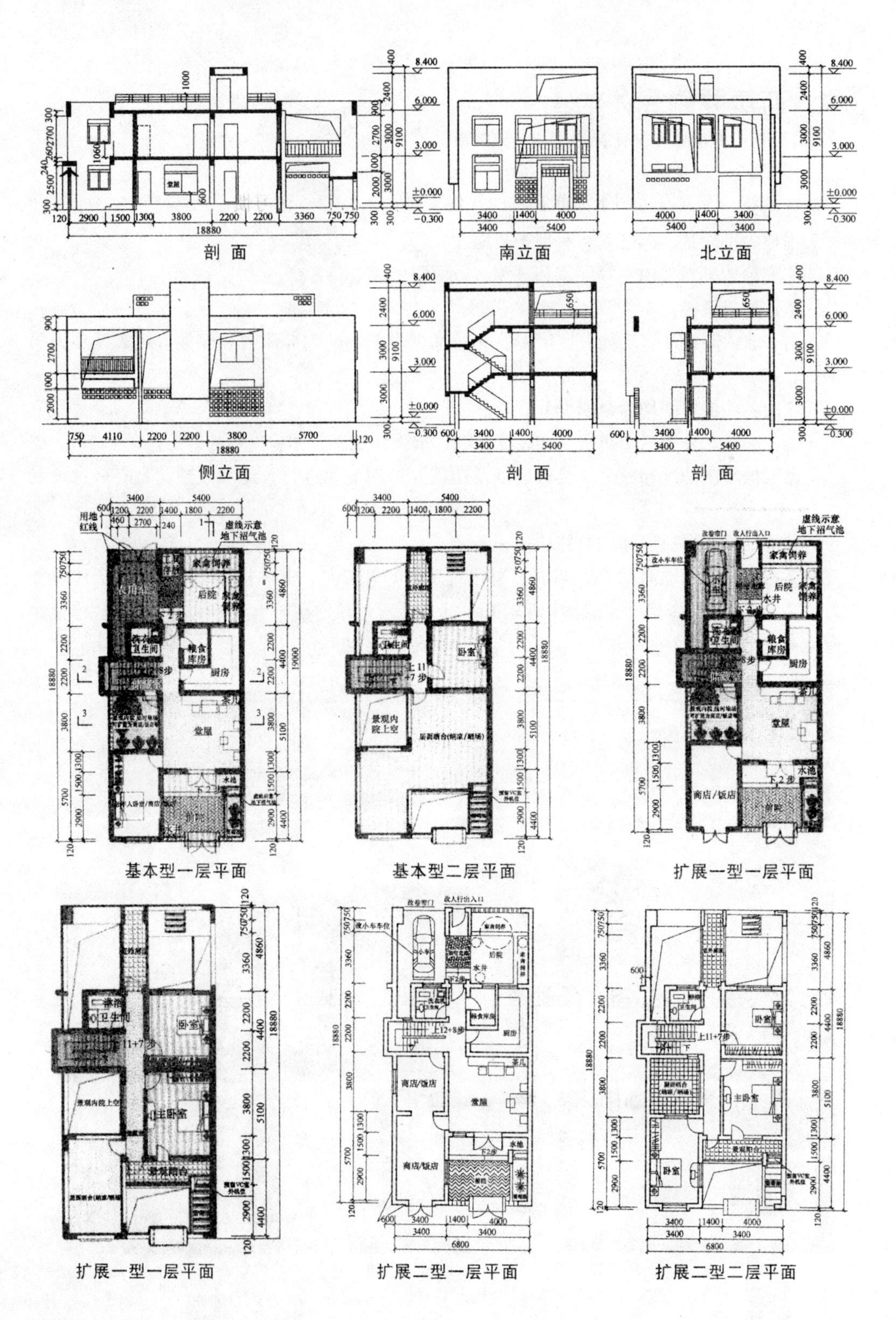

剖面　南立面　北立面

侧立面　剖面　剖面

基本型一层平面　基本型二层平面　扩展一型一层平面

扩展一型一层平面　扩展二型一层平面　扩展二型二层平面

2.5 两层并联式住宅⑤

设计：南京市第二建筑设计研究院　裴竣

设计说明：本方案适用于江苏农村的气候特点及人们的居住习惯，以厅堂为中心，组织流线，动静分区，功能齐全，平面合理，并具有良好的通风采光。

考虑农村几代同堂的传统居住形态，本方案做了潜性设计，即D型和E型均可由一户分为两代同堂的居住形态，两代分而不散，并不影响任何房间的使用。

A、B、C、D、E五种不同形式的住宅单元，因其进深相同，可组合成条式、阶梯式及井围合的形式，组合灵活多变，并适用于不同的地形。

结构体系简捷，严谨，建筑构件模数化，造价低，具有可普遍推广性。

经济指标

模　　式	宅基面积(m^2)	建筑面积(m^2)	平面利用面积(m^2)	使用系数(%)
A型	122.70	141.48	90.18	63.74
B型	136.77	158.63	106.41	67.08
C型	156.23	180.51	127.25	70.50
D型	170.90	198.85	142.72	71.77
E型	190.63	218.34	161.61	74.02

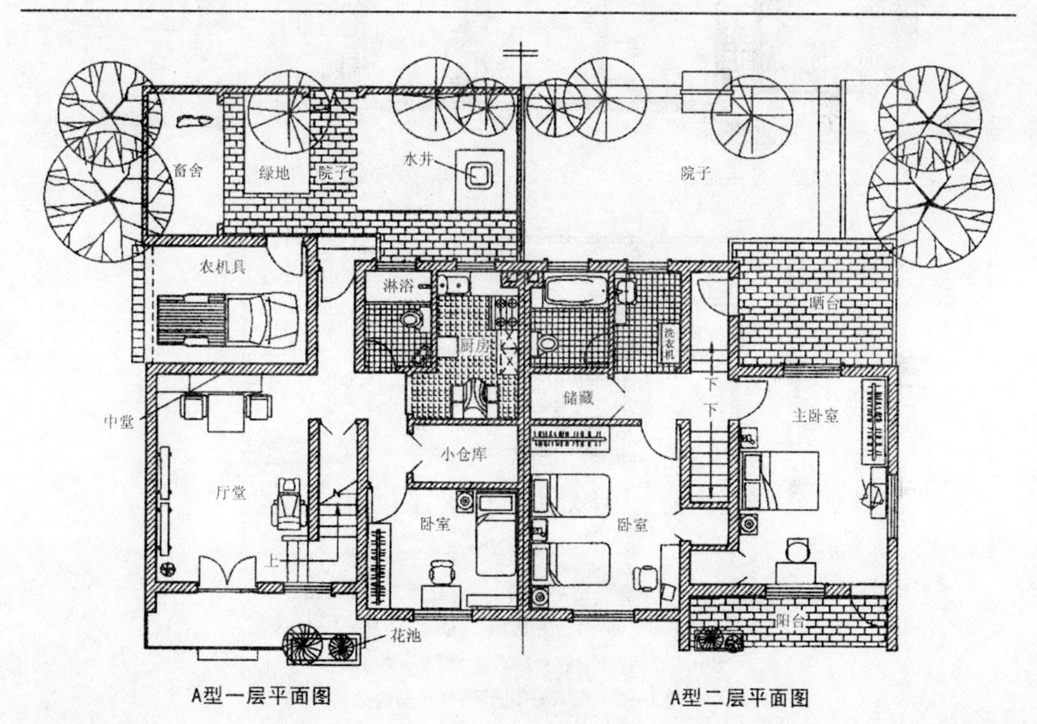

A型一层平面图　　A型二层平面图

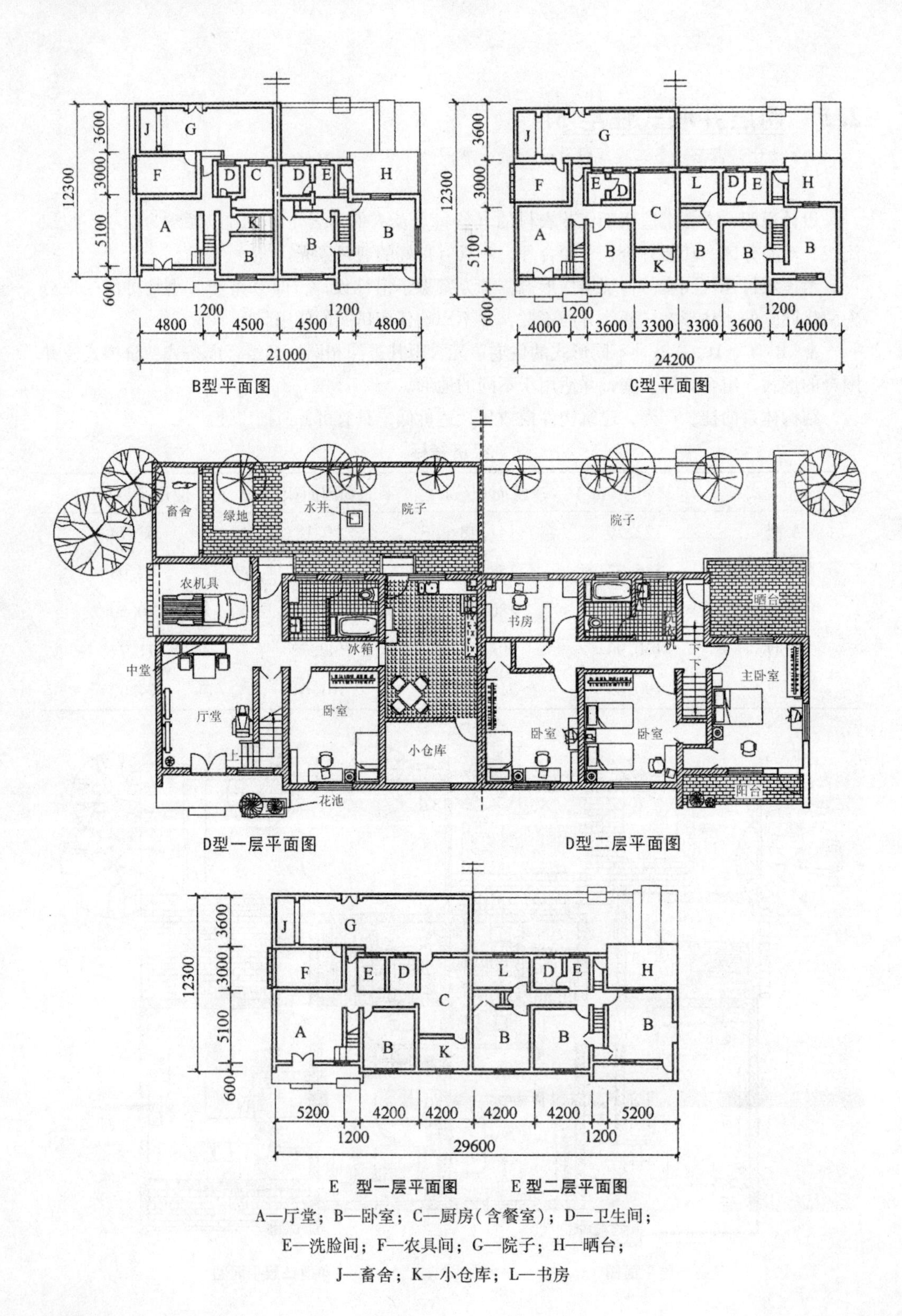

E 型一层平面图　　E 型二层平面图

A—厅堂；B—卧室；C—厨房（含餐室）；D—卫生间；
E—洗脸间；F—农具间；G—院子；H—晒台；
J—畜舍；K—小仓库；L—书房

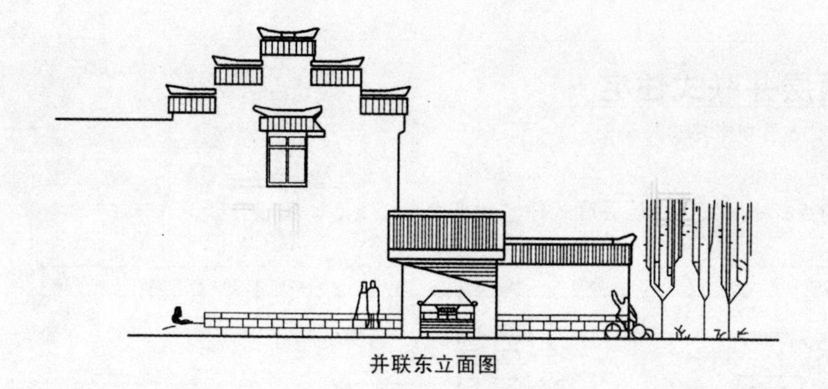

并联东立面图

3.000
±0.000
-0.300

剖面图

并联南立面图

效果图

2. 6 两层并联式住宅⑥

设计：富阳市建设局编制

方案特点：本方案为两层并联式住宅，平面布局紧凑，功能合理。

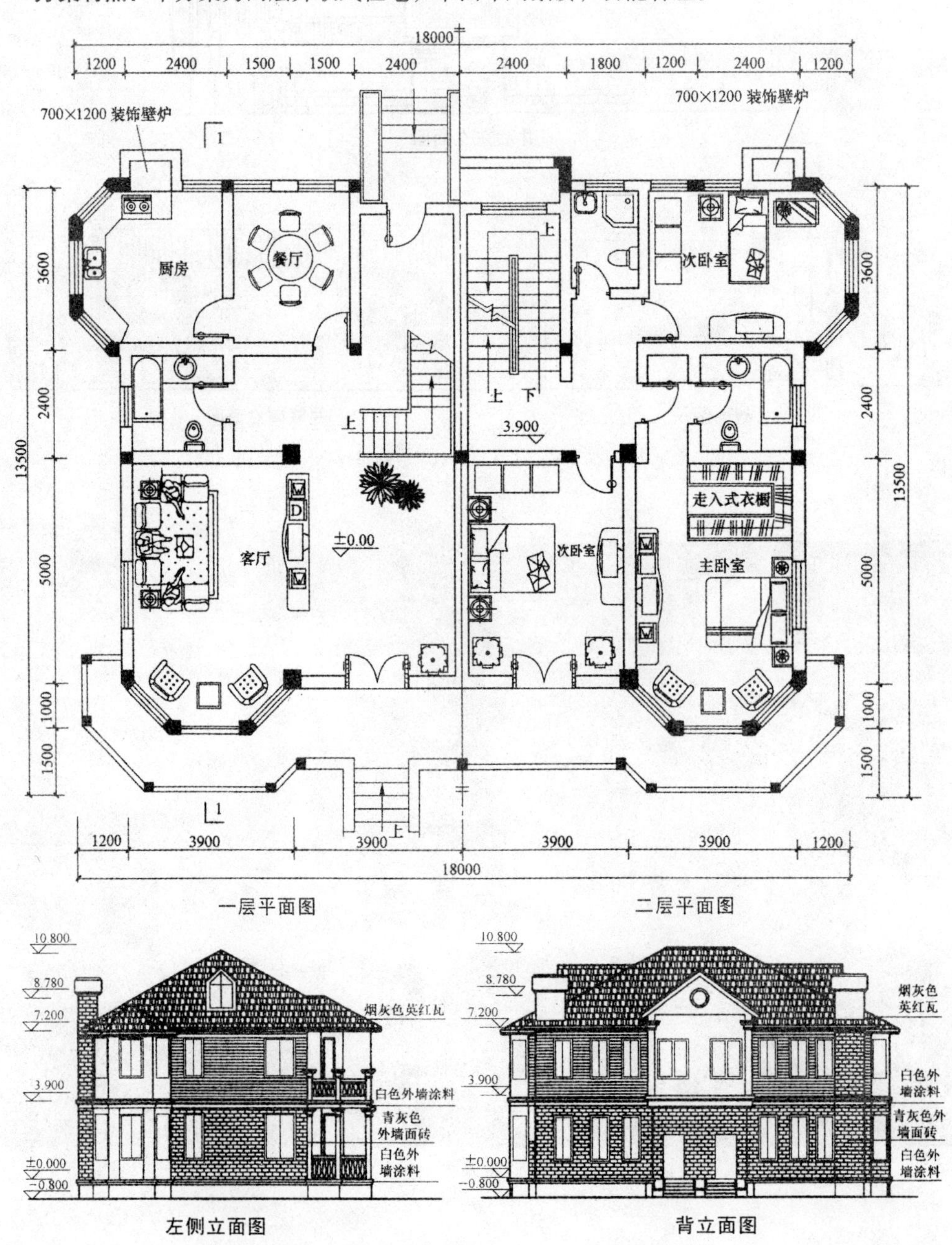

一层平面图　　二层平面图

左侧立面图　　背立面图

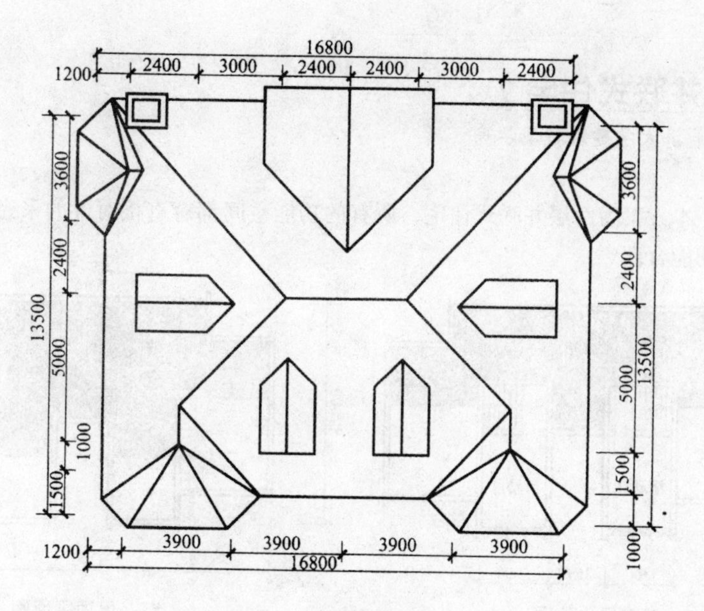
16800
1200
2400
3000
2400
2400
3000
2400
3600
2400
13500
5000
1000
1500
3600
2400
5000
13500
1500
1000
1200
3900
3900
3900
3900
16800

屋顶平面图

10.800
8.780
7.200
3.900
±0.000
−0.800
烟灰色
英红瓦
白色外
墙涂料
青灰色
外墙面砖
白色外
墙涂料

正立面图

2.7 两层并联式住宅⑦

设计：同济大学建筑城规学院

方案特点：本方案为两层并联式住宅，所有的功能空间都有直接对外的采光通风窗，平面布置紧凑，功能合理。

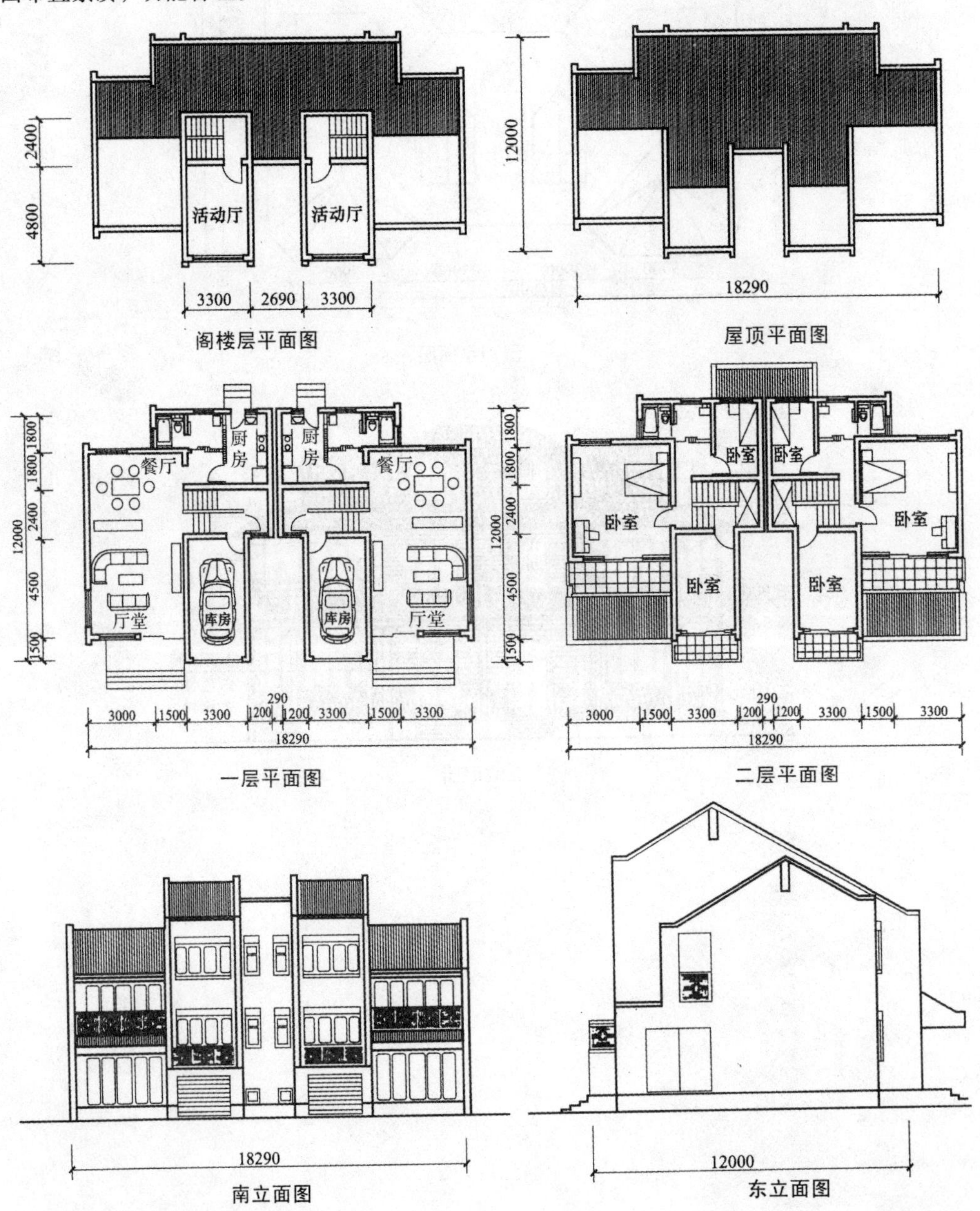

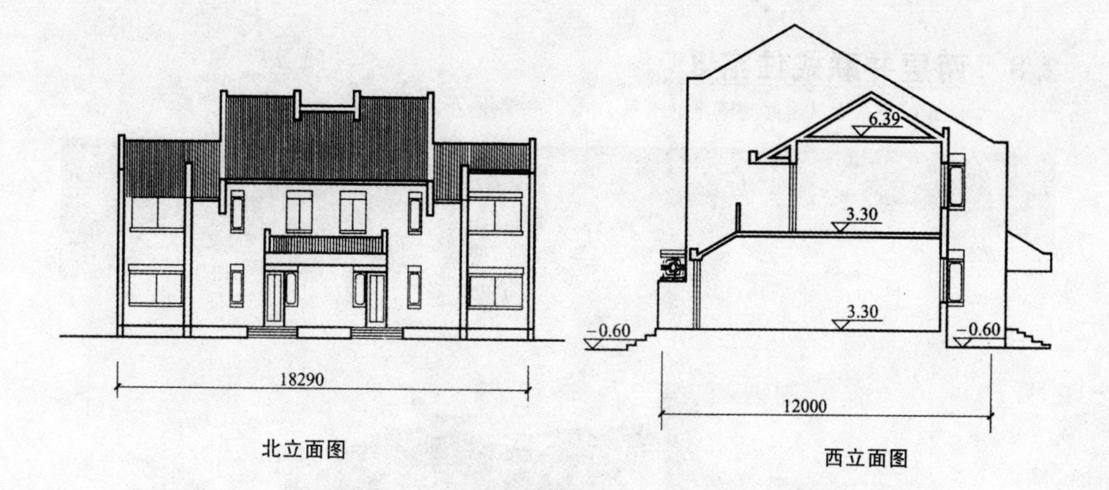

北立面图

西立面图

2.8 两层并联式住宅⑧

设计：山东大卫国际建筑设计有限公司 申作伟 毕鑫良 赵晓东 宗允京 李晓东

设计说明

关键词

适用 经济 生态 现代——创造真正适合当代农民居住的建筑形式

适用——满足当代农民居住需求

经济——适合我国经济发展现状

生态——提倡环保节能节约资源

现代——引导农村住宅发展方向

设计理念及创意特点：本方案为龙口城郊民居设计方案，龙口市位于山东省经济发达地区，盛产优质煤炭，农村经济比较繁荣，富裕起来的农民急需改善居住条件却又缺乏有效的设计指导。本设计坚持“以人为本”的设计理念，定位为“实用、经济、生态、现代”，意图通过中国传统民居建筑的继承与创新，通过对当地农村发展现状、农民生活、工作方式及居住需求的关心与关注，创造出真正适合新时期农民居住的建筑形式。其主要有以下几个特点：

(1)规划设计理念的创新

考虑到传统的院落形式对土地资源大面积占用已难以适应现代建筑对节地方面的要求，本设计采用了紧凑的前后排共用一条道路的街坊式布局，提高了建筑容积率，有效节约了土地资源。

(2)全明设计

除厨房附属储藏室外，所有房间均能自然采光和通风，创造了较为舒适的室内光环境，满足农村居民的心理特点，节约电力资源。

(3)对“街坊”的继承

幢幢相连的门楼，亲切的邻里、街坊，每当过年过节，邻里互相拜年祝福，火红的灯笼再加上吉庆的对联，这才是中国农民心中真正的家。本设计利用两排住宅的间距形成了街坊，给居住此间的人们提供了一个有效交往的空间，大家可以在一起聊天、乘凉、散步、串门，使邻里之间形成了具有较强亲和力的区域社会群体。

(4)对“院落”的继承与创新

庭院是中国民居的灵魂，在中国人的传统中更像是一个大的开放的起居厅，成了人们在家中走进自然、享受阳光的最佳场所。本方案中，前院的设置使民宅有了一个由室外公共空间的过渡、承接与缓冲。侧院的设置满足了机动车停放要求，同时可使所需物资直接由机动车运至后院，从专门的通道直接进入地下储藏室。农村生活中常常有收获的庄稼果实需要在院子内进行再加工，利用两排民宅的间距形成的工作、休闲后院在满足这个需求的同时成了家庭户外休闲空间。

(5)对民俗风及农村生活习惯的新生

在民间有正对大门设置影壁的习俗，有的在影壁上设置神龛，相信可以驱邪妖求得全家平安，本设计正对入口设置的装饰实墙面实际上为影壁的变形、升华，起到了遮挡视线的作用。农村中由于受条件所限，对生活用品的采购远不如市里方便，厨房往往需要存储大量的生活用品，故而在厨房内设置附属储藏室。

(6)保护环境和节约资源

胶东地区煤矿较多，采煤所产生的煤矸石随处可见，给环境造成了较大的污染，本设计中烧结煤矸石砖墙体的采用，充分地利用了地方材料，节约了造价，有利于保护环境和节约资源。

功能布局：本设计遵循“分区明确、功能合理”的原则对各功能空间进行了组织，在地下设置了储藏室，满足农村有储存大量粮食及生活物资的习惯。在一层设置了起居室、餐厅、厨房等公共活动空间及一间卧室，可满足老人居住，免除上下楼的不便。二层设置了两间卧室和儿童房，可满足农村四世同堂家庭的使用。

经济技术指标

宅基地面积	249.74m²	建筑占地面积	98.11m²
建筑面积	206.79m²	使用面积	170.90m²
使用面积系数	0.8264	总造价及单位造价	12.41万元(600元/m²)

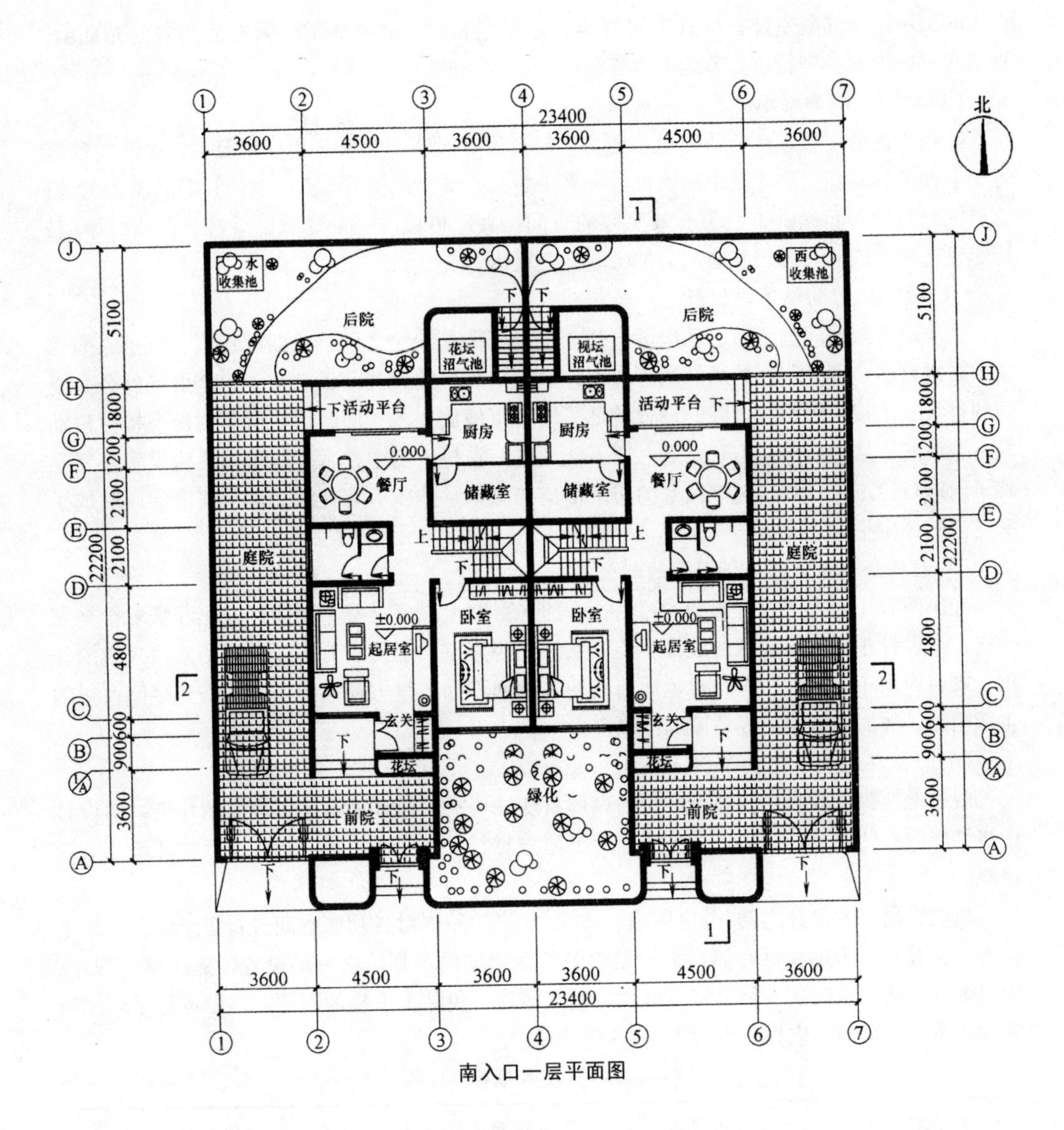

北
23400
3600
4500
3600
3600
4500
3600
5100
1800
1200
2100
2100
22200
4800
900
600
3600
水收集池
西收集池
后院
后院
花坛沼气池
视坛沼气池
下
下活动平台
活动平台 下
厨房
厨房
0.000
餐厅
餐厅
储藏室
储藏室
上
庭院
庭院
卧室
卧室
±0.000
起居室
起居室
玄关
玄关
花坛
花坛
绿化
前院
前院

南入口一层平面图

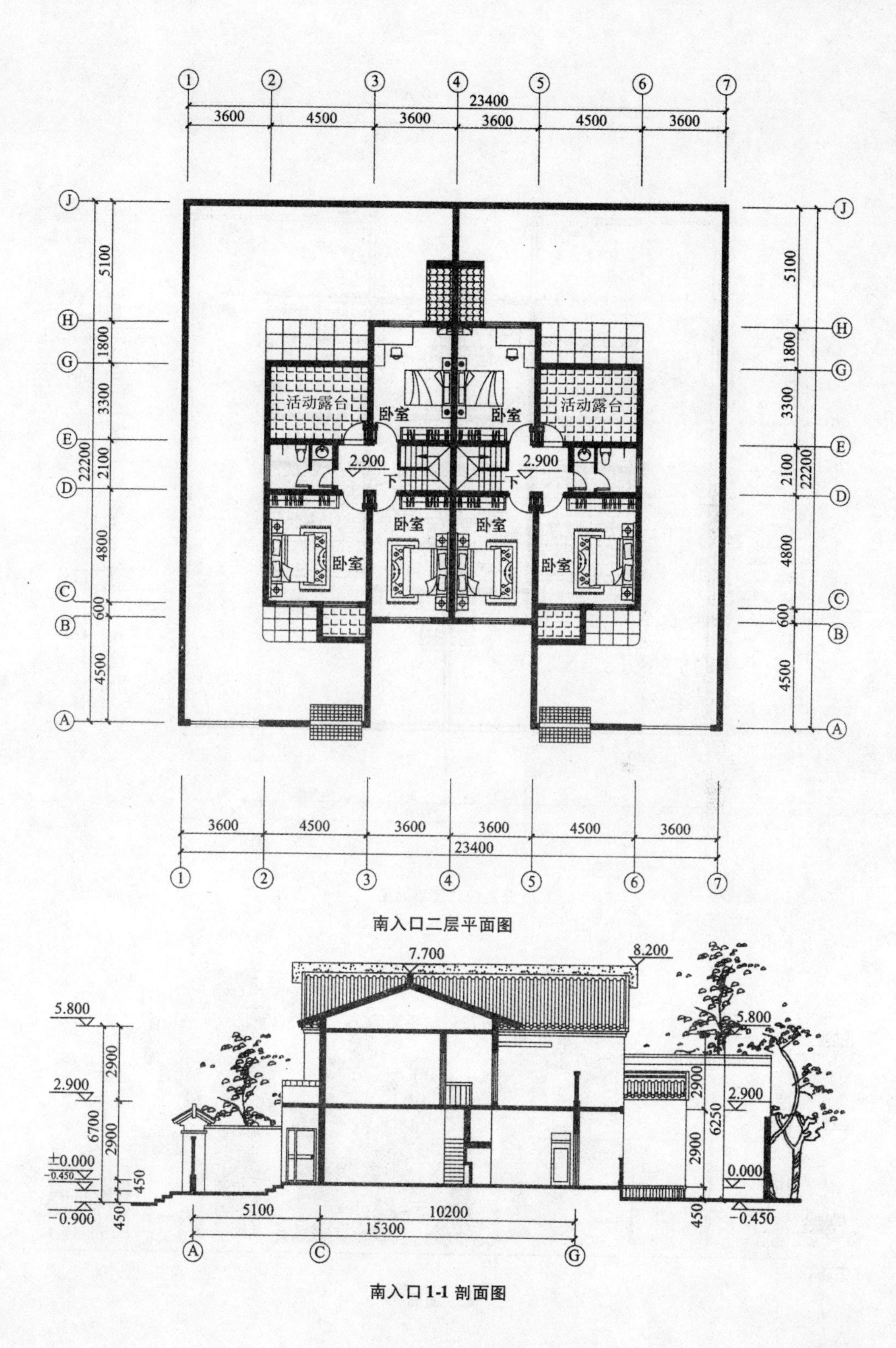

南入口二层平面图

南入口 1-1 剖面图

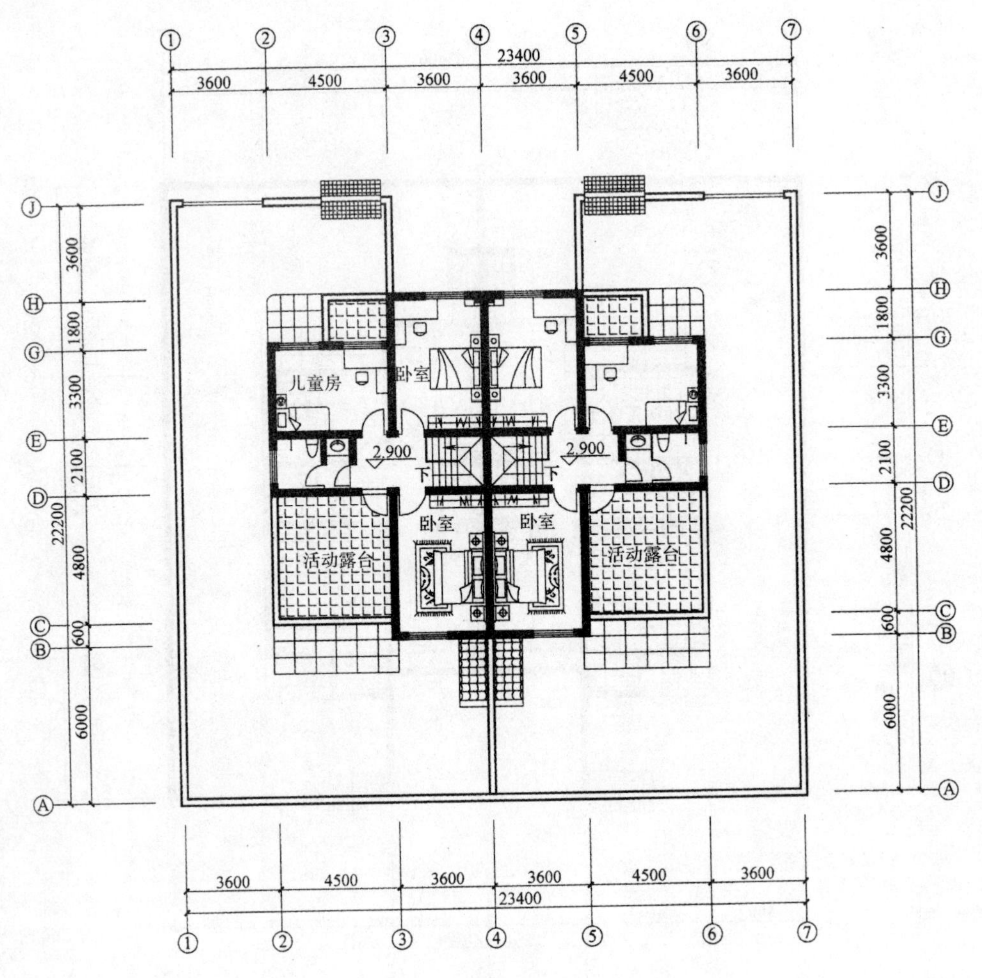

北入口二层平面图

正立面图

去院之后效果

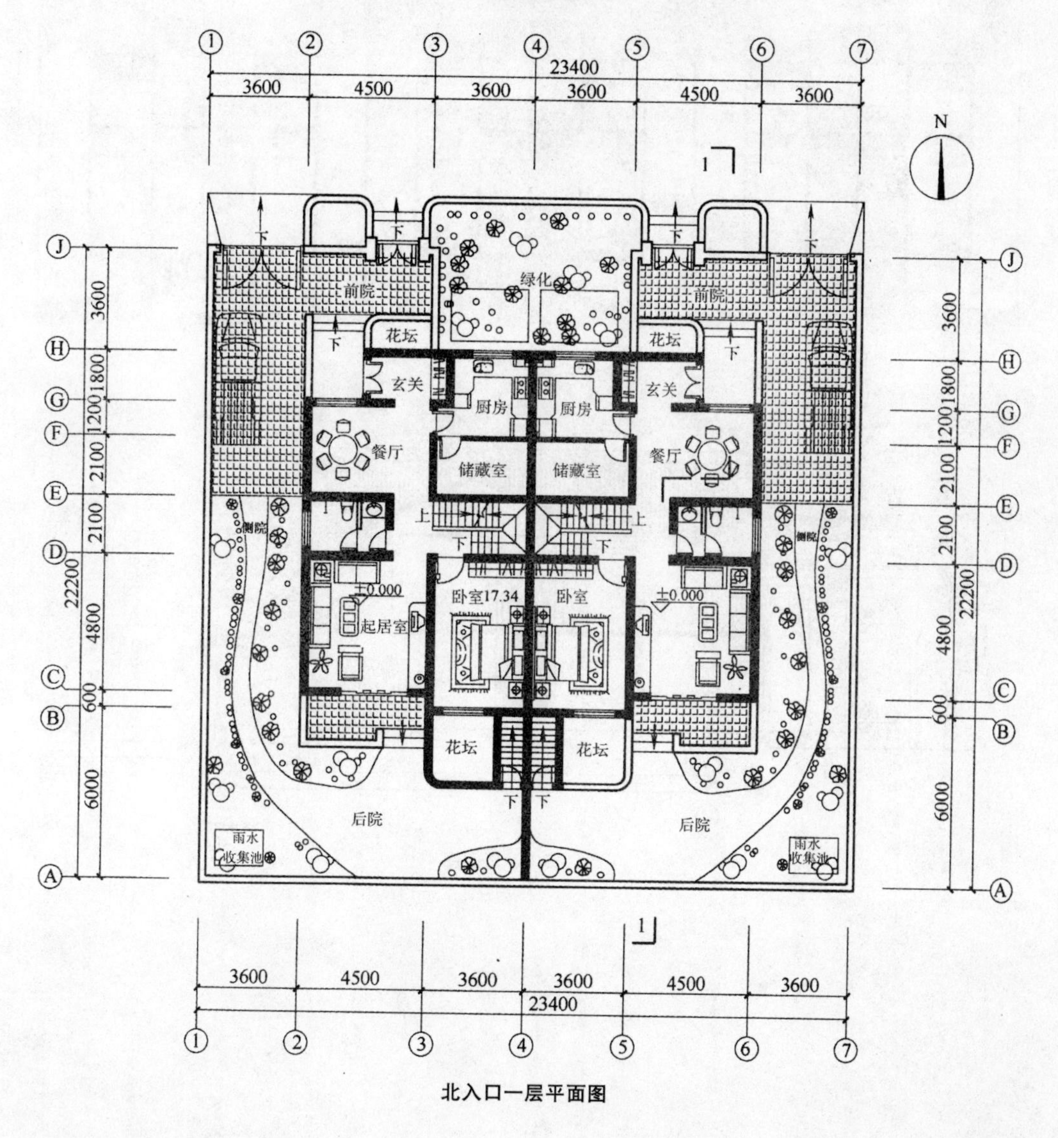

北入口一层平面图

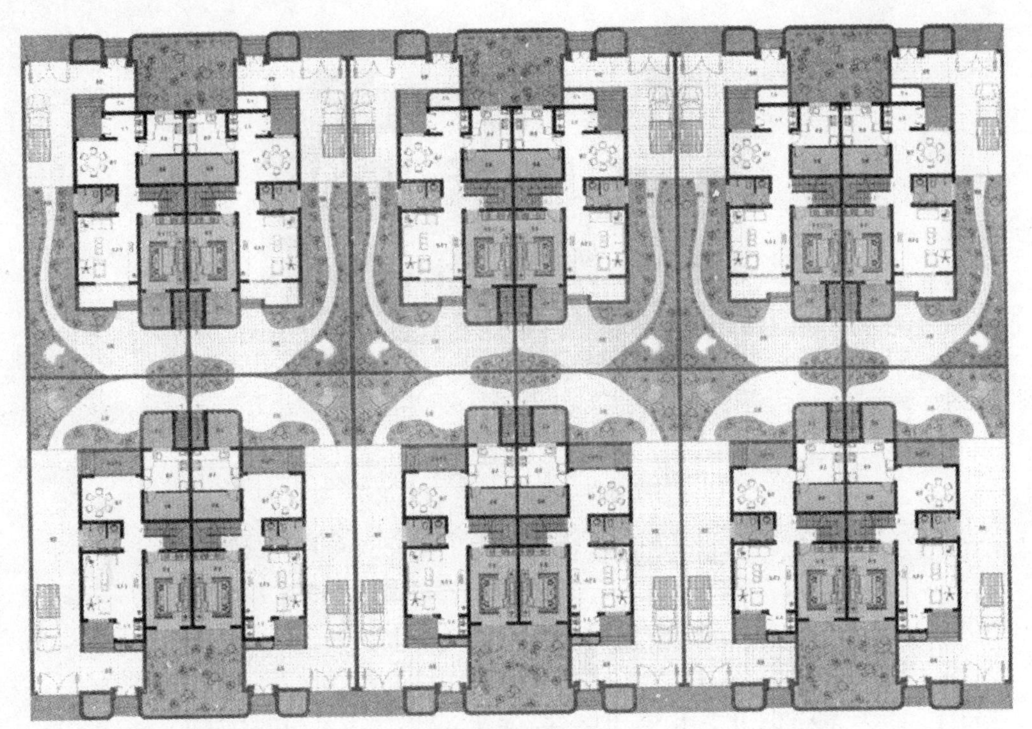

总平面图

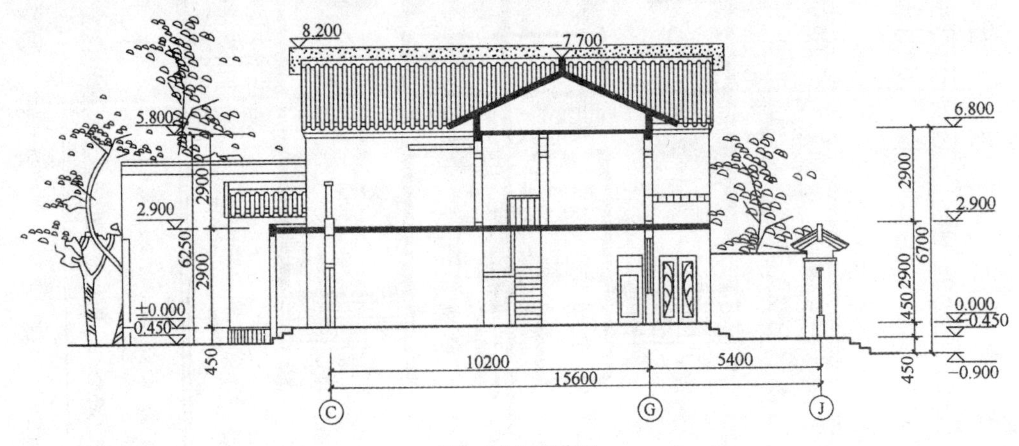

北入口 1-1 剖面图

2.9 两层并联式住宅⑨

设计：沈阳建筑工程学院建筑设计院 鲍继峰

方案特点：本方案为二层坡屋顶住宅。平面布置紧凑，门厅与各功能空间及楼梯的交通联系便捷，确保各功能空间使用的独立性。把采暖锅炉与厨房合并在一起，便于管理和综合利用。厨房单独对外开门，利于与后院的联系，适应农村住宅的使用要求。

效果图

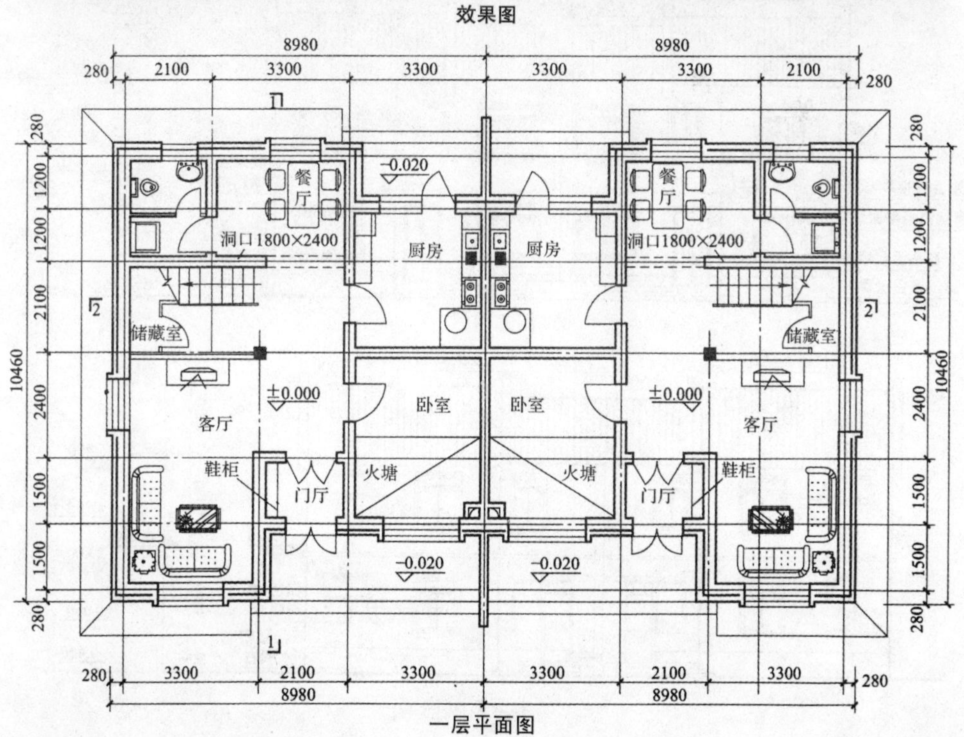

一层平面图

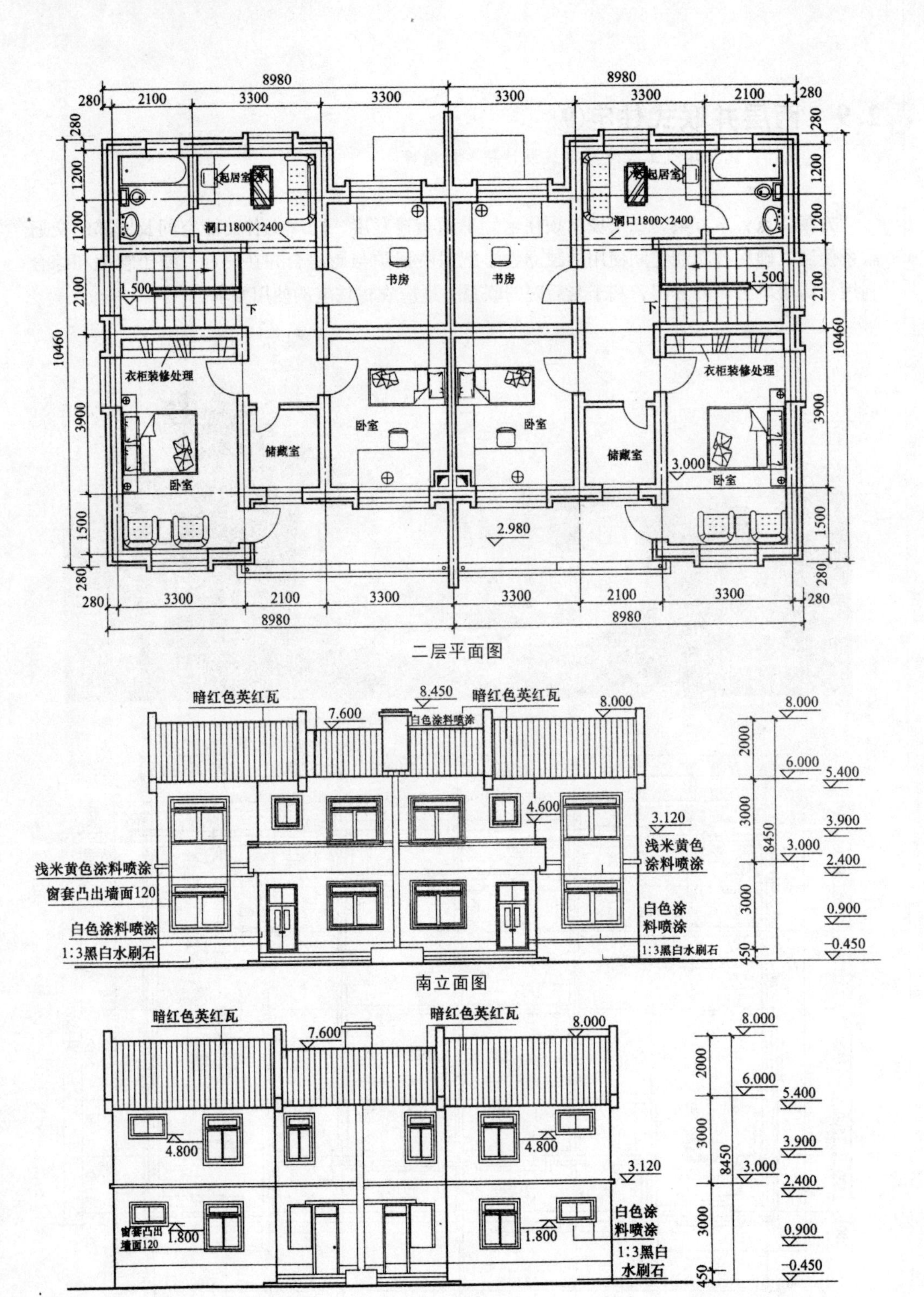

二层平面图

南立面图

北立面图

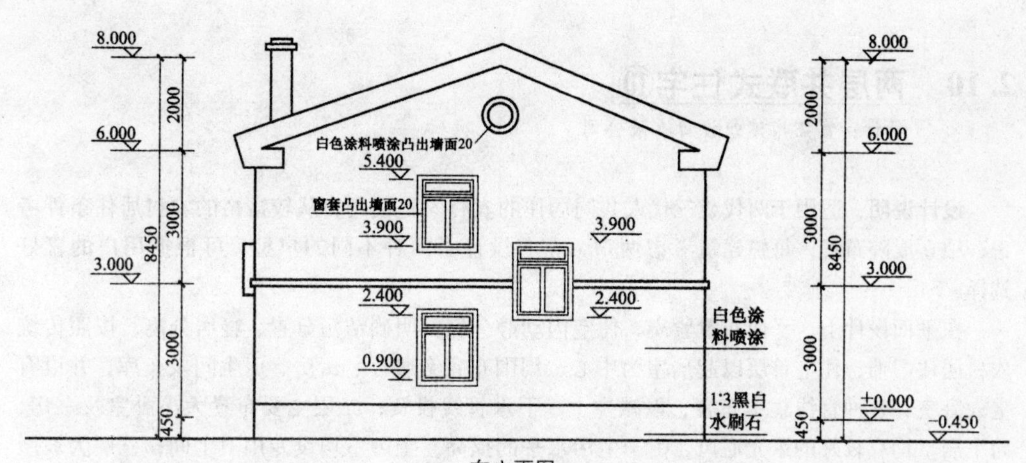
8.000
6.000
5.400
3.900
3.000
2.400
0.900
±0.000
-0.450
2000
3000
8450
450
白色涂料喷涂凸出墙面20
窗套凸出墙面20
白色涂料喷涂
1:3黑白水刷石

东立面图

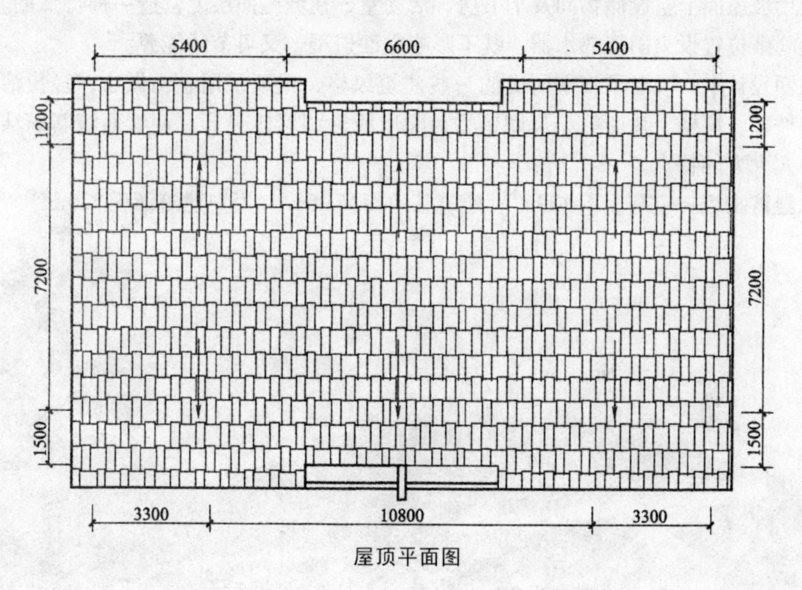
5400
6600
5400
1200
7200
1500
3300
10800
3300

屋顶平面图

2.10 两层并联式住宅⑩

设计：富阳市建筑设计有限公司

设计说明：适用于两代或三代人共同居住的农村家庭使用，从较富裕的农村居住条件考虑，独立成院布置，每幢建筑考虑两户，左右设计了两种不同的户型，可根据用户的喜好选择。

在平面设计上，平面布置紧凑，住宅内动静分区，明确洁污分置、寝居分离，按照传统农村居住习惯，住宅首层以起居室为中心，周围布置有餐厅、厨房、卫生间及车库，并设有老人卧室，各种管线集中布置，以减少上、下水管线投资；二层主要布置大小卧室及书房，每个居室均有较好的采光通风，由于生活水平的提高，主卧室均设专用卫生间；三层为坡屋面，可利用坡屋面上空设储物间及小书房、活动室，在坡屋面层上营造一种特殊的生活空间，屋面在较隐蔽位置设太阳能热水器，既不影响立面造型，又可节约能源。

在立面设计上，吸取了江南居民的一些建筑风格，屋顶采用悬山做法，轻快活泼；墙面上利用小坡檐、窗檐、片墙等小尺度造型，配以浅色调墙体色彩，使墙面清新简洁，力求体现农居朴实大方的特点。

技术经济指标：宅基面积139m^2；建筑基地面积96m^2；每户建筑面积220m^2。

效果图

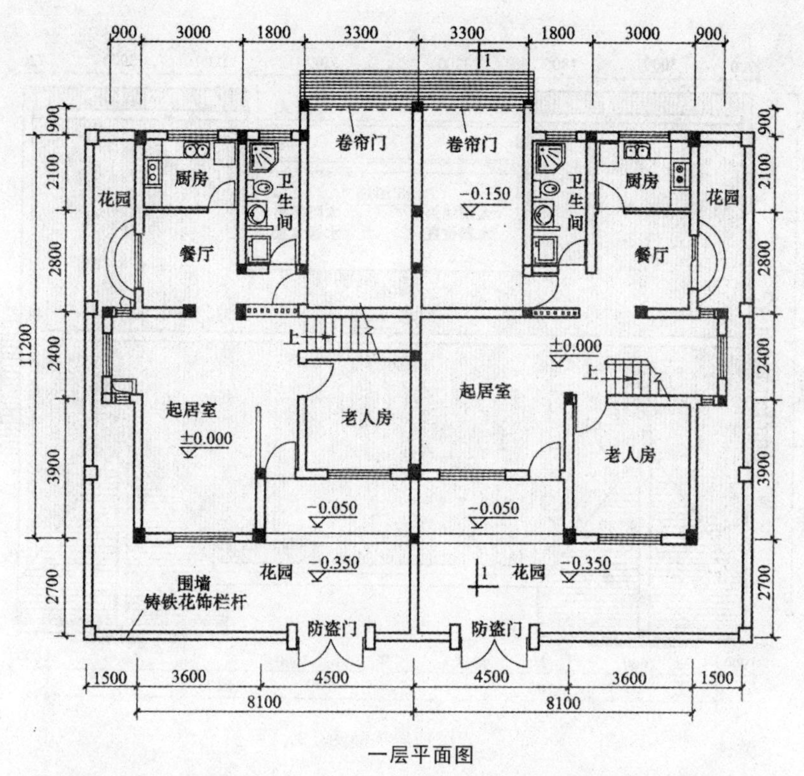

900 3000 1800 3300 3300 1800 3000 900
卷帘门
卷帘门
厨房
卫生间
花园
餐厅
−0.150
上
±0.000
起居室
老人房
±0.000
−0.050
−0.050
花园
−0.350
花园
−0.350
围墙
铸铁花饰栏杆
防盗门
防盗门
900 2100 2800 2400 3900 2700
11200
1500 3600 4500 4500 3600 1500
8100 8100

一层平面图

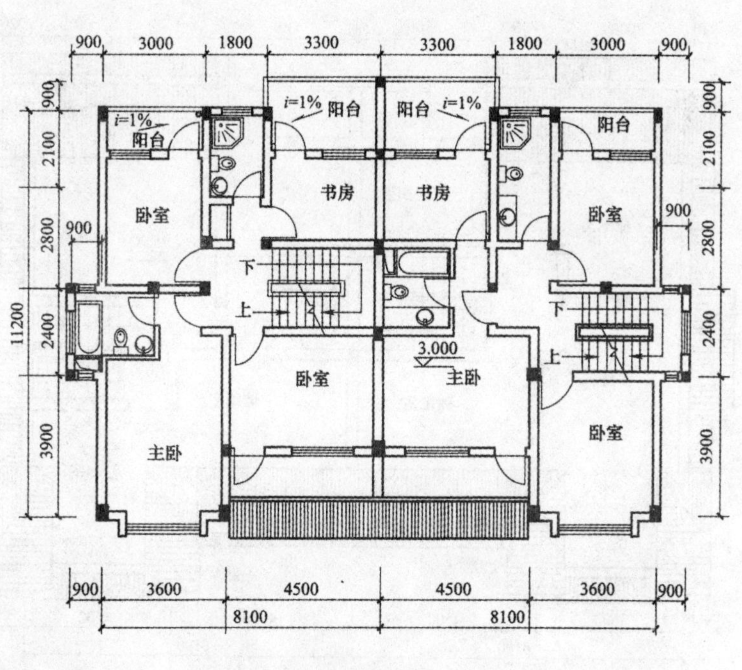

900 3000 1800 3300 3300 1800 3000 900
i=1%
阳台
书房
卧室
900
下
上
3.000
主卧
卧室
900 2100 2800 2400 3900
11200
900 3600 4500 4500 3600 900
8100 8100

二层平面图

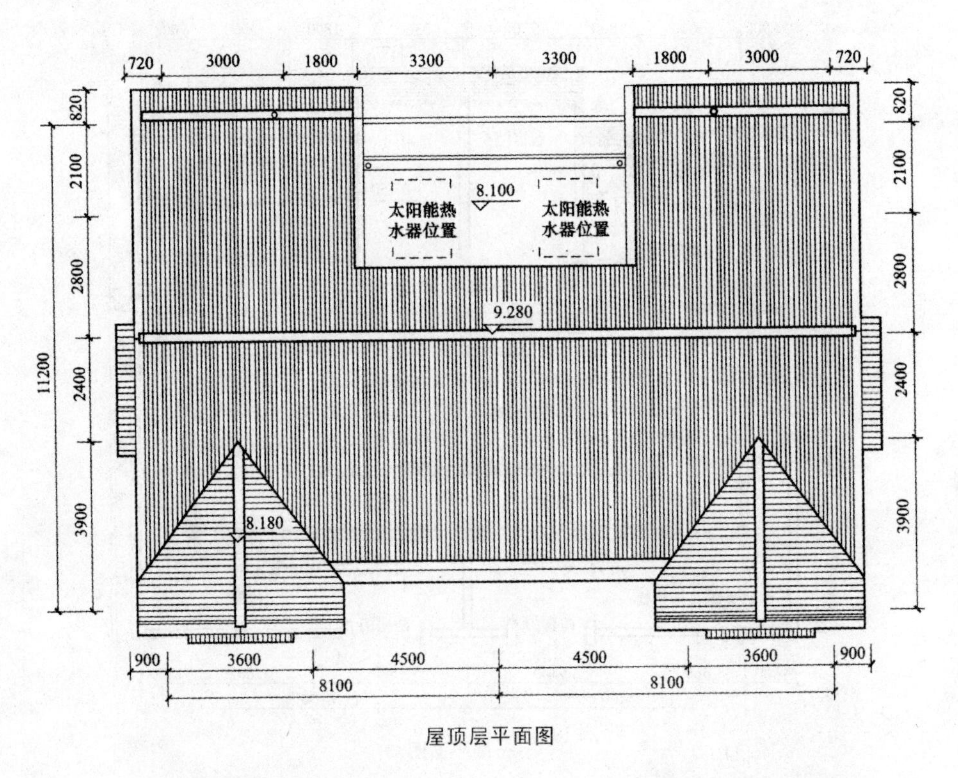

屋顶层平面图

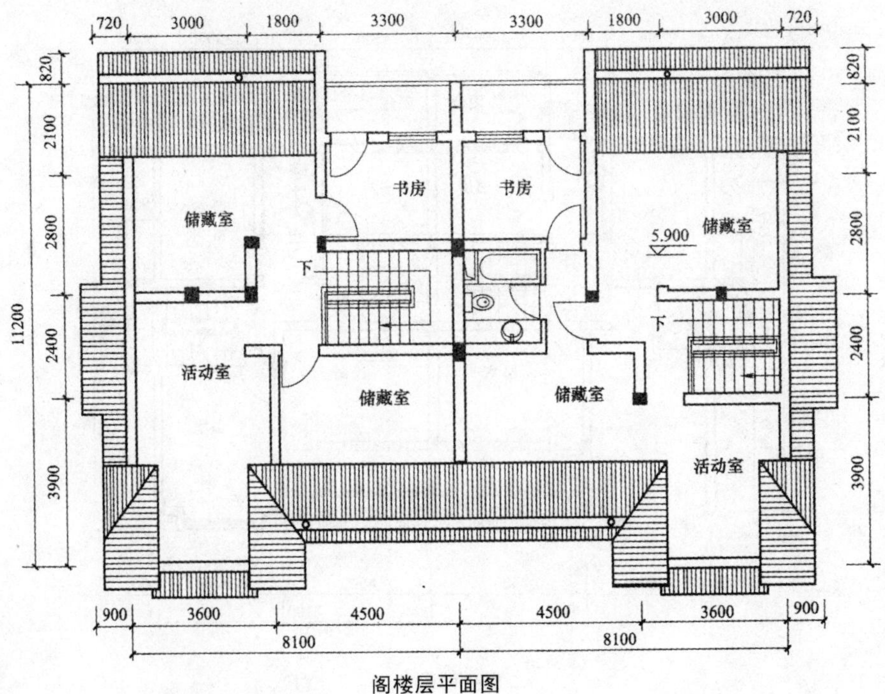

阁楼层平面图

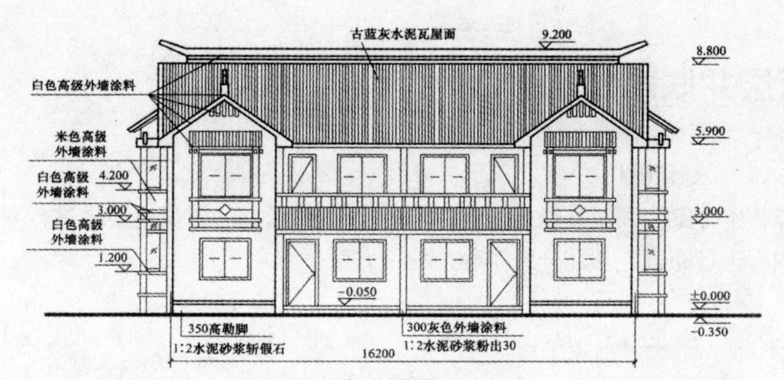

南立面图

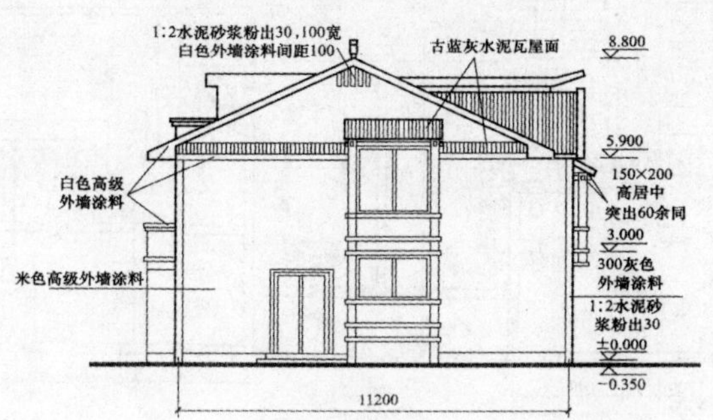

侧立面图

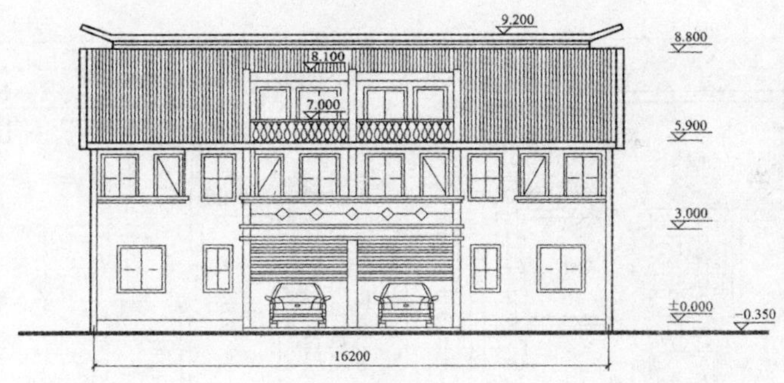

北立面图

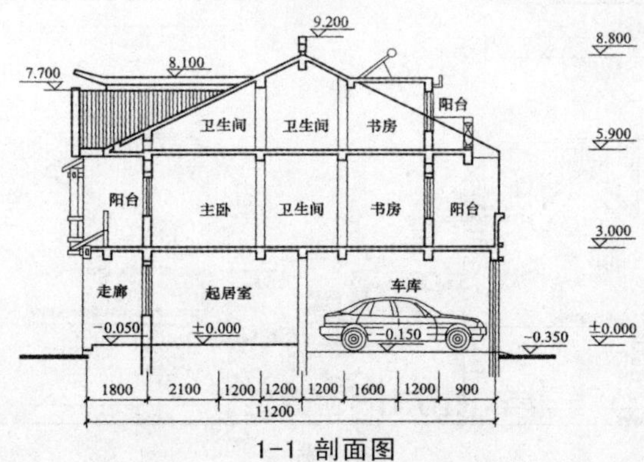

1-1 剖面图

2.11 两层并联式住宅⑪

设计：北京中建科工程设计研究中心

方案特点：本方案为两层并联式住宅。利用库房(停车库)作为连接体进行并联。内部平面以楼梯为中心进行布置，功能分区明确，使用方便。

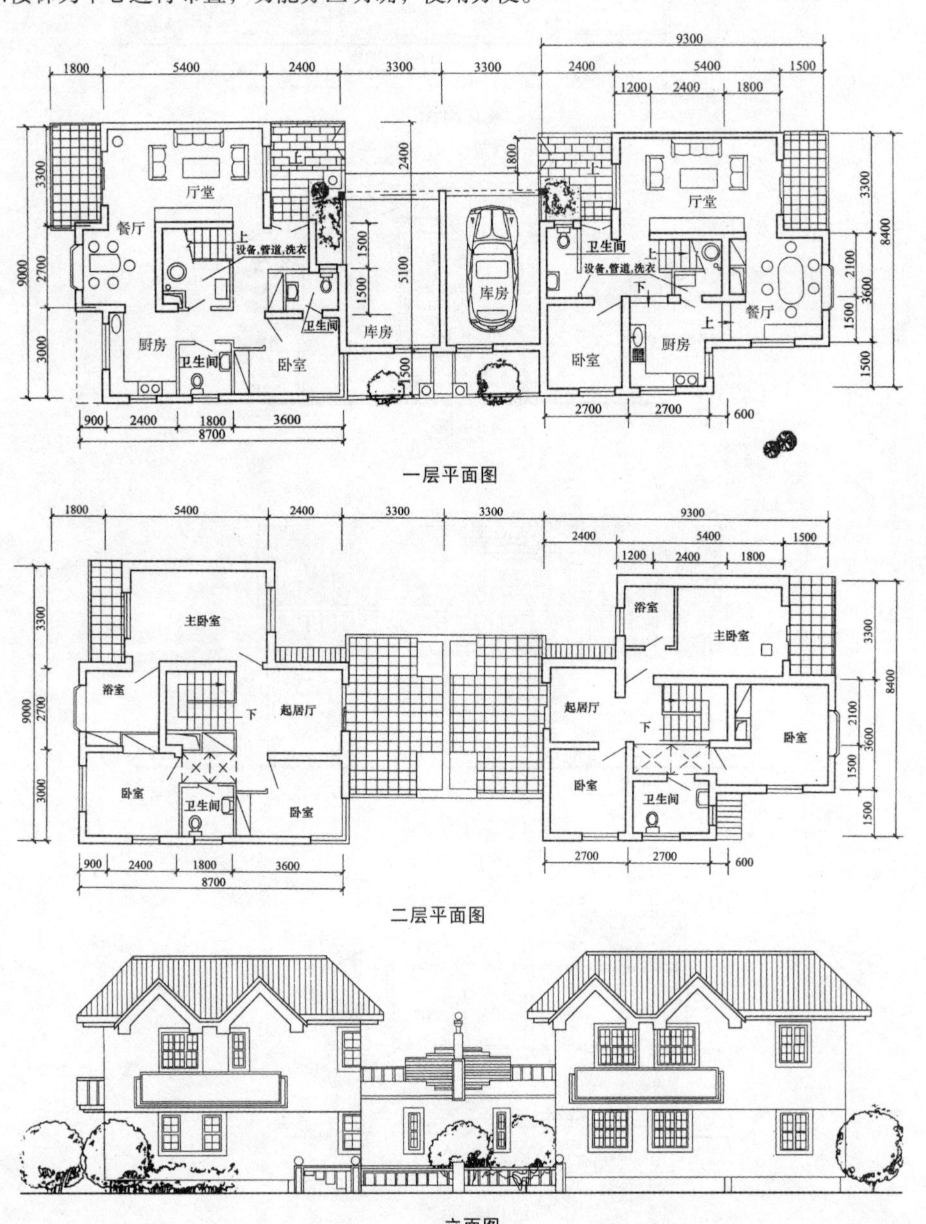

一层平面图

二层平面图

立面图

2.12　两层并联式住宅⑫

设计：桂林地区综合设计院　黄羽虹 吴海云

设计特点：平面紧凑合理，楼梯在中部，以楼梯为界，南面为厅堂，两侧为住房与餐厅，西北角设沼气池、厨房与禽畜舍，形成净区、静区；东北角是工具房、生活性后院，与净、脏区分隔，形成副业生活区。建筑坐北朝南，生活用房在南，饲养与生活在北，用房直接采光通风。正面突出堂屋，平面保留广西桂北“三孔头”的建筑风格。屋面设置平板式太阳能虹吸式热水器，充分利用绿色能源。

技术经济指标

模　式	户　型	建筑面积(m^2)	阳台面积(m^2)	使用面积(m^2)	平面利用系数(%)
A 型	四房两厅	159.0	21.66	122.4	77

注：每户用地 146.0m^2；建筑占地 102.0m^2。

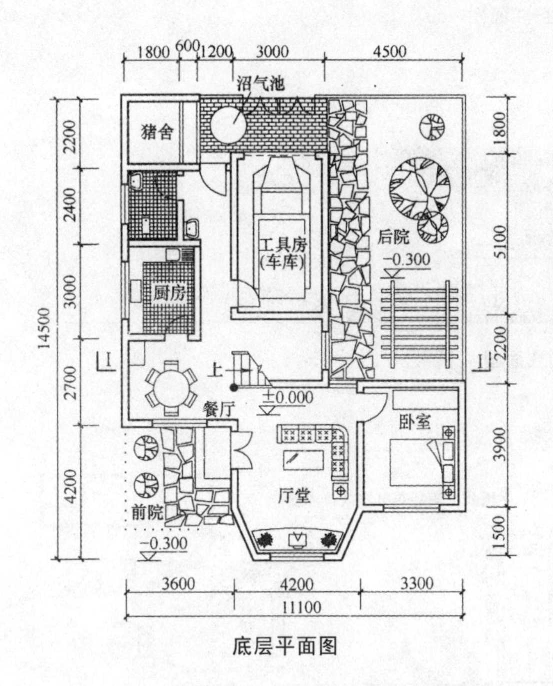

底层平面图

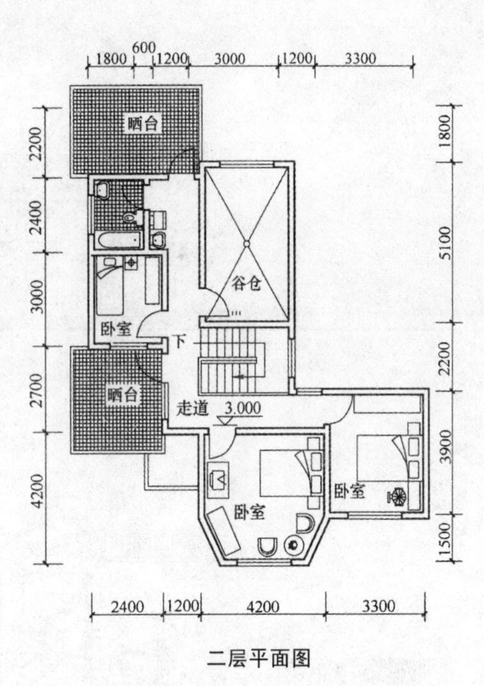

二层平面图

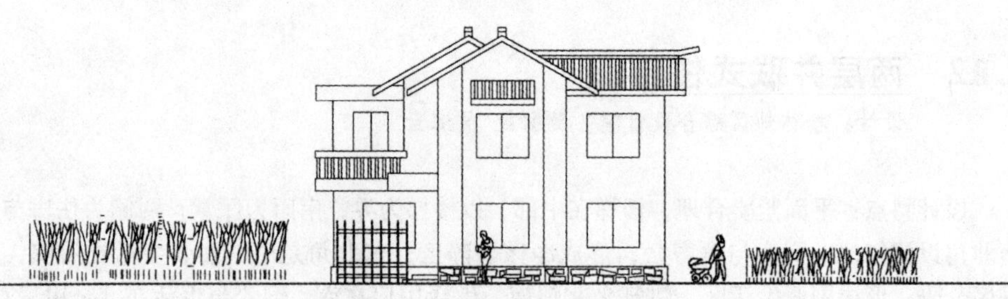

正立面图

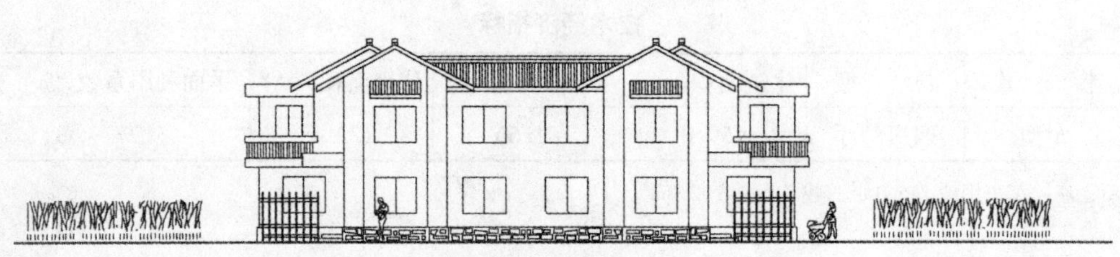

并联正立面图

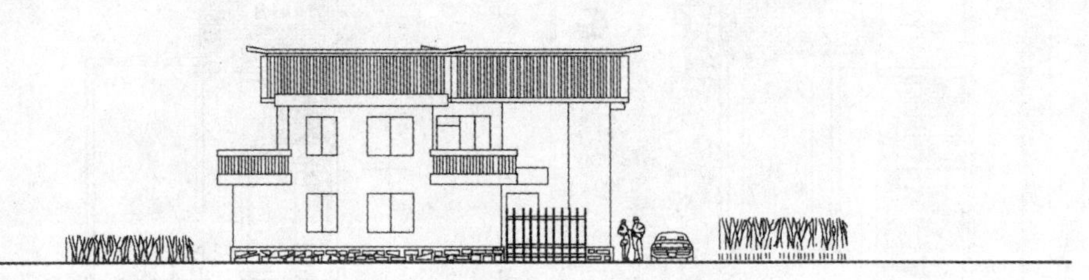

左侧立面图

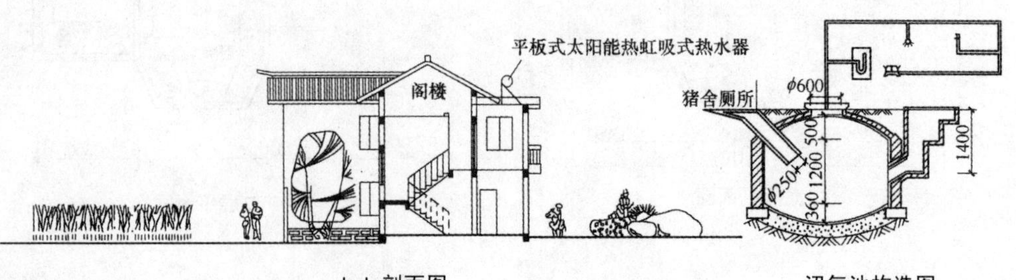

Ⅰ-Ⅰ 剖面图

沼气池构造图

2.13 两层并联式住宅⑬

设计：安徽省建筑设计研究院 高松

设计简介

①灵活性、适应性、可持续性：适应不同生活方式的农民及适应农民今后生活方式可能改变及家庭人口的变化，延长住房的合理使用年限。

②实用、经济、紧凑、结构简单，并符合农民的生活方式。

③有广泛的适应性，可用于务农、务农+副业、经商等多种家庭。

④功能分区合理：动静分区、洁污分区、人畜分离。

⑤所有房间通风、采光好，堂屋宽敞明亮。

⑥节能环保：使用沼气，三格化厕所、太阳能。

⑦节地：可双拼、多拼。

经济指标：占地面积 169.00m²；模式一的建筑面积 160.80m²；模式二的建筑面积 140.90m²；多功能用房面积 19.70m²；造价估算 350 元/m²；结构形式为砖混。

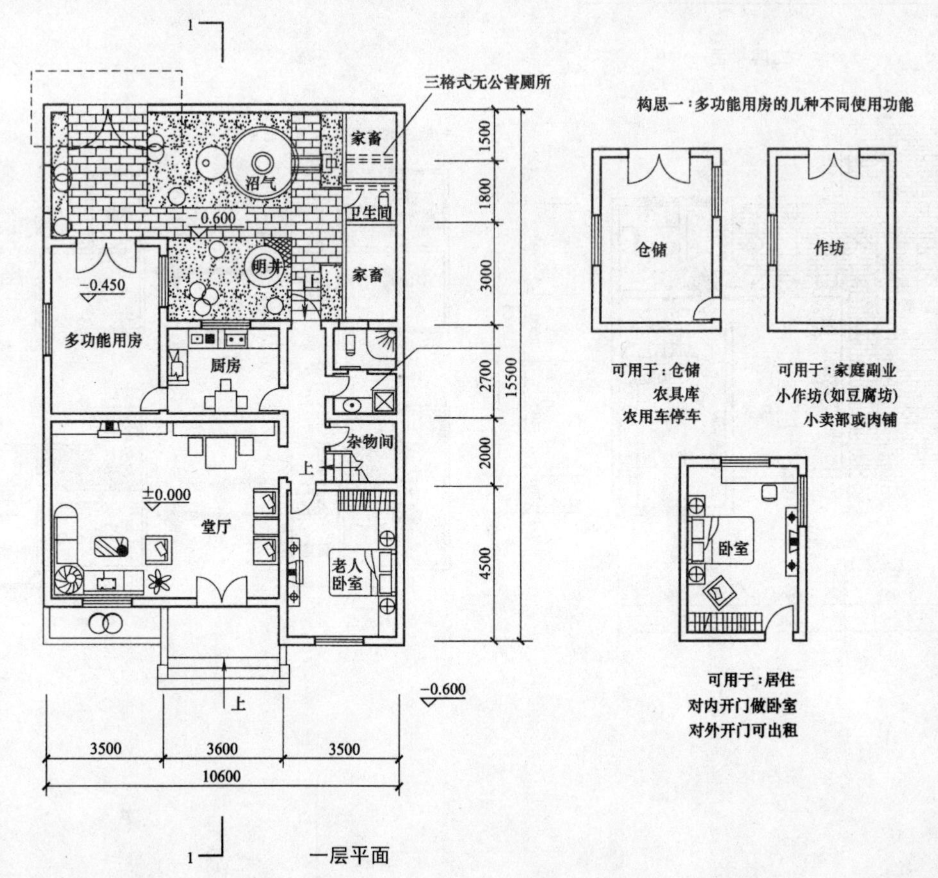

一层平面

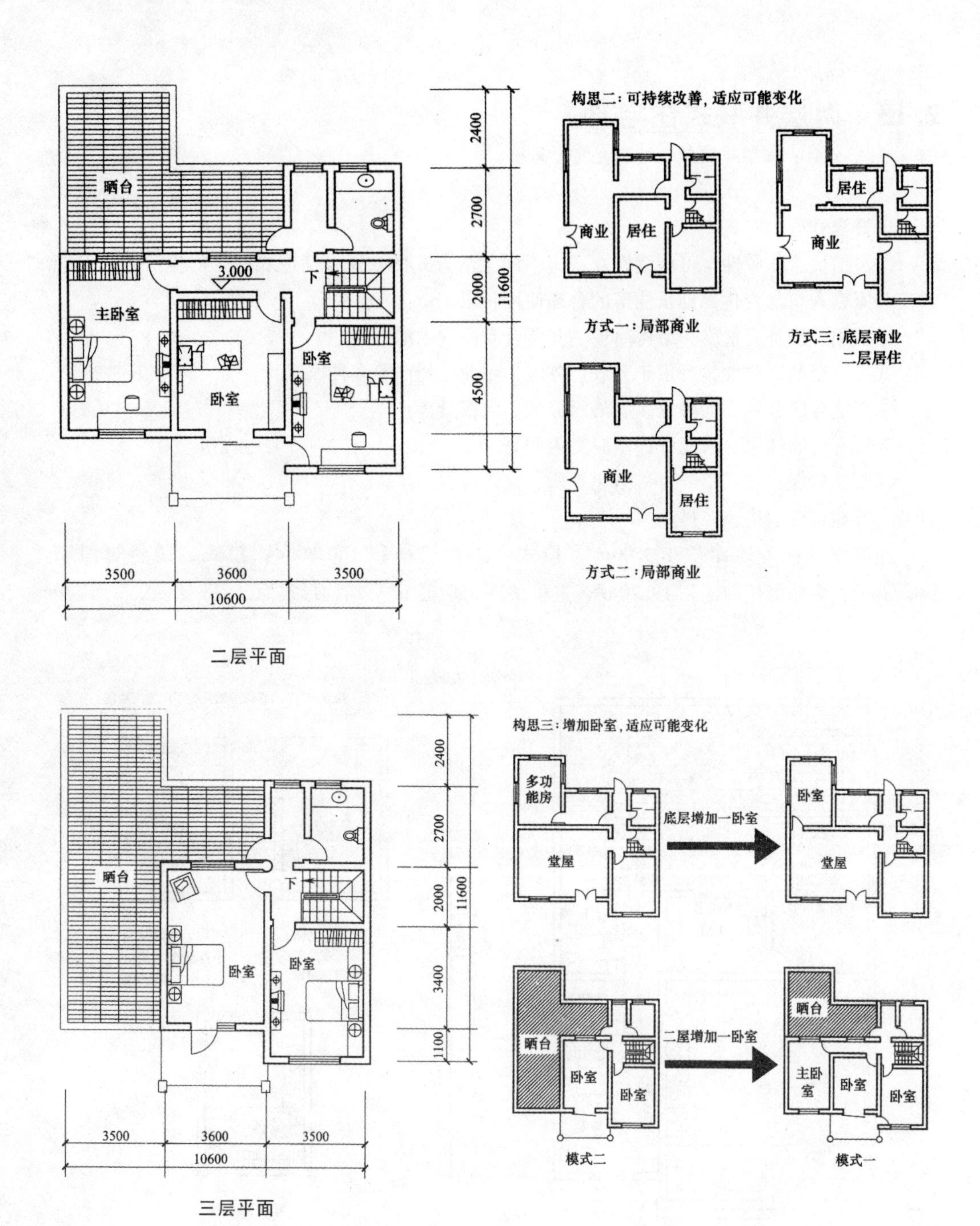

晒台
3.000
下
主卧室
卧室
卧室
3500
3600
3500
10600
2400
2700
2000
4500
11600
二层平面
构思二：可持续改善，适应可能变化
商业
居住
方式一：局部商业
居住
商业
方式三：底层商业
二层居住
商业
居住
方式二：局部商业
晒台
下
卧室
卧室
2400
2700
2000
3400
1100
11600
3500
3600
3500
10600
三层平面
构思三：增加卧室，适应可能变化
多功能房
堂屋
底层增加一卧室
卧室
堂屋
晒台
卧室
卧室
二层增加一卧室
晒台
主卧室
卧室
卧室
模式二
模式一

模式一透视图

双拼南立面　　　　双拼北立面

模式二透视图

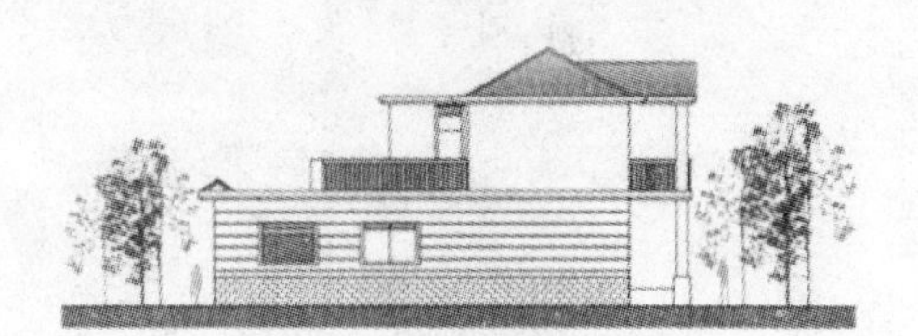

侧立面图

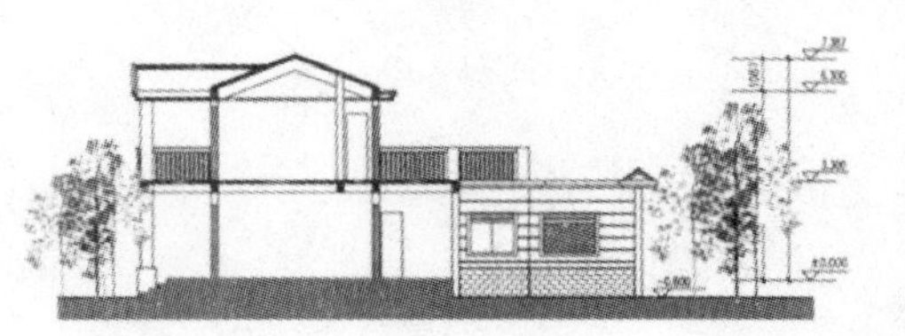

剖面图

2.14 两层并联式住宅⑭

设计：南宁市建筑设计院　汪烈 王铭义

设计说明：本方案利用前庭、后院和敞廊组织室内外空间，设敞厅，晴、雨天均可从事农副业生产活动；用房均为南北朝向，卧室全部朝南，生活、生产用房分区明确，平面规整，造价较低廉，设有相应的节能措施，以求提高村镇环保水平及生活品质。造型融入民居的形式，青瓦白墙，色彩淡雅和谐。

技术经济指标

模　式	户　型	建筑面积(m^2)	阳台面积(m^2)	使用面积(m^2)	平面利用系数(%)
B型	四房两厅	174.90	6.07	134.68	77

注：每户用地190.89m^2；建筑占地114.80m^2。

效果图

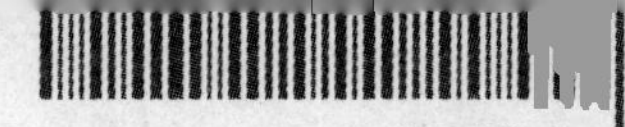

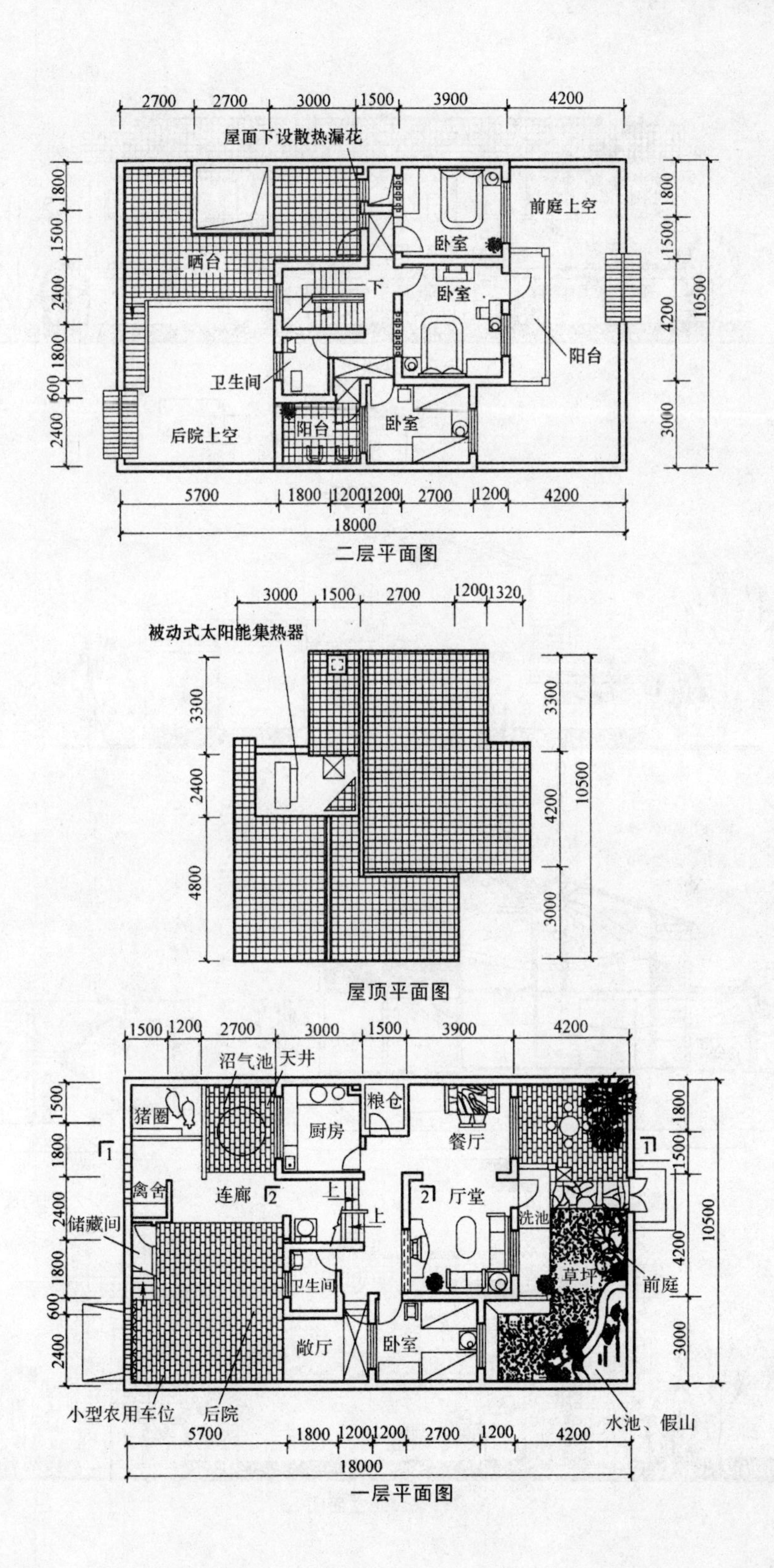
屋面下设散热漏花
晒台
卧室
前庭上空
下
卫生间
阳台
后院上空
二层平面图
被动式太阳能集热器
屋顶平面图
沼气池
天井
猪圈
厨房
粮仓
餐厅
禽舍
连廊
厅堂
上
储藏间
洗池
草坪
前庭
敞厅
小型农用车位
后院
水池、假山
一层平面图

南立面图

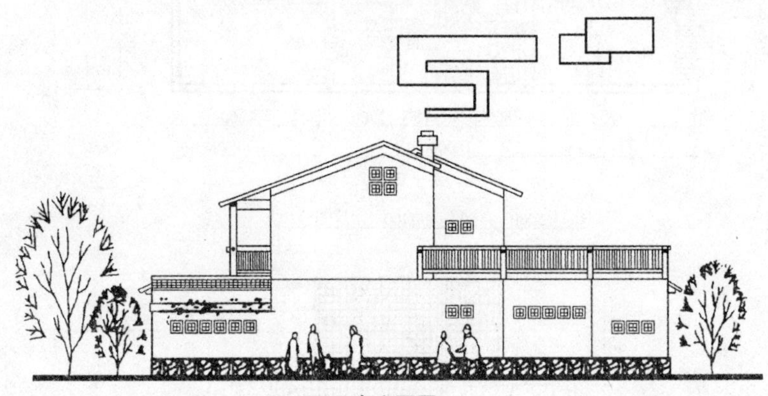

东立面图

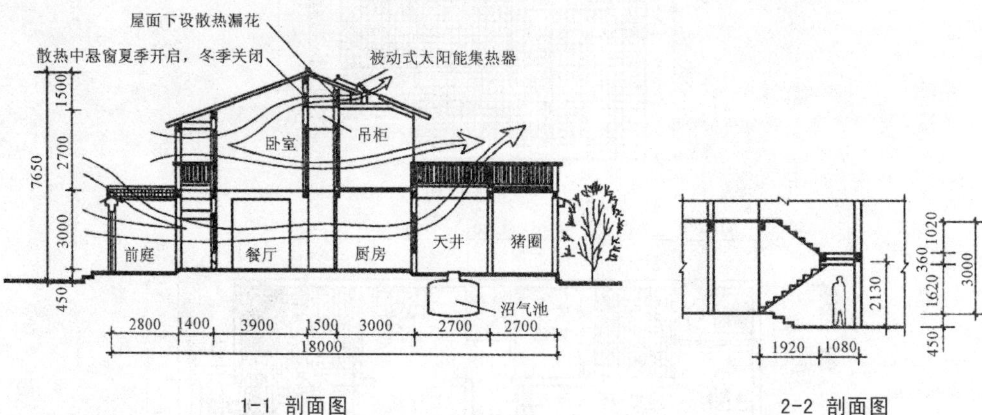

1-1 剖面图

2-2 剖面图

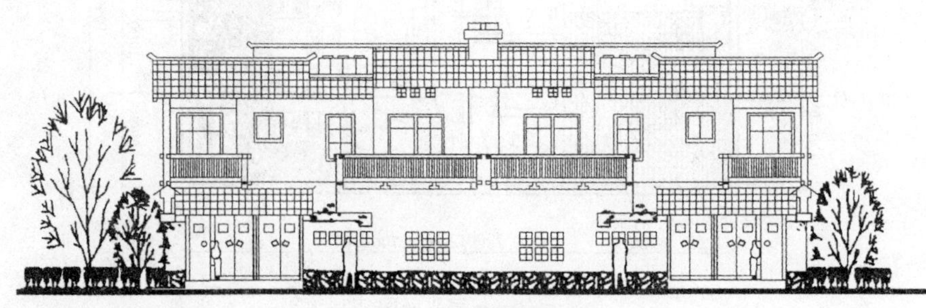

北立面图

2.15 两层并联式住宅⑮

设计：长安大学　李宁

设计说明

(1)现状分析：地理、气候、经济

大兴区位于北京市南郊、地处平原，属二类气候区。大兴区作为北京市的卫星城长期肩负着北京菜篮子的功能，粮食作物以小麦、玉米为主，并大力发展经济作物。大兴区还是西瓜之乡。

现有农宅多以砖木结构为主，三七墙黏土砖，消耗大量的土地资源和木材。近年来农村住宅追求高、大、洋情况严重；不考虑功能是否合理，缺乏整体设计，使得一些住宅花钱不少，用起来却不方便。农村中对厨房、厕所往往随意布置，尤其是厕所多采用旱厕，这与现代居住要求大为不符。

(2)总体设计

- 本方案“以人为本”，结合地方特色、生活习惯，有机地组织各使用空间。
- 充分利用太阳能和可再生资源，利用风压和热压，进行通风设计。
- 采用小面阔大进深，节约用地。
- 采用新材料，减少资源消耗，增加保温性能。
- 结构均匀，布局整齐，便于施工。
- 可变性，满足不同家庭结构和经济状况的需要，并且使村落建筑不致千篇一律，使得建筑富于变化且更具活力。

(3)平面设计

- 以日光室为中心布置各使用空间，保证各个空间有良好的采光。
- 采有功能分区，避免相互干扰；除老人卧室外，其余卧室均布置在二层(或二层以上)，做到“合得拢，分得开”。
- “多储藏、小分散”满足农村对多种储藏空间的需要，采用粮仓或储粮，增加空间利用率，并且储取方便。利用粮仓下部作为地窖。
- 利用廊作为过渡空间，使室内和室外联系在一起，利用水池调节小气候，美化环境，还可养鱼。

(4)立面设计

①传统的继承

建筑主体分三层：下层为仿红色黏土砖面砖；中层为粉刷墙及随檐部荷载的支件(作用同斗拱)；上层为坡屋顶，是对传统建筑，墙身体辅佐，屋顶的简化和抽象。

②虚实的对比：大面积玻璃与墙体对比，既保留传统又显示现代气息。

(5)剖面设计

采用2.9m层高，满足农村生活的需要，下沉式锅炉房，有利于热水的循环。

(6)生态节能设计

①缓冲层——内外环境的调节器

“门斗”缓冲层：传统门斗是在室内与室外之间形成一个过渡空间不易于热量的流失。本方案将门斗概念扩大化，即在主要空间与室外之间形成一个可以利用的次要空间，增加使用空间。

日光室缓冲层：在冬季，日光室是一个大暖房，并通过热压与室内发生空气对流；在夏季，通过窗户的开启与遮阳，使“日光室”成为一个凉棚，并有利于空气流通。在过渡季节，它是一个开敞空间，对空气起到过滤的作用。

架空屋面：采用轻钢屋加保温板，外贴沥青瓦，形成一个中空保温层，并且屋顶自重小、结构简单，利于施工，且有利于日后的扩建工作。

②地下的通风管：在夏季可以引入凉风，冬季可关闭。

③墙体保温：采用墙体自保温和外保温相结合的复合保温体系；其240墙的保温性能相当于490mm厚黏土实心砖保温性能。

④“炕”：北方人习惯睡炕，尤其是中老年人；然而传统土炕不利于清洁卫生，并且受地点限制(一般靠近灶膛)，在厚季不烧炕的情况下不利于人的使用。本方案采用热水供暖，受热均匀，干净卫生，夏季不易受潮。起居与睡卧相结合。

⑤沼气池：沼气池位置设在东南角，充足的日照可以产生更多的沼气，而且不影响正常的生活。

(7)景观设计

利用园林窗(形式可各不相同)和栅栏，在保证秘密性的情况下，将院内景观引到街道，形成宜人、亲密的社区环境。

(8)户型可变性

可满足不同家庭结构的住房要求，并且可使立面造型得以变化，使得整个村落不致“千篇一律、一目了然”。

家庭结构	户　型	户　型	建筑面积
2位老人 + 2位年青人带1位孩子	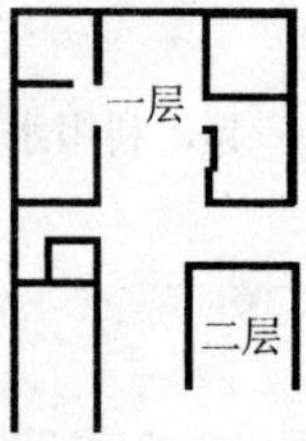 一层 二层		126. 34m²

（续）

家庭结构	户　型	户　型	建筑面积
2位老人 + 2位年青人带1位孩子 + 2位年青人	一层	二层 三层	213.32m^2

注：本方案所表达为三代同居的房型。

技术经济指标：用地面积191m^2；建筑面积189.3m^2；使用面积149.5m^2；造价700～800元/m^2（注：粮仓储粮体积6.08m^2）。

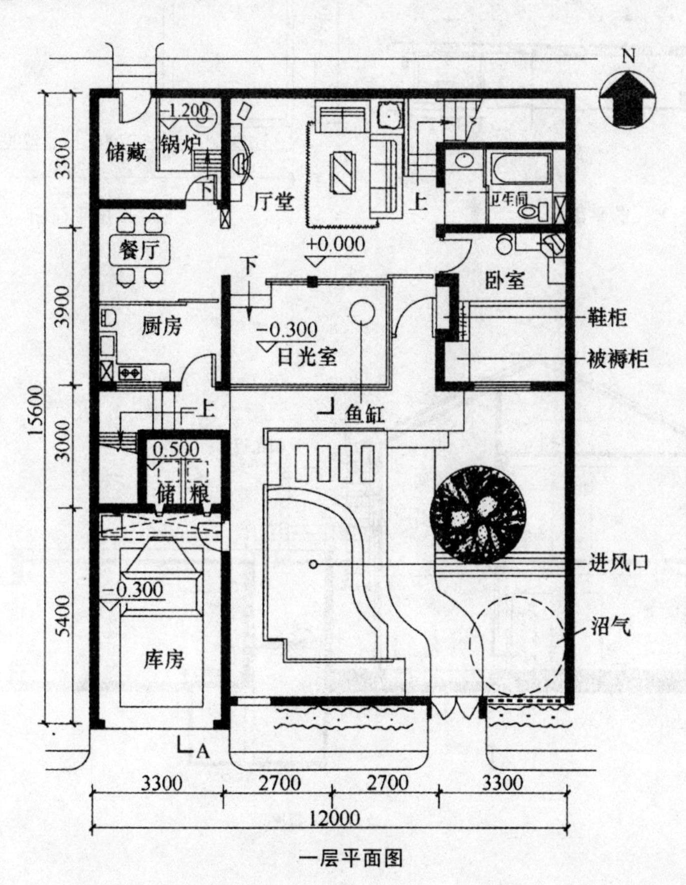

一层平面图

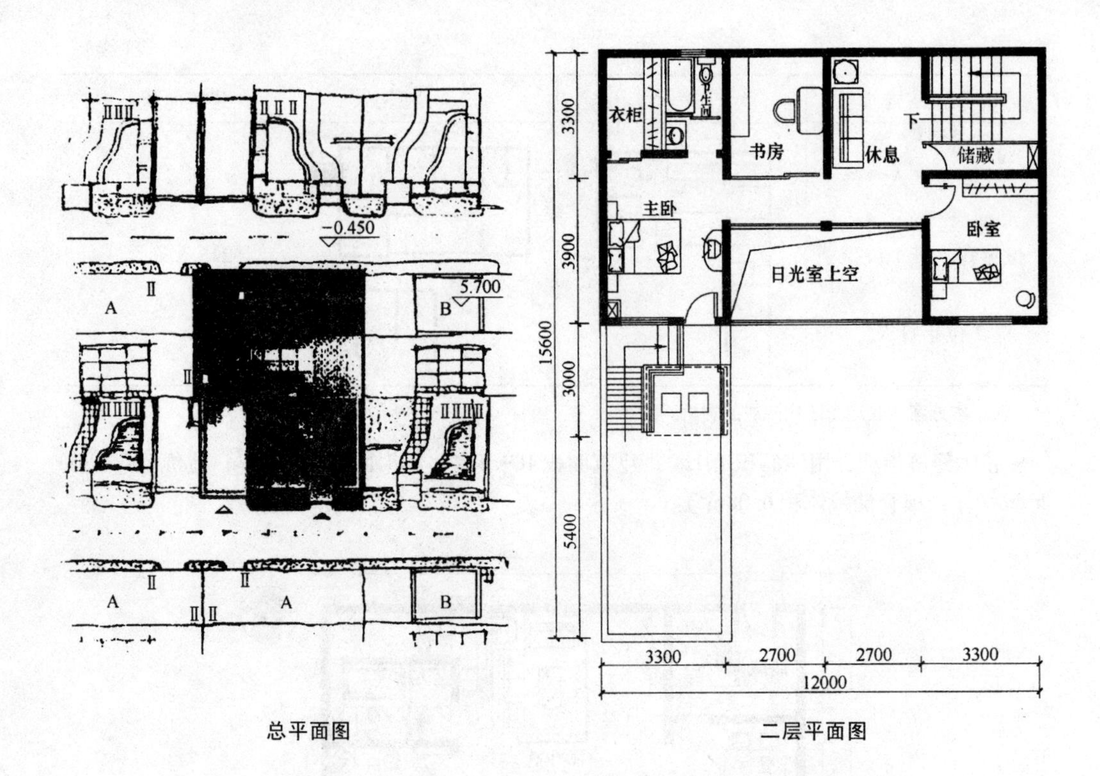

总平面图　　二层平面图

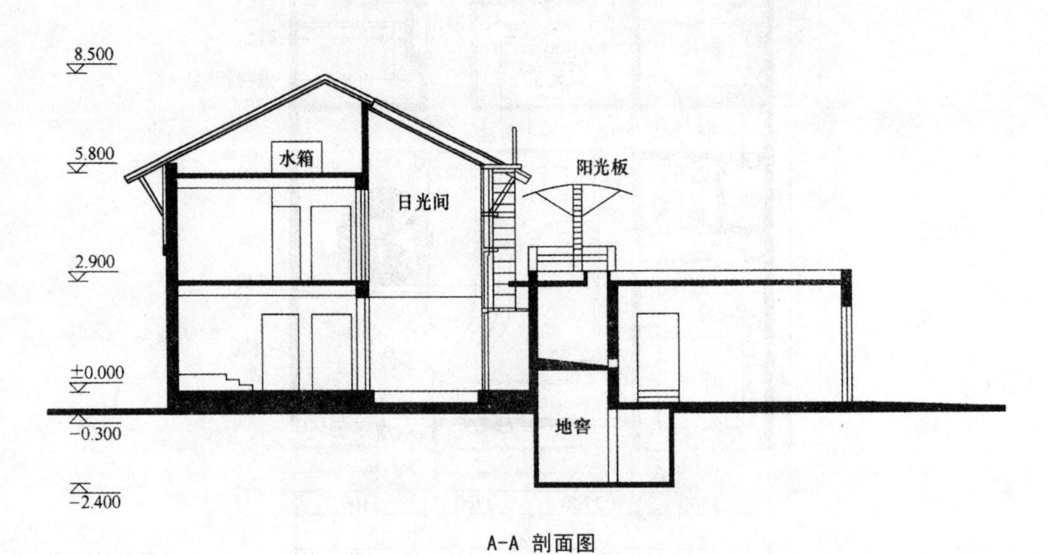

A-A 剖面图

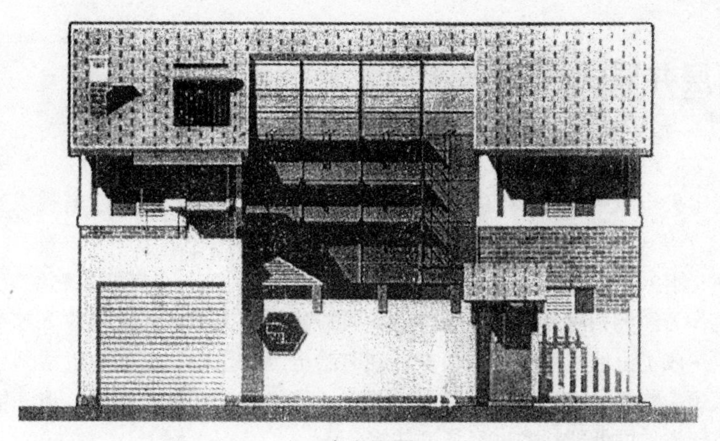

南立面图

东立面图

鸟瞰图

2.16 两层并联式住宅⑯

设计：保定市建筑设计研究院 韩军

本方案为中央电视台经济频道《点亮空间——2006 全国家居设计电视大赛》复赛入围方案。

设计说明：本方案本着传承、集约、发展的原则，设计农村低能耗家庭经济型住宅。

北方地区作为经济相对落后的区域，农业人口比例较大，农民人均收入较少。传统的分散居住模式也造成了土地资源的严重浪费，同时给电力、供水、道路等生活基础设施建设造成了发展的瓶颈，制约了经济发展。因此在尊重传统生活模式的基础上，迫切需要在农村大力提倡建造节能省地的低能耗家庭经济型住宅。

(1)农村具有发展低能耗家庭经济型住宅的有利条件

农村的自然环境较好，可利用土地资源相对较多，可将现阶段分散的居住形式加以整合，提高土地利用率，节省出更多的耕地。另外，对农业生产所产生的可再生资源加以有效利用，提高能源的利用率，可有效的实现节约能源的目的。

(2)低能耗家庭经济型住宅的技术特点

①布局、外墙围护及外墙装修：在平面设计中充分考虑建筑物体形，设计成双层双拼或联排，节约土地。平面规整，最大限度地减少了外墙面积，利于节能。在主体外墙围护选材时充分结合实际，选用了保温效果良好同时价格较便宜的混凝土多孔(或实心)砖夹心(内填50厚聚苯板保温层)保温墙。混凝土砖的外观平整度较高且可随意调色，所以可直接将立面处理成清水砖墙的效果，既环保又贴近生活，同时减少了外装修费用。

②实现农民增收的家庭经济型院落：平面内部功能紧凑，在提高面积利用率的同时减小了建筑物体量，空余出50%的宅基地面积作为生活及生产庭院，便于农民开展家庭式畜牧业养殖，增产创收。

③绿色生态能源的循环利用

• 回收牲畜粪便、有机物垃圾、秸秆等再生能源产生沼气，解决庭院养殖造成的环境卫生问题，同时满足住户烧饭、烧水等需求。经济可行是北方农村大力推广的能源形式。同时沼气池剩余的残渣可作为高效的庄稼肥料。

• 太阳能热水系统。在南向斜屋顶上安装太阳能集热器，为住户提供一年四季的生活热水。与沼气炉综合利用，可在冬季为住户提供可靠的低温地板辐射采暖。设置传统的火墙作为冬季采暖的辅助手段，充分利用烟气余热，节约能源。

• 地窖在夏季空闲时可收集雨水，用于庭院灌溉。同时利用雨水对地窖内空气进行降温，利用风机将低于地上温度的地窖风通过风道送入室内，以保证相对稳定的室内环境。

• 夏季通风及遮阳。平面设计南北贯通，有利于穿堂风的形成。在二层采用保温顶棚，设置可控百叶风口。白天关闭风口，阻隔闷顶内的热空气向室内传热。夜晚打开风口，使室内热空气经闷顶由屋顶的透气管排出。在东西向利用墙面绿化及树木遮阳，在南侧通过绿化及竹帘遮阳。

主要经济指标(单户)：宅基地面积200m^2；建筑面积177.2m^2；使用面积142.85m^2；庭院面积98.76；使用面积系数80.62%。

鸟瞰图

效果图

南立面图

侧立面图

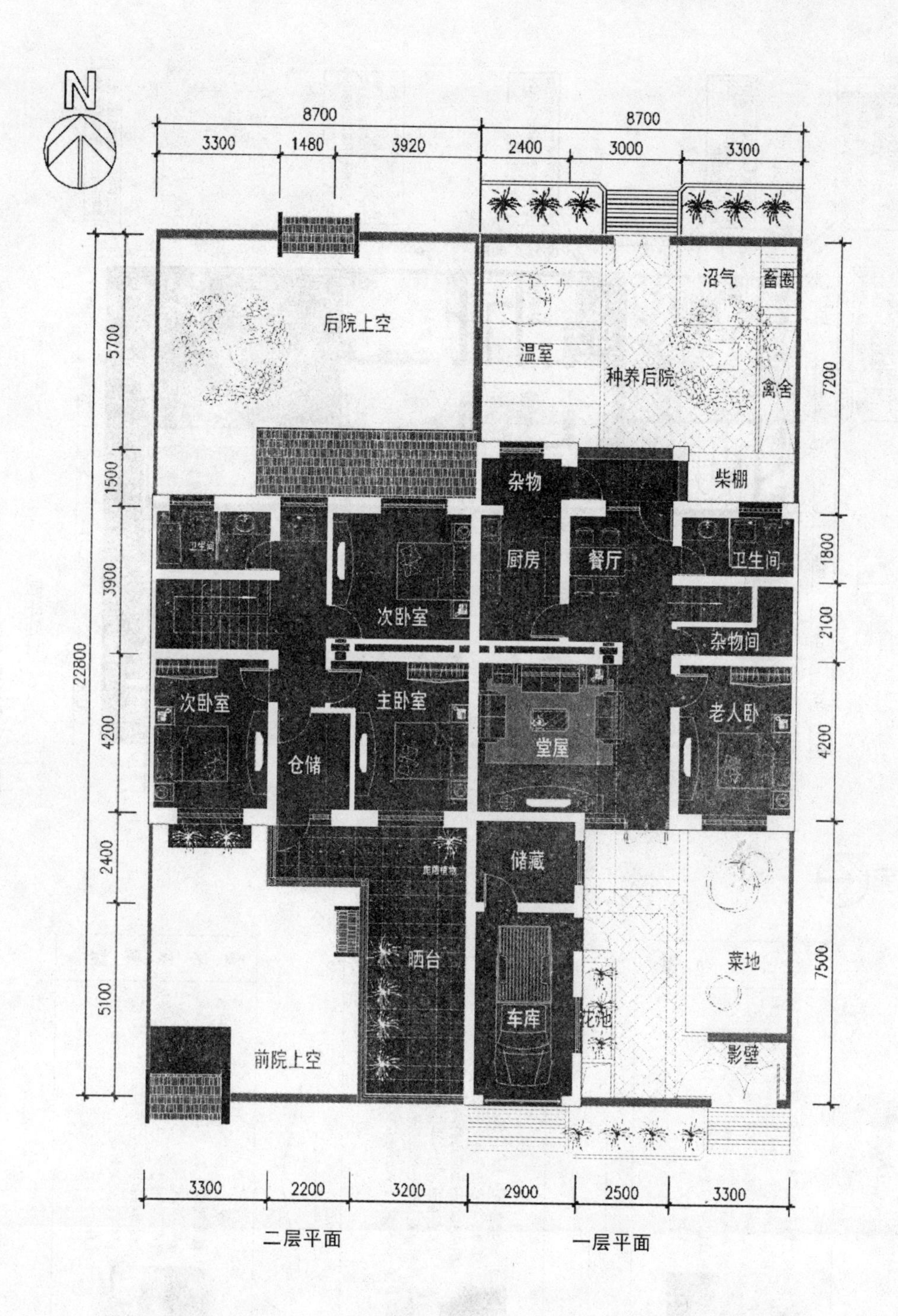

N
8700
8700
3300
1480
3920
2400
3000
3300
后院上空
温室
种养后院
沼气
畜圈
禽舍
柴棚
杂物
厨房
餐厅
卫生间
杂物间
次卧室
主卧室
次卧室
仓储
堂屋
老人卧
储藏
晒台
车库
菜地
影壁
前院上空
5700
1500
3900
22800
4200
2400
5100
7200
1800
2100
4200
7500
3300
2200
3200
2900
2500
3300
二层平面
一层平面

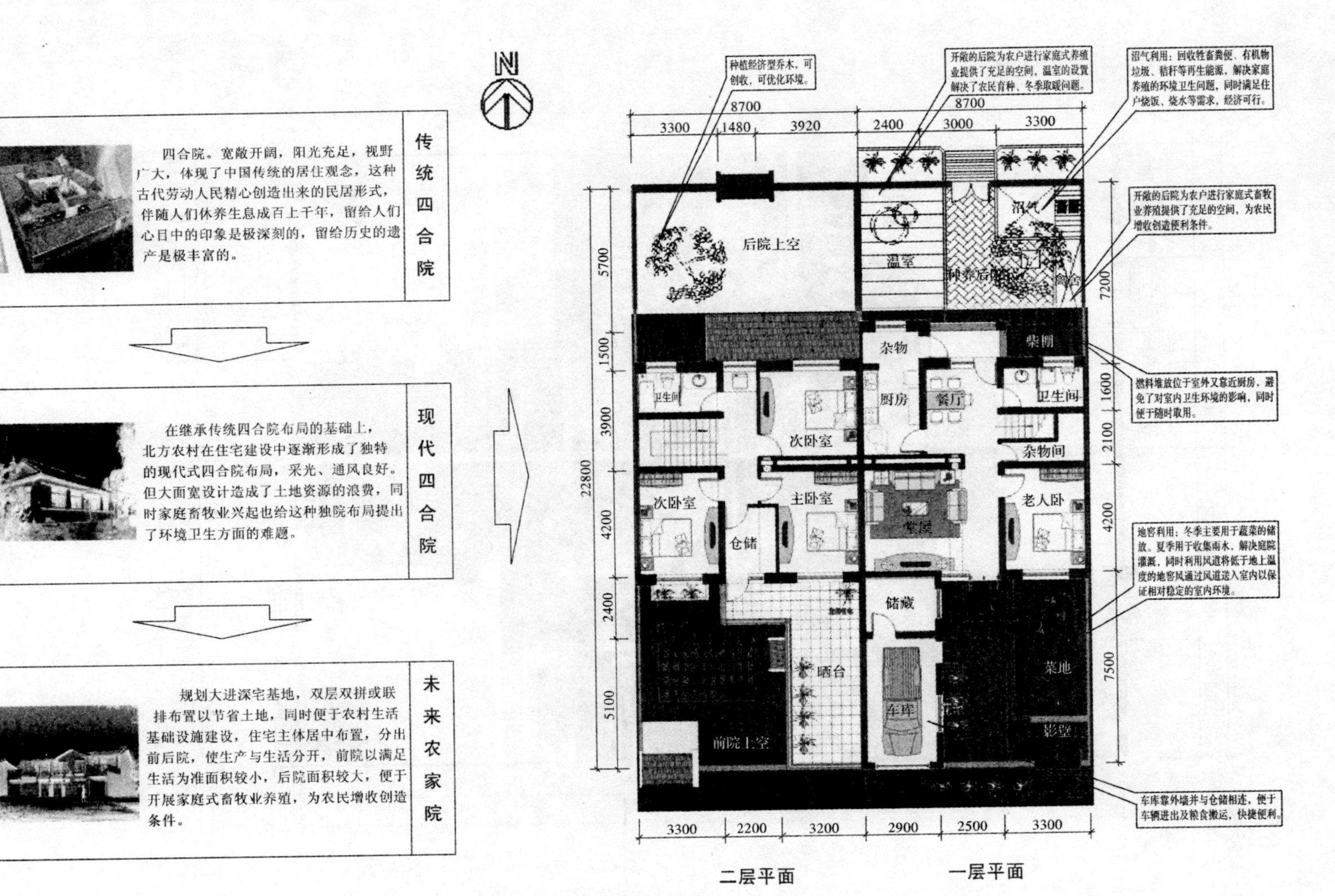

庭院布置及立体景观设计图

2.17 三层并联式住宅①

设计：福建长汀县建设局　林渊，指导：骆中钊

方案特点：本方案为三层并联式住宅，一层布置的库房可根据总平面布局的要求进行选择，可独立或并联布置。二层进深达 2.4m 的阳台，适应近海气候的特点，还有供晾晒之用。

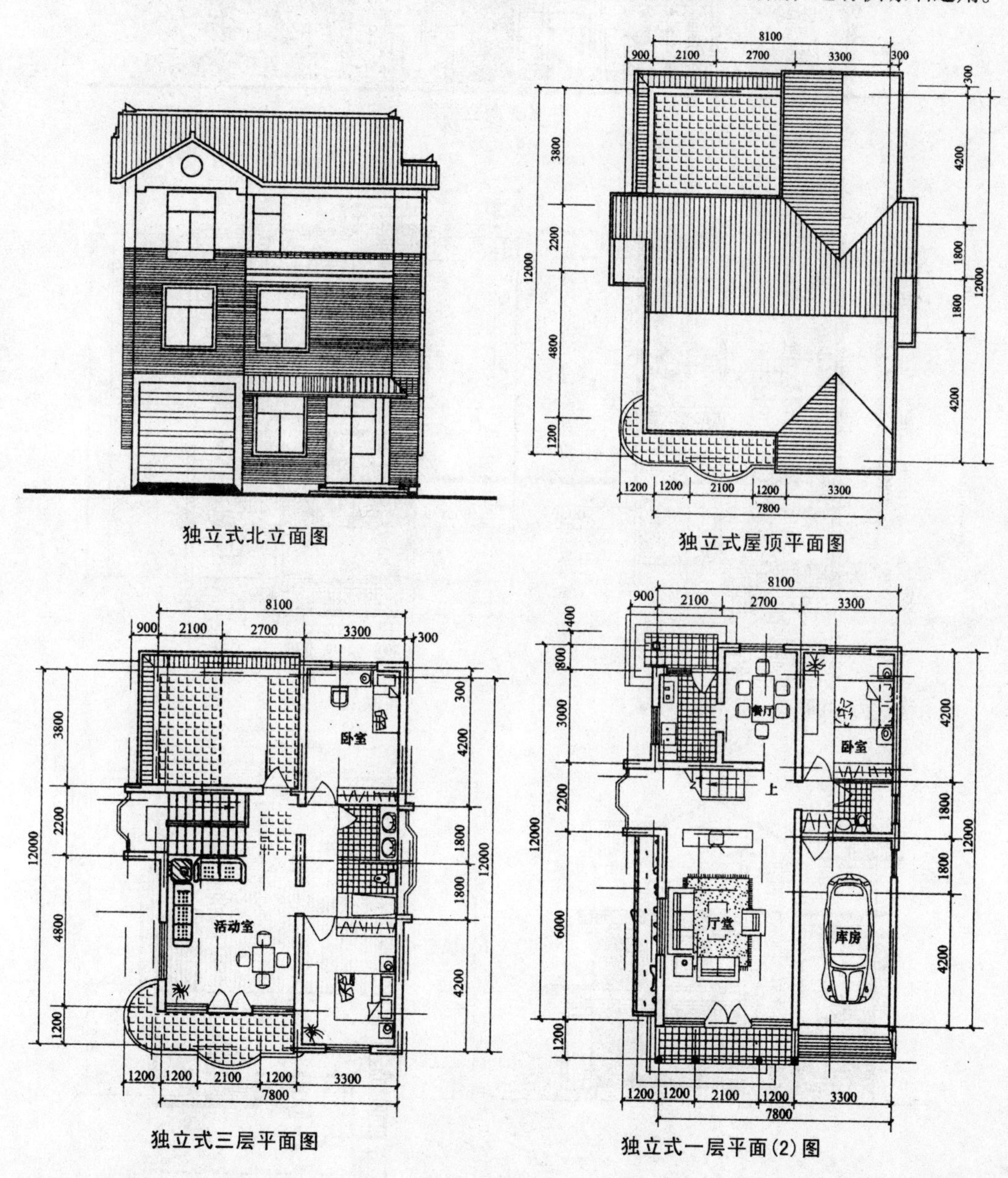

独立式北立面图

独立式屋顶平面图

独立式三层平面图

独立式一层平面(2)图

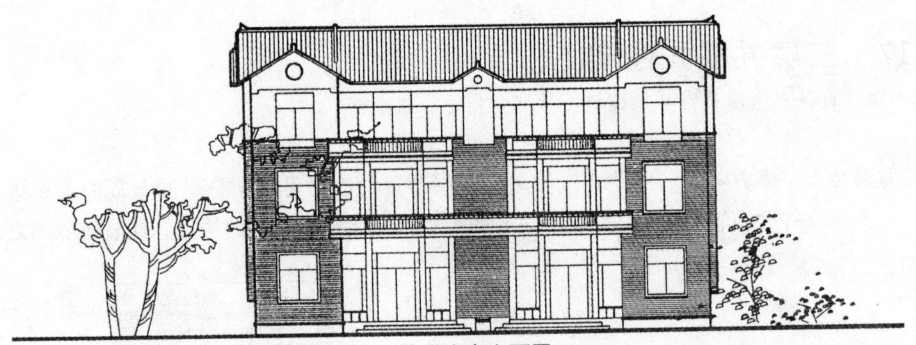

并联式南立面图

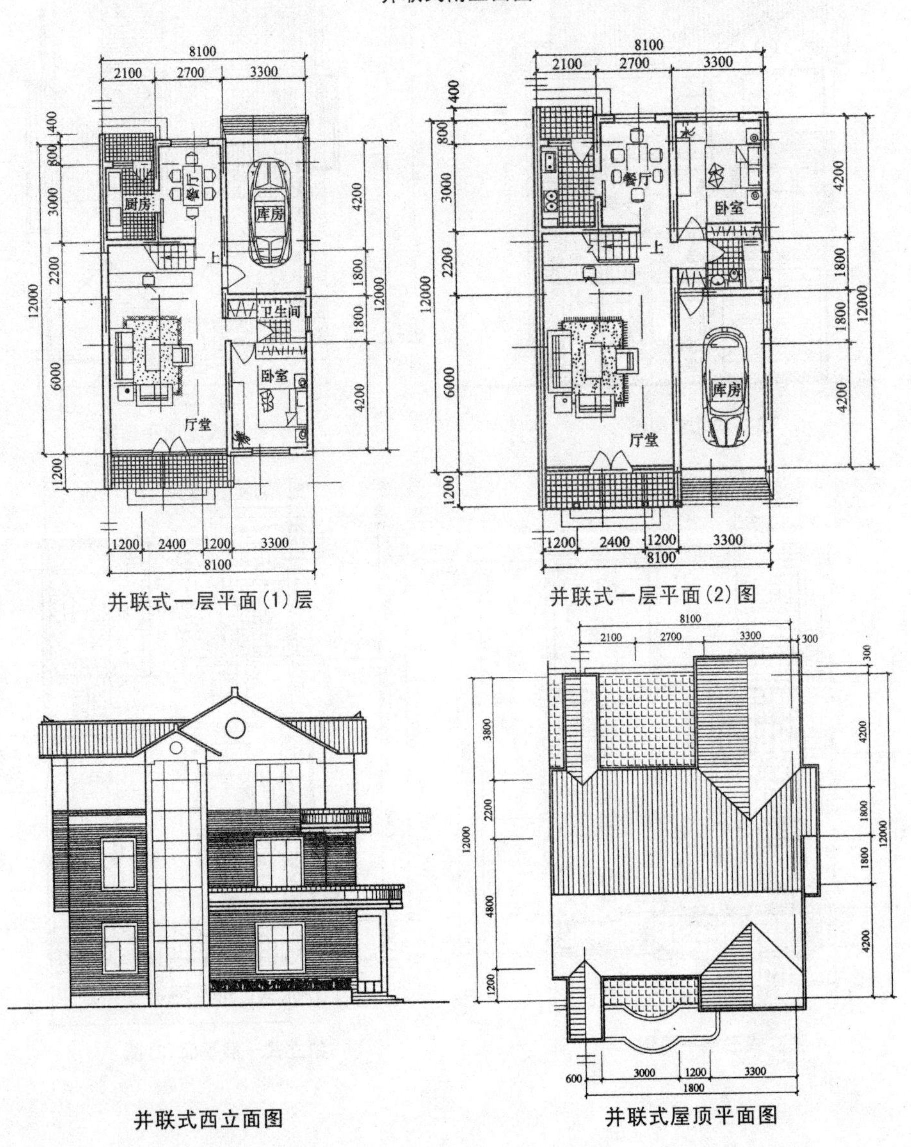

并联式一层平面(1)层

并联式一层平面(2)图

并联式西立面图

并联式屋顶平面图

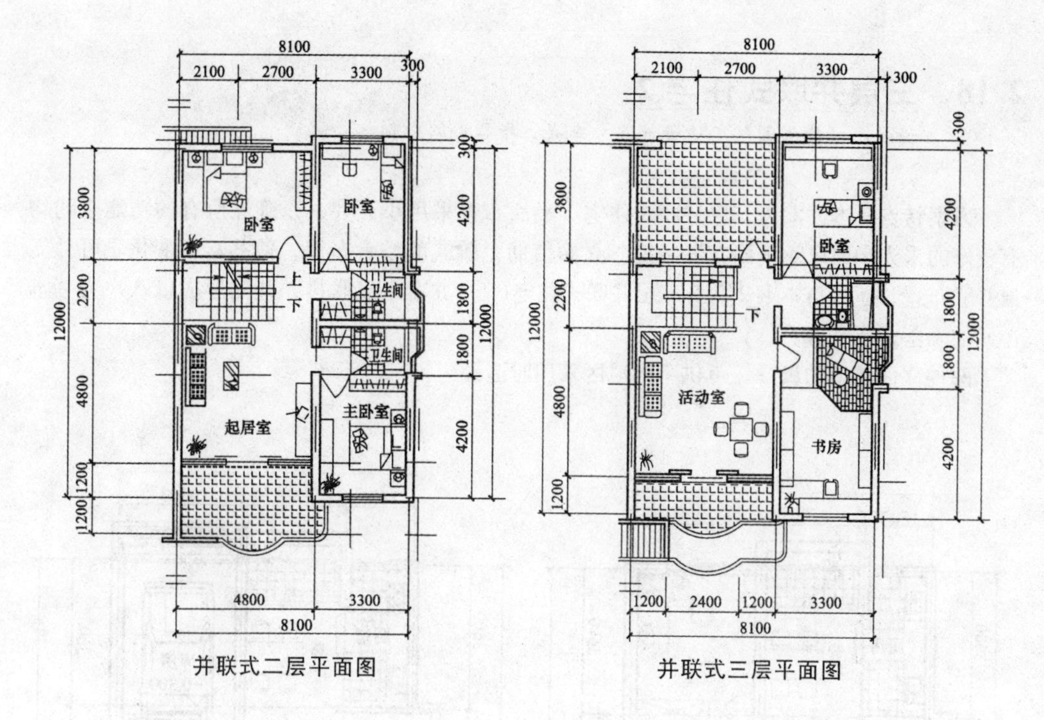

并联式二层平面图　　　并联式三层平面图

2.18　三层并联式住宅②

设计：福建省国防工业设计院　李兴，指导：骆中钊

方案特点：本方案为三层并联式住宅。平面布置采用小天井，以确保所有的功能空间均有较好的采光和通风。平面布置紧凑。立面借助台阶式的阳台布置，使其富有变化。可独立或并联布置，还可与本书2.2.5三层并联式住宅（五）方案组成联排，共同形成以八户为基本单元的院落式住宅群。

两种立面造型的设计，可供不同地区采用时选择。

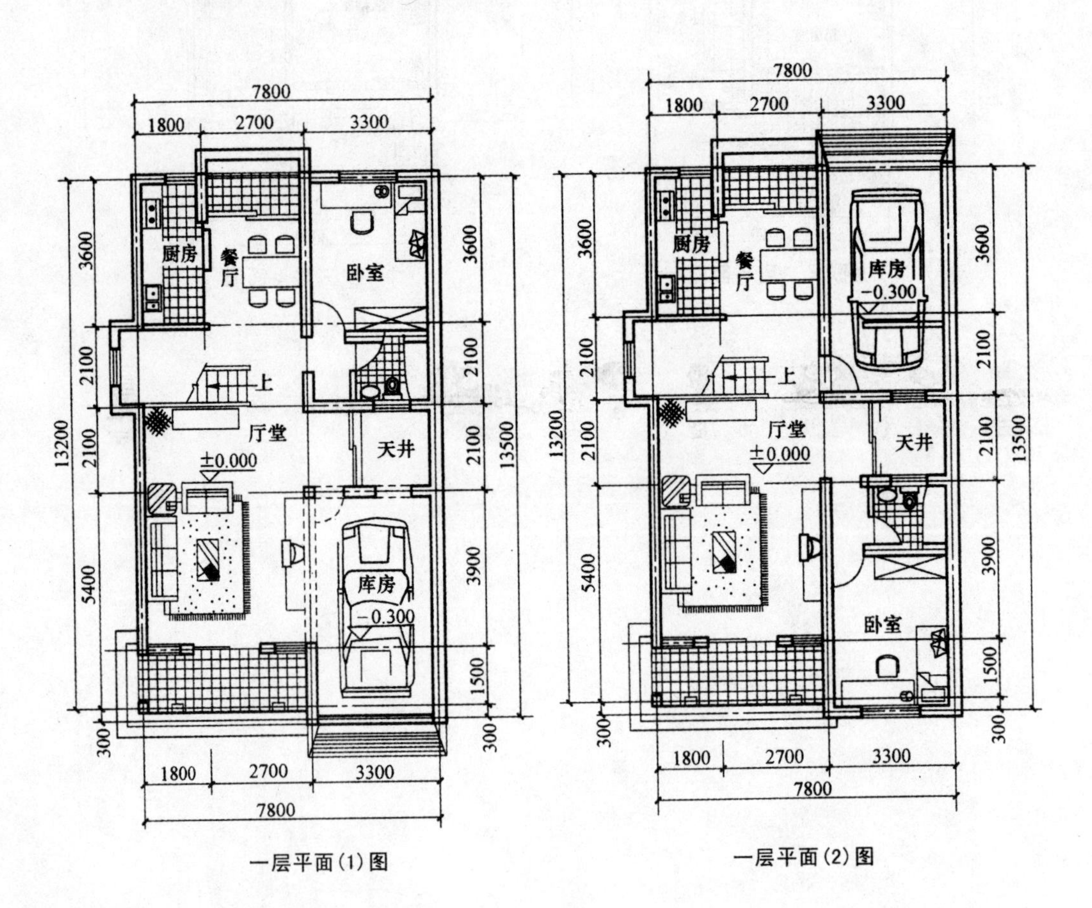

一层平面(1)图　　一层平面(2)图

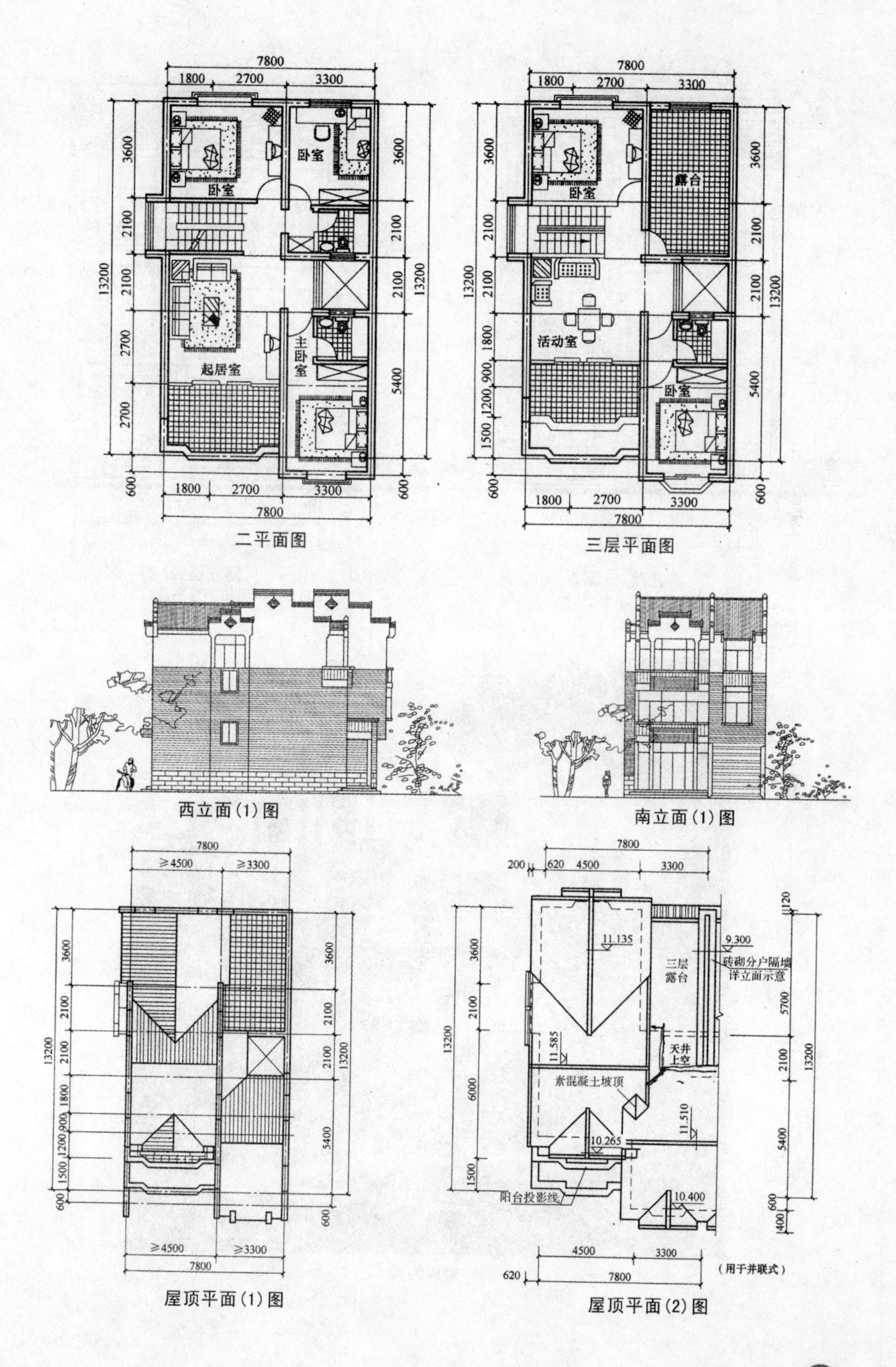

二平面图

三层平面图

西立面(1)图

南立面(1)图

屋顶平面(1)图

屋顶平面(2)图

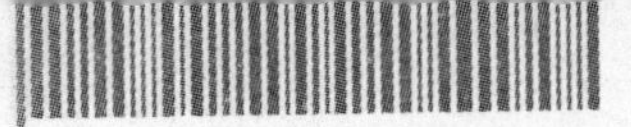

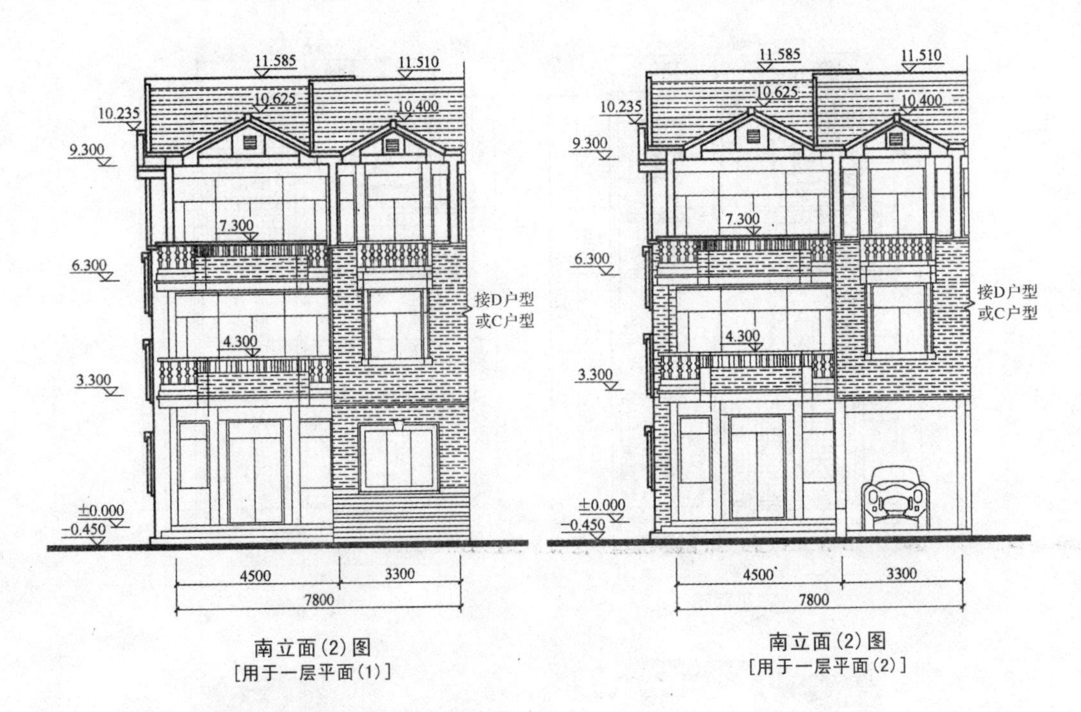

南立面(2)图
[用于一层平面(1)]

南立面(2)图
[用于一层平面(2)]

建成外景

效果图

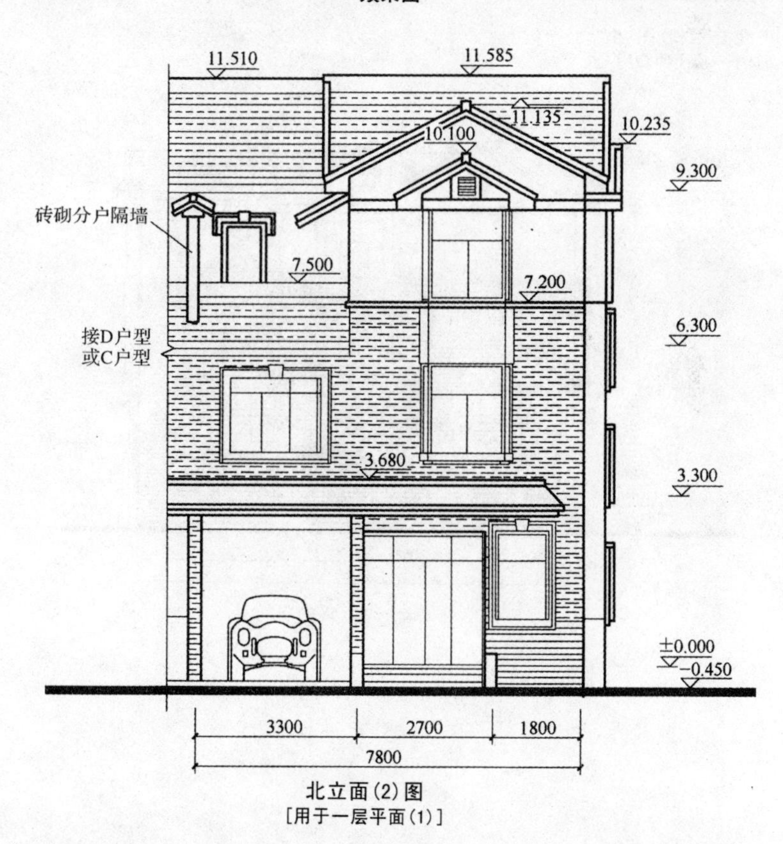

北立面(2)图
[用于一层平面(1)]

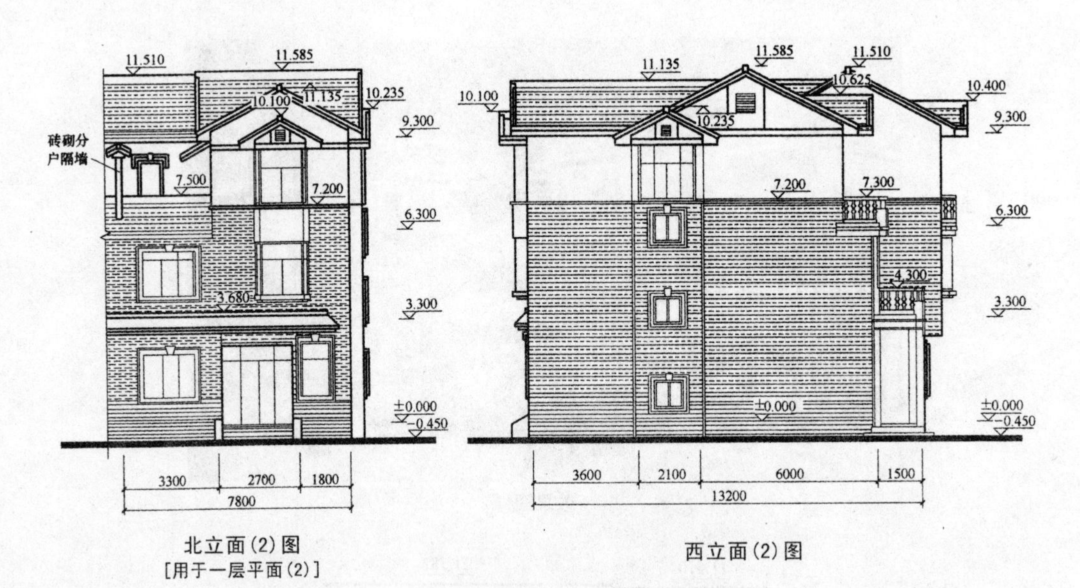

北立面（2）图
［用于一层平面（2）］

西立面（2）图

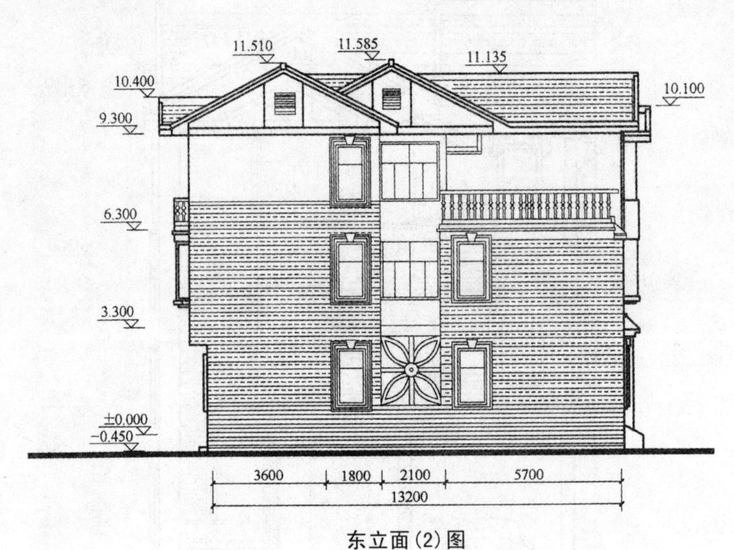

东立面（2）图

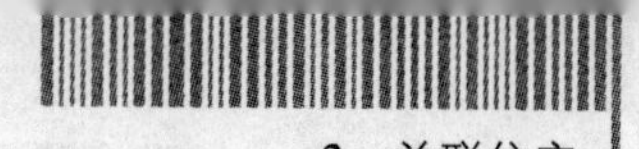

2.19 三层并联式住宅③

设计：福建省泰宁县建设局　张文，指导：骆中钊

方案特点：本方案为三层坡屋顶并联式住宅。平面布置紧凑，功能齐全。把垂直交通的楼梯间布置在平面的北部，只要把二层东北角的卧室改为如同一层的厨房和餐厅，便可以很方便地作为公用厅堂和楼梯间的两代居，具有较好的适应性和可改性。一层设置了前后门廊，二、三层都有进深达2.4m的阳台，可为农户提供晾晒衣被和谷物的场所，适应农家生活和生产的需要。三层北面的露台也可根据需要改为卧室或其他用房。

技术经济指标：宅基地面积102.06m^2（不含庭院）；总建筑面积278.46m^2；建筑基底面积102.06m^2；建筑造价估算约10万元。

建成外景图

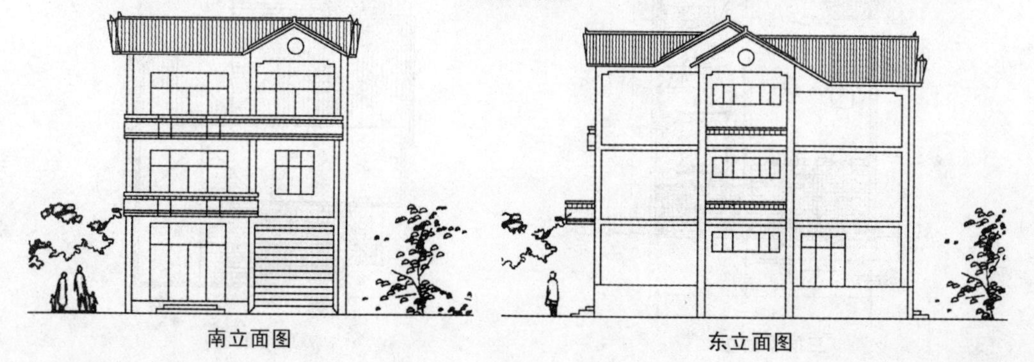

南立面图　　　　东立面图

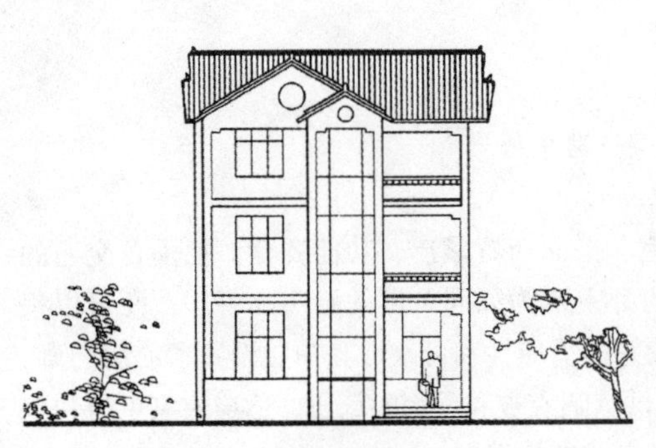

北立面图

西立面图

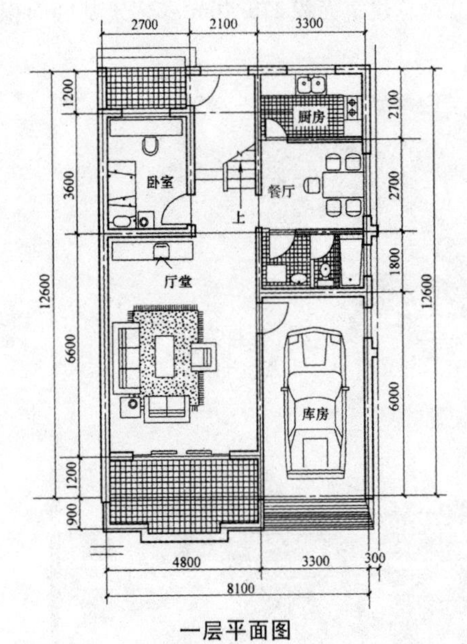

一层平面图

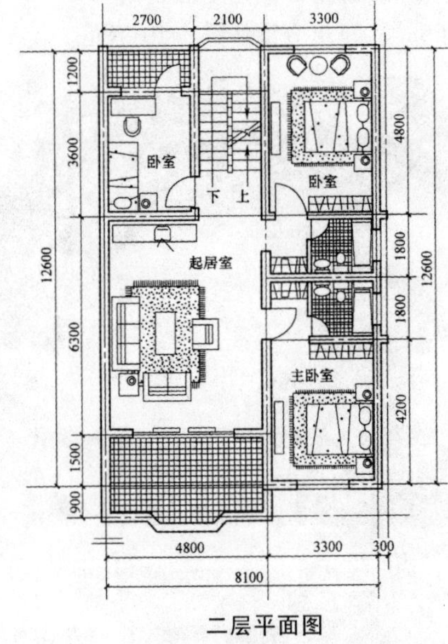

二层平面图

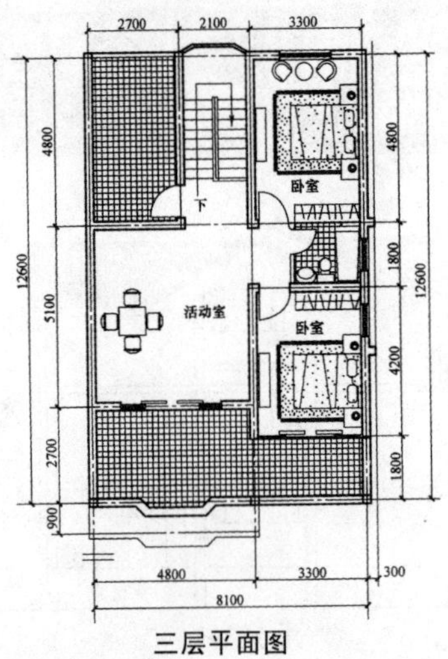

三层平面图

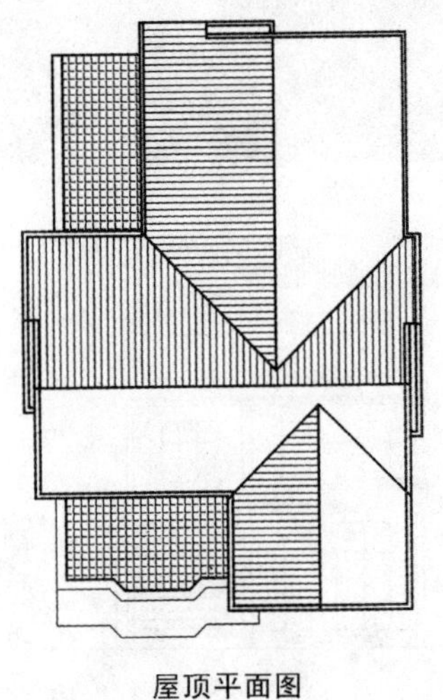

屋顶平面图

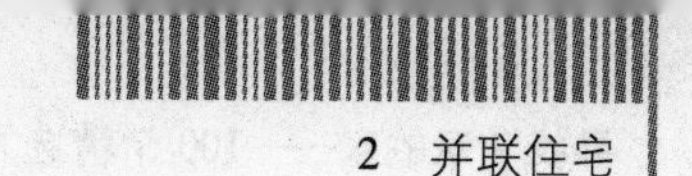

2. 20 三层并联式住宅④

设计：福建逸品设计有限公司　江昭敏，指导：骆中钊

方案特点：本方案为三层并联式住宅。平面紧凑且有一定的灵活可变性，车库近期可先用作手工工场、厅或卧室。阳台、露台呈台阶布置，便于遮挡风雨，利于日照。三层活动厅和露台之间设外廊，尤其适用于南方多雨炎热气候地带的使用。

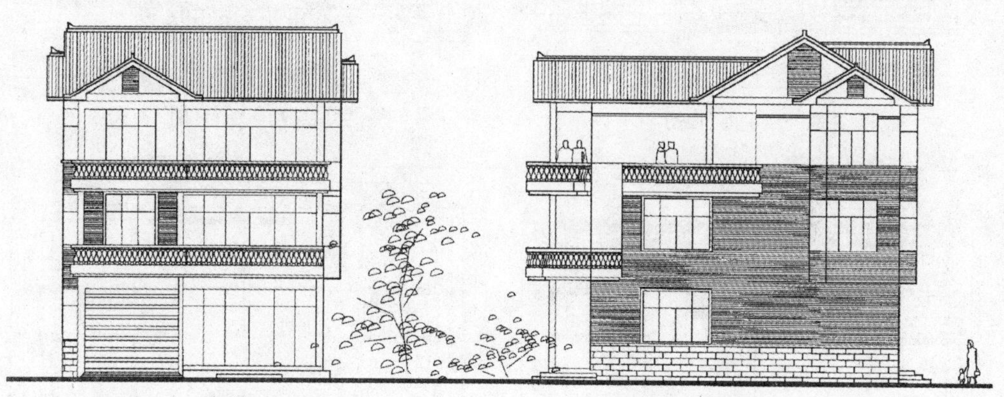

南立面(1)图　　东立面(1)图

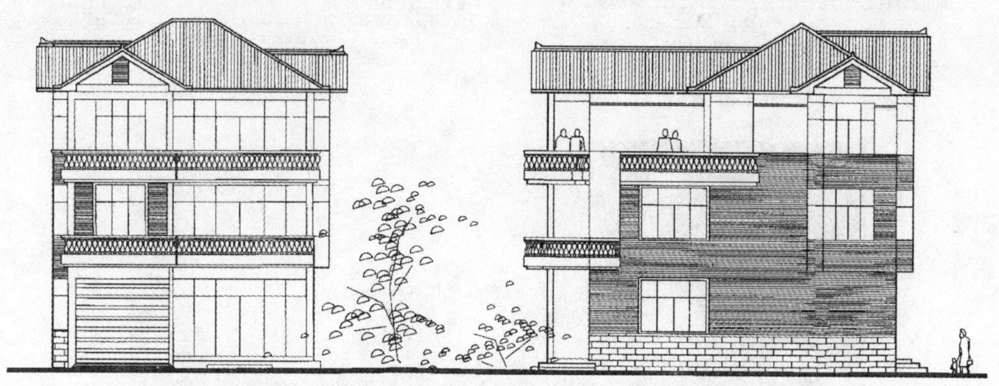

南立面(2)图　　东立面(2)图

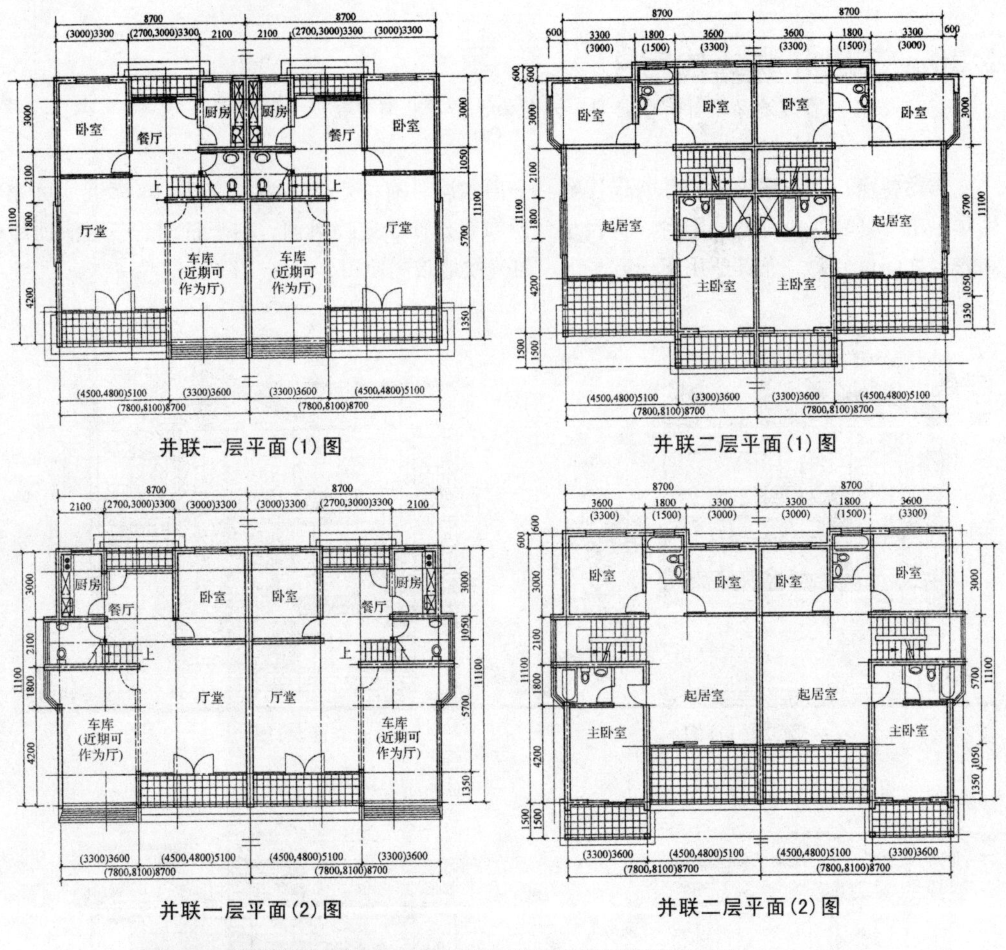

并联一层平面(1)图

并联二层平面(1)图

并联一层平面(2)图

并联二层平面(2)图

效果图

2.21 三层并联式住宅⑤

设计：福建省国防工业设计院　李兴，指导：骆中钊

方案特点：本方案为三层内天井并联式住宅。平面布置的特点同方案 2.2.2 三层并联式住宅(二)方案，平面加大了面宽，使其形成了厅前的庭院、当与本书 2.2.2 三层并联式住宅(二)方案组成联排式住宅时，可克服联排时夹在中间的住宅通风采光较差及其较压抑的不良感觉。

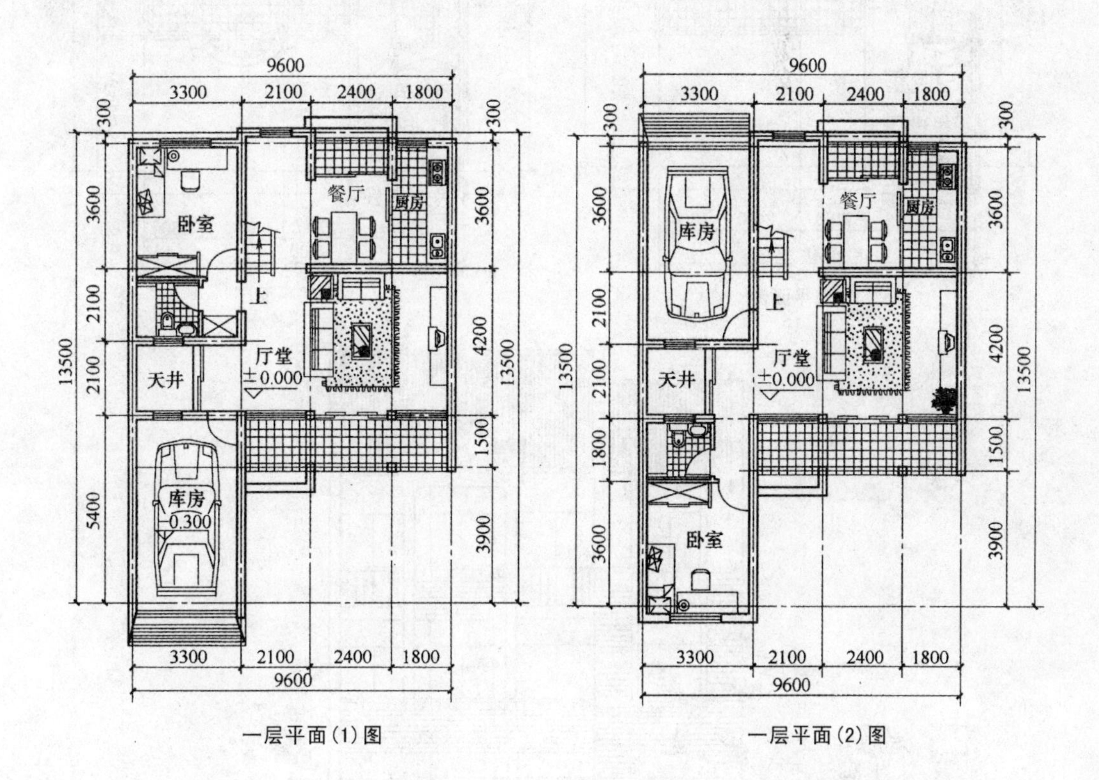

一层平面(1)图　　一层平面(2)图

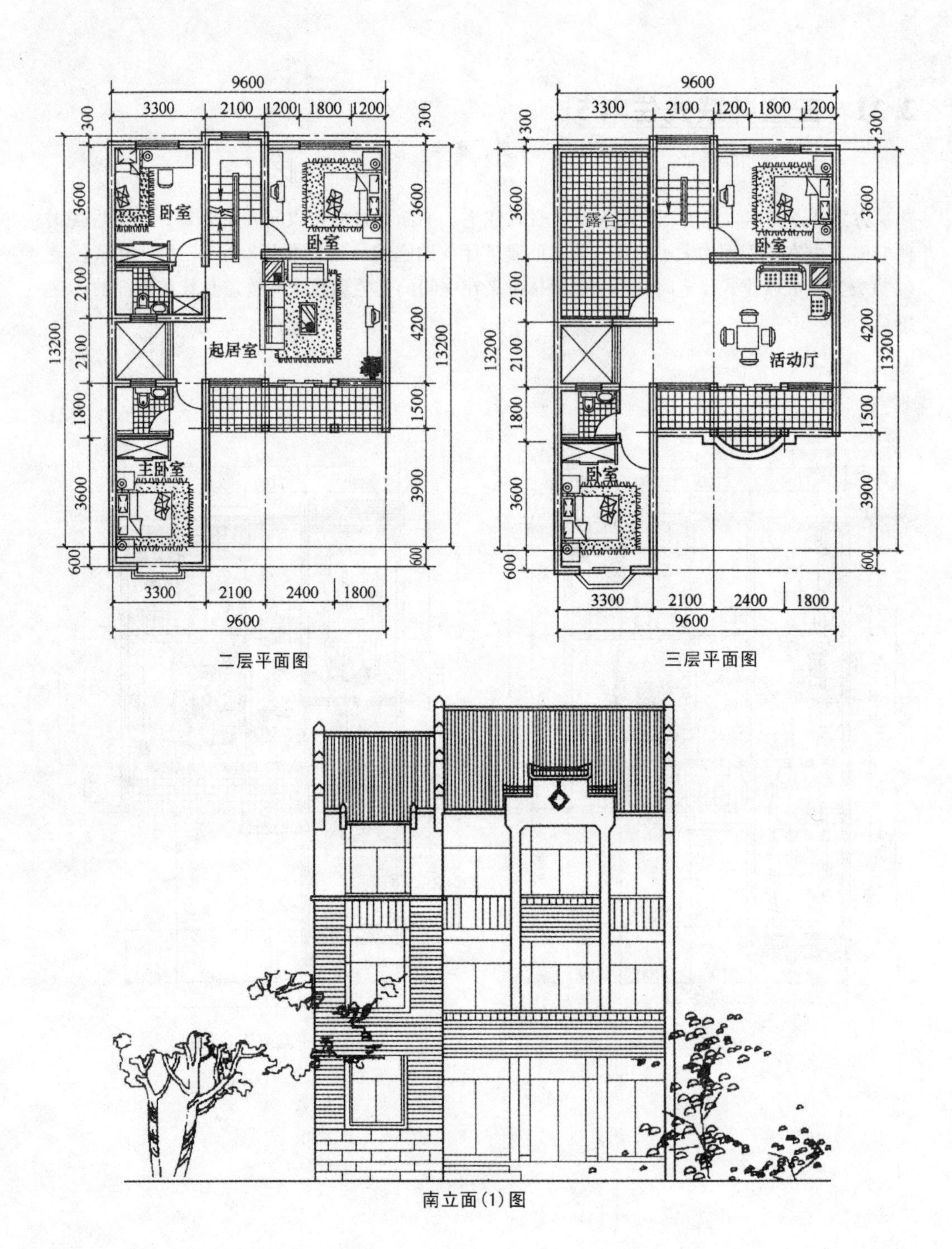

二层平面图

三层平面图

南立面(1)图

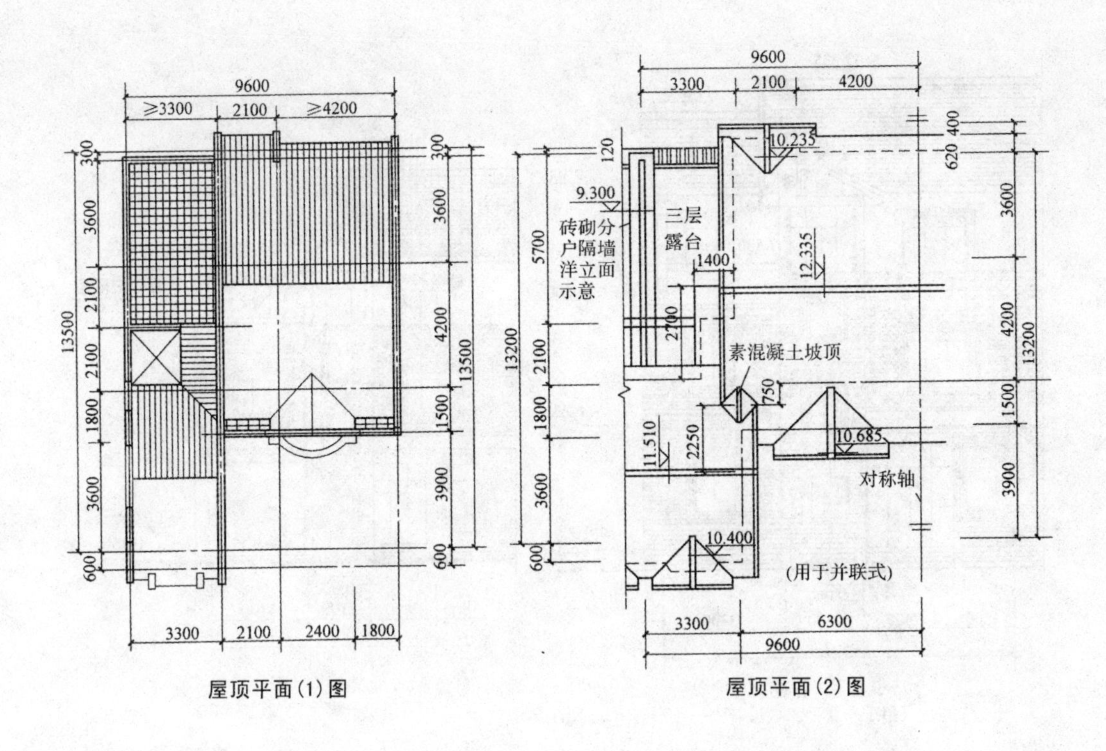

屋顶平面(1)图　　屋顶平面(2)图

南立面(2)图
[用于一层平面(1)]

南立面(2)图
[用于一层平面(2)]

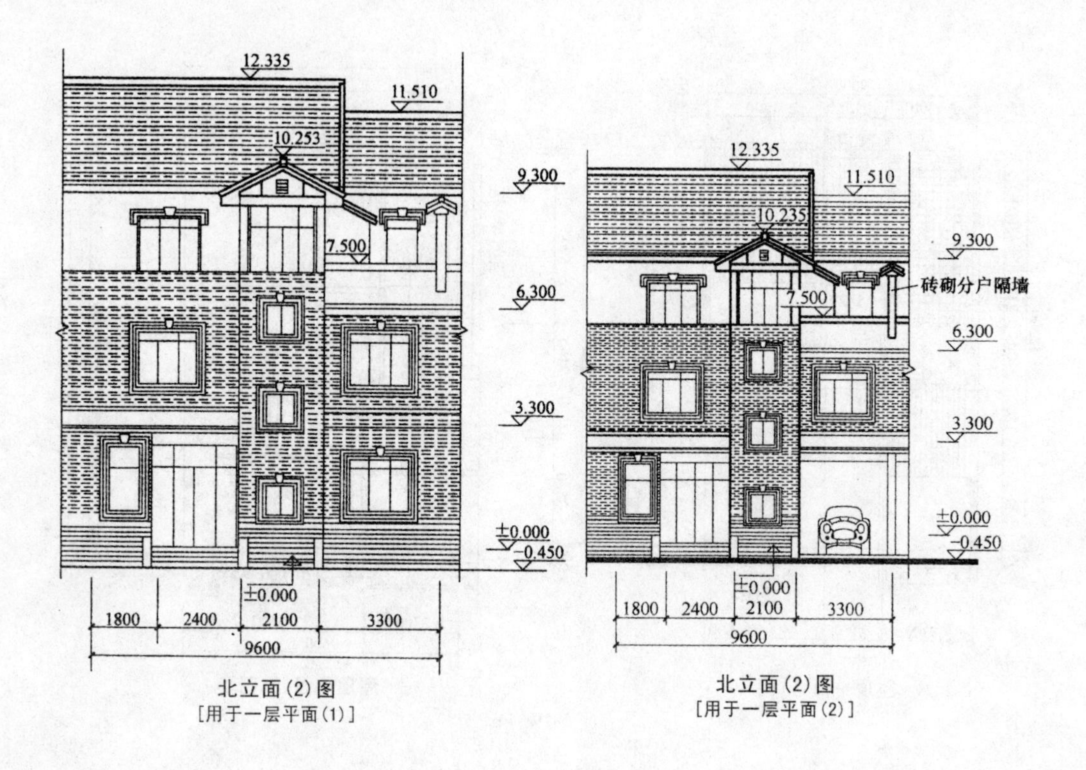

北立面(2)图
[用于一层平面(1)]

北立面(2)图
[用于一层平面(2)]

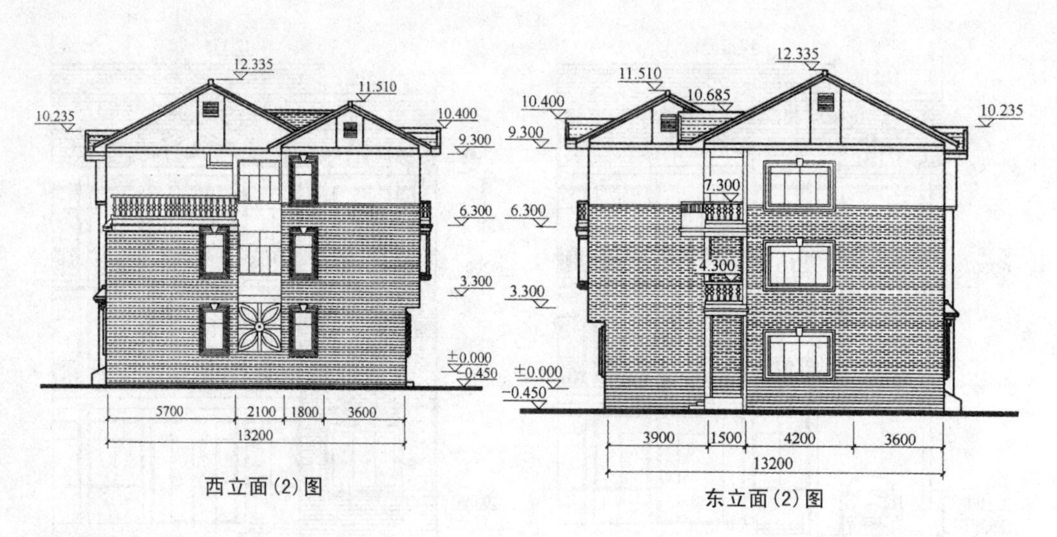

西立面(2)图

东立面(2)图

2.22 三层并联式住宅⑥

设计：北方工业大学 宋效巍，中国建筑技术研究院 梁咏华，指导：骆中钊

方案特点：本方案为两代居住宅。一居为老年人居住，共包括A、B、C三种形式。A型为公用一层厅堂或南门廊的两代居农村住宅；B型为共用一层南门廊的两代居农村住宅；C型为老年人走南门廊而年轻人走北门廊的两代居农村住宅。在平面布置中，各功能空间都是直接对外的自然采光和通风。功能齐全，布置紧凑，每户都有较多的室外活动空间。立面造型的两种方案都努力展现了闽南民居建筑的风貌，颇具特色。

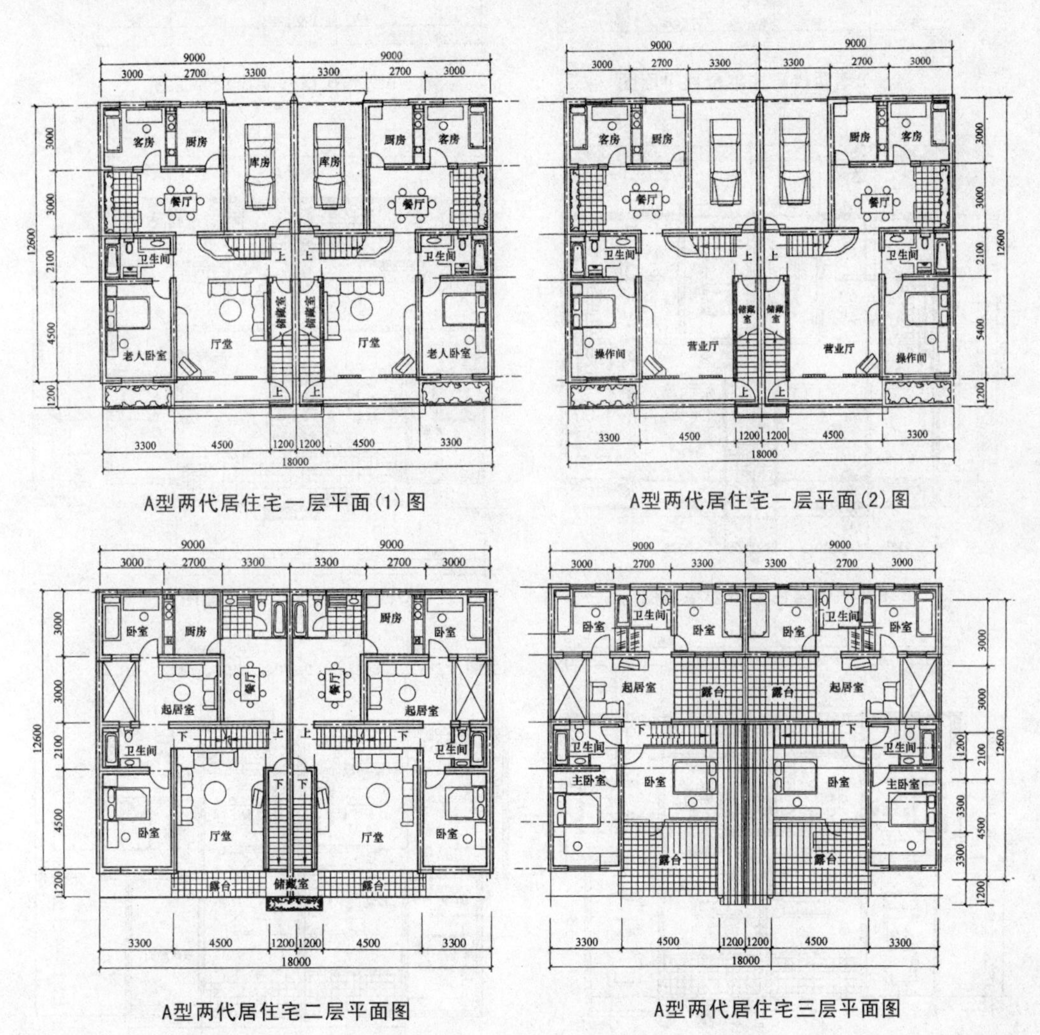

A型两代居住宅一层平面(1)图

A型两代居住宅一层平面(2)图

A型两代居住宅二层平面图

A型两代居住宅三层平面图

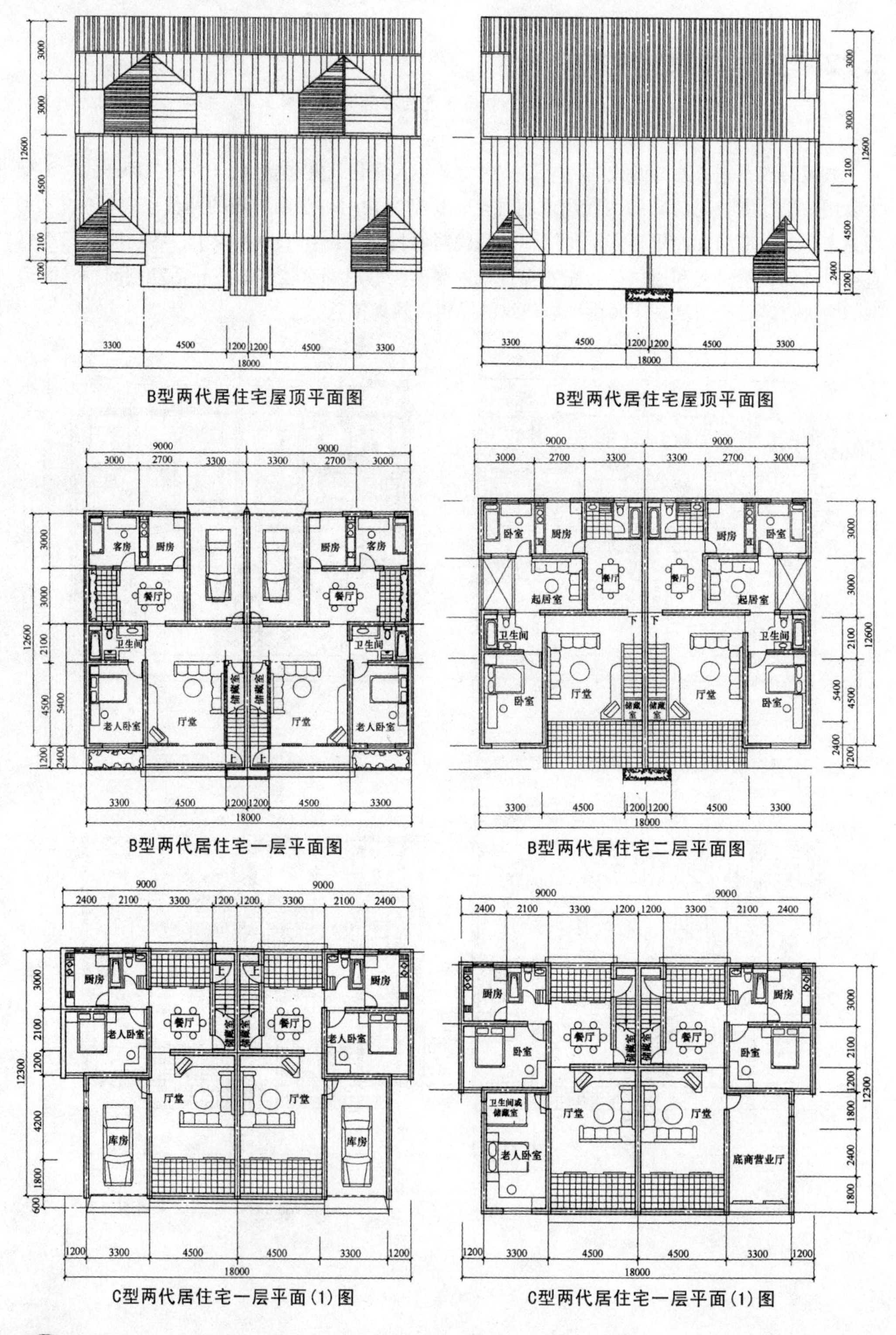

B型两代居住宅屋顶平面图

B型两代居住宅屋顶平面图

B型两代居住宅一层平面图

B型两代居住宅二层平面图

C型两代居住宅一层平面(1)图

C型两代居住宅一层平面(1)图

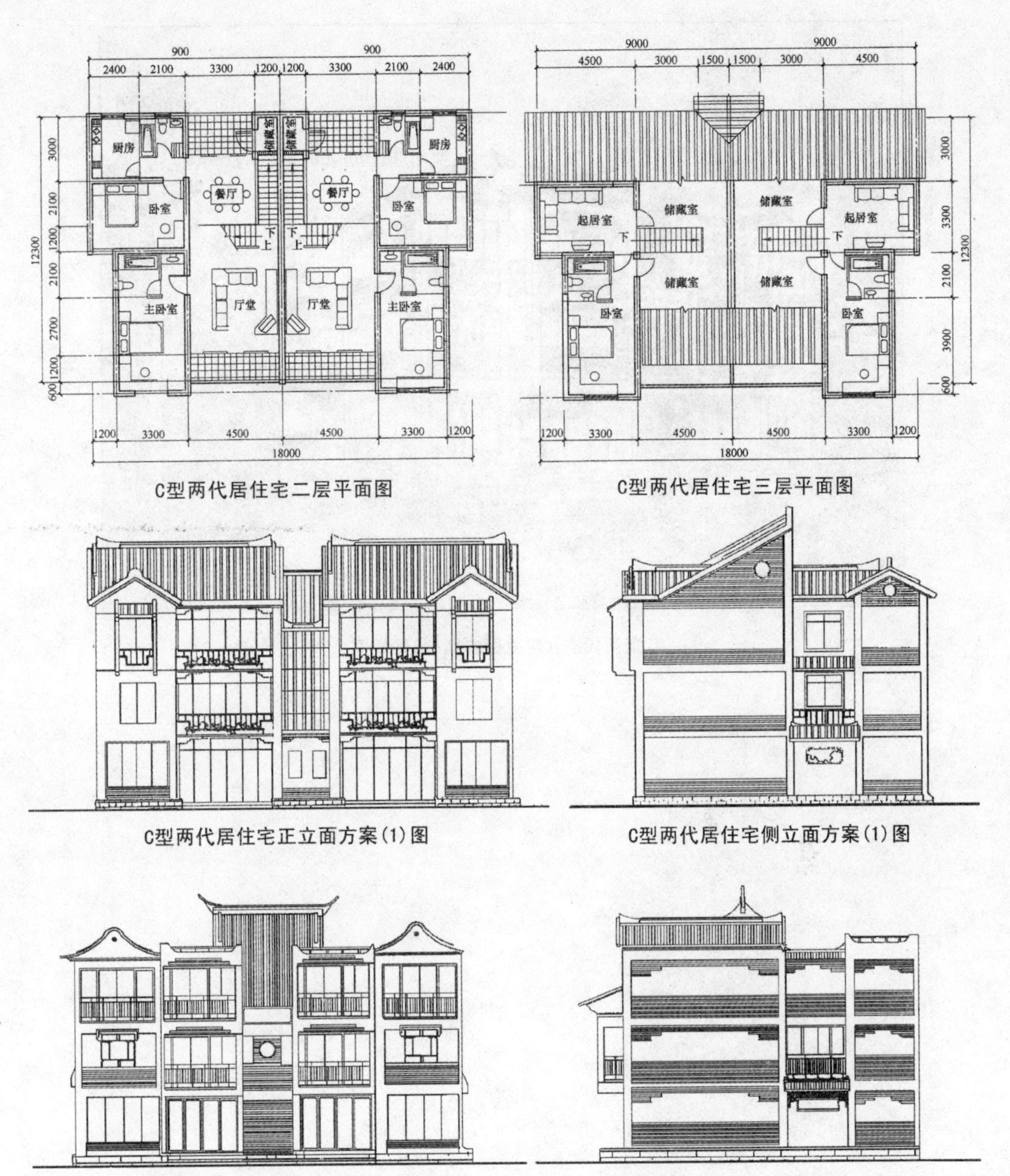

C型两代居住宅二层平面图

C型两代居住宅三层平面图

C型两代居住宅正立面方案(1)图

C型两代居住宅侧立面方案(1)图

C型两代居住宅正立面方案(2)图

C型两代居住宅侧立面方案(2)图

C 型两代居住宅立面方案(2)效果图

2.23 三层并联式住宅⑦

设计：福建龙岩市春建工程咨询有限公司　洪勇强，指导：骆中钊

方案特点：本方案为三层并联式住宅，平面布置借鉴传统民居小天井的处理手法，使得所有的功能空间都能获得直接对外的采光和通风，提高了居住质量。屋面采用当地土楼民居常用的歇山顶，使其与传统民居融为一体。

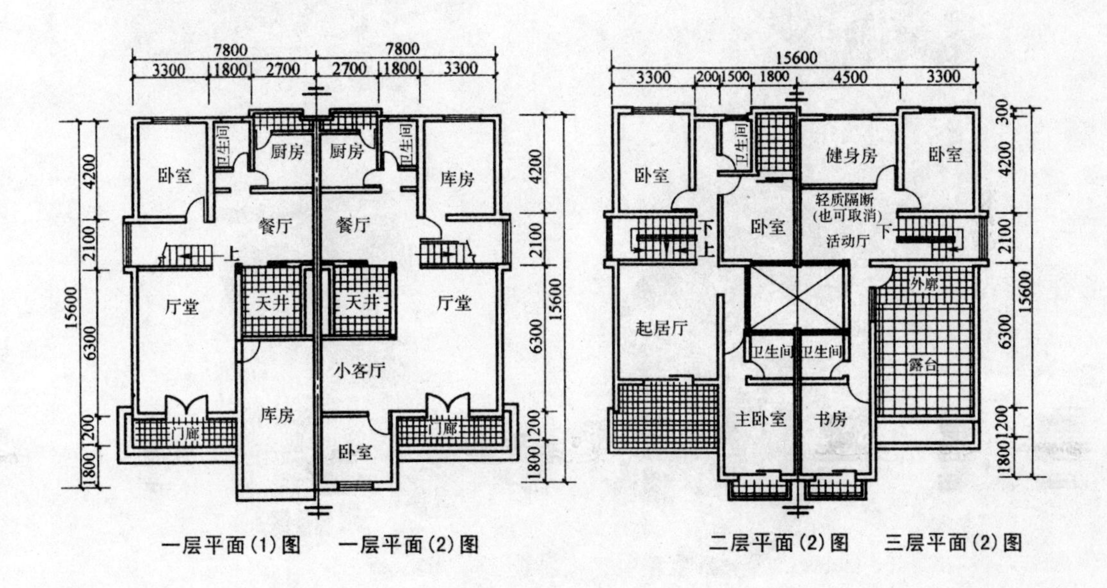

一层平面(1)图　　一层平面(2)图　　　　二层平面(2)图　　三层平面(2)图

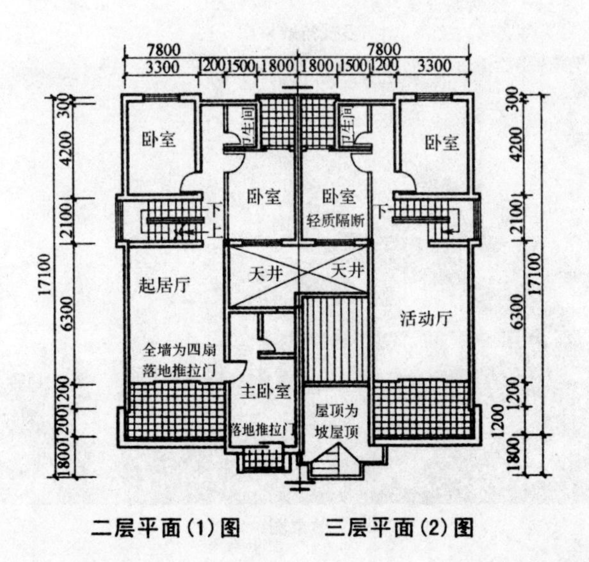

二层平面(1)图　　三层平面(2)图

(a) 视点

(b) 视点 2

(c) 视点 3　　(d) 视点 4

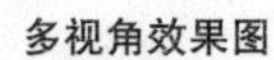

多视角效果图

效果图

2.24 三层并联式住宅⑧

设计：福建省龙岩市第二建筑设计院 吴广欣，指导：骆中钊

方案特点：本方案为三层歇山顶住宅。本方案设计以并联式为主，也可作为独立式。在二、三层平面布置不变的条件下，一层采用了不同车库位置的布置，以适应总平面布置的不同要求。为确保并联布置时各功能空间均可获得较好的自然采光和通风，采用了内天井的传统民居处理手法。采用龙岩地区土楼屋顶为不收山的歇山顶构造和大面积实墙上开设小窗的处理手法，使得立面造型既具有简洁明快的时代气息，又极具传统的地方风貌。

技术经济指标：宅基地面积98.28m^2(不含庭院)；总建筑面积256.14m^2；建筑基底面积98.28m^2；建筑造价估算约10万元。

建成外景图

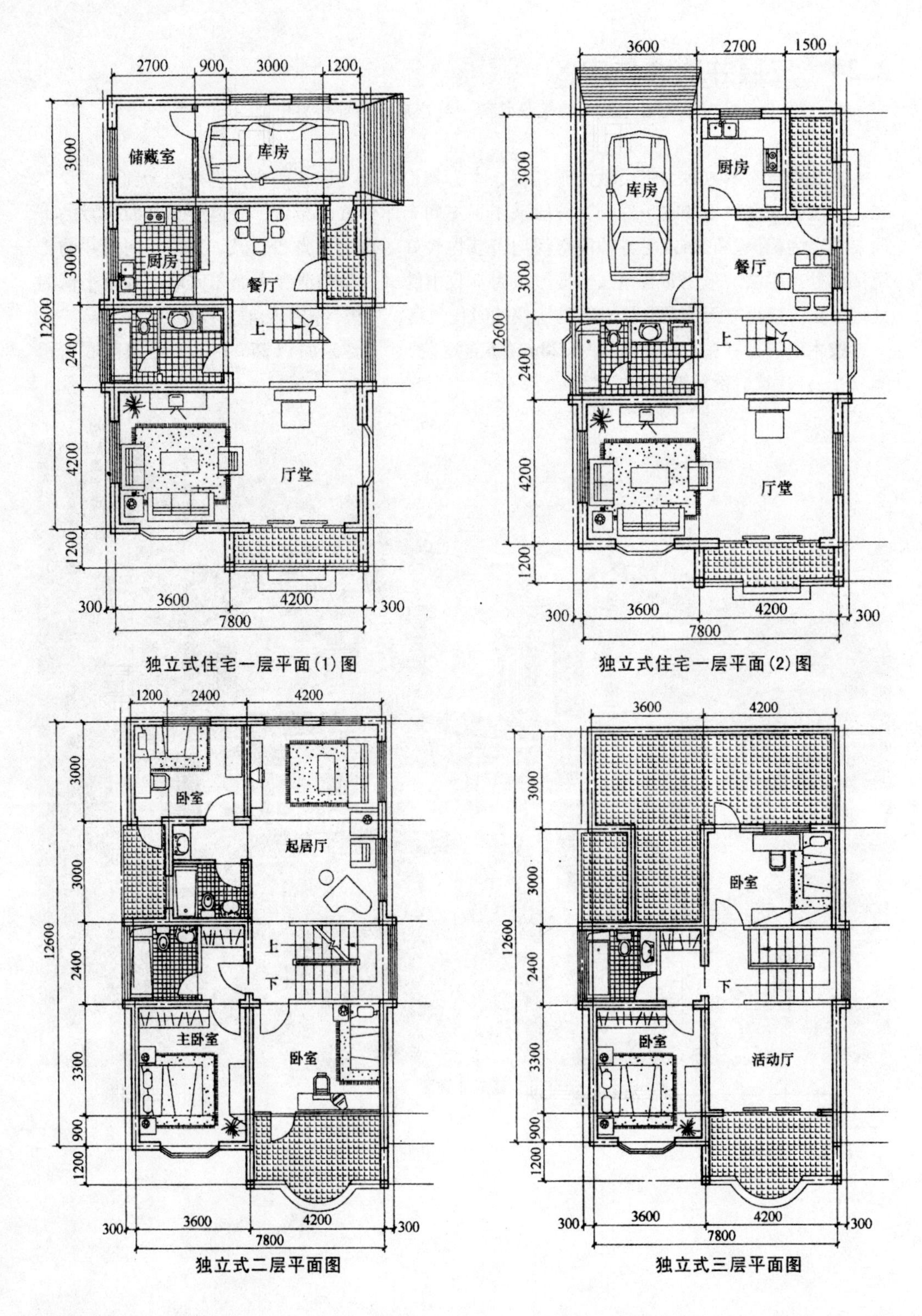

独立式住宅一层平面(1)图

独立式住宅一层平面(2)图

独立式二层平面图

独立式三层平面图

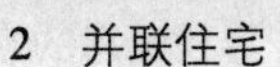

独立式南立面图

独立式东立面图

独立式北立面图

独立式西立面图

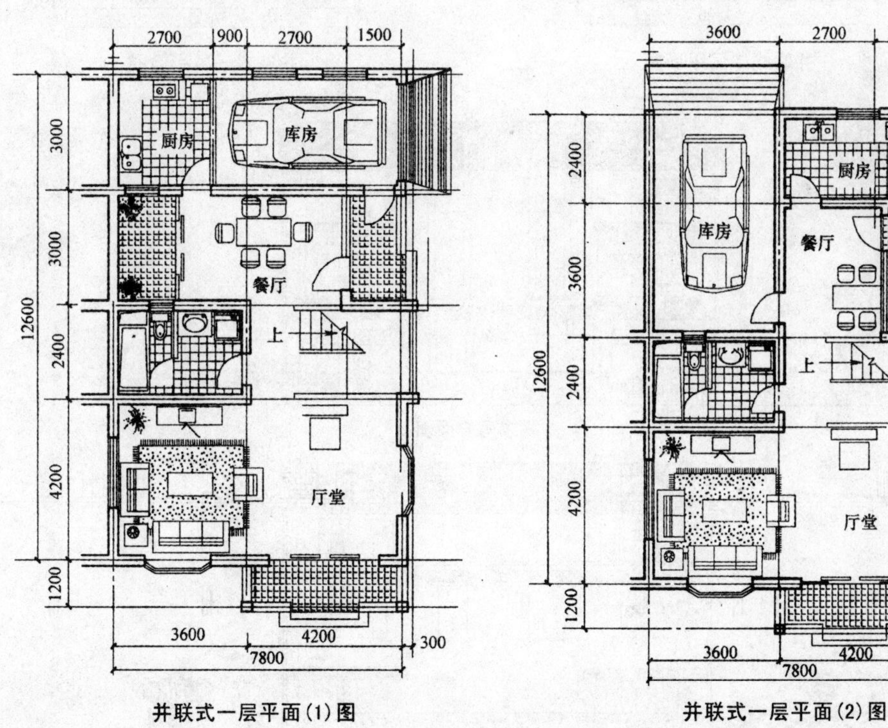

并联式一层平面(1)图

并联式一层平面(2)图

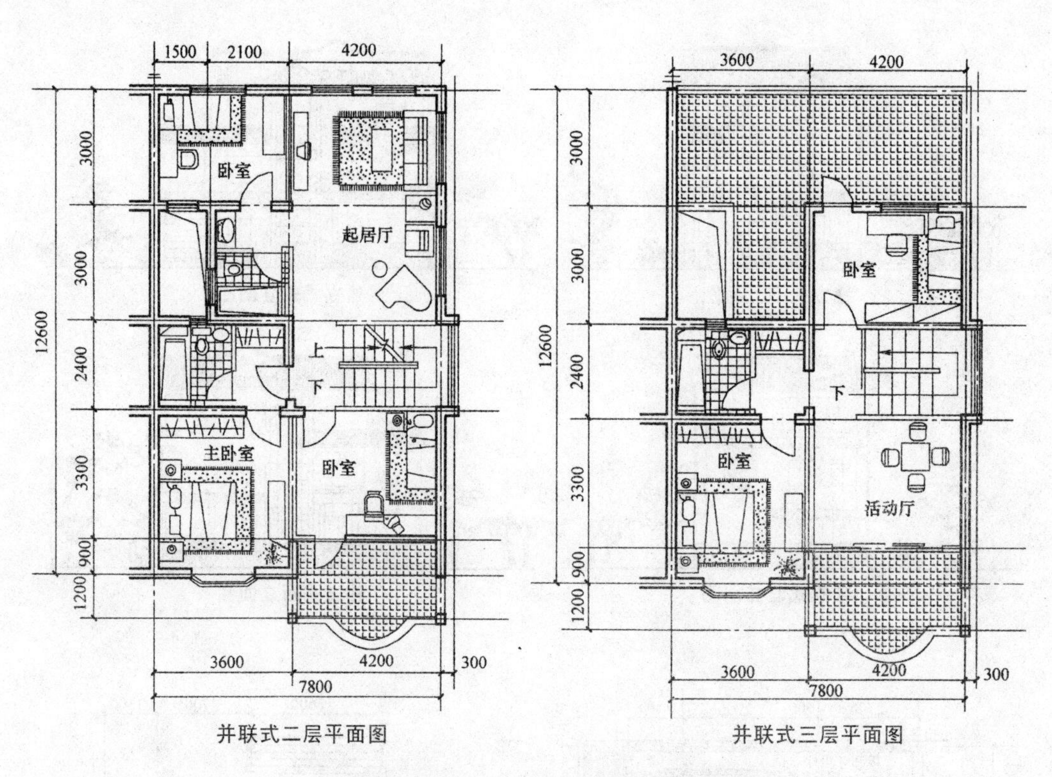

并联式二层平面图　　并联式三层平面图

并联式南立面图

并联式北立面图

2.25 三层并联式住宅⑨

设计：江西省建筑设计研究总院

方案特点：本方案为三层并联式住宅。平面布置较为简洁，设置了供生活和禽畜饲养的专用后院，适应农家的需求。把厕所集中布置在一层的后院，便于管理和沼气池的设置，简化建筑的平面布置。二层以卧室为主，仅设置了供小便的卫生间。三层布置较大的晒台和粮食储藏间，便于农户的谷物晾晒和储藏。立面造型高低错落，简洁明快。

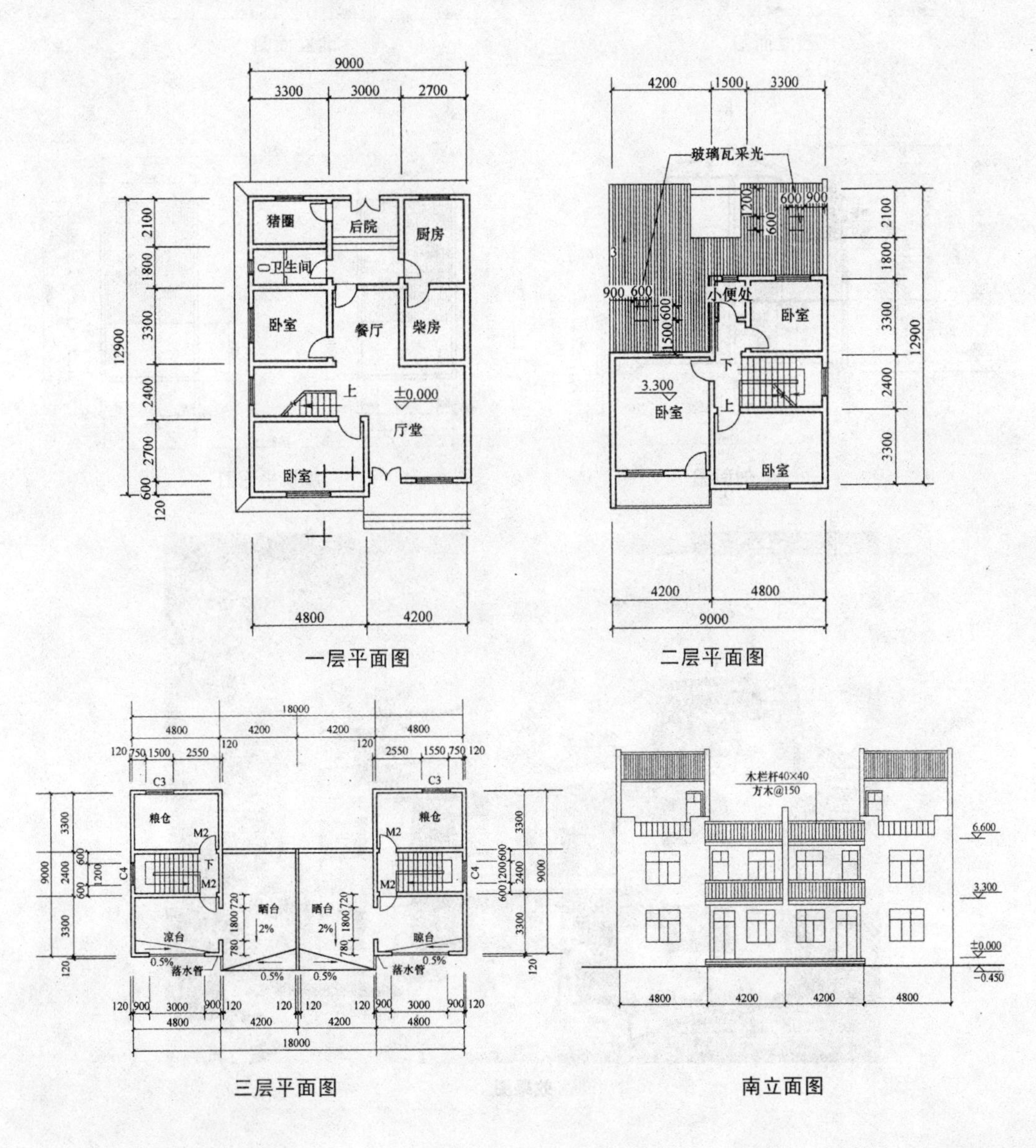

一层平面图

二层平面图

三层平面图

南立面图

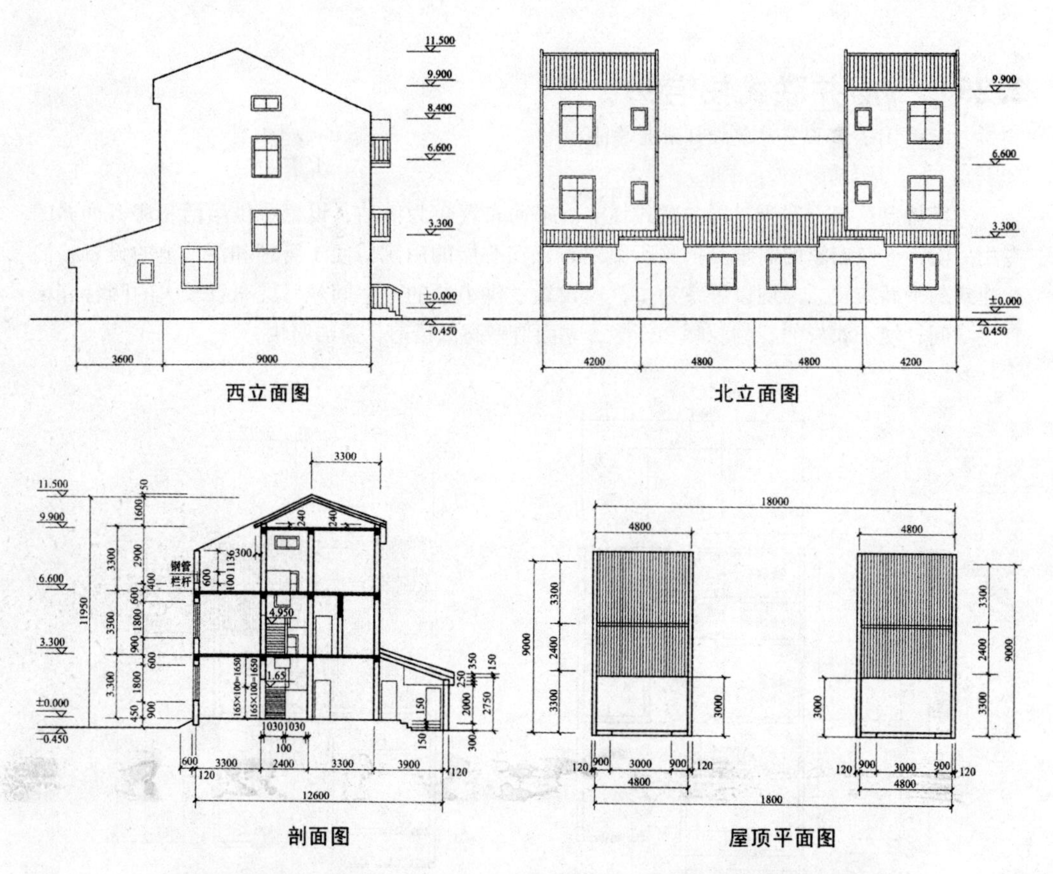

西立面图

北立面图

剖面图

屋顶平面图

效果图

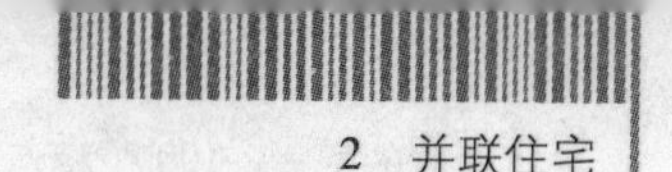

2.26 三层并联式住宅⑩

设计：赣州市建筑设计研究院 郭庭翔

本方案为中央电视台经济频道《点亮空间——2006 全国家居电视设计大赛》复赛入围方案。

设计说明：本方案是以建设“经济繁荣、设施配套、功能齐全、环境优美、生态协调、文明进步”的社会主义新农村为中心思想。紧紧围绕“以人为本、以环境为中心”的设计理念进行创作设计。本方案平面布局为多户并联式小康型三层住宅楼，整体平面布局紧凑、功能分区合理。底层设有宽敞明亮的客厅，老人卧室设在底层方便老人的日常生活，厨房、餐厅面积适中，使用方便。可直接与客厅、后院相通。二层：主要居室均朝南，日照、通风、采光良好，娱乐厅与露台相通，方便家人娱乐休闲。三层：设有储藏间与屋面晒台相接方便储藏谷物。生态和节能方面的考虑：方案考虑充分利用太阳能作为能源之一，可在坡顶上设置太阳集热板装置；院内鸡舍、室内厕所为后院沼气池提供原料，产出沼气提供生活用能源，同时也利于生态平衡。建筑的结构形式适合选用砖混结构形式，墙体可上下对齐，建材可采用地方性建筑材料建造。造价低、施工方便。

主要经济技术指标(单户)：总建筑面积 213.40m^2，其中建筑占面积：95.00m^2，底层建筑面积 94.30m^2，二层建筑面积 86.30m^2，三层建筑面积 32.80m^2；建筑造价 240 元/m^2(不含土地价格)。

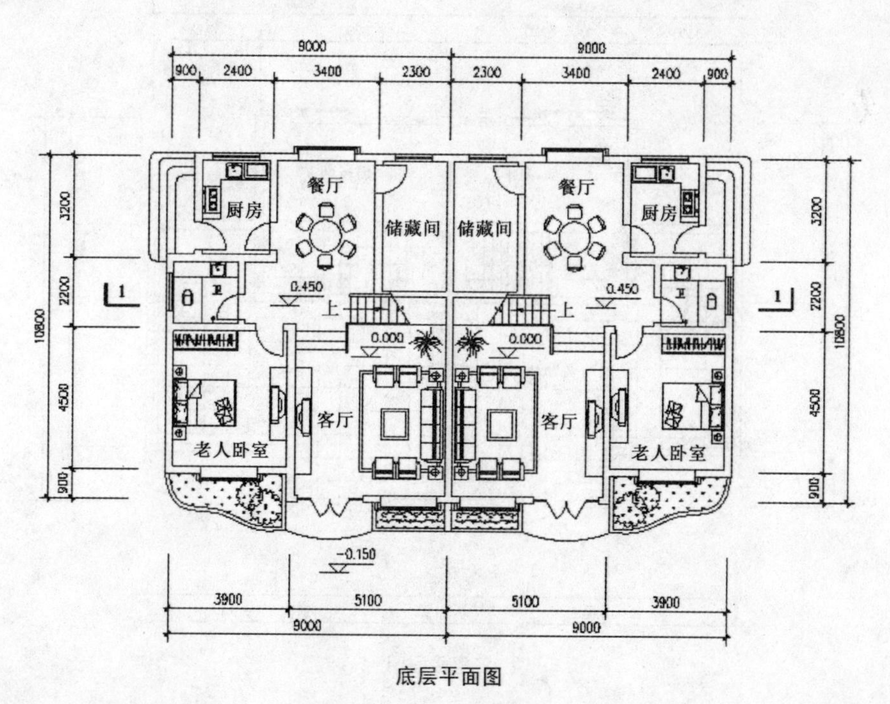

底层平面图

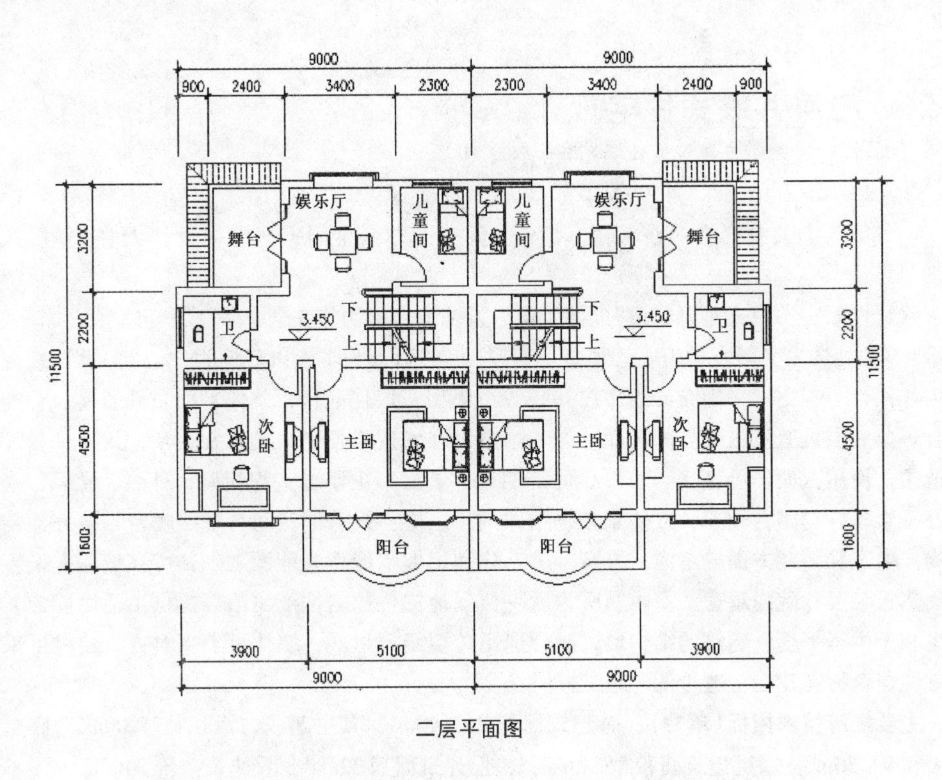
9000
9000
900
2400
3400
2300
2300
3400
2400
900
娱乐厅
儿童间
儿童间
娱乐厅
舞台
舞台
卫
卫
3.450
3.450
下
上
下
上
次卧
主卧
主卧
次卧
阳台
阳台
3200
2200
4500
1600
11500
3900
5100
5100
3900
9000
9000

二层平面图

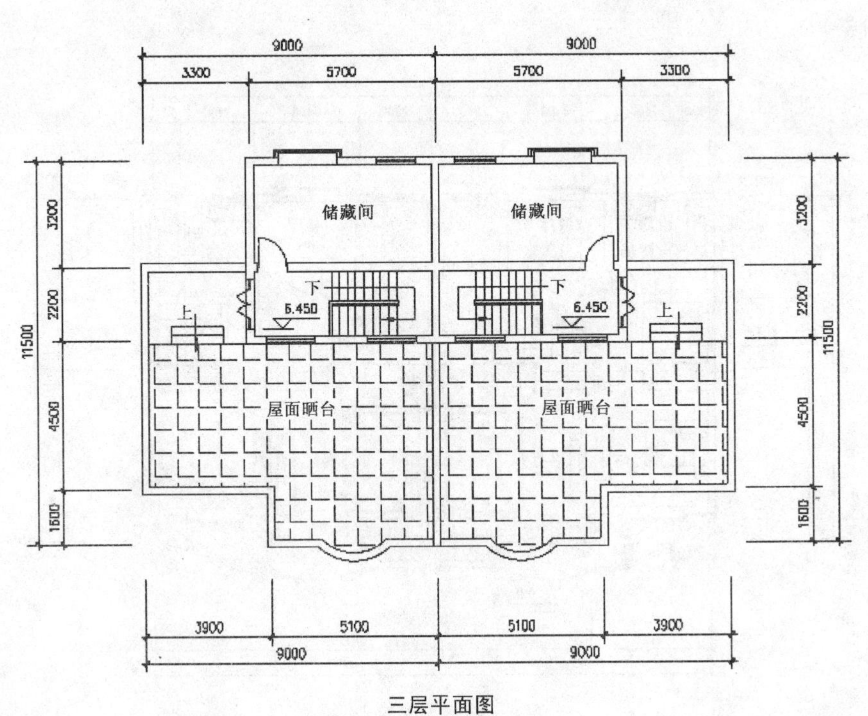
9000
9000
3300
5700
5700
3300
储藏间
储藏间
下
下
6.450
6.450
上
上
屋面晒台
屋面晒台
3200
2200
4500
1600
11500
3900
5100
5100
3900
9000
9000

三层平面图

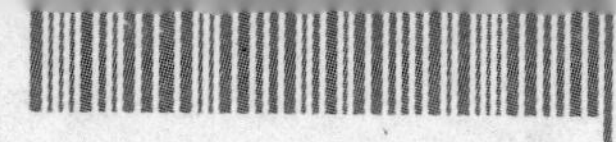

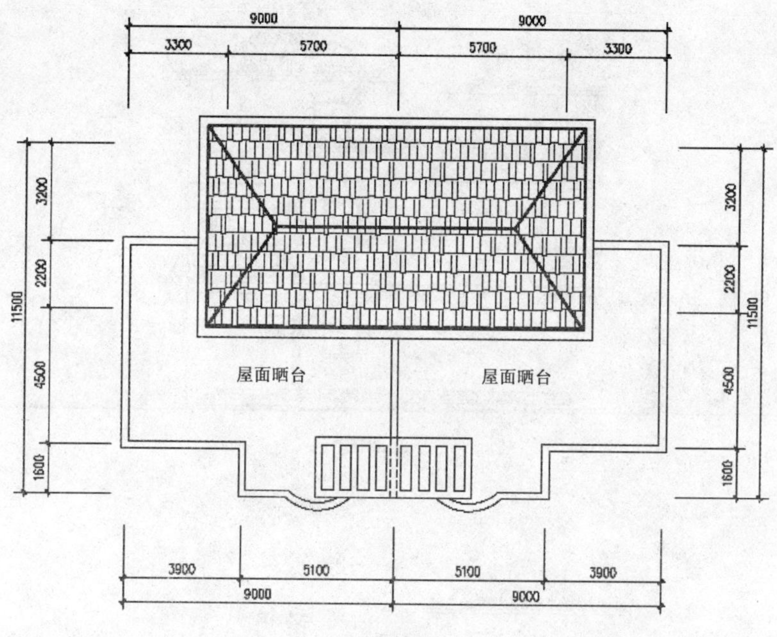

屋顶平面图

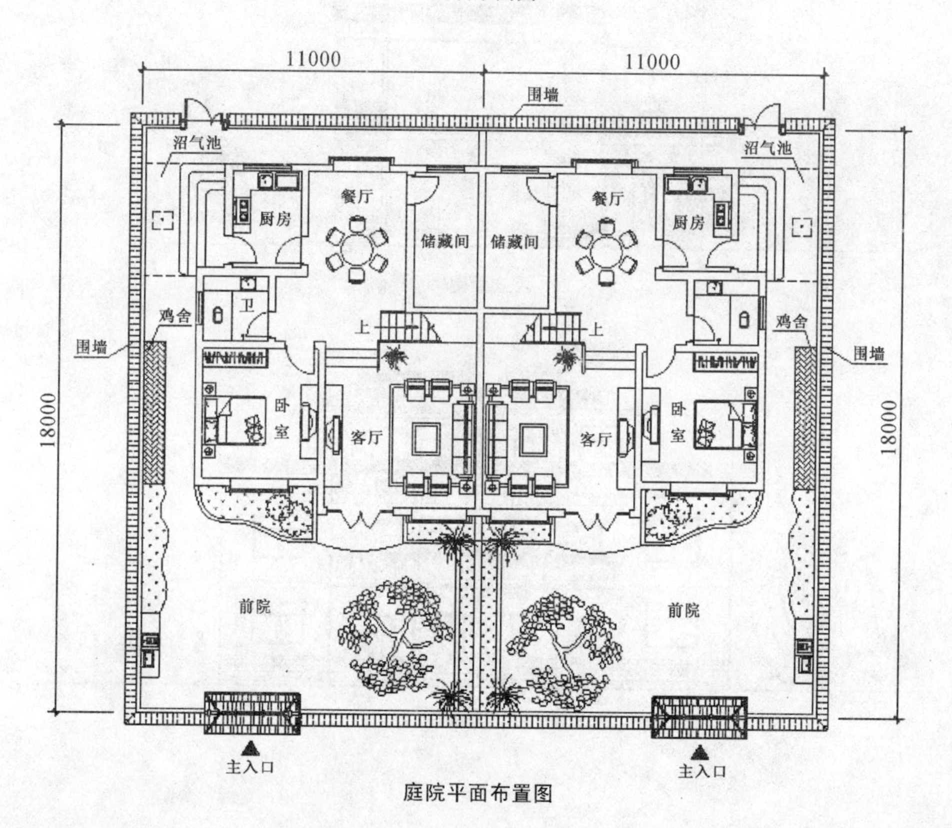

庭院平面布置图

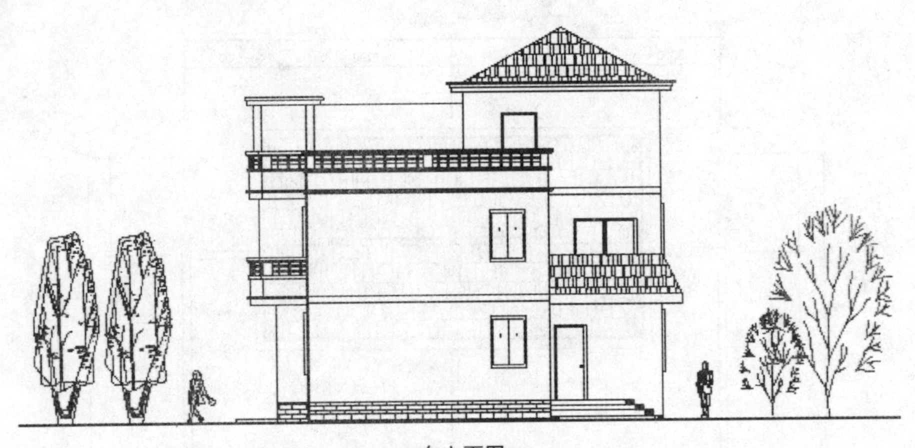

东立面图

西立面图

正立面图

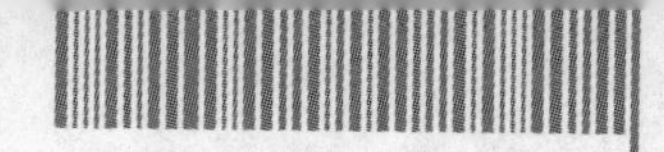

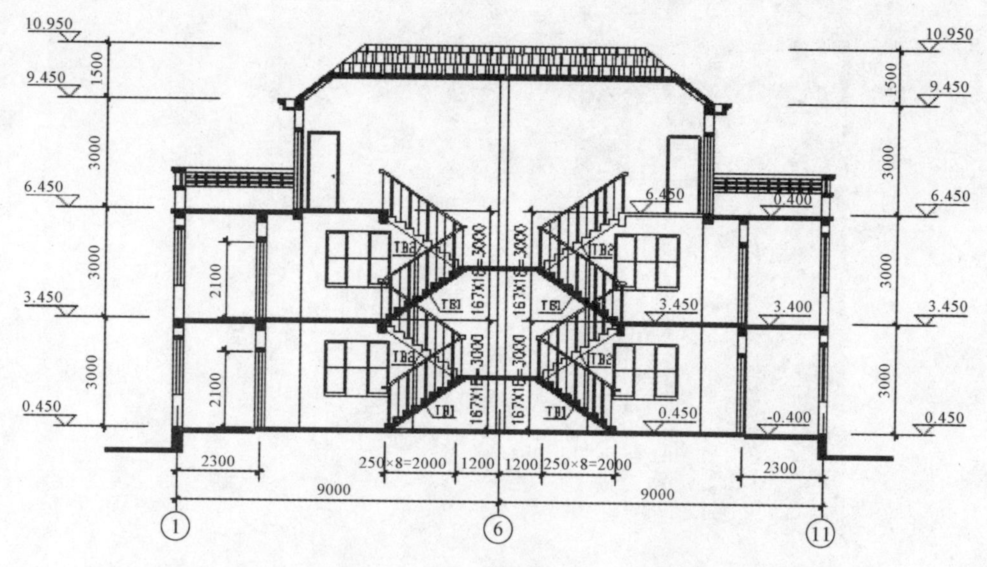
10.950
9.450
6.450
3.450
0.450
1500
3000
3000
3000
2100
2100
6.450
3.450
0.450
0.400
3.400
-0.400
TB2
TB1
167X18=3000
250×8=2000
1200
1200
250×8=2000
2300
2300
9000
9000
1
6
11

1-1 剖面图

效果图

3 联排住宅

3.1 两层联排式住宅①

设计：青岛市旅游规划建筑设计研究院　范文明 王卫东 薛刚 孙利任 郑涛

设计说明：建设社会主义新农村需要脚踏实地，所谓的社会主义新农村建设不只是“拆旧房，盖新房”。建设部指出，建设社会主义新农村，建设系统的工作重点是村庄整治。目前农村建筑中浪费土地、不节能、不环保、不安全、不经济等现象比较普遍。因此，加强对村镇建筑活动的指导与监督，提高村镇建筑质量也是新农村建设中面临的主要任务之一。

本方案从“节约用地、节约能源、提高农民居住环境质量”的社会主义新农村建设的重点方面着手，并以“建设农村生态建筑”为出发点，着重从以下几个理念方面进行设计：

联排效果图

(1)节约用地

建筑形式采用联排式，小宽大进深，节约土地资源。既克服了近些年来大量出现的一梯两户的多层简单布局不适合现在的农村现状，不适合农民的生活、工作习惯，建筑形式过于单一的缺点，又克服了独立式住宅造价较高、占地多的缺点。同时两端头户型又可组成双拼户型，适合不同地形需要。

(2)节约能源

①太阳能与植物生态技术的运用：本方案充分考虑了太阳能的运用，起居室和主卧室前设置日光温室，冬季白天利用太阳能蓄热，夜晚放出热量改善室内热环境，夏季开敞形成凉棚，形成穿堂风；中间设置中庭日光温室，冬季既可以采暖，又可以种植蔬菜增加收入，夏季还可以利用绿色蔬菜蒸腾作用降温改善小气候；三层设置种植屋面，夏季利用蒸腾作用降温，冬季可覆盖塑料薄膜形成阳光温室，白天蓄热，夜晚放热改善下层房间热环境，同时一年四季种植蔬菜瓜果可做到自给有余，无形中增加了收入。做到了生态与建筑的完美结合。

②沼气技术的运用：沼气是一种优质而高效的能源，每户只要一次性投入1500元左右，就可以充分利用沼气带来的效益。本方案各户均设置沼气池，生活污水及家禽粪便均排入沼气池与农作物秸杆混合发酵，产生的沼气可用于做饭、烧水及照明、采暖等，节约了电能、煤炭资源，同时又实现厨房燃气化，厕所水冲化。发酵产生的废渣、废液又可作为高效有机肥用于农业生产，真正做到了资源的综合利用。

③地温空调的运用：利用夏季深层自然地温低于气温的特点，使热空气通过装有卵石的深层地沟，放出热量，达到降温的目的，降温后的冷空气经风道送入各房间，改善夏季室内热环境，节约空调电能，达到舒适的目标。

④本方案墙体采用粉煤灰砖空斗墙填充麦壳保温措施，屋面采用木檩条高粱秸承重，麦秸保温，苇箔抹灰，充分利用农副产品，改善了墙体及屋面保温隔热性能，无形中节约了能源。

(3)提高农民居住环境质量

充分利用农村得天独厚的资源，在建设新农村的时候从长远出发，重视环境的建设，使农民在劳作之余，也可以享受优美的环境及健全的基础设施。并加强其他娱乐设施的建设，如景观、健身场所、亲子乐园以及休息亭等，改变农民“日出而作，日落而息”的生活习惯，并能进一步加强农村的社会主义精神文明建设。

重视道路的建设，随着农民生活水平的提高，农村道路建设已经不仅仅是为了运输、交通等简单功能而设计，也应该充分考虑道路本身的质量以及道路两旁的景观建设。

(4)建设优越的邻里关系

规划采取南北入口相结合，两栋相邻的住宅之间围合成为一个院落，增加了邻里之间茶余饭后的交流空间，改善邻居之间的关系。

(5)停车

在建设设计当中，每户均设置一个车位，同时考虑社区内有一相对集中的室外停车场，便于管理，方便实用。

(6)造价

建筑材料充分采用当地的产品，实际集约化生产，不过分追求高档的材料，为农民节省

每一分钱。本方案的每户建造价约为8万~10万，其他基础设施如沼气池、道路、景观、绿化、健身器材等，每户需要约1.5万，农户装修费用按各自的承受能力而定，提倡节约，以使用本地建材为主，综合以上几部分，端头户造价12万左右，中间户造价10万左右。

经济技术指标

端头户型				
宅基地面积(m^2)	建筑面积(m^2)	一层占地(m^2)	使用面积(m^2)	使用面积系数(%)
232.76	236.8	122.43	199.86	0.844
中间户型				
宅基地面积(m^2)	建筑面积(m^2)	一层占地(m^2)	使用面积(m^2)	使用面积系数(%)
216.60	213.56	113.40	178.53	0.836

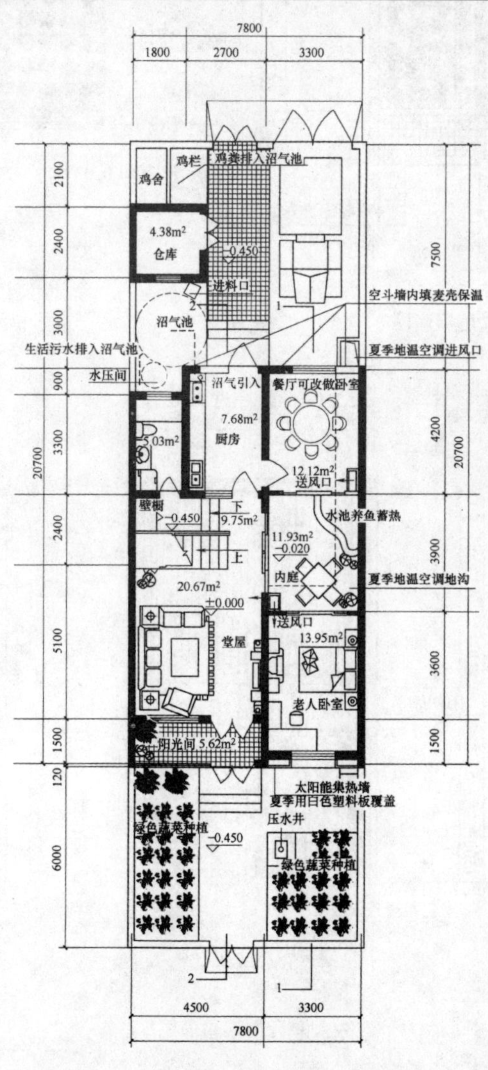

中间单元首层平面图

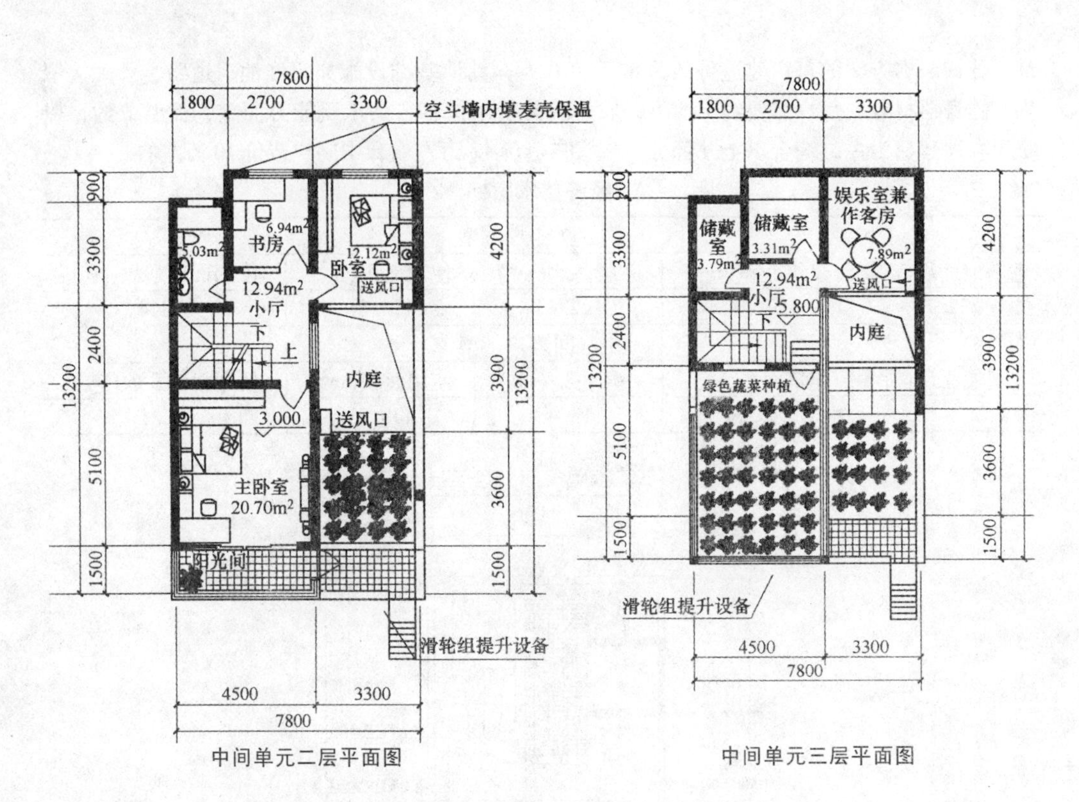

中间单元二层平面图

中间单元三层平面图

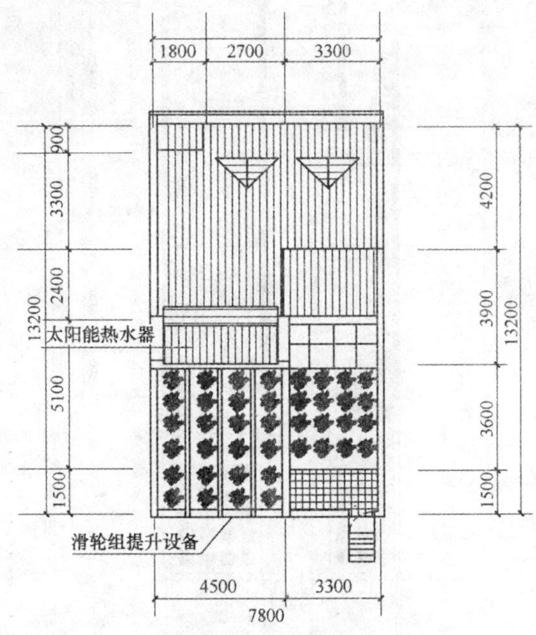

中间单元屋顶平面图

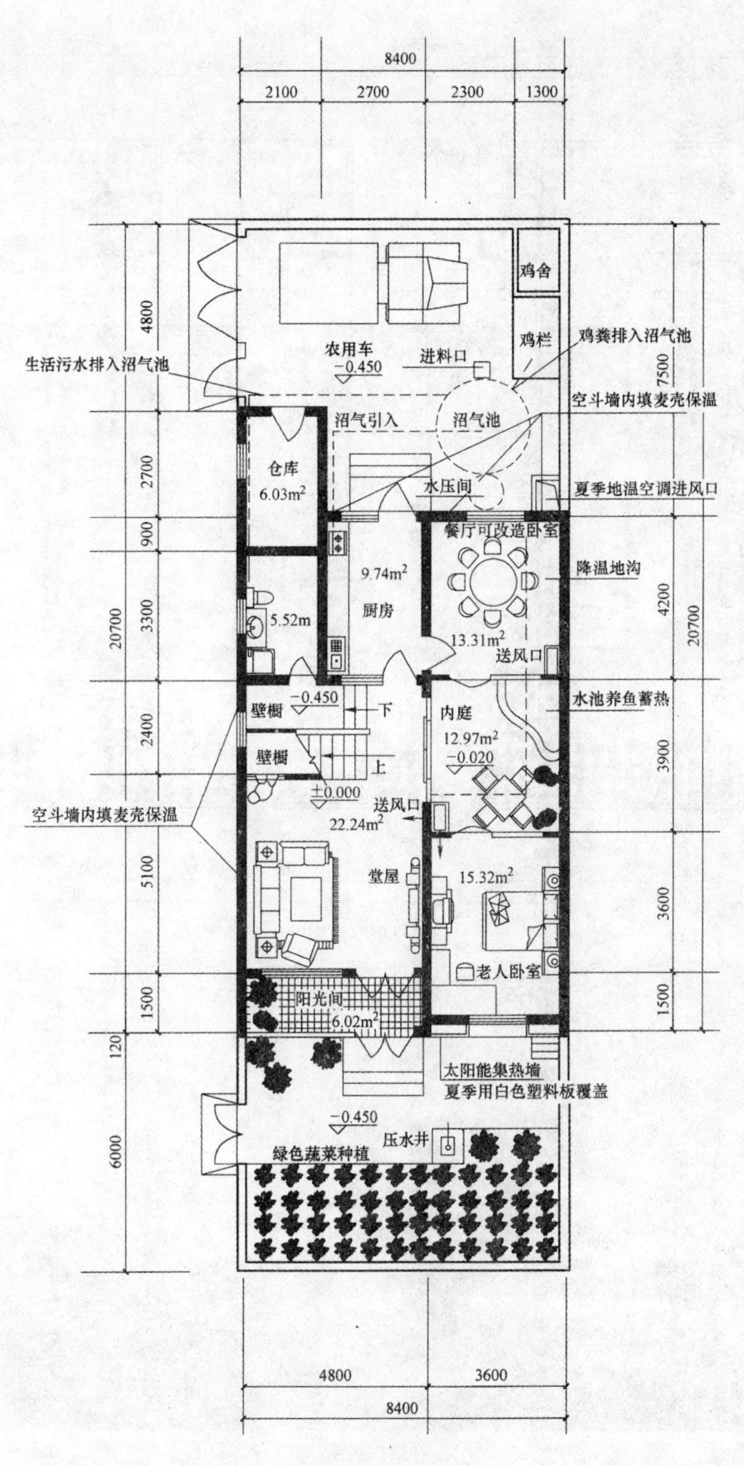
8400
2100
2700
2300
1300
鸡舍
农用车
−0.450
进料口
鸡栏
鸡粪排入沼气池
生活污水排入沼气池
空斗墙内填麦壳保温
沼气引入
沼气池
仓库
6.03m²
水压间
夏季地温空调进风口
餐厅可改造卧室
9.74m²
厨房
降温地沟
5.52m
13.31m²
送风口
壁橱
−0.450
下
内庭
水池养鱼蓄热
12.97m²
−0.020
壁橱
上
±0.000
送风口
22.24m²
空斗墙内填麦壳保温
堂屋
15.32m²
老人卧室
阳光间
6.02m²
太阳能集热墙
夏季用白色塑料板覆盖
−0.450
压水井
绿色蔬菜种植
4800
7500
2700
900
3300
20700
2400
5100
1500
120
6000
4200
20700
3900
3600
1500
4800
3600
8400

端头单元首层平面图

联排一层平面图

并联效果图

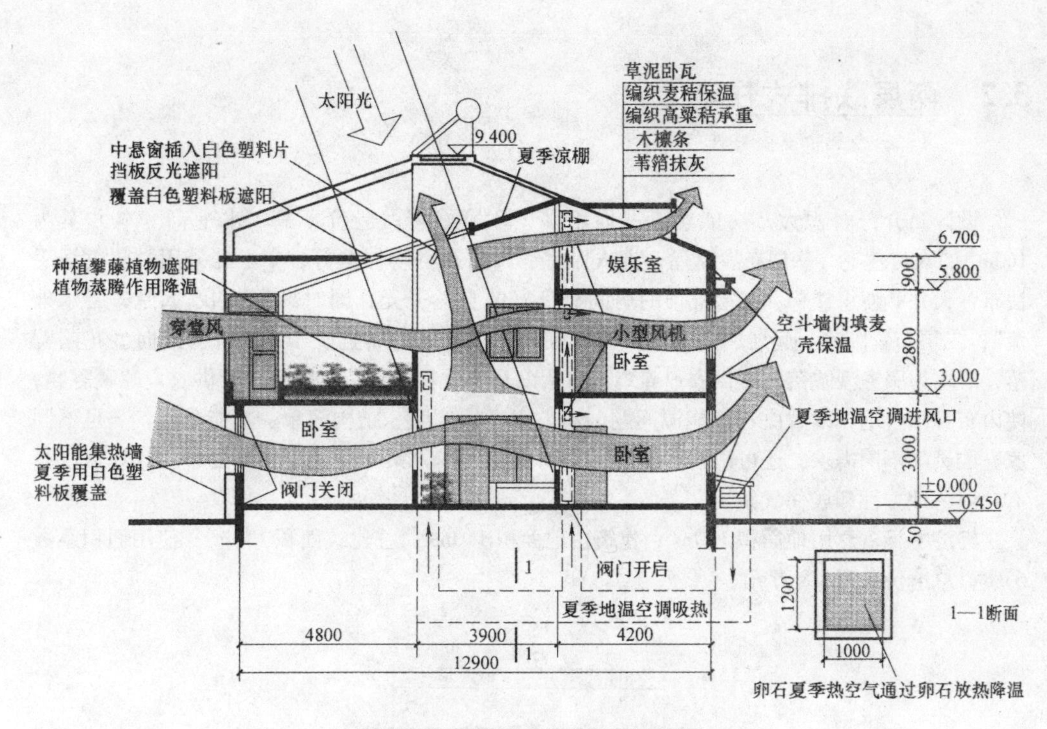

夏季日照通风生态系统分析 1-1 剖面图

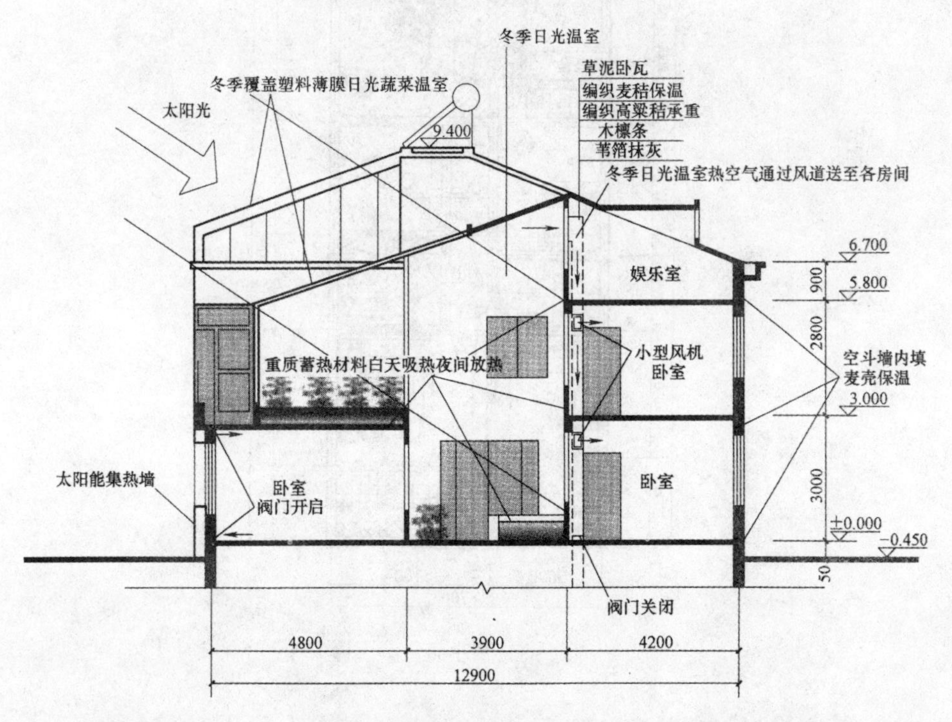

冬季日照通风生态系统分析 1-1 剖面图

3.2 两层联排式住宅②

设计：合肥市建委　许有刚

设计简介：面积大，功能全；占地不多，环境好多；造价不高，水平高。本方案为160m² 的农村住宅，一层布置堂屋、老人卧室、厨房及谷物储藏等，中心处采用徽州民居手法布置天井，使得楼梯和二层北面的房间有良好的自然采光，同时寓意“四水归堂，肥水外流”；二层布置卧室、起居、卫生间供家人使用。住宅前后布置院子，前院为外向型花园院落，后院为服务型院落，可供农户养鸡、养猪以及堆放农机具；二层晒台可供农户晾晒谷物；院内布置沼气池，以解决农户能源问题。本方案个性鲜明、结构简单、功能合理，满足不同家庭成员的不同需求，还可以自由拼接，易商品化。本方案尤适用于江南夏季较热地区，具有较浓的地方性和居住气氛。

经济指标：总用地面积160m²；建筑占地面积110m²；总建筑面积177m²；使用面积系数63%；总造价5万~8万元。

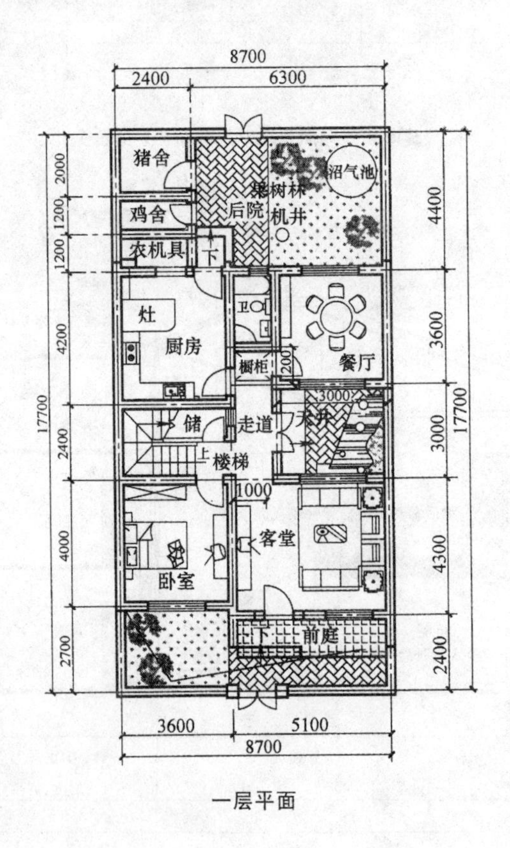

一层平面

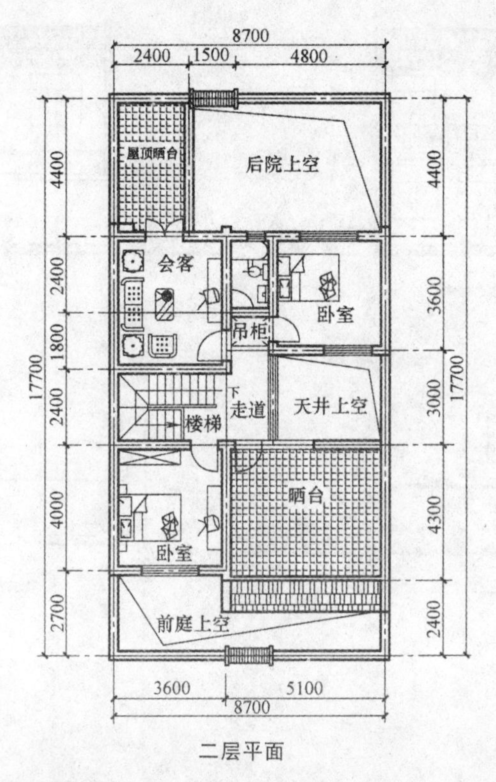
8700
2400
1500
4800
屋顶晒台
后院上空
4400
会客
2400
卧室
3600
吊柜
1800
17700
下
走道
天井上空
2400
楼梯
3000
晒台
4000
4300
卧室
2700
前庭上空
2400
3600
5100
8700

二层平面

效果图

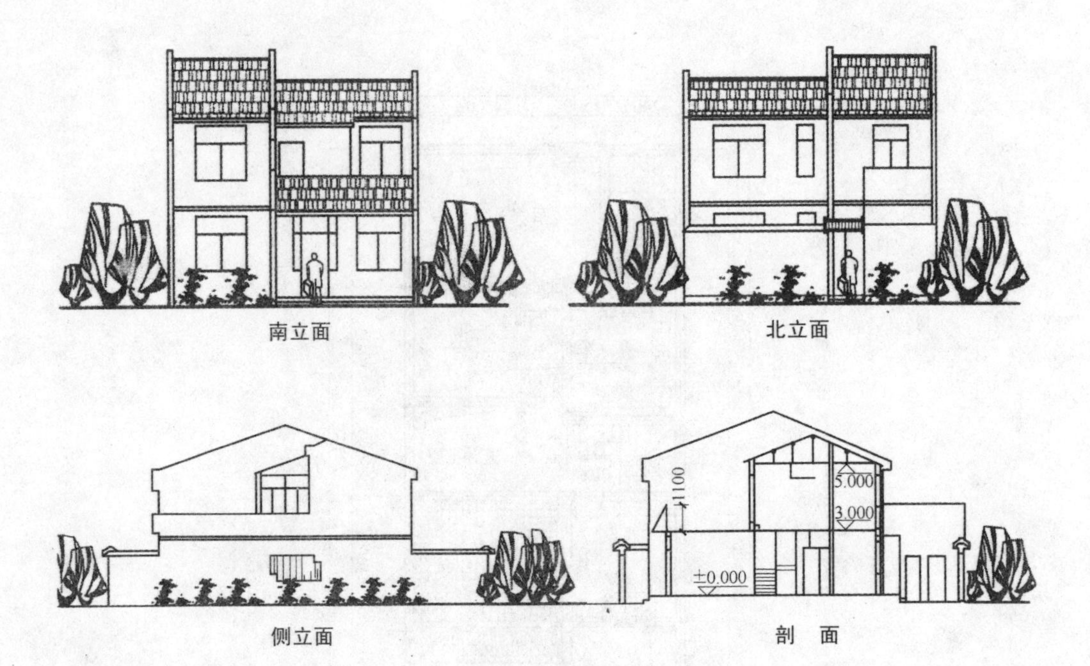
南立面
北立面
1100
5.000
3.000
±0.000
侧立面
剖　面

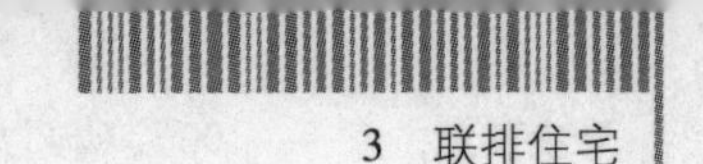

3.3 两层联排式住宅③

设计：江西省建筑设计研究总院

方案特点：本方案为内院式农村住宅，前面为居住部分的二层楼，后面为单层的禽畜圈舍，功能分区明确。居住部分平面布置紧凑，使用率高。

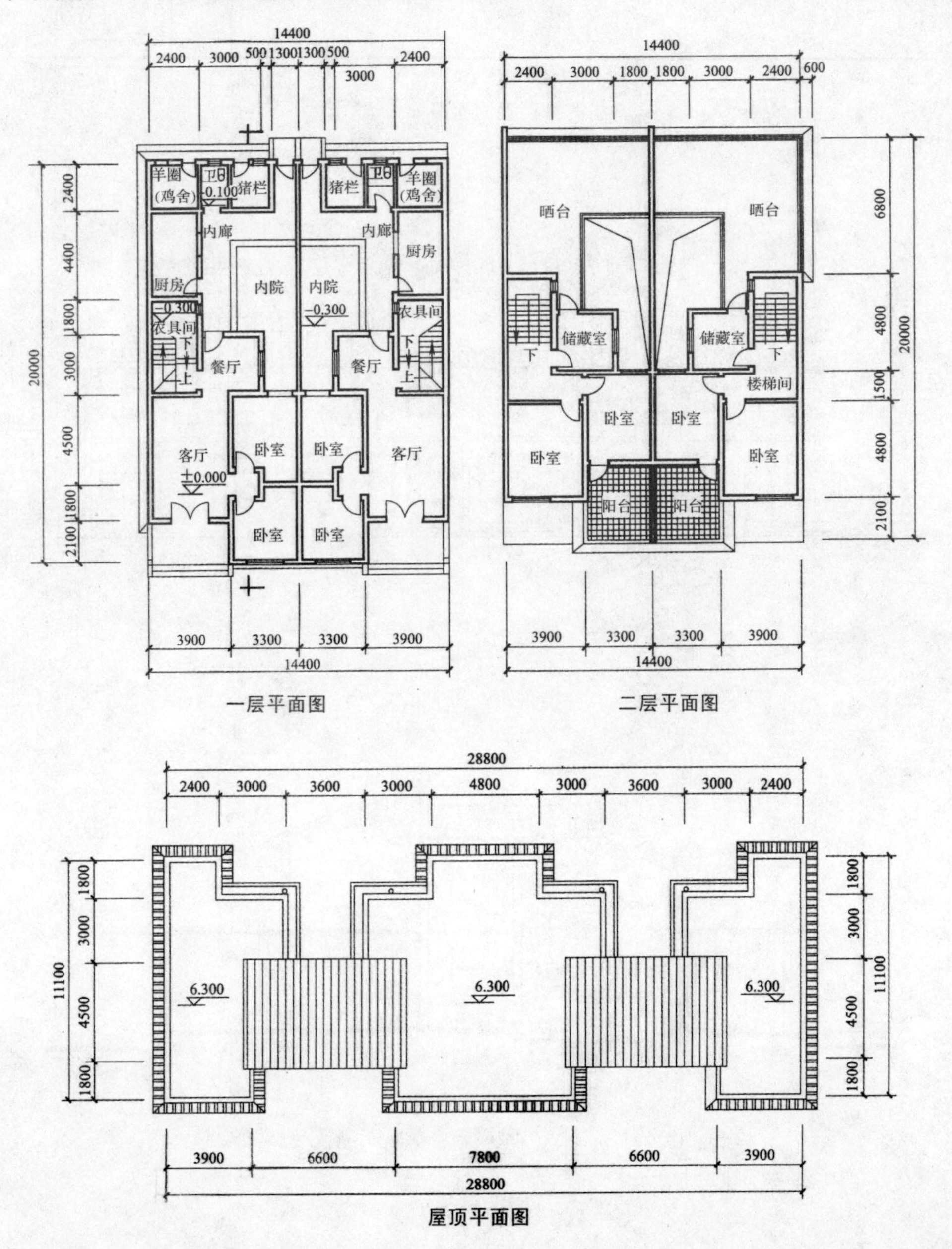

一层平面图

二层平面图

屋顶平面图

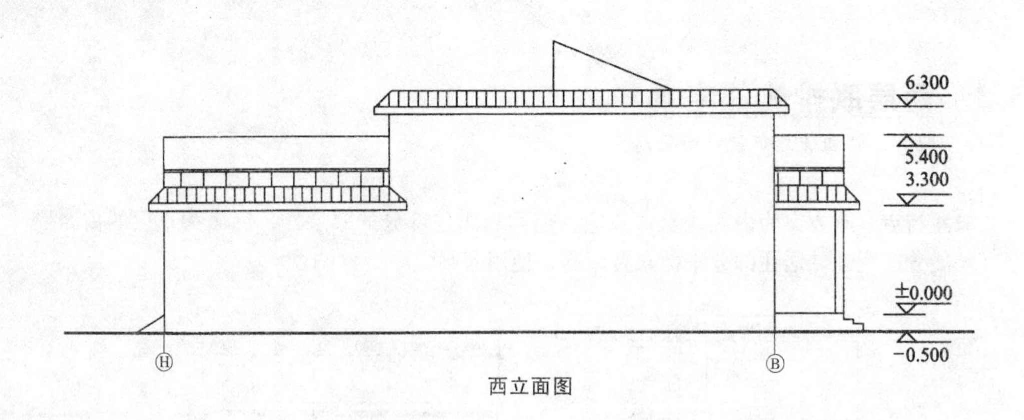

西立面图

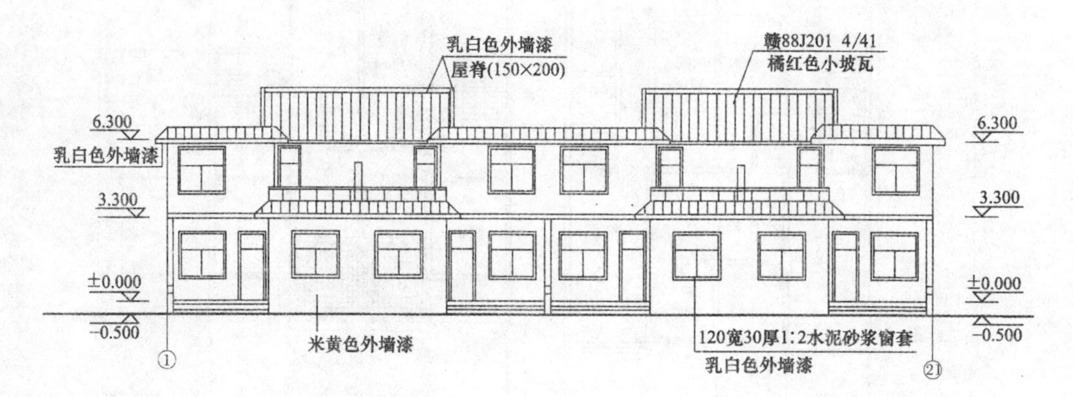

南立面图

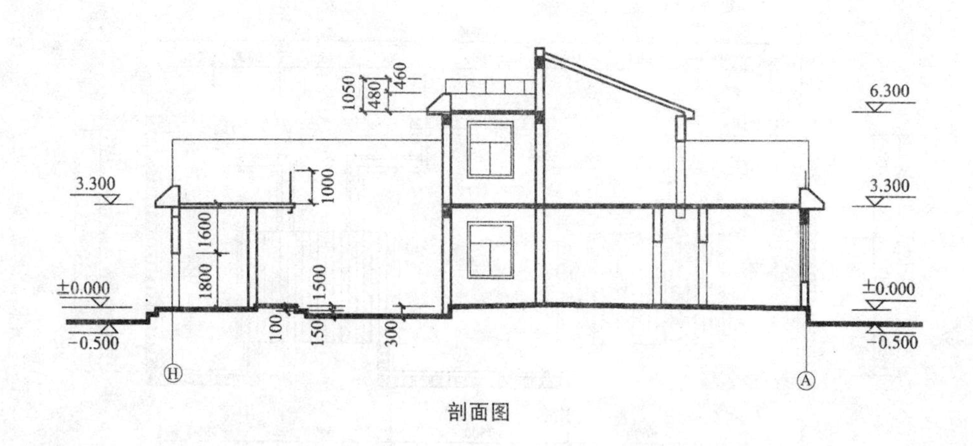

剖面图

3.4　两层联排式住宅④

设计：天津大学　李鹏

设计说明：新民居拟建于北京市，基地平坦，区内土地资源少，耕地面积日益减小。通过实地考察，考虑对区内民居进行绿色生态更新方面的研究。

夏季白天阳光间、通风塔以及温室的百叶可以短时间开启，以满足室内空气的质量要求，同时利用百叶遮挡阳光。利用烟囱效应把黑卵石蓄积的冷空气带到室内，以满足室内热环境要求。双层屋顶进风口和出风口的百叶在夜间和白天的某些时刻是开启的，以带走空气间层中受热的空气，避免室内温度过高。夜间全部通风口则可以完全开启，利用风压充分通风，来冷却建筑构件，以满足白天热环境要求。

(1)问题定位

①土地问题：北京地区是我国的人口高密度区，人多地少，考虑到未来的可持续发展，节约土地十分重要。近年来，随着农村经济的发展，独立独户的住宅越来越多，面宽越来越大，占地越来越多；土地资源的过度浪费使耕地越来越少，村镇越摊越大。因而，最大限度地节约土地是首要问题。

②如何提高农民的居住质量：随着社会整体经济的提高，农民对生活舒适度的要求也逐渐提高。正是由于这种要求，在调研中我们发现农村中出现了空调、土暖气等高能耗设施，对不可再生能源浪费严重，而且建筑排放了大量的有害气体和废渣，污染环境。

③建筑过于封闭，整体形象差：传统的建造观念，导致了北方农村单调呆板(如高墙、大门、内院)的外观。不但外观不好，而且导致室内采光通风不足。

(2)问题解决

①以舒适度为前提尽量减少面宽：采用联排式的住宅模式，在保证人舒适度的前提下，尽量减少面宽，以最大限度地节约土地。旧农村住宅面宽大进深小，占地面积大，土地的浪费极其严重。现代住宅研究表明：从整体规划看，联排住宅占地面积最小，独栋住宅占地最大，建筑面宽越小越节约土地。

②改进细部构件设计，利用自然能：充分利用太阳、风、雨水、植物等可再生资源，满足人们对热舒适度等的要求。设计综合并改进了农村中现有的一些构件，使这些构件能够形成一套简单适用的生态保温通风节水系统。这些构件能引导自然能加热或冷却建筑结构，能收集存储厨房排出的热量，能调节室内的光、热、湿度等(详见剖透视分析)，这套系统辅助土暖气综合供热。

③采用小内庭，大外院，双层竹墙：设计考虑了北方农民的传统生活习惯和心理因素，设计了私密的建筑空间和小内庭院。为了给全村镇创造一个绿色开放的室外环境，引进了双层竹墙作为外院的维护结构，既可保证防盗又可以让视线通透。

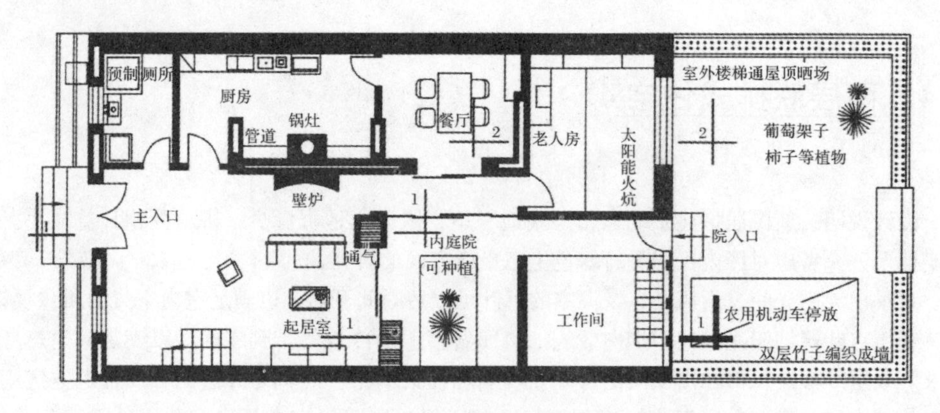

一层平面图

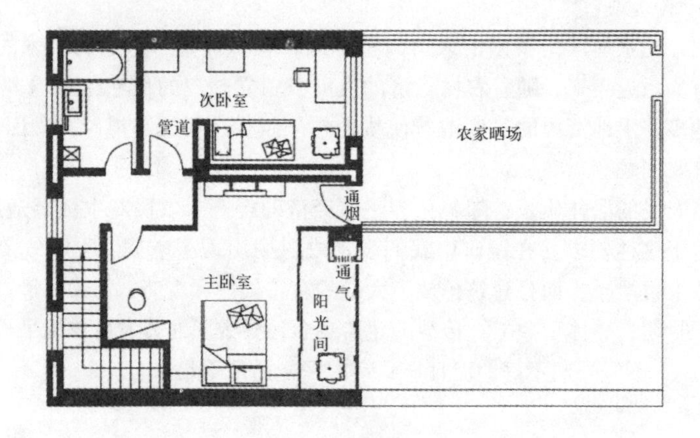

二层平面图

地层平面图

关于预制厕所：建设使用工厂大批量生产的预制好的厕所，向农民推广；这种厕所下面自带有化粪池，像机器一样，接上管道便可使用。以插入的方式接入卫生间即可。

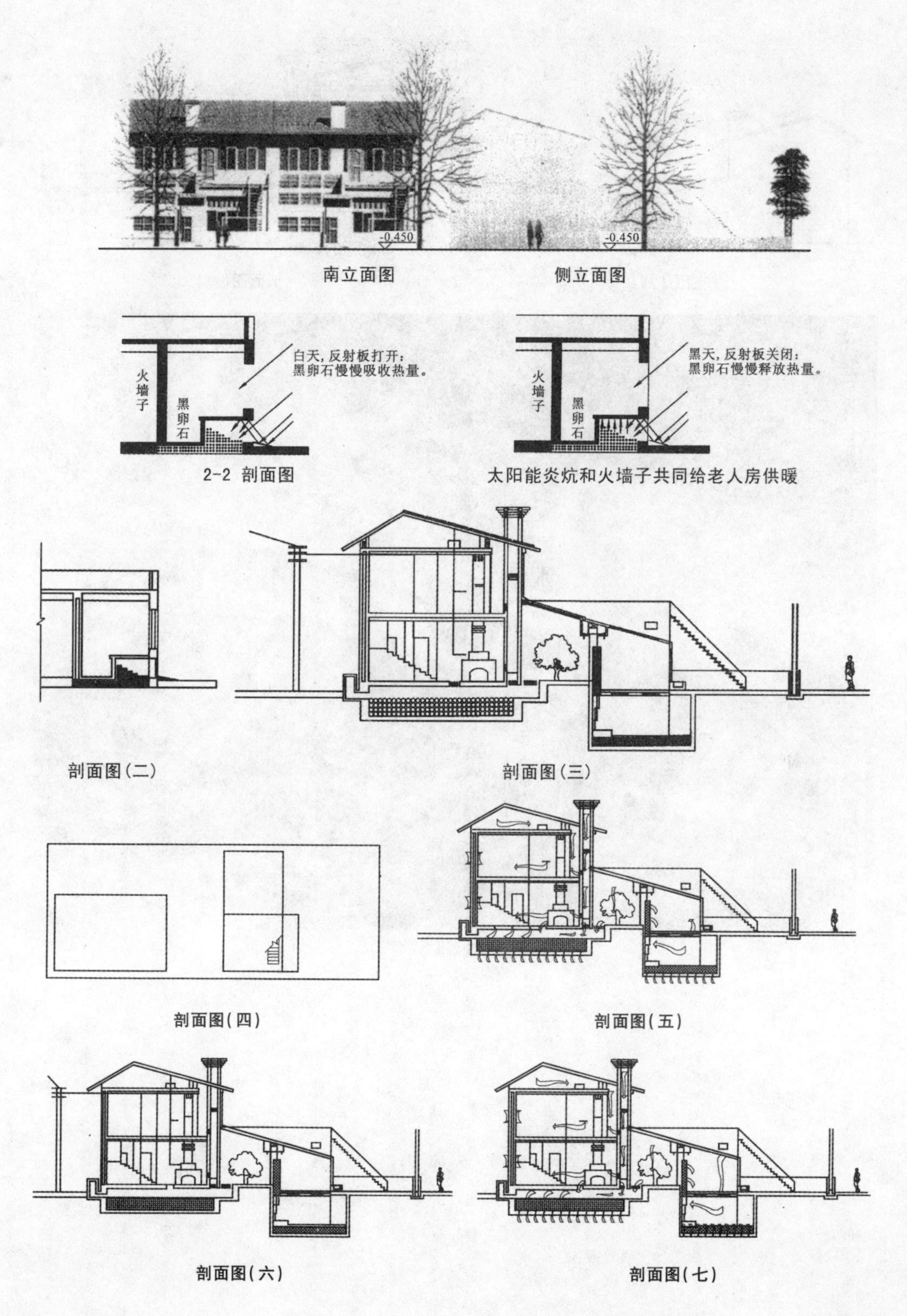

南立面图

侧立面图

2-2 剖面图

太阳能炎炕和火墙子共同给老人房供暖

剖面图(二)

剖面图(三)

剖面图(四)

剖面图(五)

剖面图(六)

剖面图(七)

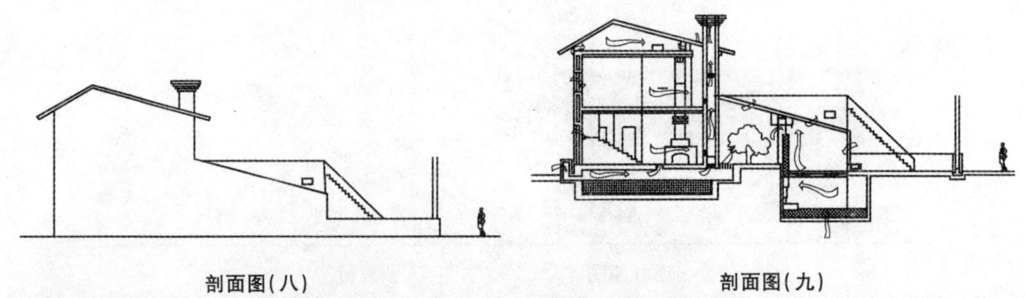

剖面图(八)　　　　剖面图(九)

效果图

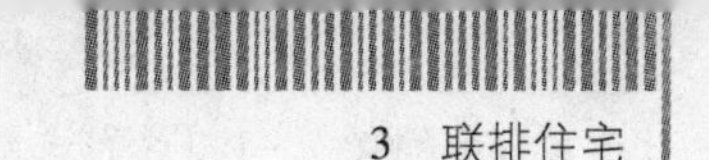

3.5 两层联排式住宅⑤

设计：北京 于波

设计说明：改变原有兵营式住宅形象，创造拥有个性化的整体空间。

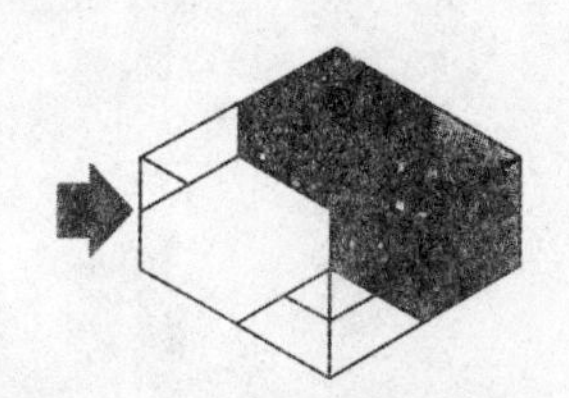

农村住宅相对比较朴实，就单体而言，为了尽量的节省造价，其结构形式及建筑材料都相对比较简单，但过去兵营式的设计形式已不能代表现在农村的形象，传统的单一户型阵列式的布局应该被能够满足农民多样化需求的个性空间所代替，5/8 联体住宅即是将个性化的单体建筑统一成整体的街区空间的一种理念。

5/8 住宅是将住宅上下两层分成相同的 8 个模数空间，住宅本身只占有其中 5 个空间，这样可以根据每个人的不同需要来变换 5 个空间的不同组合营造出个性化住宅形式。

基于每个 5/8 住宅的可变性基础上，将各个单体联合成一个更具可变性的但总体风格一致的联合住宅，每个单体相对简单、廉价，各栋建筑的材质和颜色可能不尽相同，但这些却为 5/8 住宅提供了更好的总体感觉和悦丽的变化。

技术指标：建筑面积 180m²；占地面积 200m²；使用面积 161m²。

建筑单体的可变性：

个性化统一的整体街区空间：

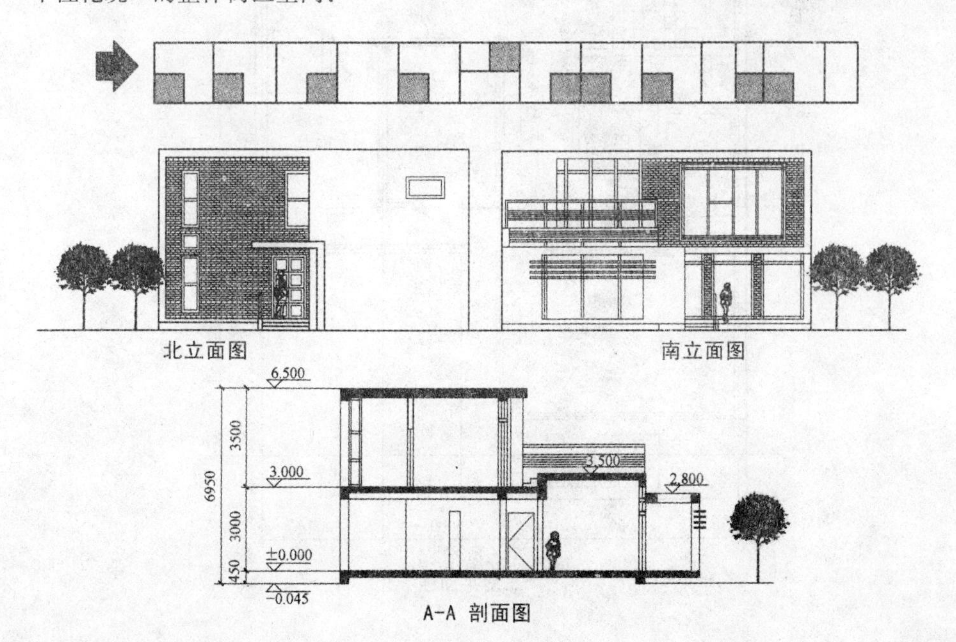

北立面图

南立面图

A-A 剖面图

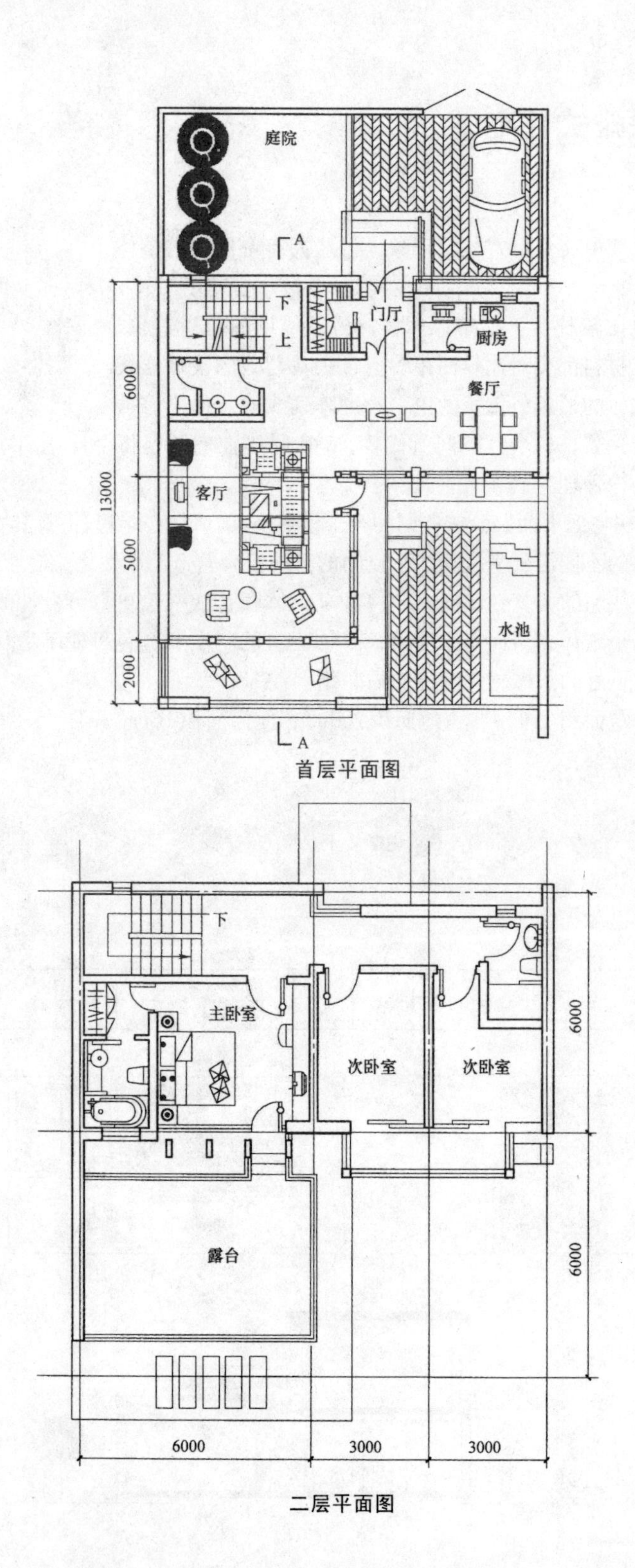

庭院
A
下
上
门厅
厨房
餐厅
6000
13000
客厅
5000
水池
2000
A
首层平面图
下
主卧室
次卧室
次卧室
6000
露台
6000
6000
3000
3000
二层平面图

3.6 两层联排式住宅⑥

设计：青岛市城市规划设计研究院　宿天彬 吴英光

设计说明

(1)方案设计特点

院落对农民的日常生活有着重要影响，农民的生活活动大多在院落中进行。怎样寻找一个承转接合传统生活模式与现代生活模式的切人点？由此，我们提出了“从院到园，从园到家”的设计理念，延续新农村农民与土地的亲近关系，最大限度地接触自然、享受自然。具体如下：

①平面布置上结合山东传统农村院落特点，通过设置内庭院，将阳光和自然景色引入室内，既解决了大进深各房间的采光通风问题，又使得院落的格局趋于合理。

②功能分区明确，住宅内部动静、洁污分开。院落布局合理，交通流线便捷，功能完备。

③住宅户型设计特点布局紧凑，功能齐备，厨卫均分区设计减少干扰；多用间满足不同需求；力求全明设计更贴近自然，动静分区，厅室方整适度。

④在建筑立面处理上，运用传统的民居建筑元素，两坡项，灰墙蓝瓦，立面高低错落，有浓郁的地方特色及强烈的时代感。

⑤生态节能设计

- 冬季保温，南北入口皆设有门斗，南向墙体做被动式太阳能集热墙，南向外窗与阳光室相结合，设置新型火墙火炕。
- 太阳能的利用：被动式太阳能集热墙、阳光室、太阳能热水器的应用。
- 沼气的利用：两户统一布置沼气池，形成可利用的清洁能源。
- 雨水的有效利用：设置雨水储水器收集雨水。

(2)适用建筑材料、装修材料与施工技术

结构采用CL体系，保温抗震性能好，分割灵活适应性强。外墙采用240mm厚蒸压粉煤灰砖外贴25mm厚挤塑泡沫保温板，构造柱等热桥部位外贴30mm厚挤塑泡沫保温板。坡屋面及屋面平台采用30mm厚挤塑泡沫保温板倒置式屋面。

外墙窗户采用中空玻璃塑钢窗户，设备上自来水、沼气、下水管道集中设置，便器和水具均用节水设备。

经济技术指标

宅基地面积	160.17m²	占地面积	100.85m²
建筑面积	196.00m²	使用面积	166.26m²
使用面积系数	0.85	造价约	15万元

鸟瞰图(一)

鸟瞰图(二)

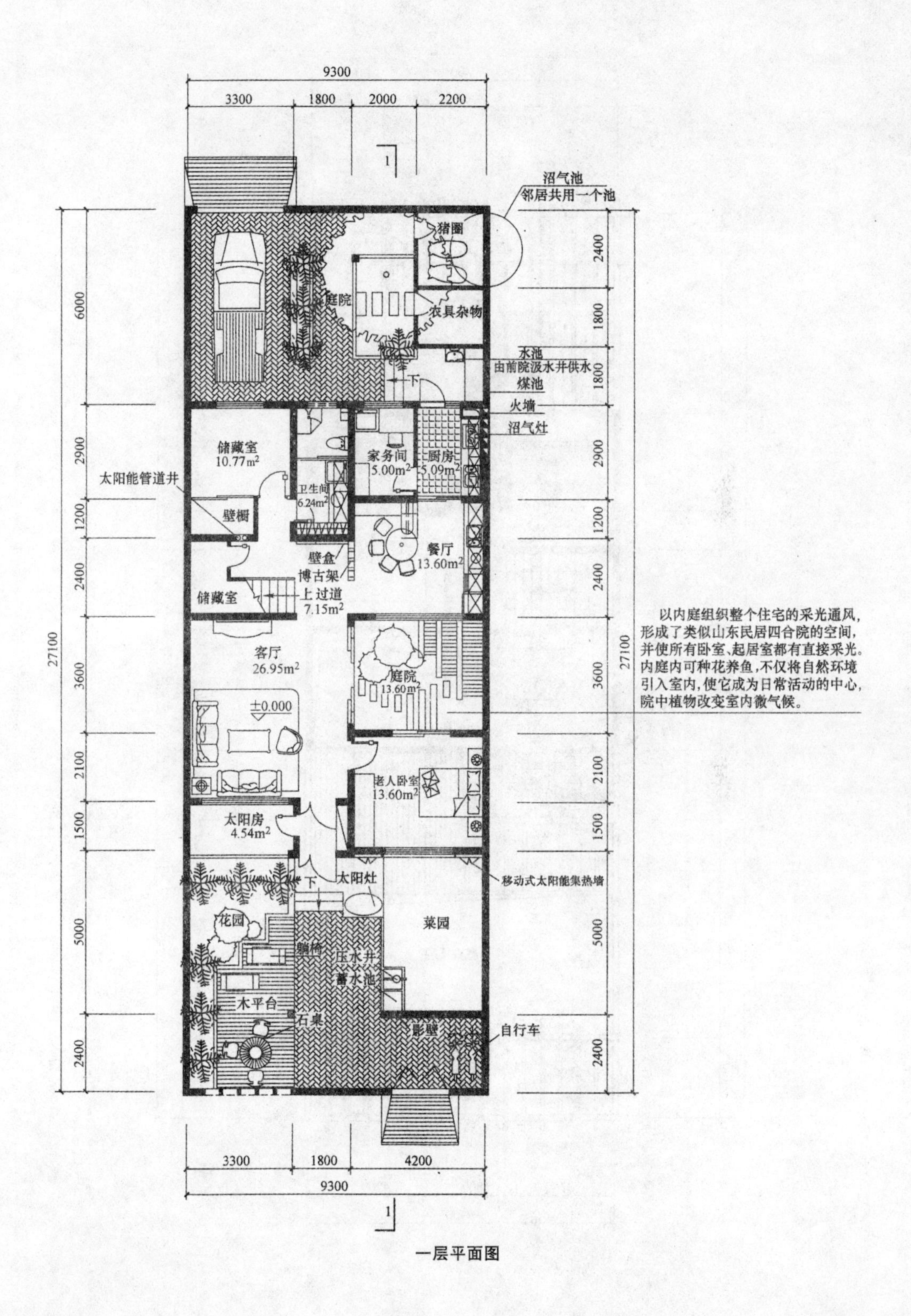

以内庭组织整个住宅的采光通风，形成了类似山东民居四合院的空间，并使所有卧室、起居室都有直接采光。内庭内可种花养鱼，不仅将自然环境引入室内，使它成为日常活动的中心，院中植物改变室内微气候。

一层平面图

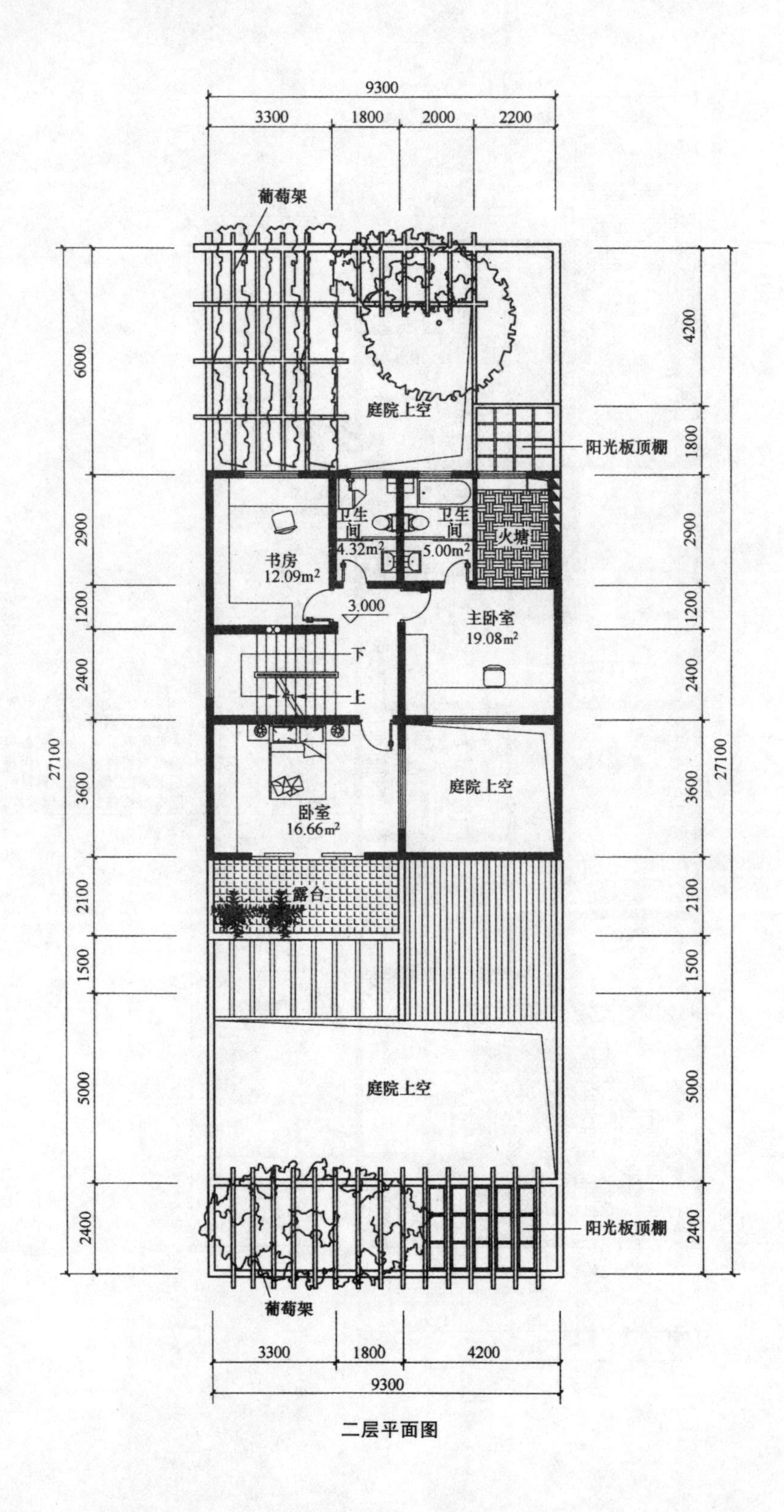

9300
3300
1800
2000
2200
葡萄架
庭院上空
阳光板顶棚
卫生间
4.32m²
卫生间
5.00m²
火塘
书房
12.09m²
3.000
主卧室
19.08m²
下
上
卧室
16.66m²
庭院上空
露台
庭院上空
阳光板顶棚
葡萄架
6000
2900
1200
2400
3600
2100
1500
5000
2400
27100
4200
1800
2900
1200
2400
3600
2100
1500
5000
2400
27100
3300
1800
4200
9300

二层平面图

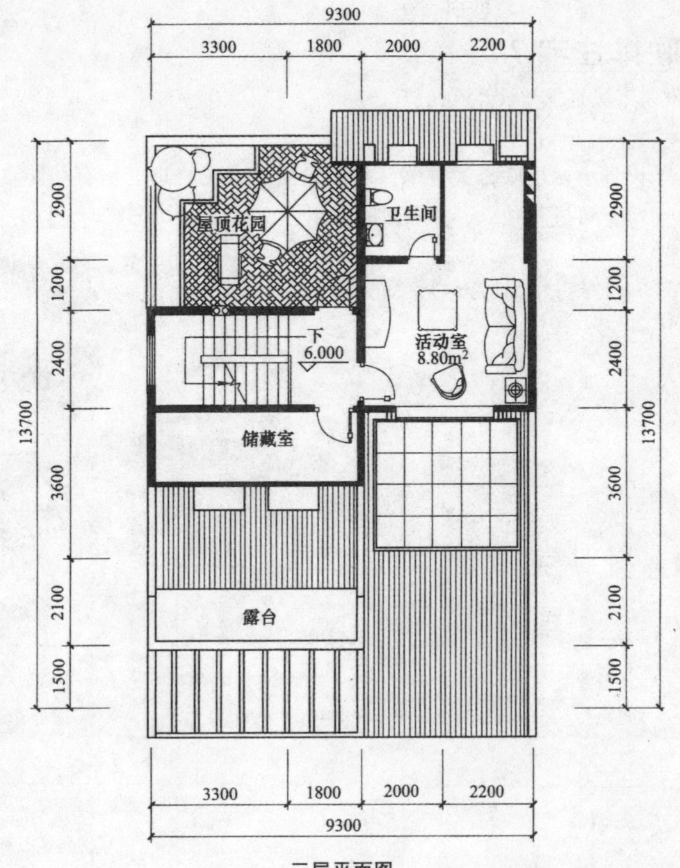

三层平面图

屋顶设置太阳能热水器，环保节能位置统一整齐，不影响建筑形象

内庭上方设可调节的天窗附设遮阳保温帘

8.700
6.000
3.000
±0.000
−0.600
9.300
2.420
2.220
−0.450
2700
3000
3000
9300
600
门廊
庭院
老人卧室
活动室
卧室
卫生间
餐厅
家务间

内庭上方设可调节的天窗附设遮阳保温帘，冬季白天打开保温帘让阳光加热室内的空气和墙体，内庭就像温室一样起到蓄热的作用，夜晚闭合保温帘使白天蓄积热量缓慢释放，保持室内的温、湿度要求。

1-1 剖面图

3.7　两层联排住宅⑦

设计：湖州市城市规划设计研究院

方案特点：本设计为两层联排式住宅。平面紧凑、布局合理。所有功能空间都有直接对外的采光、通风窗口，可进行独立、并联或联排组合。

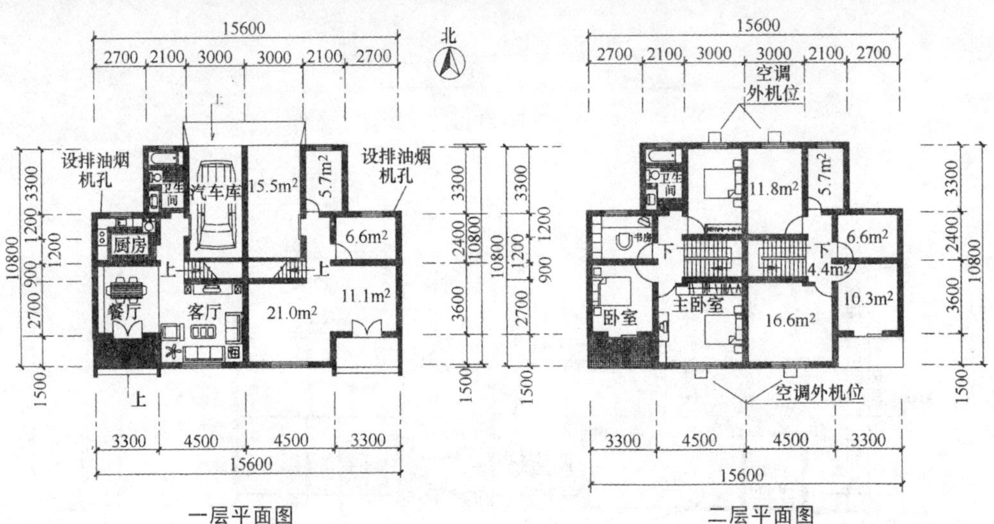

一层平面图　　　　二层平面图

3.8 两层联排式住宅⑧

设计：武汉市城市规划设计研究院

方案特点：本方案为湖北省武汉市郊区的农村住宅，平面简洁，占地较少。建造时可根据资金情况采用二层或三层，当采用三层时，二层平面同一层，三层即为原二层平面，立面图为南立面(2)图。

经济指标

房型结构	三居室	适用家庭	四口之家	层数	两层
层高	3m	檐口高度	5.8m	宅基地面积	91.2m^2
建筑面积	129.4m^2				

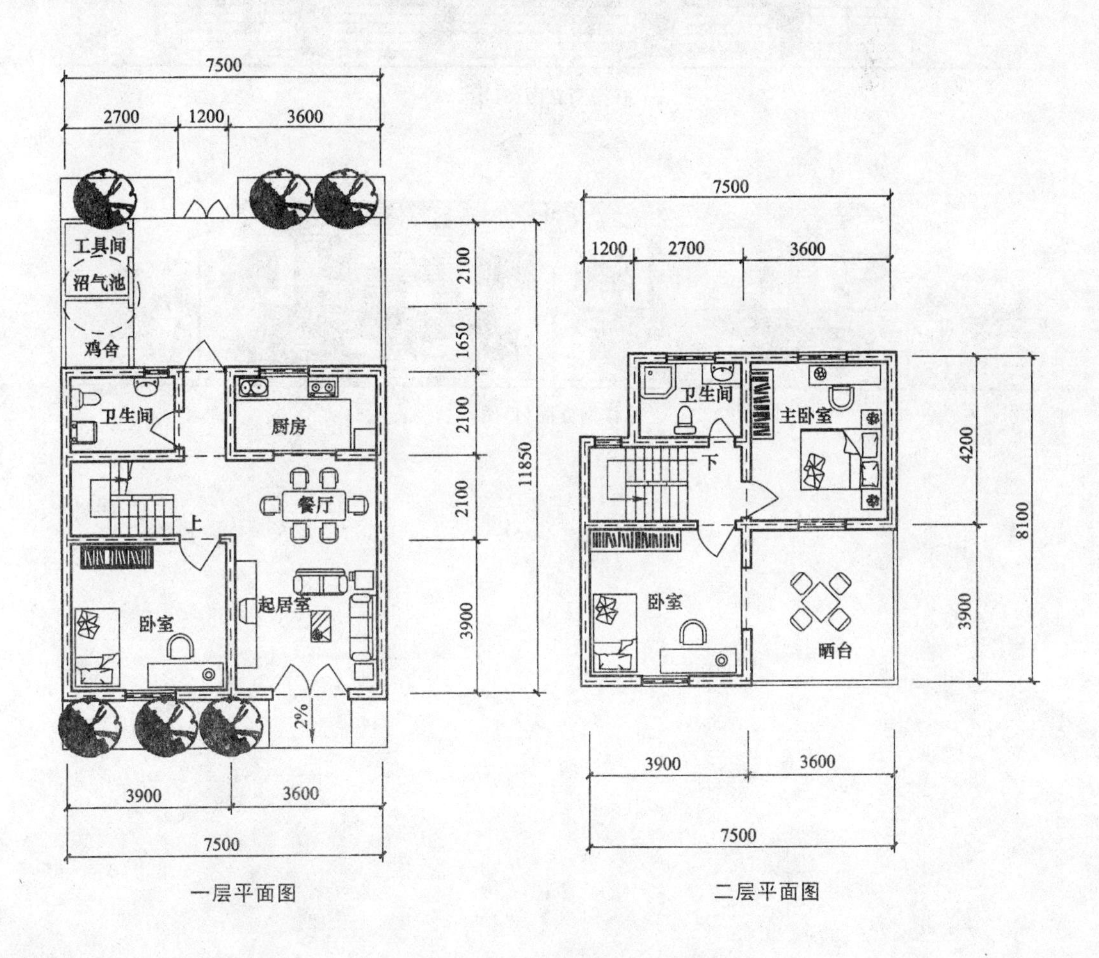

一层平面图　　二层平面图

南立面(2)图　　南立面(1)图

联排南立面(3)图

联排南立面(1)图

3.9 两层联排式住宅⑨

设计：北京东方华脉工程设计有限公司　王学军

设计说明

(1)设计理念

①以人为本，以环境为中心，注重居住的舒适性和邻里交往。

②空间、功能布局满足北方农村生活习惯及特点。

③采用新材料、新技术、实用、经济、节能。

(2)构思创意

①院落布局

• 采用“居住区街坊”两级居住结构模式：每个街坊有16~32户，联排住宅，院落内设邻里交往空间。布置公共绿地、儿童游戏场、健身广场等公共活动场所，增加居民间的联络交流。

• 安全性：包括建筑结构的安全性，防火、防盗、防滑、防坠等设施的安全性；避免对觇及沿墙绿化减少噪声等的精神安全性。

• 单元组合的多样性。

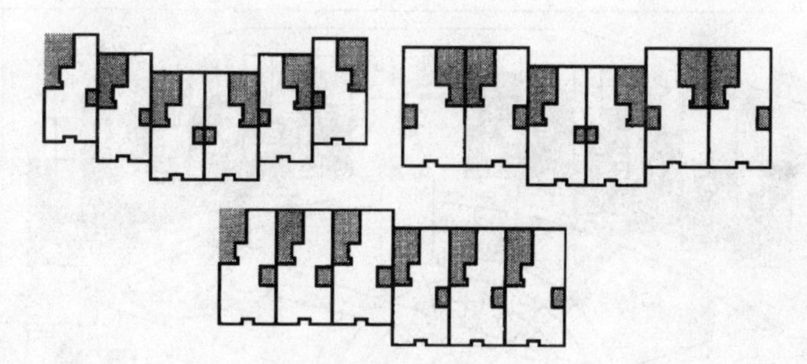

②内部功能分区

• 户内空间宻电池分

礼仪部分：包括入口门厅、起居室、餐厅。

交往部分：厨房、家庭室。

私密部分：卧室、卫生间。

功能部分：洗衣、储藏、地下室。

• 各部分面积尺度合理适中，空间独立交叉相互渗透，有机融合。

• 每间均有充足阳光，卫生间均为明卫，且管线综合布置通过管道井上下对齐。二楼南侧设阳光室、阳台，北侧设室外平台。

• “公私分离”、“动静分离”、“洁污分离”体现现代生活方式。

③室外空间分区

• 南匝的小院绿地花园。

• 中部的采光通风天井兼设置日式枯山水小景观。

• 北部的院落，布置机动车停车位及杂物贮存间，并在入口处运用鹅卵石及松木条等材料。既营造出入口的人性化空间景观，又修饰了地下雨水收集水池。

④立面风格：风格简洁、现代，在传统中出新意，现代中见古朴；材料运用仿石砖与涂料结合；色彩以暖色为主，搭配和谐。

⑤方案实施经济性

• 节约土地：每户占地200m^2，总面宽9.9m，地上两层，局部地下室。

• 节约能源：屋顶设太阳能装置，满足生活淋浴、盥洗热水；院内结合入口景观设雨水收集系统，用于卫生间便池冲洗及绿化浇灌。

(3)结构形式做法及经济技术指标

• 结构做法：采用砖混结构形式，墙体采用240厚多孔砖；外墙外保温采用60厚，水泥聚苯颗粒；瓦屋面卷材防水层。

• 内墙面：涂料或壁纸(厨房、卫生间为墙砖)。

• 地面：地砖或木地板。

经济技术指标： 占地面积200m^2；建筑面积277.43m^2，其中一层131.81m^2，二层108.07m^2，地下室37.55m^2；使用面积228.97m^2，其中一层104.72m^2，二层9076m^2，地下室33.49m^2；平面利用系数825%；估算造价950元/m^2。

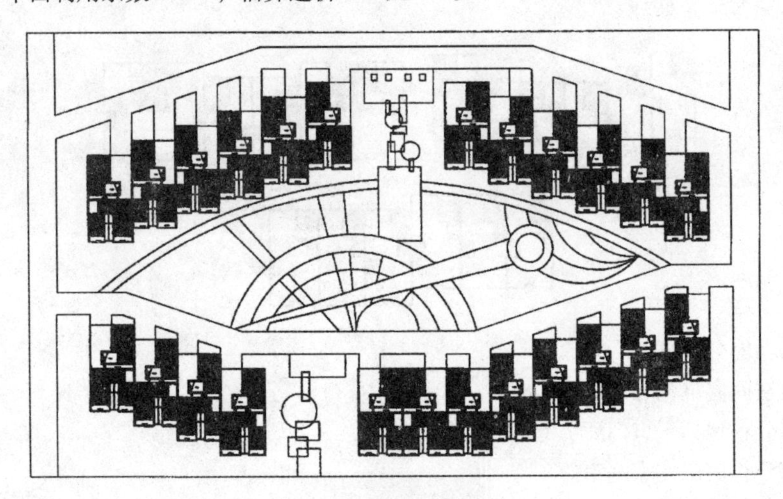

组群平面示意图

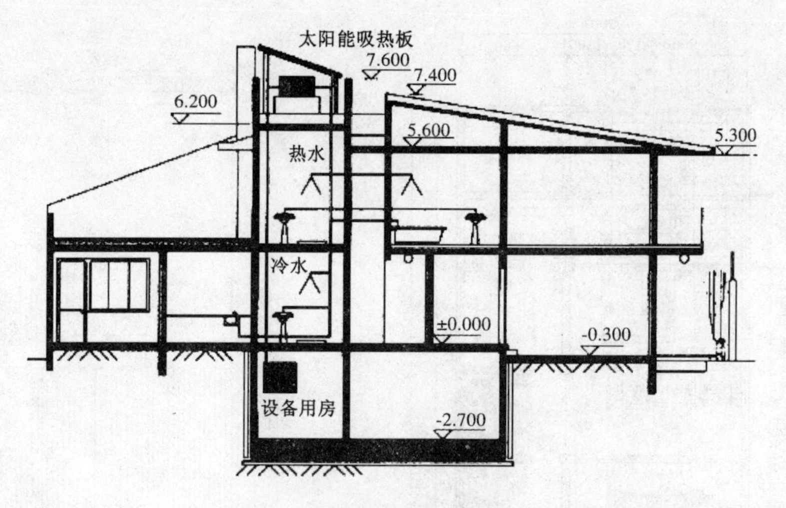

太阳能利用系统示意图

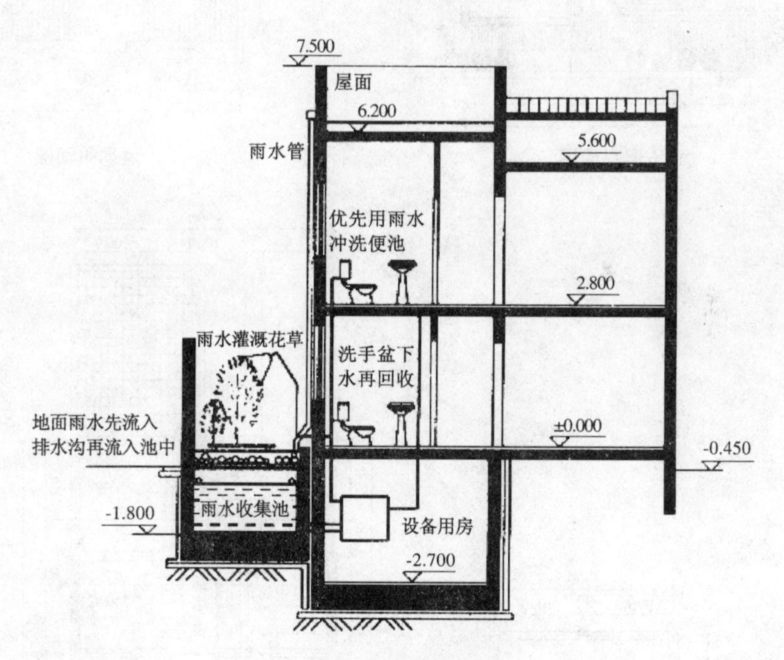

雨水利用循环系统示意图

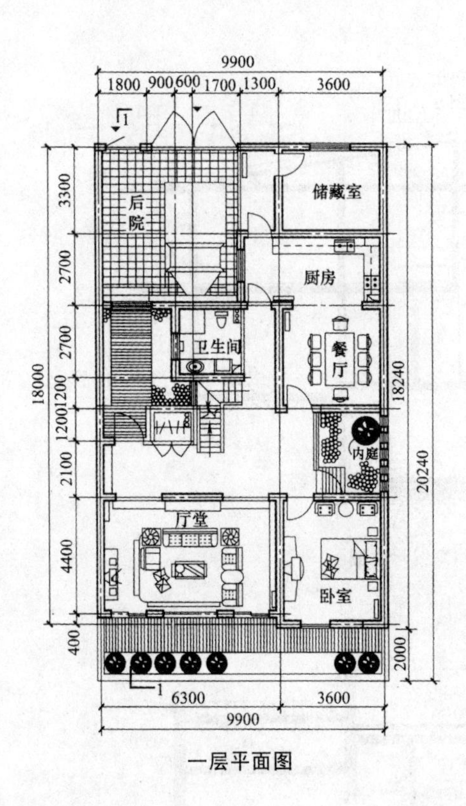

一层平面图

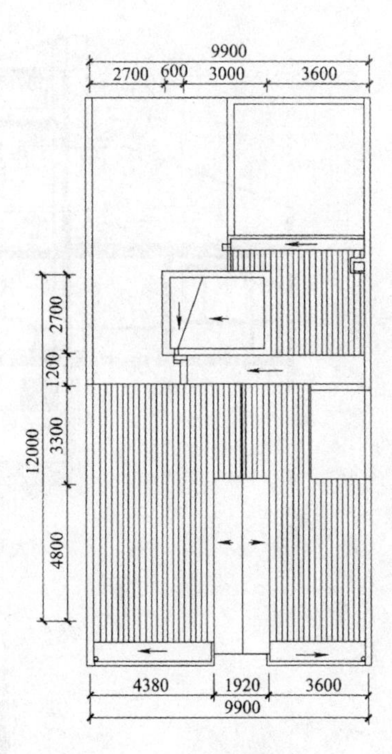

屋顶平面图

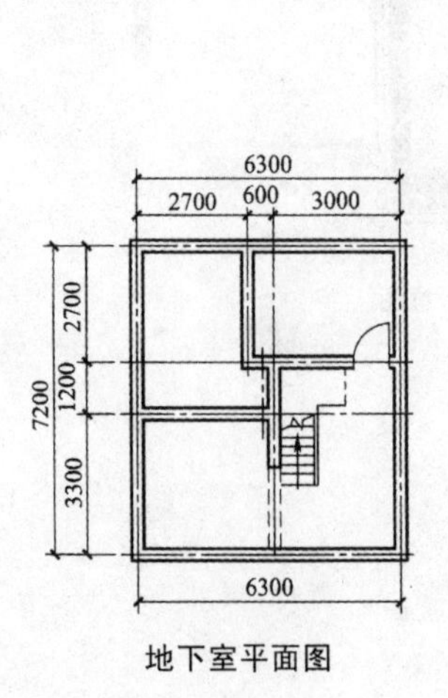

地下室平面图

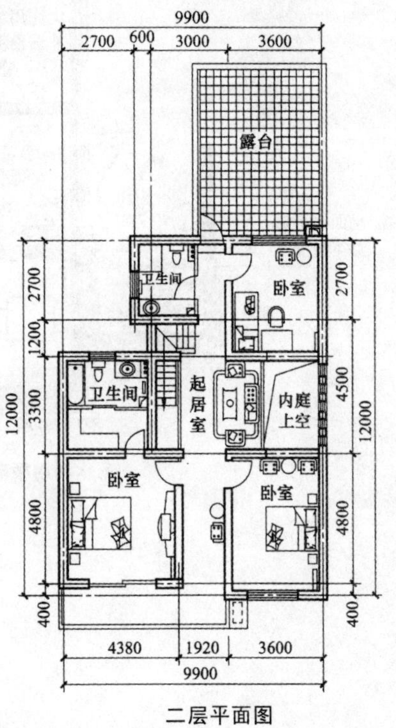

二层平面图

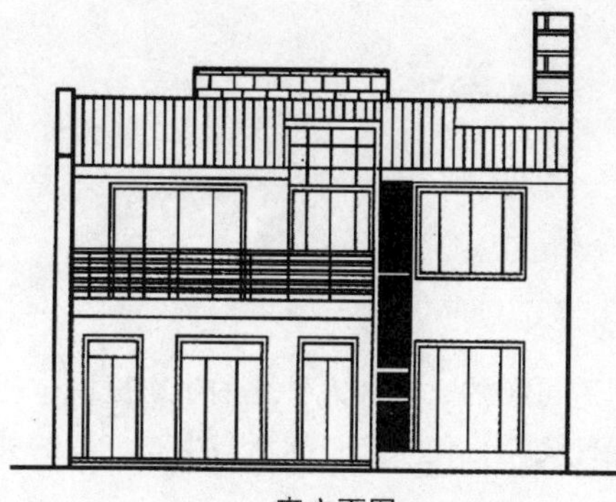

南立面图

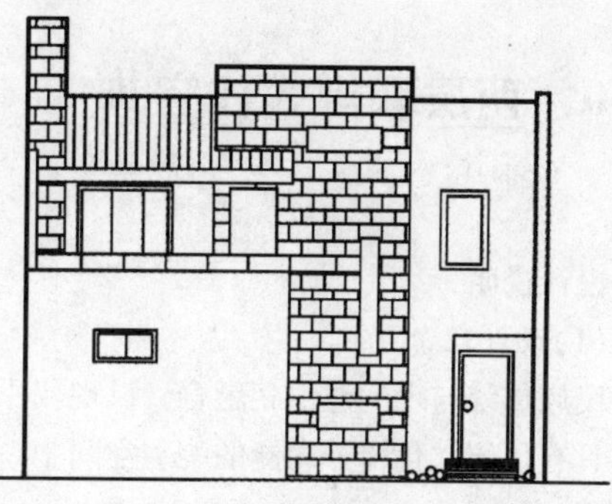

北立面图

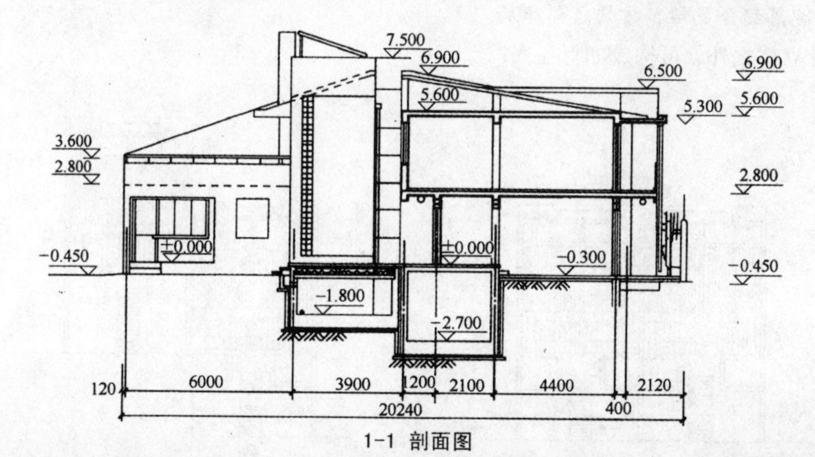

1-1 剖面图

效果图

3.10　两层联排式住宅⑩

设计：合肥工业大学　韩明清

设计说明

(1)设计理念

民族传统与现代意识相融合，以现代手法创造可控的、更加人性化的生态庭院，使居住者在具有传统文化精神内涵的院落空间中享受现代文明，使生产、生活与生态三者的关系得到高度的统一。

(2)院落组合灵活，方便总体布局

除独立式之外，可构成如下各式：

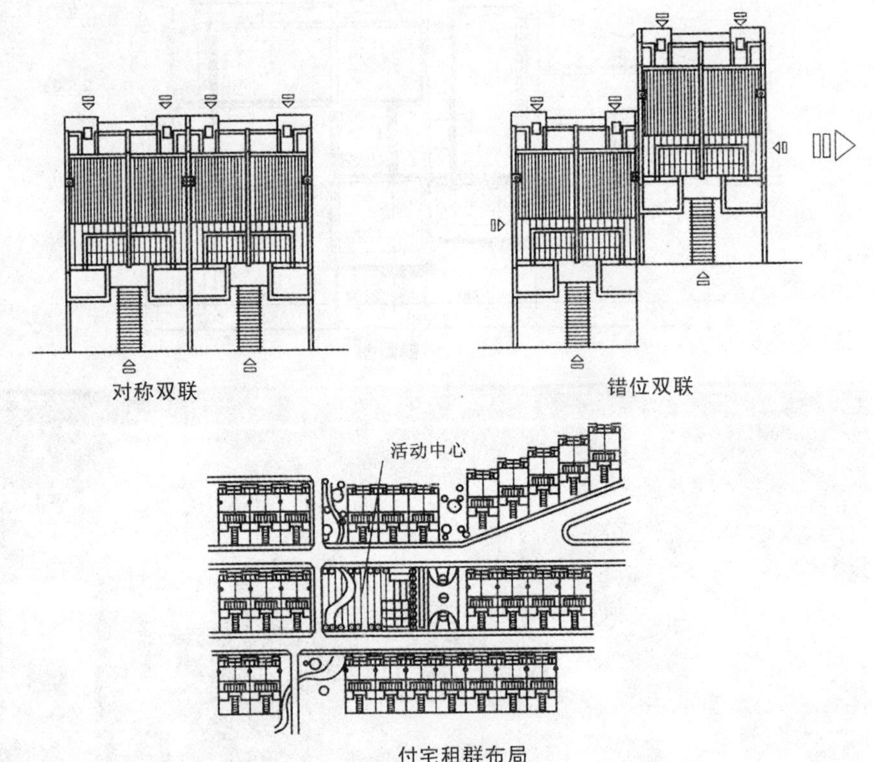

对称双联　错位双联

付宅租群布局

(3)环境设计从私家庭院与建筑立面蔓延到街道和整个村落

每两排住宅间形成一条东西向的街道，沿街绿化与每户的私家敞开绿地有机结合，丰富整个村落的景观。由建筑、葡萄架、矮墙等构筑物围合而成的半公共庭院，供相邻家庭交往，并丰富沿街景观；由前后房间和玻璃顶形成的中庭空间供家庭成员相互交往。内部功能与别墅完全相同，而且其藏风聚气，负阴抱阳的院宅形式也与中国人含蓄内敛、追求和谐的精神需求完全一致。

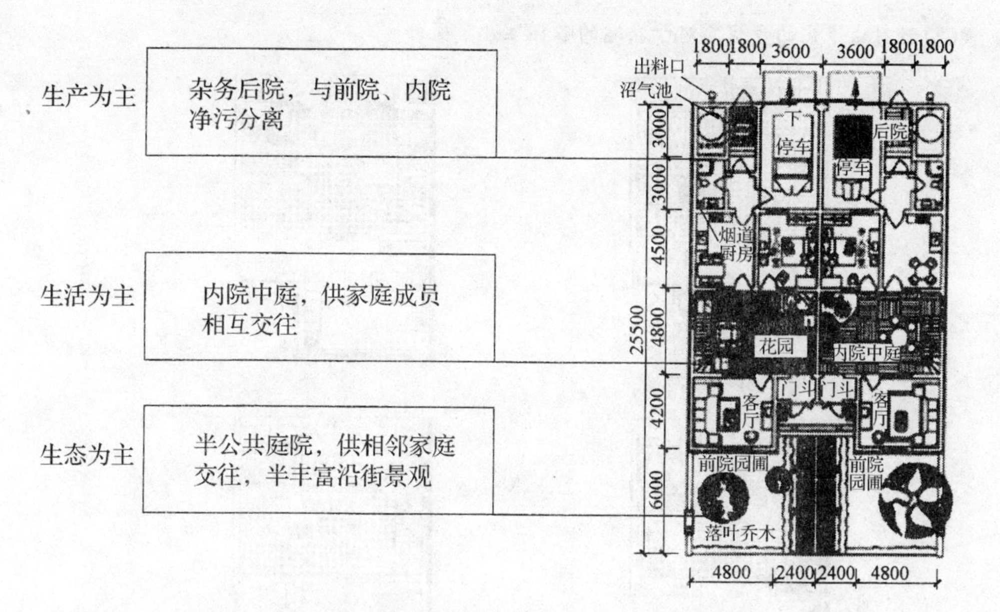

(4)注重建筑节能，运用生态策略

采用生态气候缓冲层的理念，力图创造一个新时代的绿色新农宅。具体而言，共有3个层面。

①聚落空间

• 带状绿地：保留当地生态系统的活力，增强生态环境的容纳力。

• 联排住宅：节约土地，减少建筑覆盖对生物性因素的影响。

②建筑实体层面

内院：促进建筑环境中生物组成的多样性。

中庭：夏季蓄冷，冬季成为采暖集热器。

北侧使用频度较少房间：减少冬季低温对主要房间的影响。

③建筑细部层面

• 采用当地材料：砖、瓦、石材……

• 太阳能热水器：加热洗浴热水兼起预热暖气过水。

• 地下卵石床：高密度材料的热延性为储热器和散热器日光中庭，卵石床与主要使用房间之间以管道相连，管道口以风扇提供循环动力。

• 起居室南墙面集热墙：冬季采暖用。

• 外墙面保温墙：内部空隙填保温材料。

• 中庭玻璃顶：保温帘设于中庭玻璃顶内侧，夜间保温，夏天打开玻璃顶窗活扇通风，或在玻璃顶窗上铺苇帘遮阳防雹。

• 入口处花架：遮阳，冷却夏季热空气。

(5)针对城市化的步伐，对于农宅的多样性做了探讨

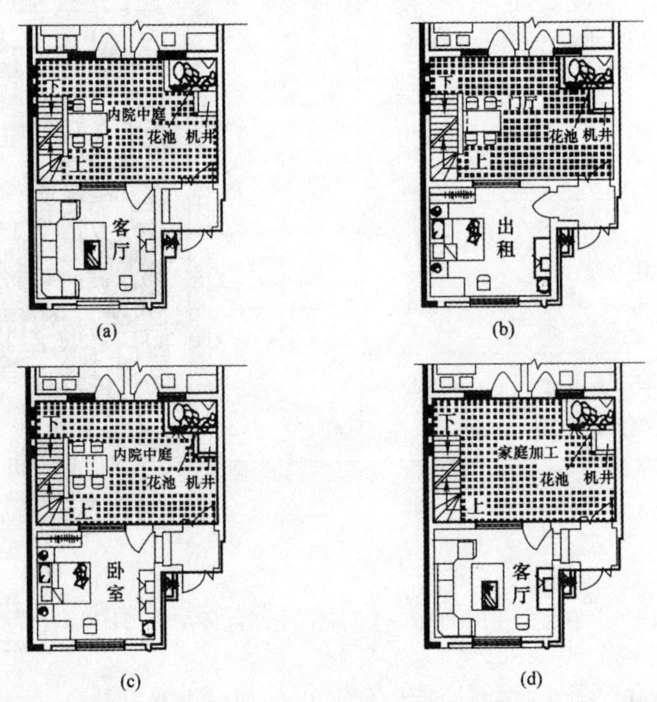

技术经济指标：总建筑面积239.6m^2（含内院中庭36.3m^2）；用地面积185.3m^2；居住面积141.5m^2；停车与家禽饲养面积29.1m^2；果品储藏室与储水池32.69m^2；层高3.00m。

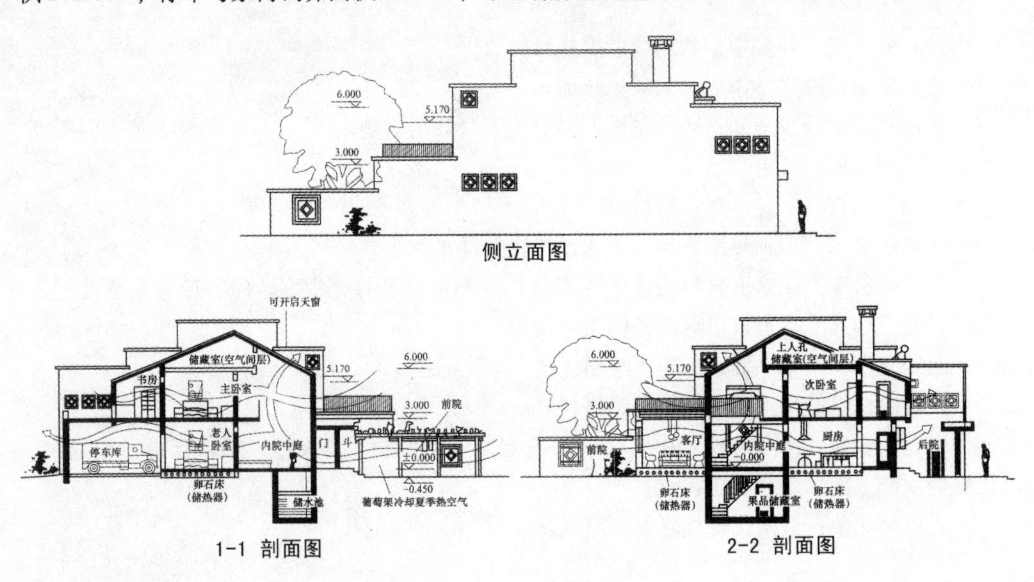

侧立面图

1-1 剖面图

2-2 剖面图

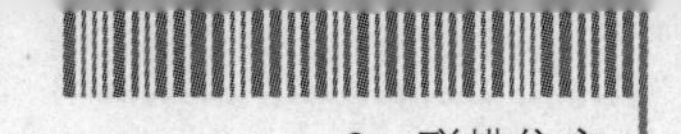

3.11 鲁-15⑪

设计：青岛沿海建筑设计有限公司 刘文辉 李宏梅 杜卫红 尚雪晶 孙宁宁

设计说明

（1）历史调研

改革开放以来，农村作为整体国家发展的战略支撑点，无论在农民生活水平方面，还是在社会进步方面都取得了前所未有的长足进步。

经过20多年的发展，广大农村已经在基本解决居住问题的基础上（山东省2003年农村人口人均居住面积已达25.59m^2），开始向更高的居住要求迈进。

经过对青岛地区的调研，我们看到，在实际生活中，农村住宅建设大多由农民自己动手，分散进行，缺少职业建筑师参与以及相应的技术指导。这样既造成了土地、材料等资源的浪费，又出现了诸多问题。现列举如下：

①卫生设施差：厕所没有下水，不能采用冲水式厕所。卫生间一般是旱厕，独立于住宅主体之外。

②室内布局动静不分："正屋"为中心部分，既是起居，又是餐厅，有时还和厨房和并。

③采暖以火炕为主：冬天大部分起居在炕上进行，造成起居、睡眠、宴请、吃饭相混乱。

灶主要烧柴草，造成资源浪费。

④宅基地虽然大多坐北朝南，但布置散乱，造成土地资源浪费。

⑤农业生产在生活中的比重下降，大多数鸡窝、猪圈闲置下来。

⑥建筑材料虽然大多因地取材，但利用率不高。

(2)设计指导思想

①有针对性的设计，按照农民特定家庭组成及需要进行设计。农村一般为三代居，因此，此次设计以三代居为设计单位。

②贴近农村的真实情况，按照农民可能承受的经济条件进行选材、设计。把每栋农宅造价控制在15万元以下。

③在设计过程中，使用当地的地方材料。

④尊重地方历史及文化传统，尊重农民朋友的审美要求和价值取向，尊重他们的意愿。

⑤注意结构及结构逻辑的自然表现，通过对农宅细部的设计推动农宅建筑品质的提升。

⑥通过设计建造农宅，把现代的生活、居住方式带给农民，改善农民的居住质量。

(3)设计创作思路

①平面布局：建筑与前院形成合院式布局形式。合院式设计采用中国传统建筑空间和建筑形式的很多元素，形成一个带有民族特色的院落空间，在夏天的时候，内院的空间可以作为家庭以及客人娱乐和休闲的公共空间。

以堂屋和生活起居作为中心布局。改变了以厨房为中心的布局，把厨房设在北侧，提供“气候缓冲空间”，减少冬季寒冷北风对室内的影响。

平面布局“动静分离”，改变以往的起居、休息、厨房、餐厅不分的不合理布局。

②节能设计：建筑平面布局简单，最大限度地减少建筑外墙面，减少建筑的热损耗。

采用南北向布局。入口及所有卧室设在南向最佳位置，合理利用了太阳辐射能来提高冬季房屋的舒适性。

设计通过采用南边的阳光室，窗户的开口位置，门的开口位置，横向的遮阳板等设计，形成良好的冬季采暖和夏季通风的节能设计。

建筑物顶部设置太阳能热水器，以保证农宅的热水需求。在一层的老人卧室设置火炕，满足老年人的生活习惯。

厨房火塘彩新型的颗粒燃烧炉，主要燃料为树枝、锯末、农作物秸秆，燃烧率高、燃点低，产生很少烟尘，改变了以往厨房脏乱的状态。

建筑物进深最大处为10.05m，小于层高的五倍，以保证夏季良好通风。

采用多种简易的生态设计手法，如植物的种植、高窗的使用、阳光的反射、双玻璃的使用等方法来提高整个建筑物的节能效果。

③建筑材料的使用：材料的使用尊重地方的传统。墙裙采用当地石头砌筑的做法，墙体使用空心黏土砖，外贴面砖或刷涂料，屋顶铺红色水泥瓦，塑钢窗，木门，金属栏杆。

④建筑风格：采用传统的北方民居的建筑风格，强调其内院的设计，形成古朴而幽雅的休闲居住空间，并使建筑与周围环境及优美的乡村空间相互交融，整体和谐。

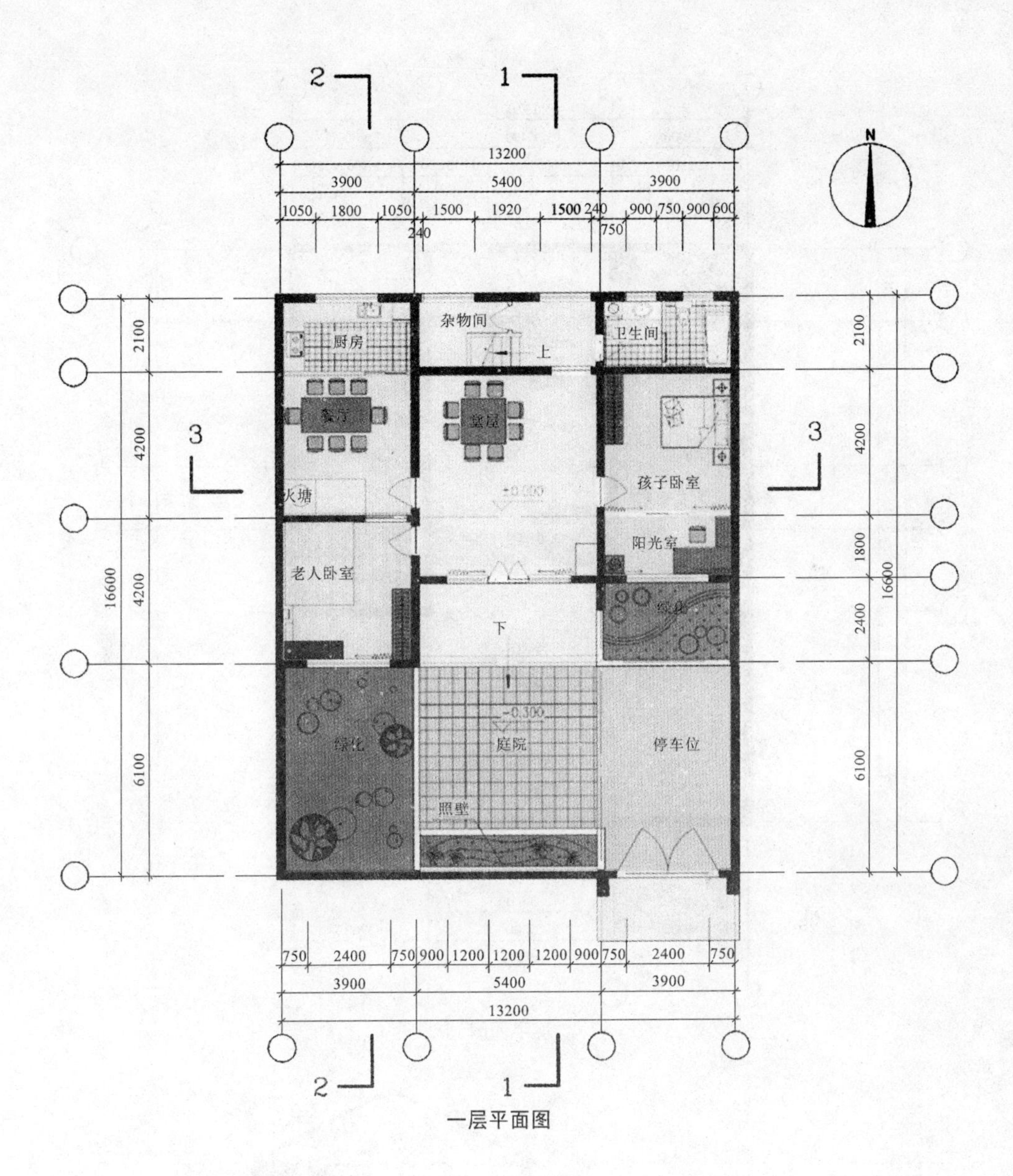

13200
3900
5400
3900
1050
1800
1050
1500
1920
1500
240
900
750
900
600
240
750
厨房
杂物间
卫生间
上
餐厅
堂屋
孩子卧室
火塘
±0.000
老人卧室
阳光室
绿化
下
-0.300
庭院
停车位
照壁
2100
4200
1800
2400
6100
16600
750
2400
750
900
1200
1200
1200
900
750
2400
750

一层平面图

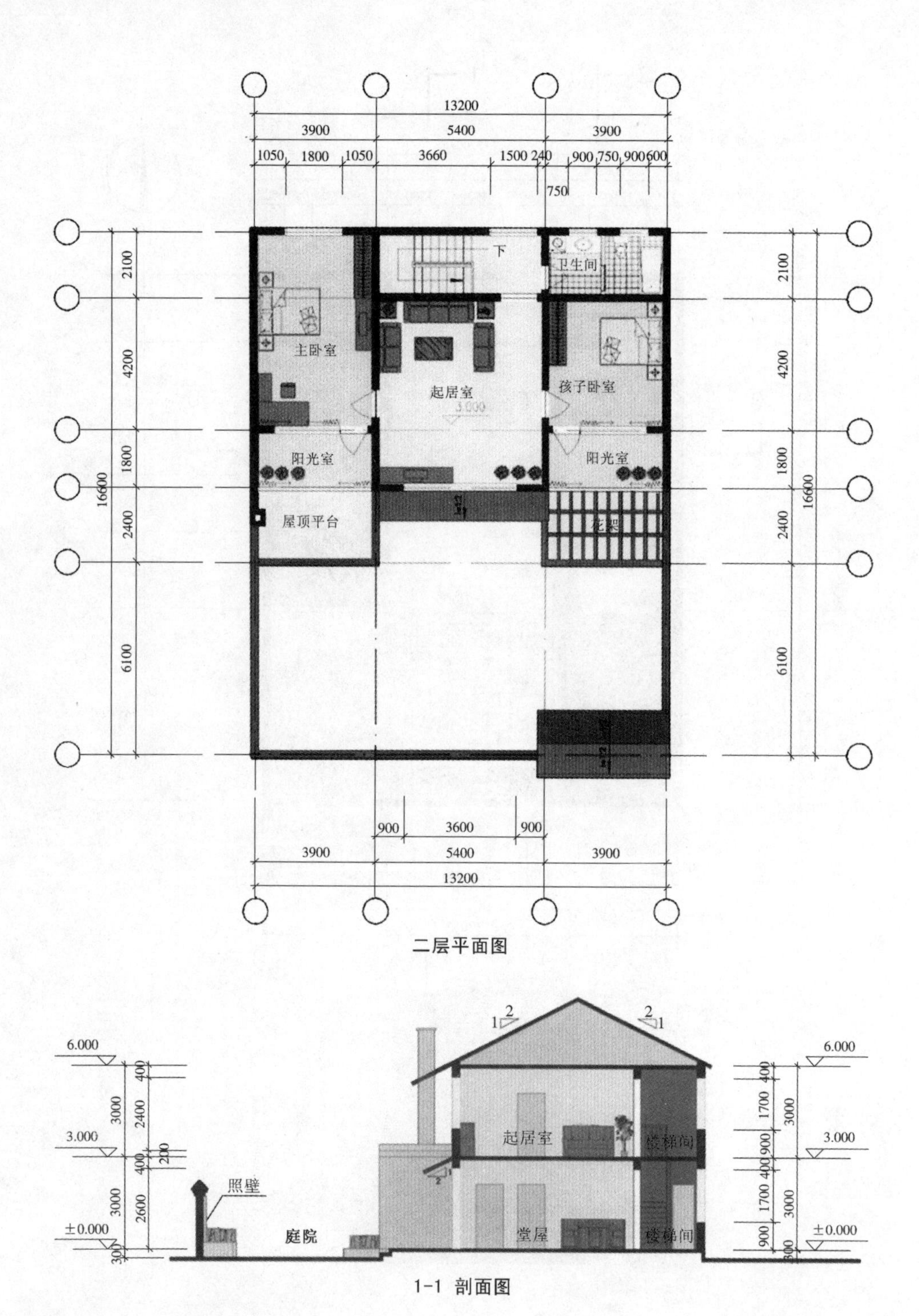
13200
3900
5400
3900
1050
1800
1050
3660
1500
240
900
750
900
600
750
下
卫生间
主卧室
起居室
3.000
孩子卧室
阳光室
阳光室
屋顶平台
花架
2100
4200
1800
2400
6100
16600
900
3600
900
照壁
庭院
堂屋
起居室
楼梯间
楼梯间
6.000
3.000
±0.000
400
3000
2400
200
2600
300
1700

二层平面图

1-1 剖面图

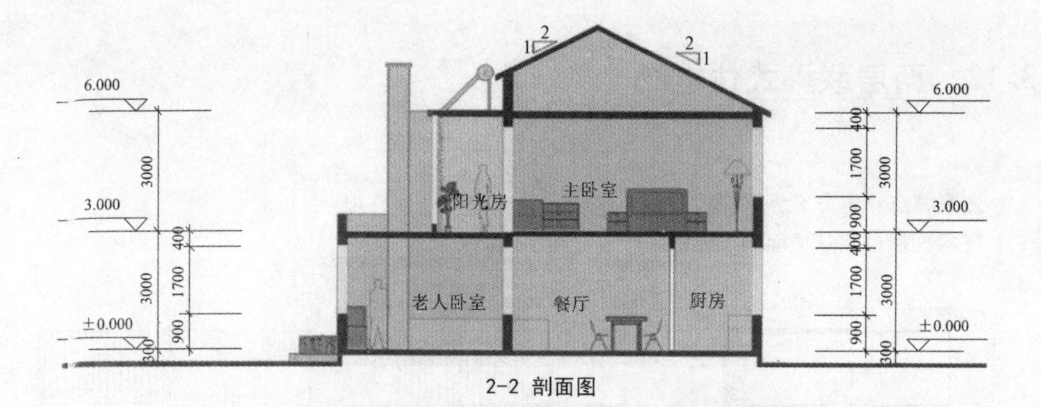

2-2 剖面图

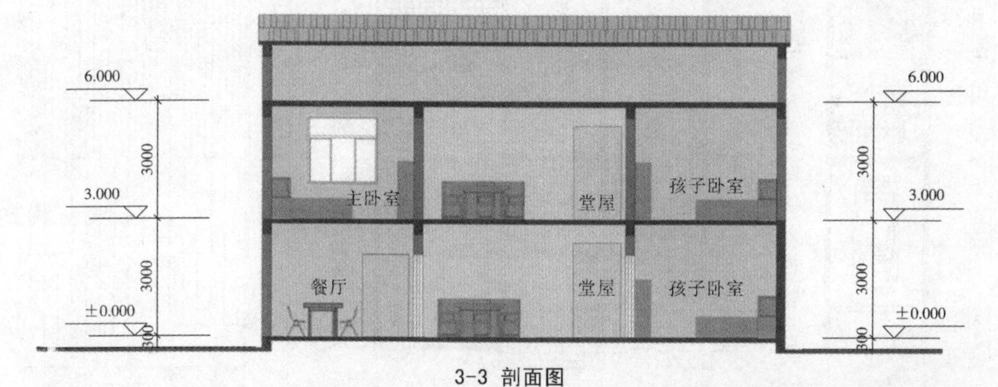

3-3 剖面图

效果图

3.12 两层联排式住宅⑫

设计：清华城市规划设计研究院

方案特点：本方案为联排式住宅，平面布置紧凑，功能合理。

技术指标：宅基地面积178m²；建筑面积203m²。

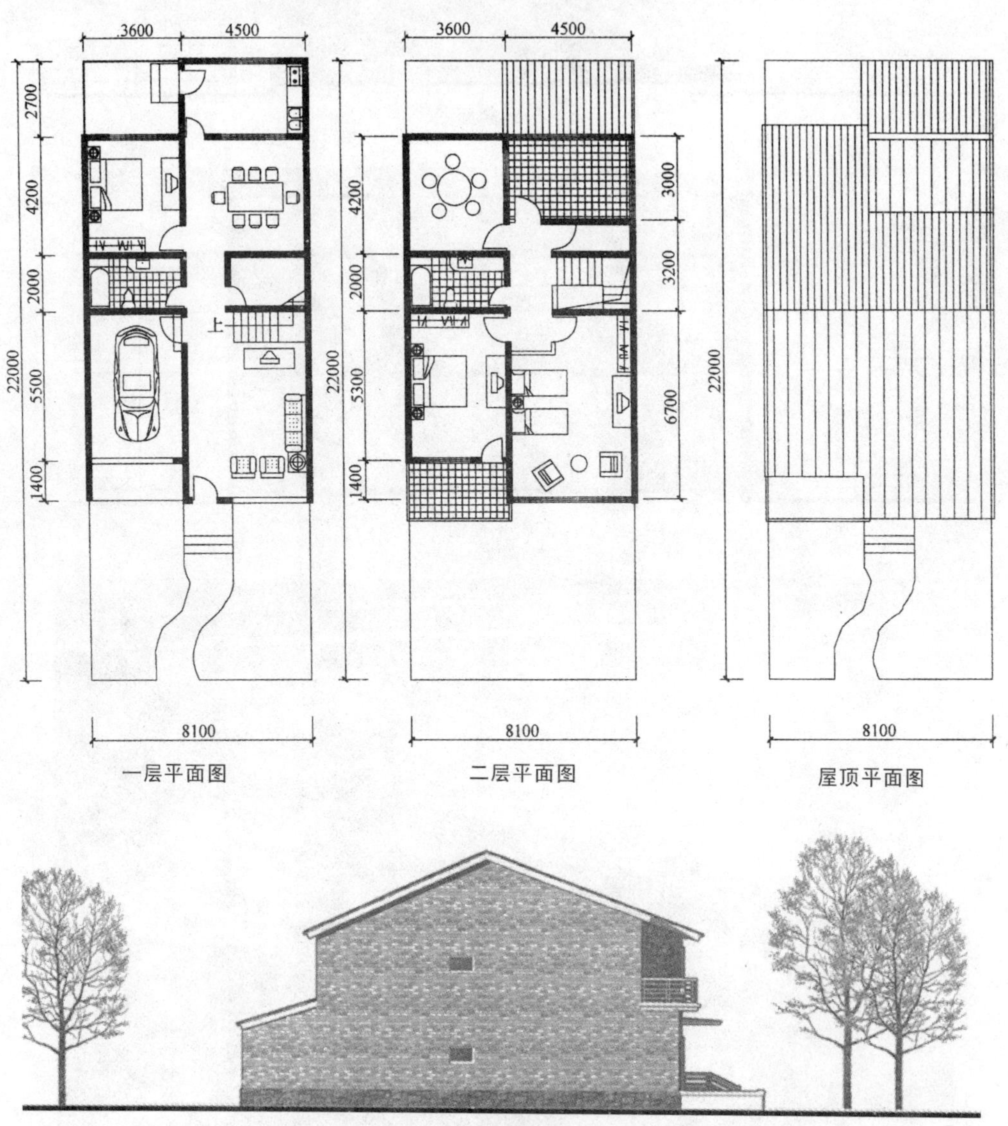

一层平面图　　二层平面图　　屋顶平面图

西立面图

南立面图

效果图

3.13 两层联排式住宅⑬

设计：清华城市规划设计研究院

方案特点：本方案为二层坡屋顶联排式住宅。方案设计注重建筑空间与院落空间的相对分离和有机结合，精选传统民居的各种优良的空间布局方式和形式元素，形成院落空间的设计与布局，并尽量考虑减少硬铺地地面，多种植当地植物。体型沿袭当地传统建筑形态，与自然环境相协调，方案中大量采用当地生态的建筑材料。灰瓦的双坡屋顶、灰砖墙和部分喷刷浅颜色的涂料，形成了既典雅又颇富北方民居特色的建筑造型。

技术经济指标：宅基地面积178.20m²；总建筑面积249.12m²；建筑基地面积118.53m²；建筑造价估算约12.5万元。

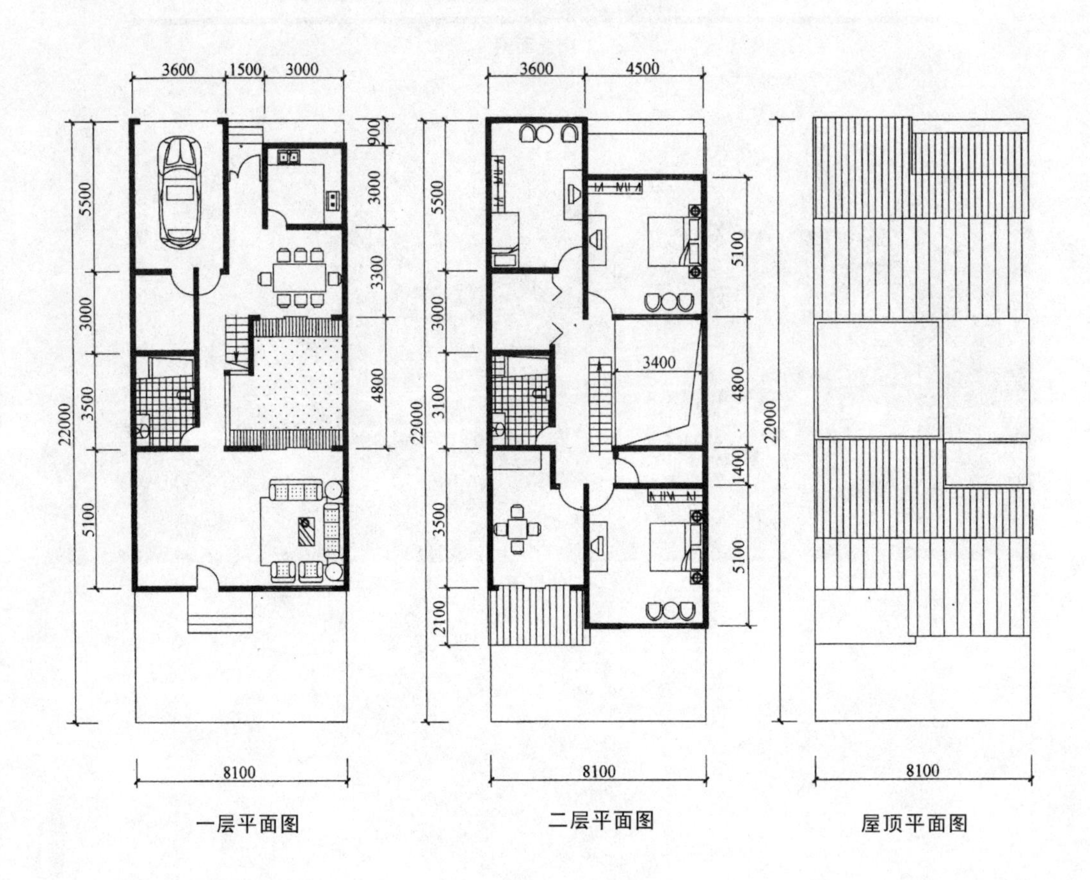

一层平面图　　二层平面图　　屋顶平面图

西立面图　　　　南立面图

效果图

3.14 两层联排式住宅⑭

设计：江阴市建筑设计研究院　荣朝晖

设计说明

(1)构思

人类社会在进步，人类的生活环境也在不断地改进，作为人居环境的主体要素，住宅不仅仅是人类的庇护所，更是人们与外界自然相互交流与联系的纽带，它记载着不同民族的历史文脉和风俗。通过它，我们可以得知人类的居住文化与其演进历程。而作为居住建筑中最质朴、最普遍的农村住宅更能充分地体现某一地区某一民族的居住文化特色。

江南民居有着悠久的历史文化传统，白墙青瓦，庭院深深，石板小路，水街纵横，充满着浓浓的清新素雅的水乡特点。设计中力求把其中古朴清新素雅的韵味融入方案内，同时希望把这里人们的生活模式保留下来。

(2)空间的维织

农村的住户大都注重人际关系的交往，因此比较重视厅、堂这种开放性的空间安排设计，不强调其私密性，但常见的那种从正面直接进入厅堂的方式。过于直接，空间没有过渡，因此，入口设在厅内的底部一侧，使它有一个较为完整的使用空间。底层南面各留有两个小院，一个在入口处，另一个在老人卧室前面，加强老人与室外的联系，平面的中心设计了一口水井，保留了农村中喜欢用井水的习惯。楼梯在天井中，成为联系上下层空间的重要部分。在不太亮的天井中，光亮从玻璃顶上泻进来，妇人在水井旁洗衣淘米，老人坐在椅子上看书休息，看着楼上楼下跑动嬉戏的孩子，生活的情趣无处不在。二楼主要是卧室，并有一小书房，每个卧室南面都有一个阳台或平台。

(3)造型设计

小住宅的外部形象设计力求清新雅致，整个建筑呈十字形，舒展平缓的坡顶既关切又贴近自然，入口处以一段檐口来作强调。

材料选用传统的江南水乡的白墙青瓦，细部做了精心处理，以深灰色的线条润饰整个立面，白色面砖贴法也做了详细的设计。

技术经济指标：用地面积 222.64180m^2；建筑面积 181.3180m^2；容积率 0.81；绿化面积 24.5m^2；车库面积 20.2m^2。

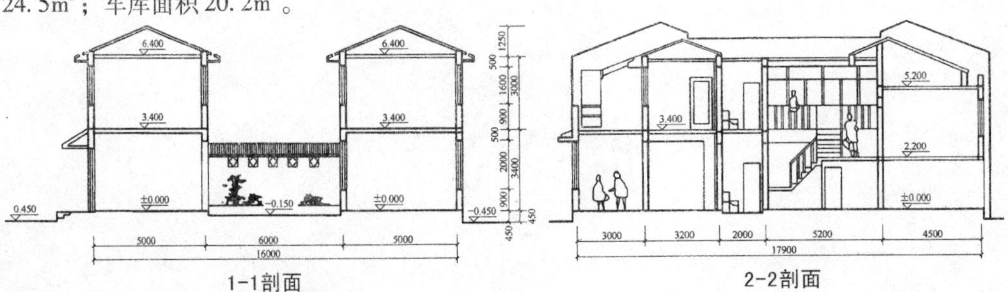

1-1剖面　　2-2剖面

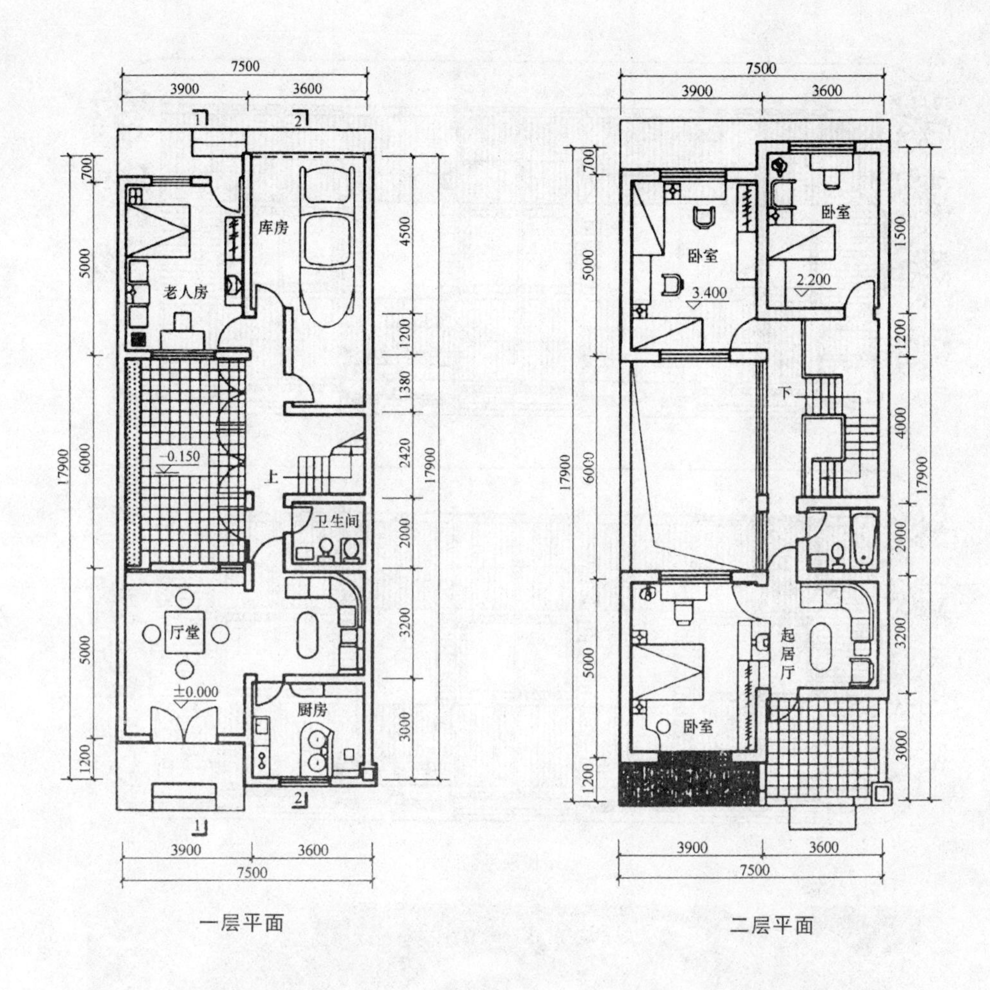

一层平面　　二层平面

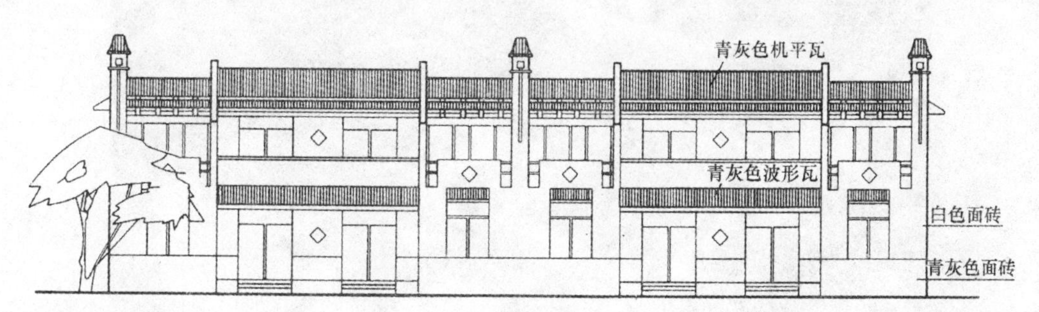

联排南立面

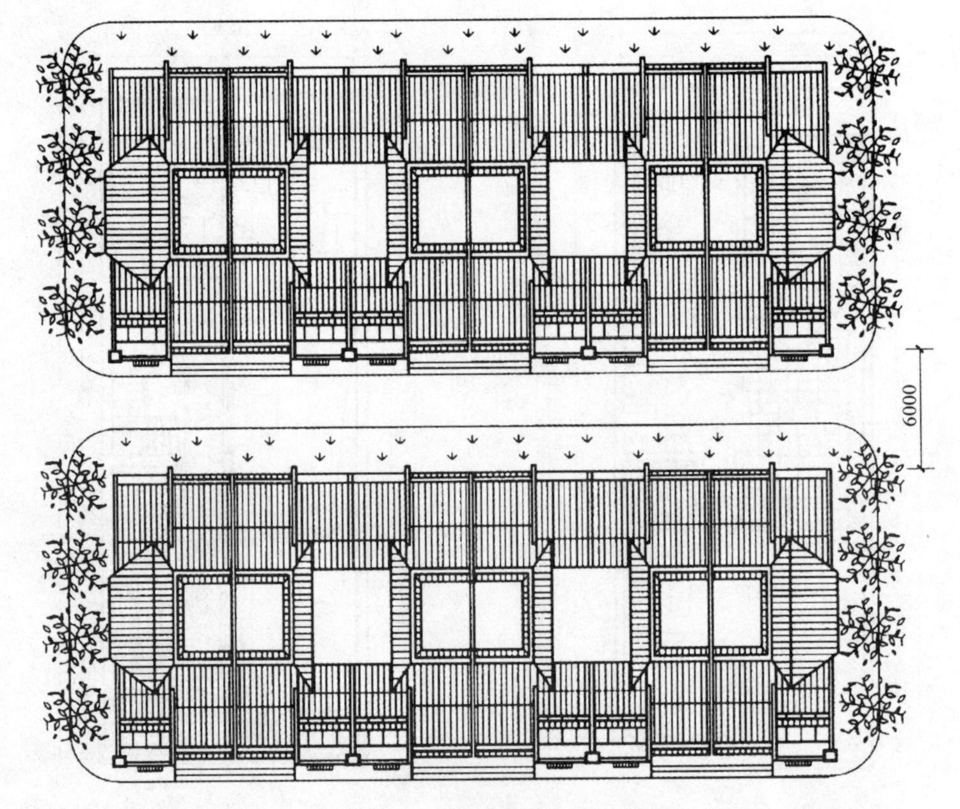

屋顶平面

鸟瞰图

3.15 两层联排式住宅⑮

设计：清华城市规划设计研究院

方案特点：本方案为两层联排式住宅。前面为一层，后面为二层，吸取北京民居合院的组织特点。平面布置紧凑、简洁。

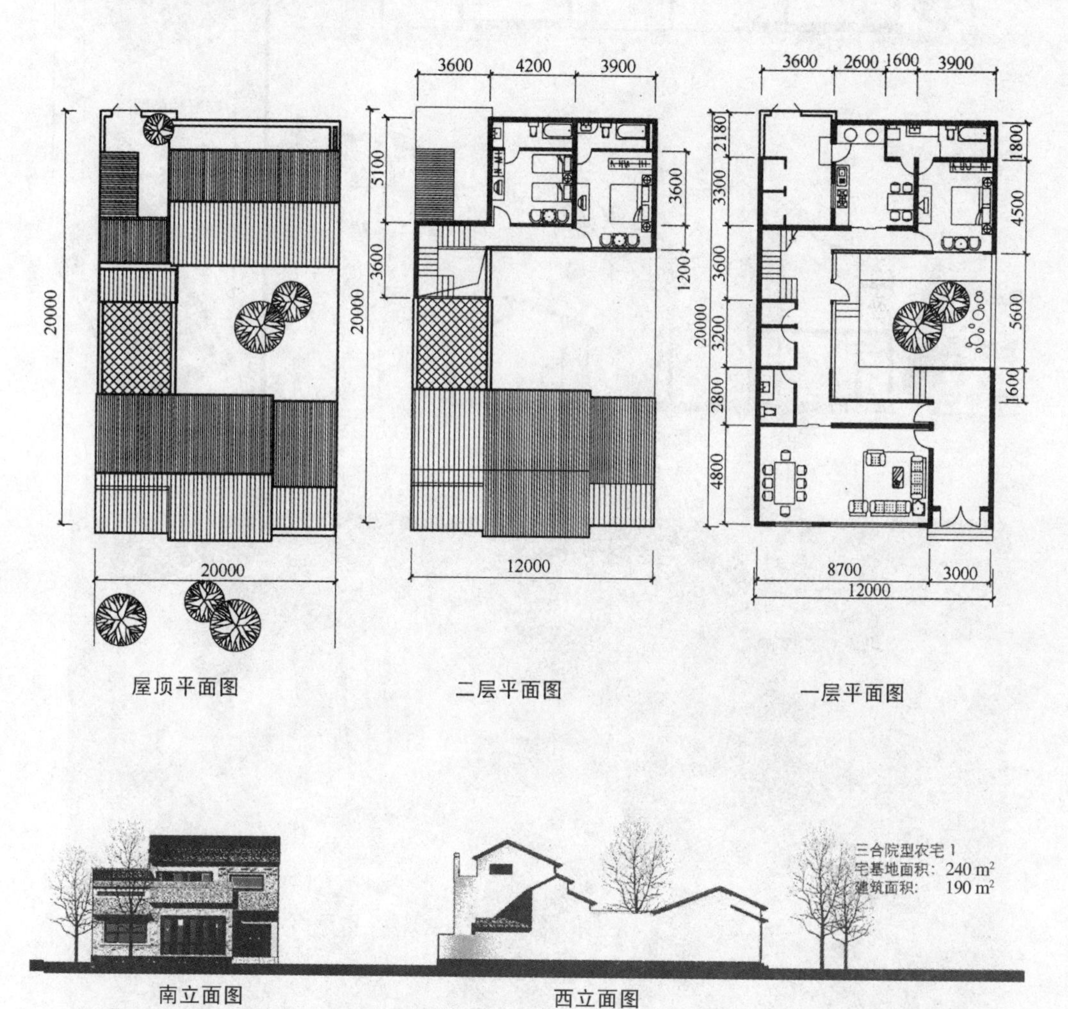

屋顶平面图　二层平面图　一层平面图

南立面图　西立面图

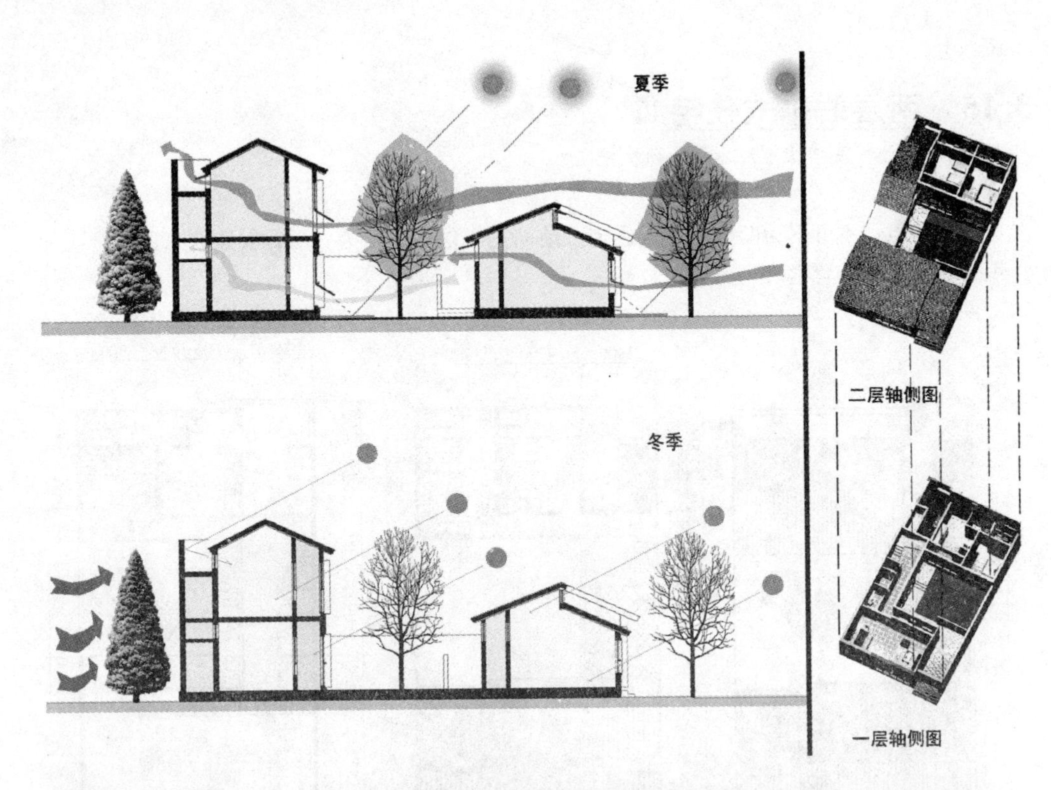

鸟瞰图

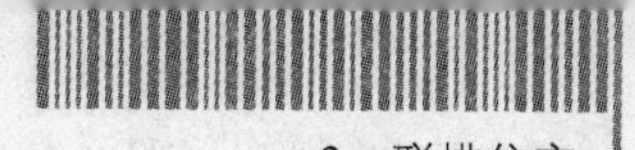

3.16 三层联排式住宅①

设计：中环联股份有限公司　天津大学建筑系

方案特点：本方案为联排式住宅，适应性较强。平面布置紧凑，功能齐全。

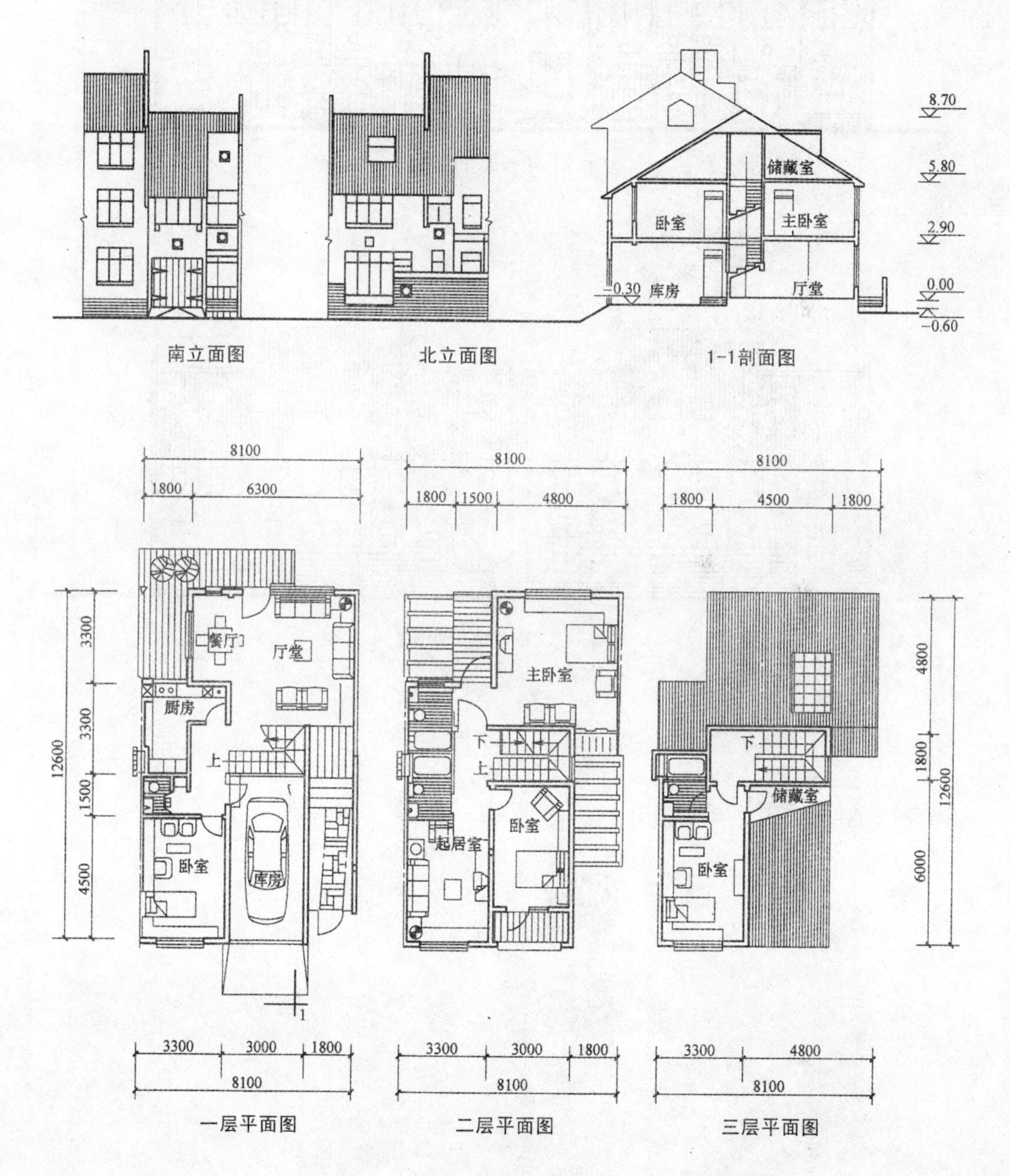

南立面图　北立面图　1-1剖面图

一层平面图　二层平面图　三层平面图

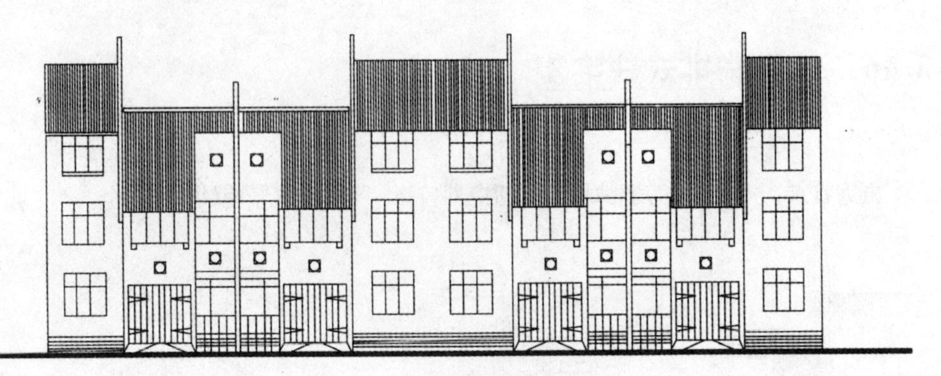

组合南立面图

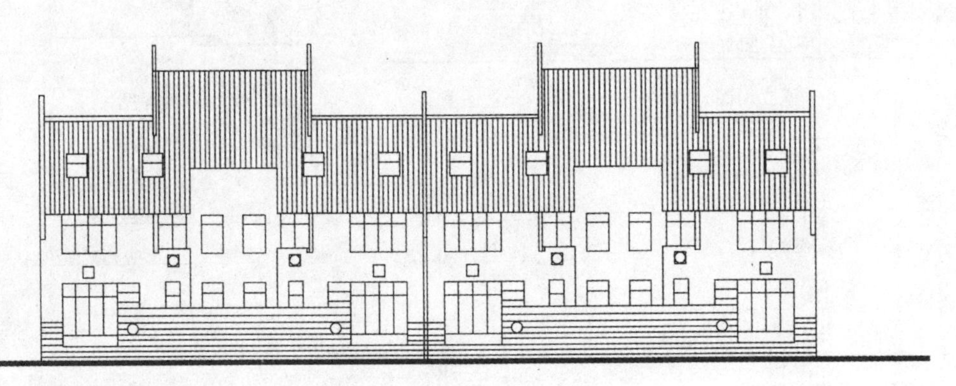

组合北立面图

3.17 三层联排式住宅②

设计：无锡市建筑设计研究院　费曦强

方案特点：本方案为苏南地区的三层联排式住宅，设计中吸取传统民居设置内庭院(天井)的布局手法，以内庭院组织内部各主要功能空间，使其更富居家的生活气息。

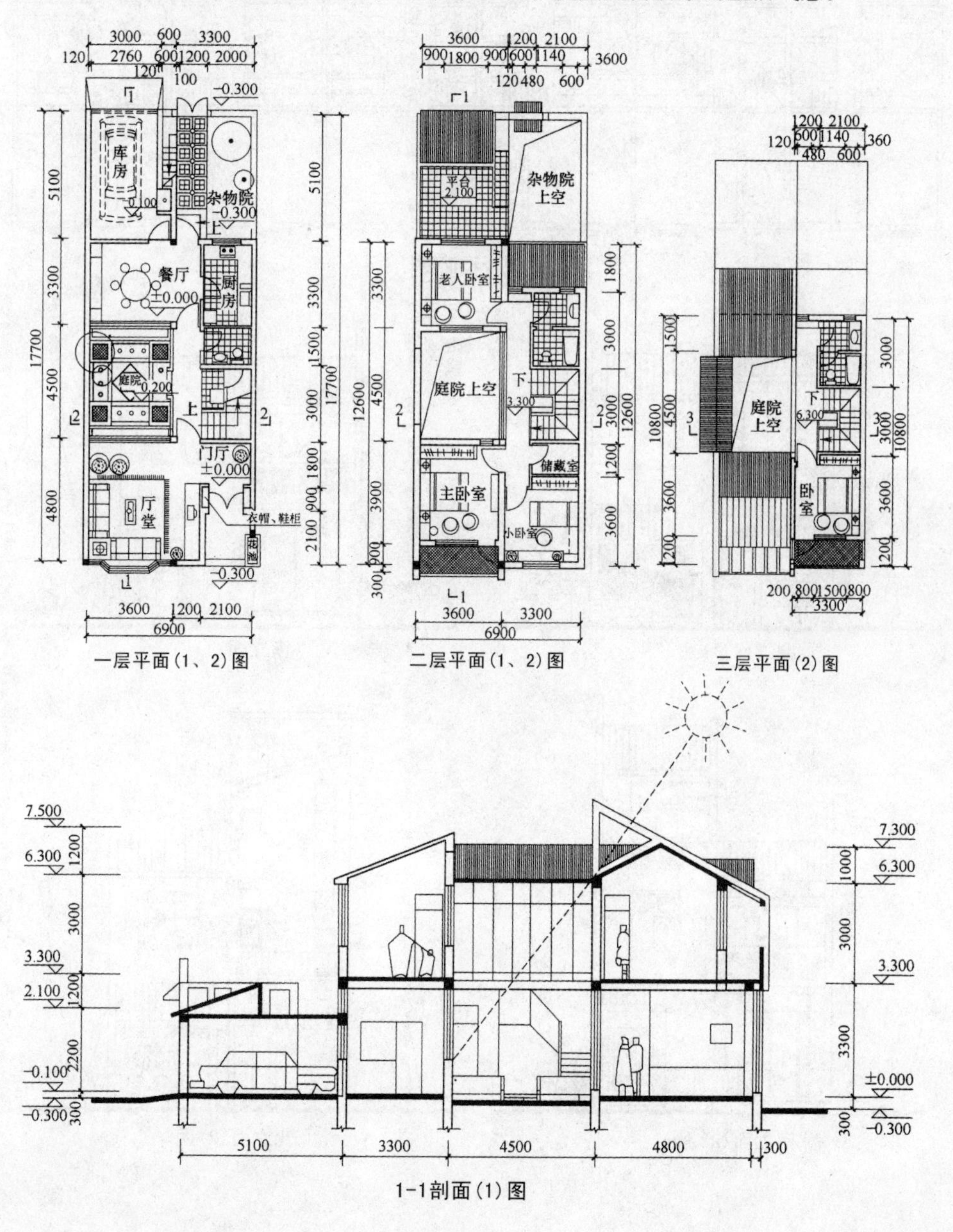

一层平面(1、2)图　二层平面(1、2)图　三层平面(2)图

1-1剖面(1)图

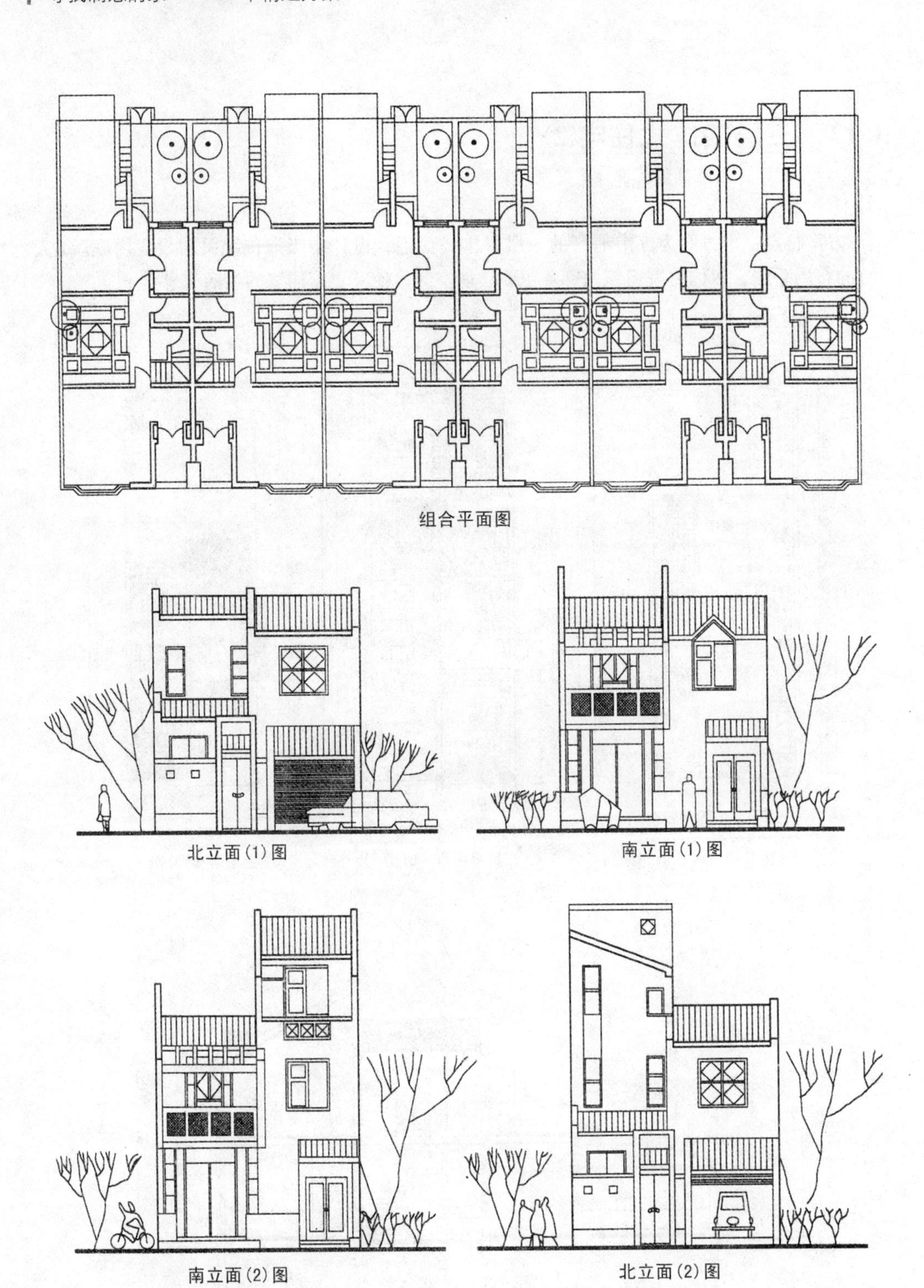

组合平面图

北立面(1)图

南立面(1)图

南立面(2)图

北立面(2)图

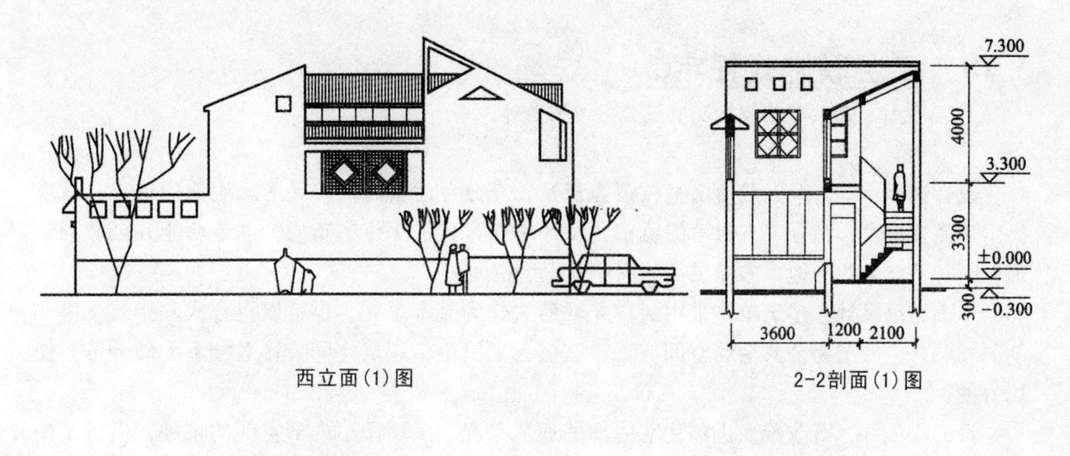

西立面(1)图

2-2剖面(1)图

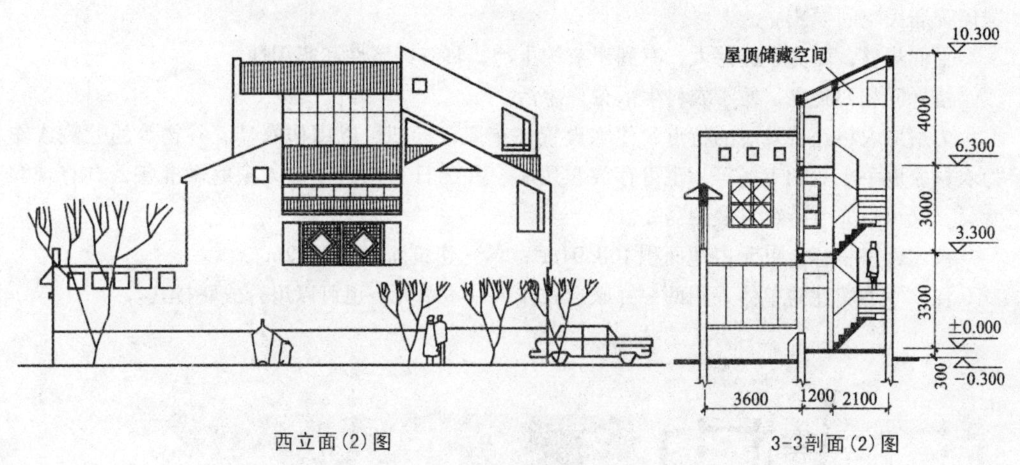

西立面(2)图

3-3剖面(2)图

3.18 三层联排式住宅③

设计：厦门建筑设计院有限公司　王向辉

设计说明：本方案以武夷山某村镇为背景，充分考虑新时代农民对新生活的追求，从现代生活需要出发，结合地方村镇的风格，设计小面宽大进深住宅布局，创造功能齐全布局合理，同时又能节约土地，多样灵活的高质量生活空间。

平面布局设计：建筑单体采用两户并联形式作为基本单元，也可以组合成联排式。南北朝向三层住宅底层为公共活动空间，二、三层为家庭生活起居空间，楼上楼下动静分区，使用方便。

设有小天井，既改善大进深住宅内部的通风采光，又增添了内部空间的情趣，借鉴了中国传统居民空间模式。

平面规整，面宽小进深大，有利于节约土地，具有经济性和实用性。

楼梯间相对独立，便于农村生活分户生活。

为适应农村经济发展的特点，住宅设置停车库，近期可以用作农具、谷物等的贮藏或作为农村家庭手工业的工场等，也可存放农用车，并为日后小汽车进入家庭做准备，具有现实意义，又可适应可持续发展的需要。

技术经济指标：单元占地面积100.04m^2；单元建筑面积270.12m^2。

注：本方案建筑单体采用两户并联形式作为基本单元，也可以组合成联排式。

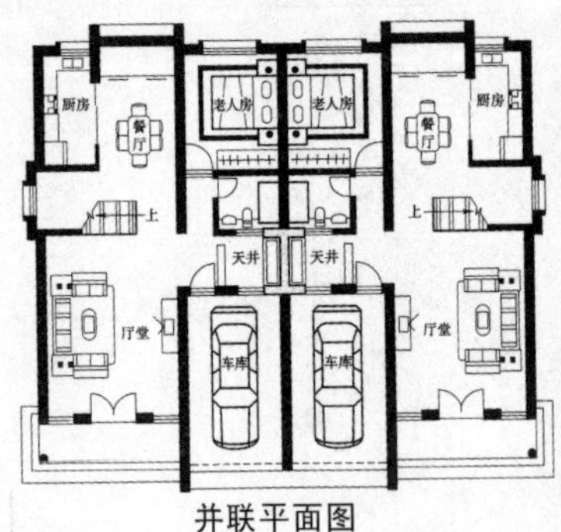

并联平面图

并联效果图

厨房 餐厅 老人房 上 天井 花池 厅堂 车库

一层平面

卧室 卧室 下 上 天井上空 主卧室 阳台

二层平面

卧室 活动室 下 天井上空 厅台 卧室

三层平面

露台

屋顶平面

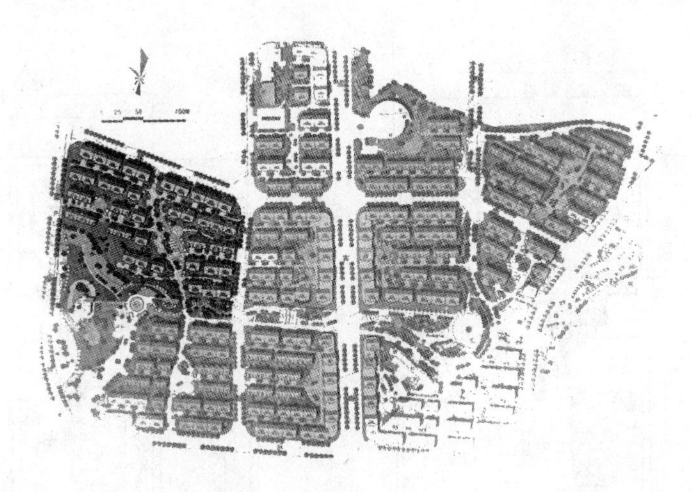

总平面示意图

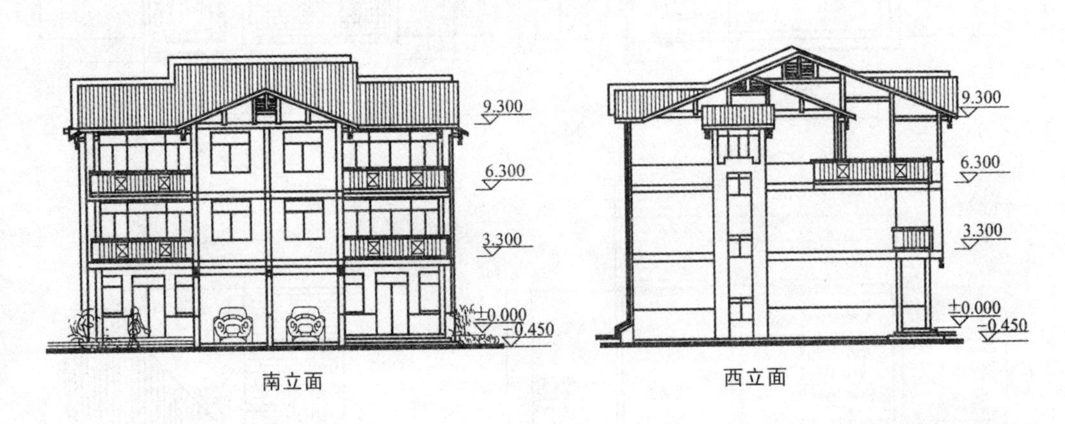

南立面　　　　西立面

沿街效果图

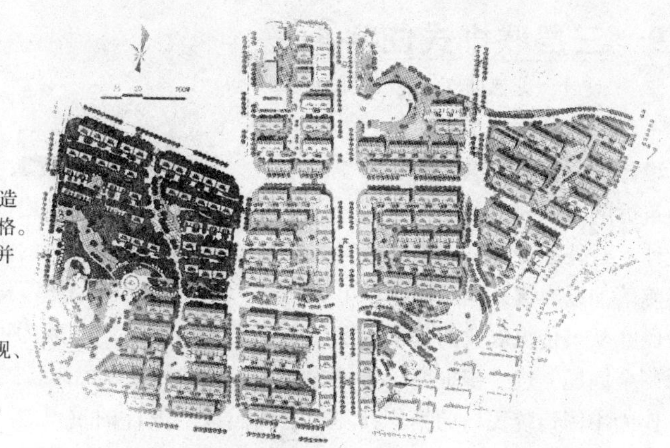

建筑造型

充分适应地域特色，立面造型富有武夷山地方乡村建筑风格。

使用当地建筑材料，承袭并发展地方建筑风格。

方案符合："经济、适用、美观、舒适"的宗旨，具有时代特色，现已实施，并获各方面的好评。

总平面示意图

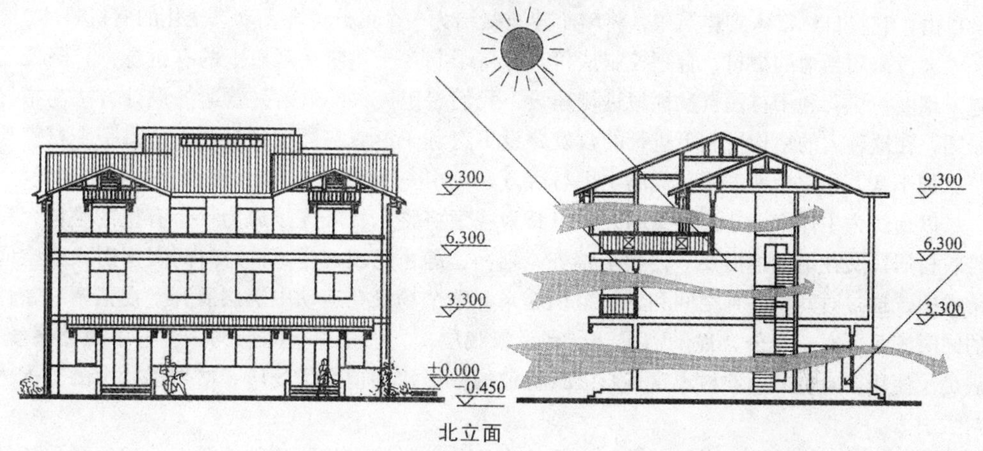

北立面

联排效果图

3.19 三层联排式住宅④

设计：北京市工业设计研究院

设计说明： 结合蓬勃发展的生态农业，针对旅游、商贸、房屋租赁等行业发展的需要，将建筑拆解为对内与对外两个部分，对内部分供自家居住使用；根据农民的传统生活习俗进行设计，对外部分可供出租或经营各种商业，并可根据住户的需要进行自由结合与增减。二者以院落加以连接，相对独立，可分可合，满足了不同用户不同生活方式与使用的要求。使得农民在从事传统农业的基础上发展副业或参与第三产业成为可能，解决了农业机械化后劳动力剩余问题，进一步提高了农民的收入，帮助传统农民向新的职业角色进行转化。

作为中国传统民居的精华，院落是我们这个设计的重点之一。它不仅仅只是由外向内的一个过渡空间，而是整个建筑的核心所在。它既内又外，既静又动，既人工又自然，既几何又自由，它将自然带入到建筑中，将整个建筑凝结为一个可分可合、动态变化的有机整体。

大量采用当地的材料，合理控制造价，保持了与乡土建筑在观感上的有机统一，降低了施工难度，更有利于村民自发性地进行建设，我们希望提供的只是种普遍的设计方法与指导原则，在这种大的结构控制下进行的自发建设更有利于形成多样性的景观，使得整个村镇聚落更加千变万化，个性鲜明，充满生机与活力。

以街道为主体来塑造公共空间，并以其为线索将整个社区连接成为一个有机的整体，满足农村居民交往活动的需要。摒弃了整齐、划一、静止的规划模式，将时间因素引入到空间结构中，通过时间将各种空间和景物组织起来，整个场景在运动中层层展开，在强调私密性的同时满足了对一定公共性的需求，丰富了景观层次，强化了空间结构，完善了道路系统，满足了使用要求。并为农村丰富多彩极具特色的社区活动提供了场所，增强了社区的凝聚力与吸引力。

从中国的传统建筑中吸取营养，在保持当地传统村落自然肌理的基础上，根据现代生活需要加以演绎，发展经济的同时突出文化建设，继承和发扬传统文化，保留农村的乡土气息和生活特色，为当地大力开发生态农业旅游提供了良好的实施条件，为传统民居在今天的合理化使用开辟了新的途径。

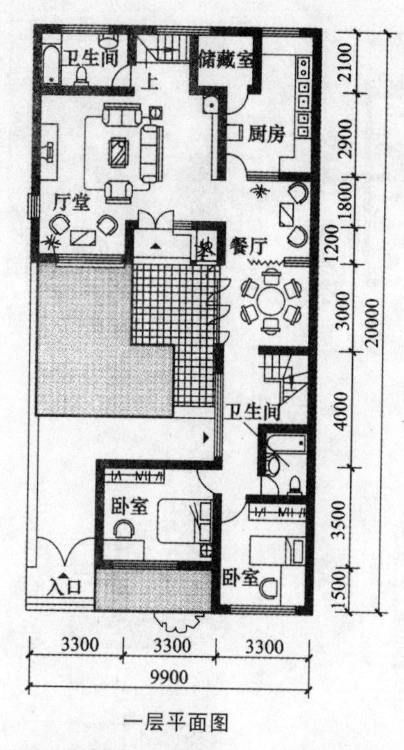

一层平面图

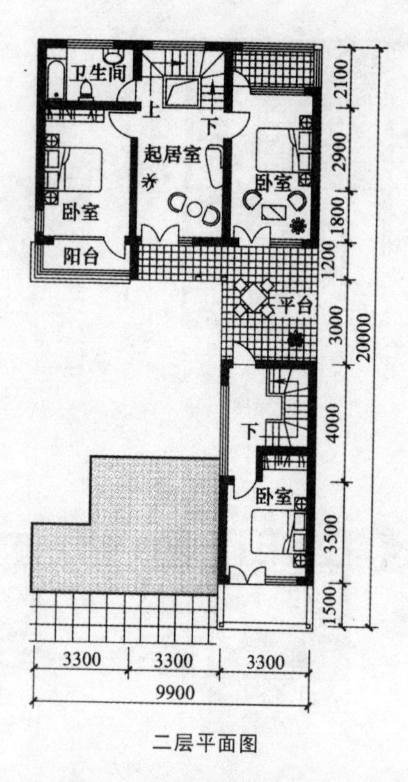

二层平面图

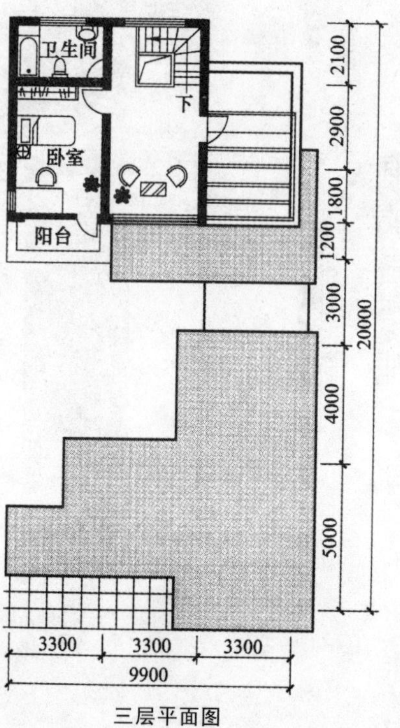

三层平面图

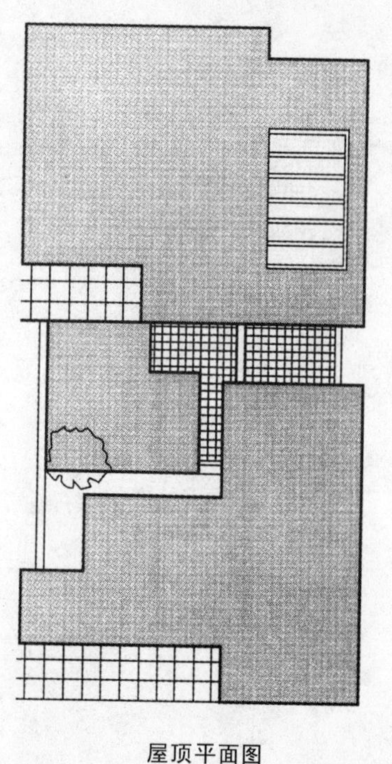

屋顶平面图

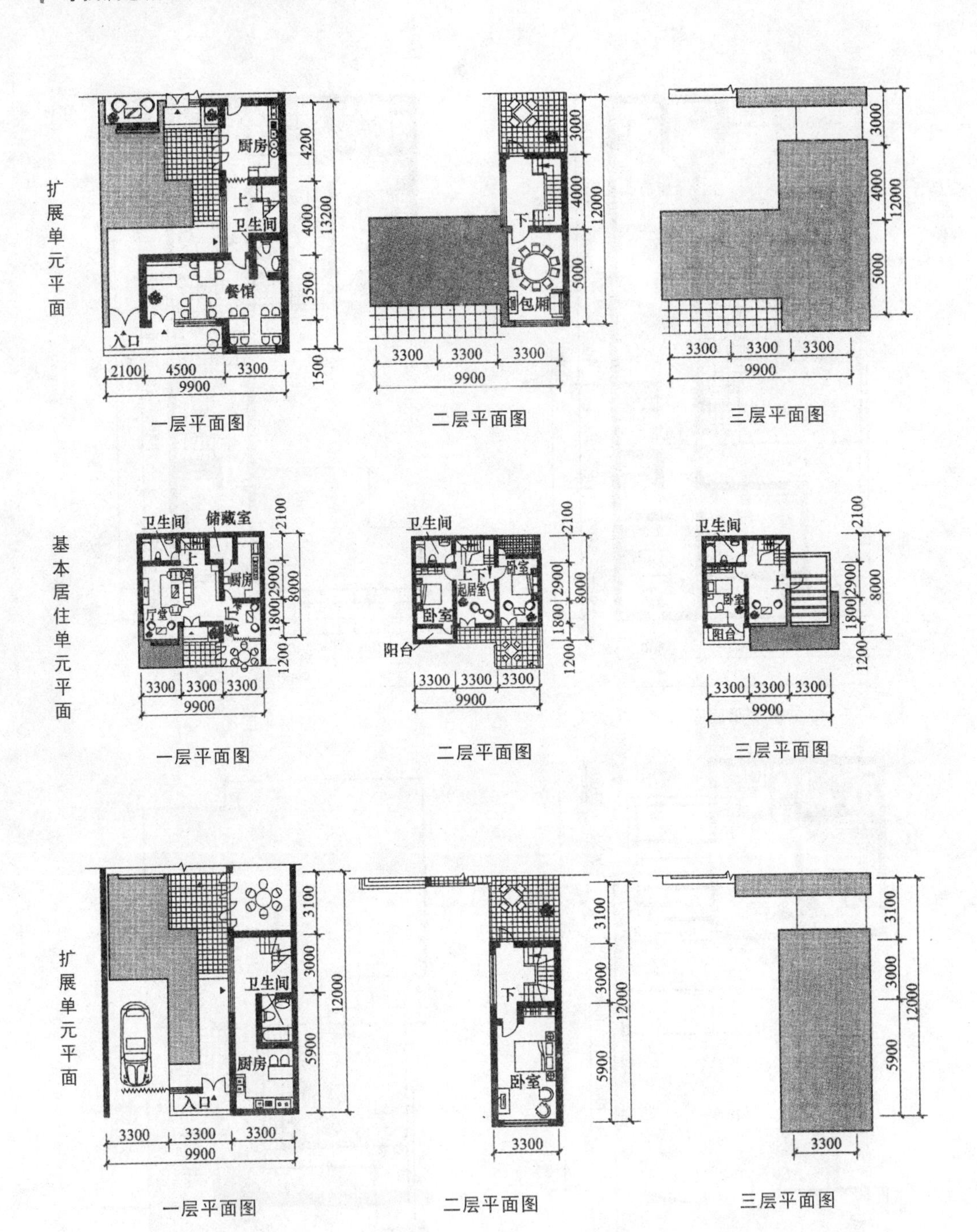
扩展单元平面
厨房
上
卫生间
餐馆
入口
包厢
下
2100 4500 3300
9900
4200 4000 3500 1500
13200
3000 4000 5000
12000
3300 3300 3300
一层平面图
二层平面图
三层平面图
基本居住单元平面
卫生间
储藏室
厨房
厅室
餐厅
卧室
起居室
阳台
上下
2100 2900 1800 1200
8000
一层平面图
二层平面图
三层平面图
扩展单元平面
卫生间
厨房
入口
卧室
3100 3000 5900
12000
3300
一层平面图
二层平面图
三层平面图

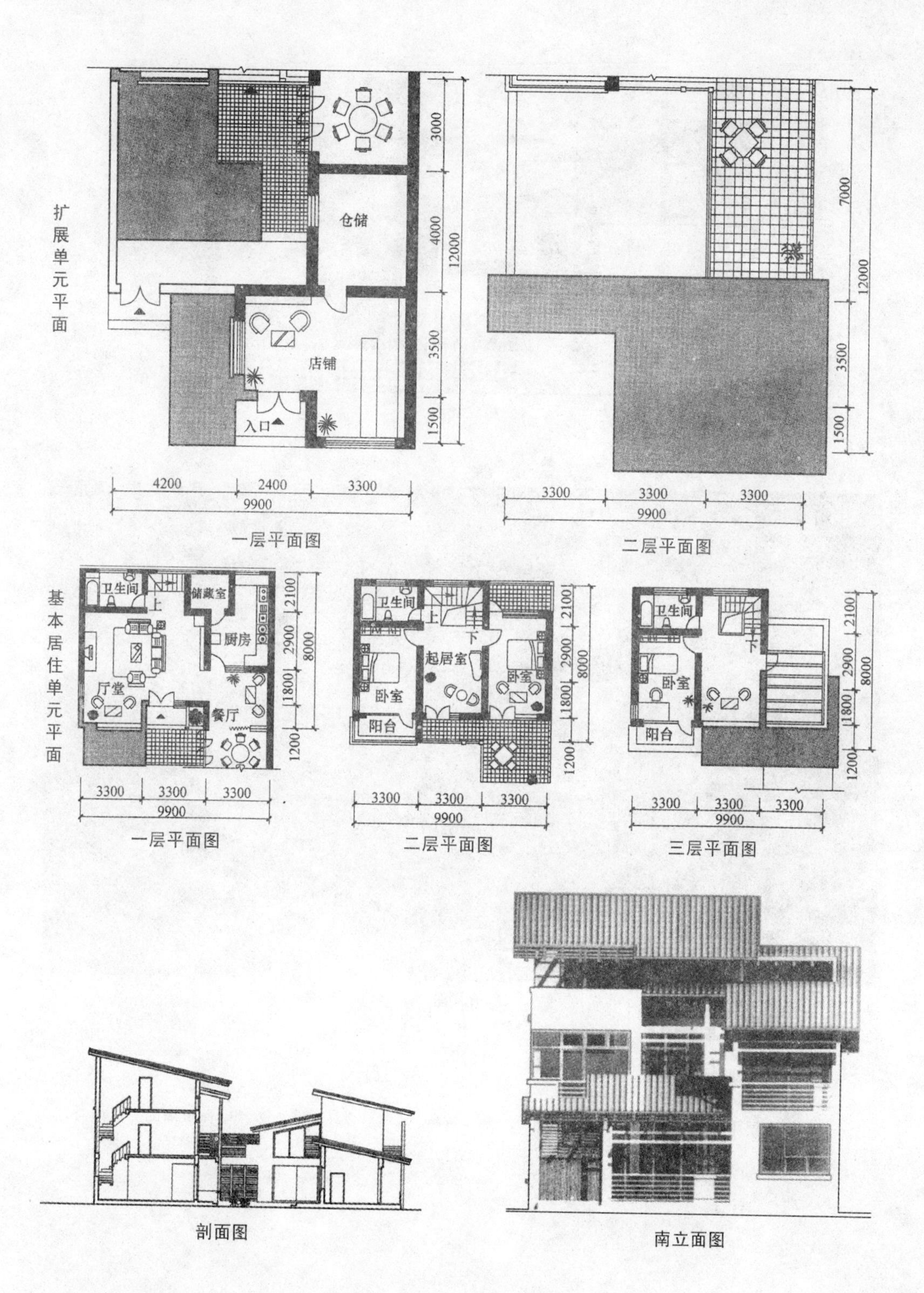
扩展单元平面
仓储
店铺
入口
3000
4000
3500
1500
12000
4200
2400
3300
9900
一层平面图
7000
12000
3500
1500
3300
3300
3300
9900
二层平面图
基本居住单元平面
卫生间
储藏室
厨房
厅堂
餐厅
上
2100
2900
1800
1200
8000
3300
3300
3300
9900
一层平面图
卫生间
起居室
卧室
卧室
阳台
上
下
3300
3300
3300
9900
二层平面图
卫生间
卧室
阳台
下
3300
3300
3300
9900
三层平面图

剖面图

南立面图

西立面图

效果图

3.20　三层联排式住宅⑤

设计：浙江大学建筑设计研究院　李奕

方案特点：本方案为单开间、小面宽、大进深的三层坡屋顶联排式住宅，可以较好地节约用地。平面布置吸取传统民居建筑多进深多天井的特点。A 型进深达 24.3m，而面宽只有 5.1m，沿进深因此布置了两个天井；B 型由于进深 18.3m，面宽为 7.2m，因此布置了两个相互垂直的天井，从而确保了所有的功能空间都能做到自然采光和通风，同时组织加强了住宅内部的通风。努力做到动静分离，一层布置公共活动的各种功能空间，二、三层即为住户使用私密性较强的功能空间。

天井运用使得坡屋顶化整为零，建筑造型小巧玲珑，颇具江南民居建筑的独特风貌。

技术经济指标：宅基地面积 102.00m²；总建筑面积 199.77m²；建筑基底面积 85.35m²；建筑造价估算约 8 万元。

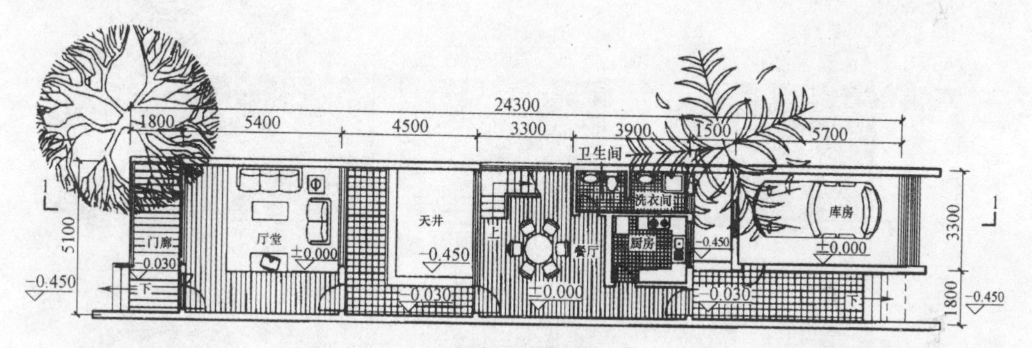

A型一层平面图

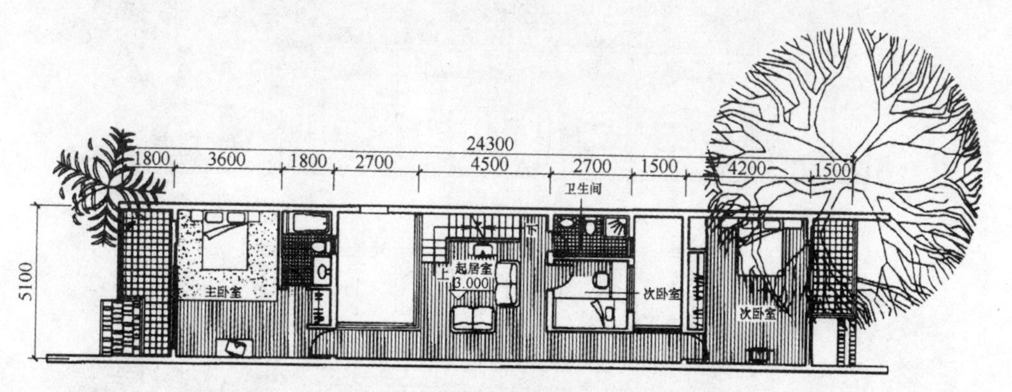

A型二层平面图

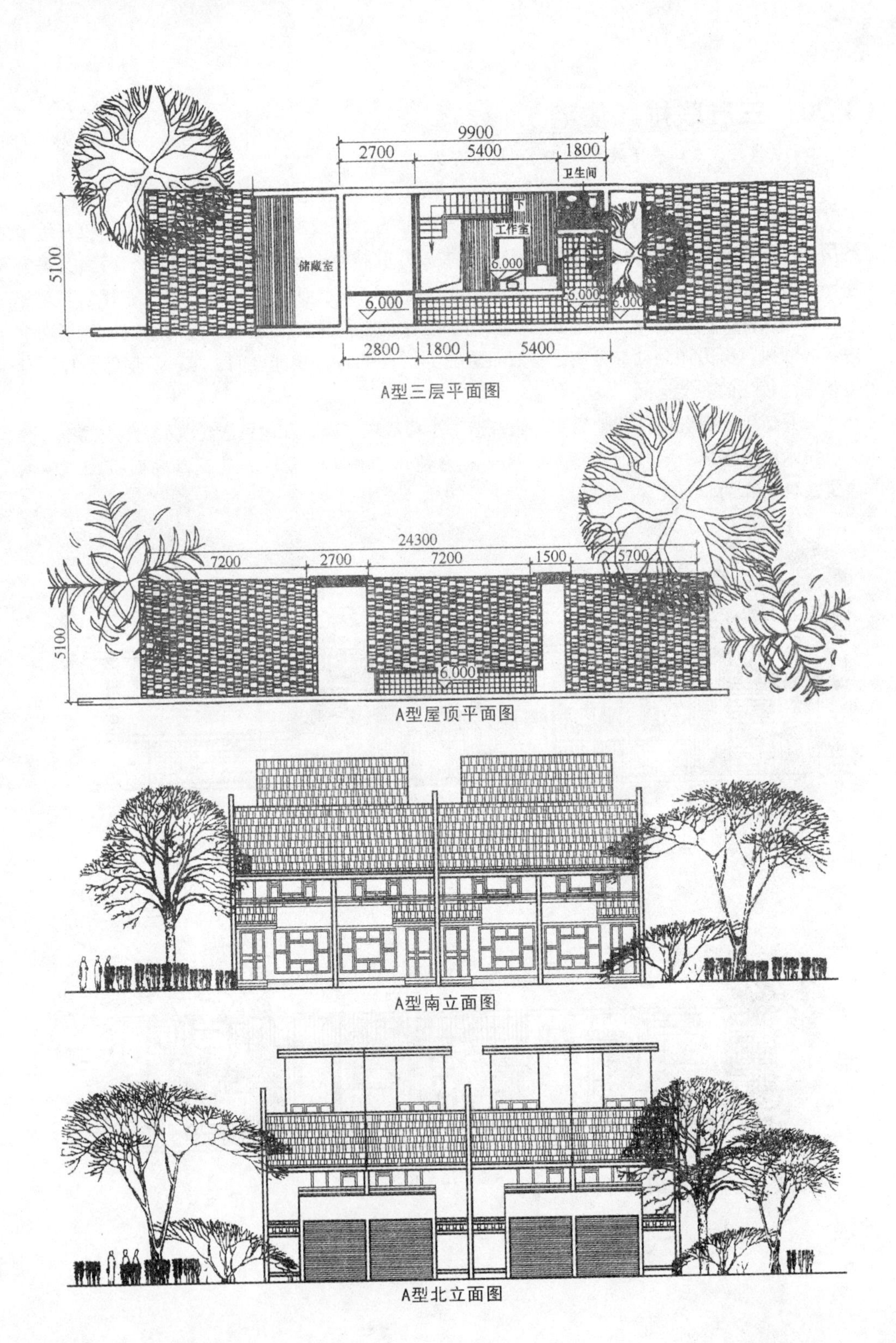

A型三层平面图

A型屋顶平面图

A型南立面图

A型北立面图

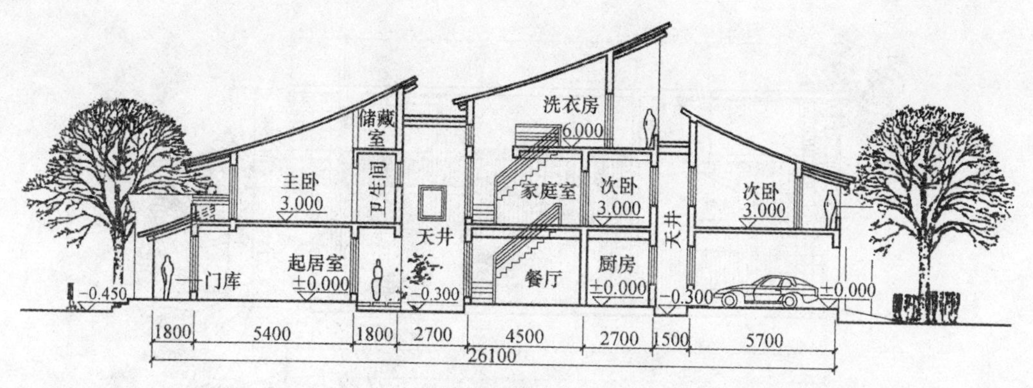

A型1-1剖面图

A型侧立面图

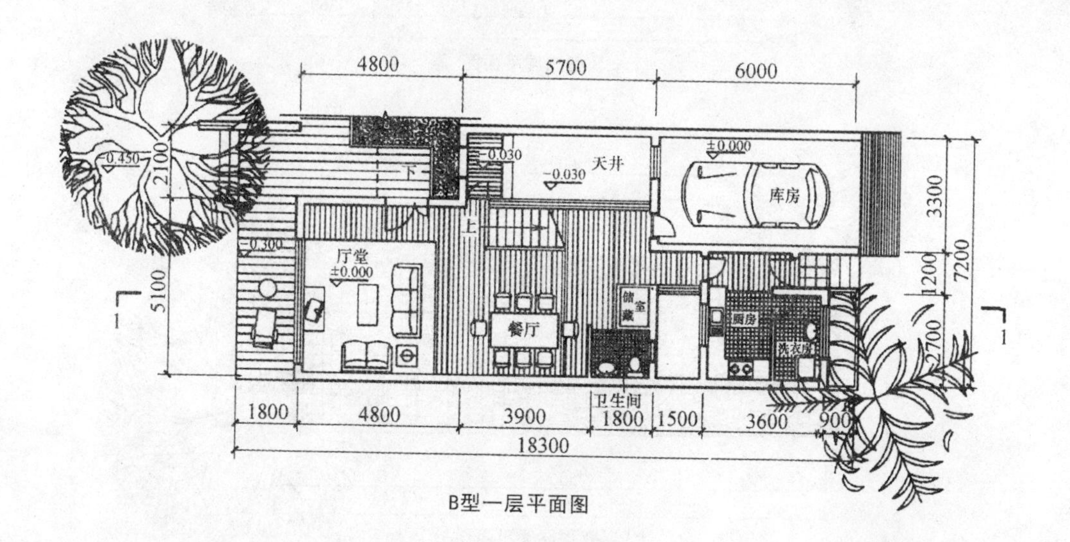

B型一层平面图

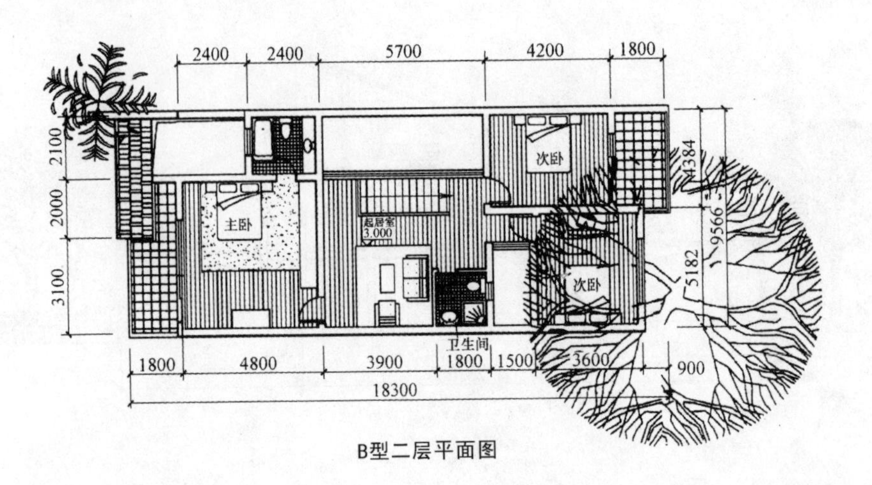

B型二层平面图

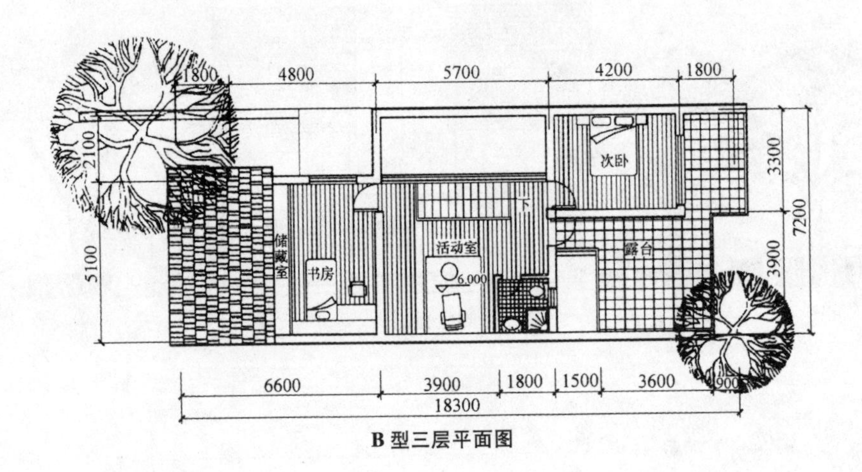

B 型三层平面图

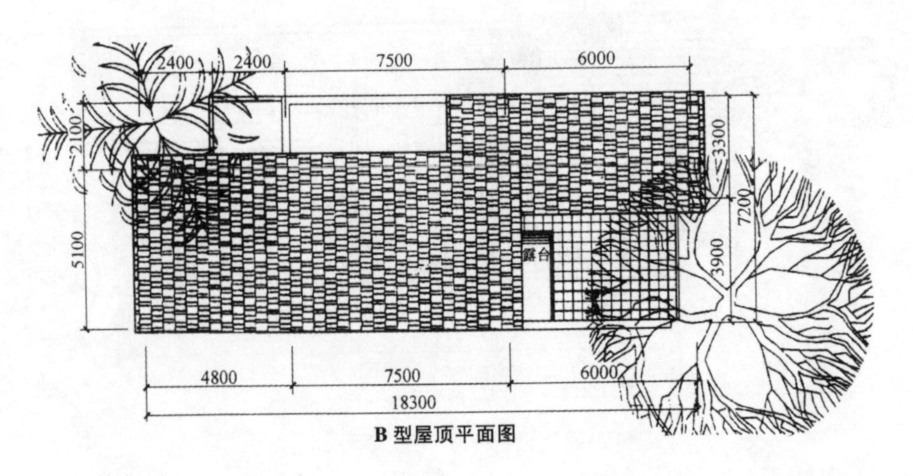

B 型屋顶平面图

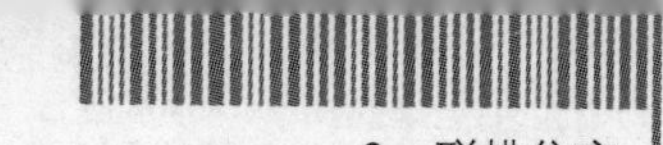

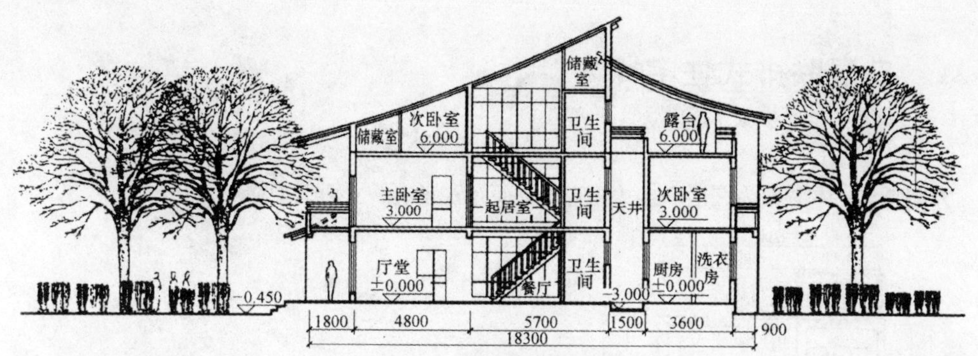

B型1-1剖面图

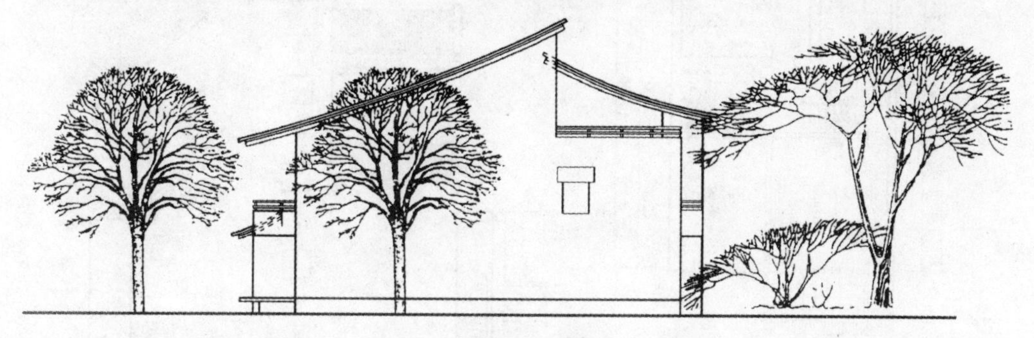

B型侧立面图

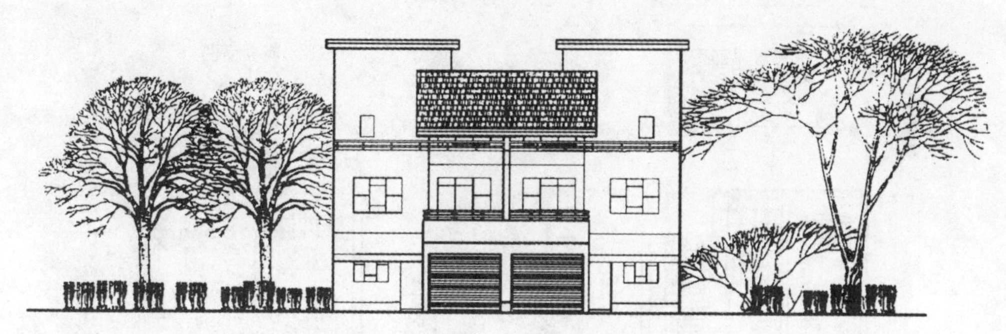

B型北立面图

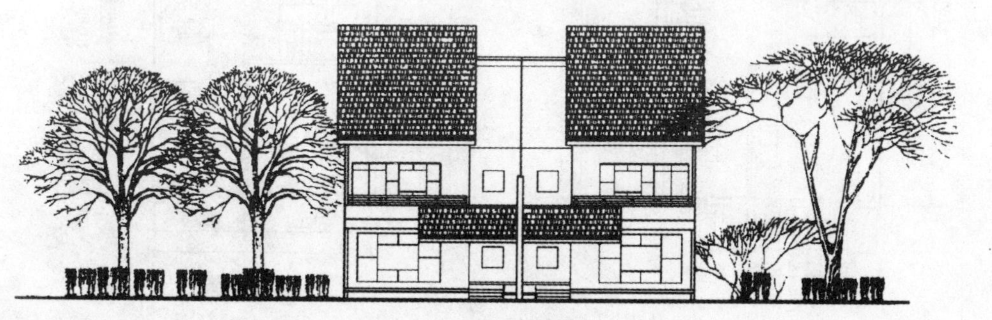

B型南立面图

3.21 三层联排式住宅⑥

设计：浙江省城乡规划设计研究院

方案特点：本方案为三层联排式住宅。平面布置紧凑，立面造型简单大方。

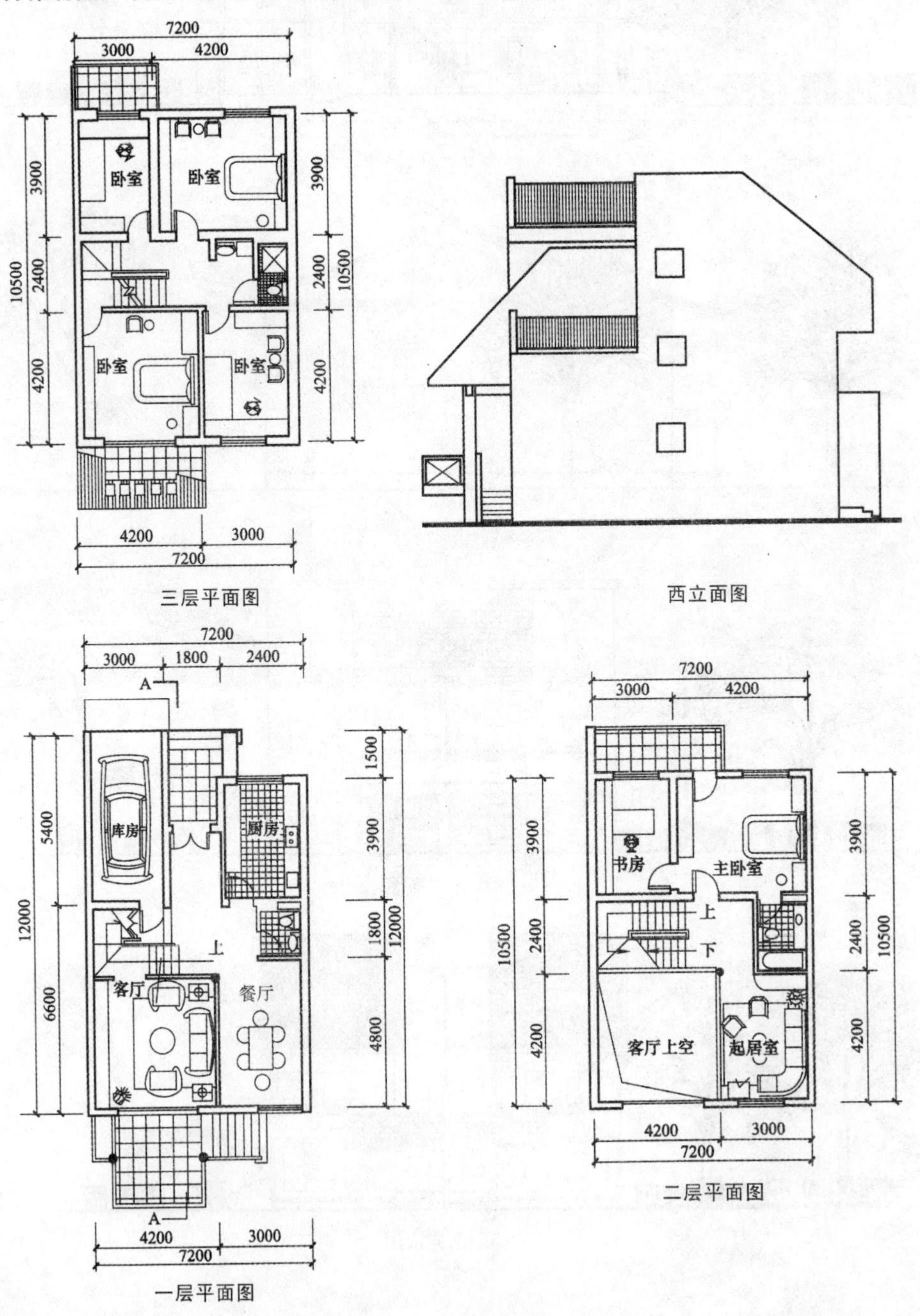

三层平面图

西立面图

一层平面图

二层平面图

组合南立面图

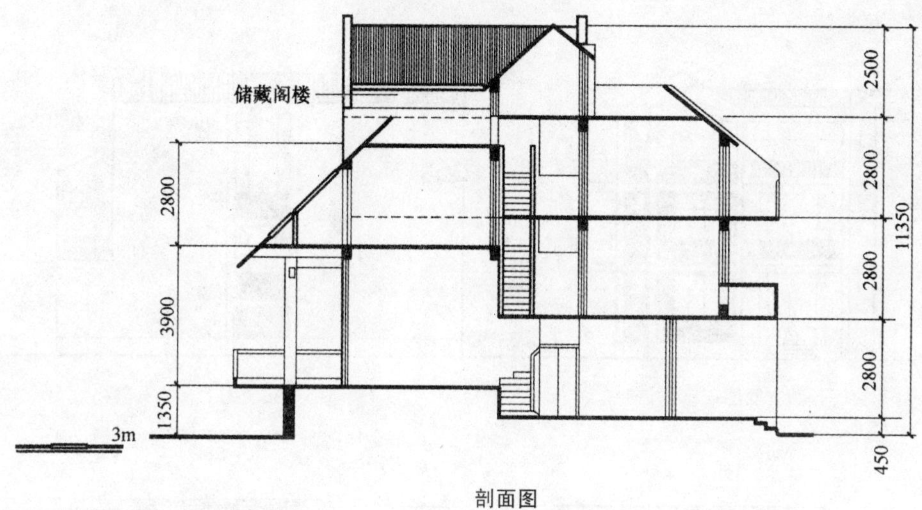

剖面图

3.22 三层联排式住宅⑦

设计：华新工程顾问国际有限公司　康菁，指导：骆中钊

方案特点：本方案为联排式住宅。平面采用层层后退的台阶式布置，使得庭院避免有过于压抑的感觉。

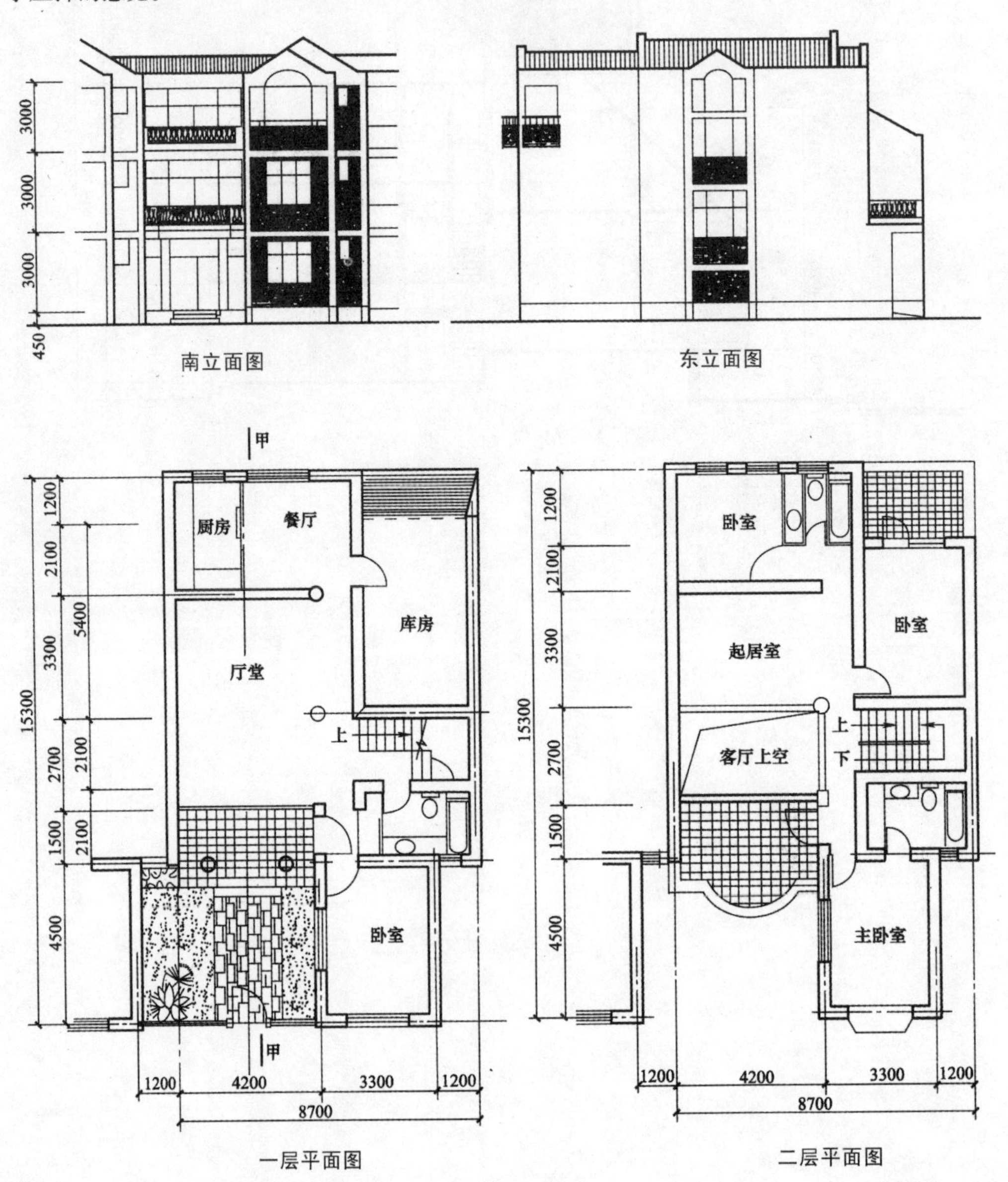

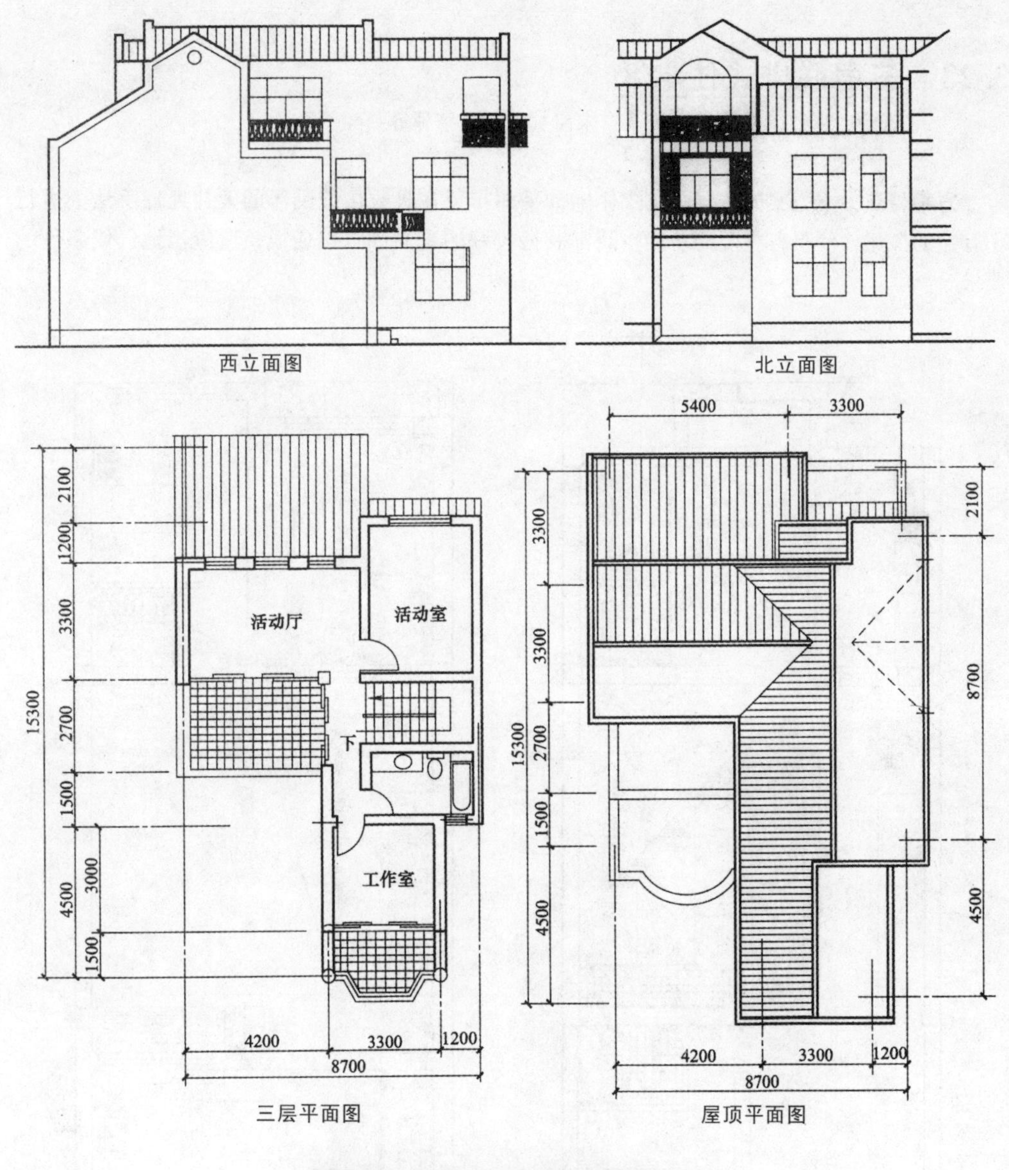
西立面图
北立面图
5400
3300
2100
1200
3300
2700
1500
3000
4500
1500
15300
活动厅
活动室
下
工作室
4200
3300
1200
8700
三层平面图
8700
屋顶平面图

效果图

3.23 三层联排式住宅⑧

设计：浙江工业大学建筑系　宋绍杭 谢格 潘丽春

方案特点：本方案为三层联排式住宅，平面布置在吸收传统民居的天井处理手法上进行了有益的探讨，使得各主要的功能空间都获得较好的采光和自然通风，适应当地气候条件的要求。

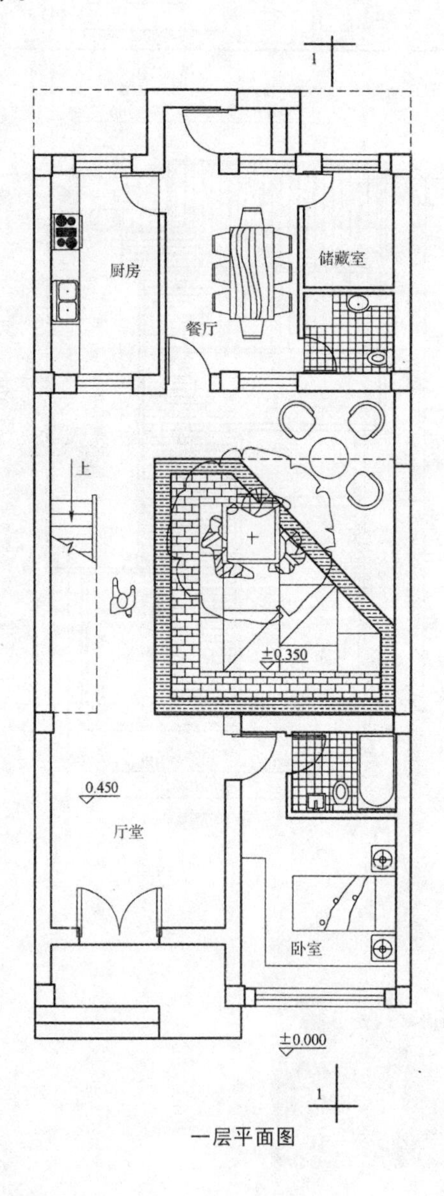

一层平面图

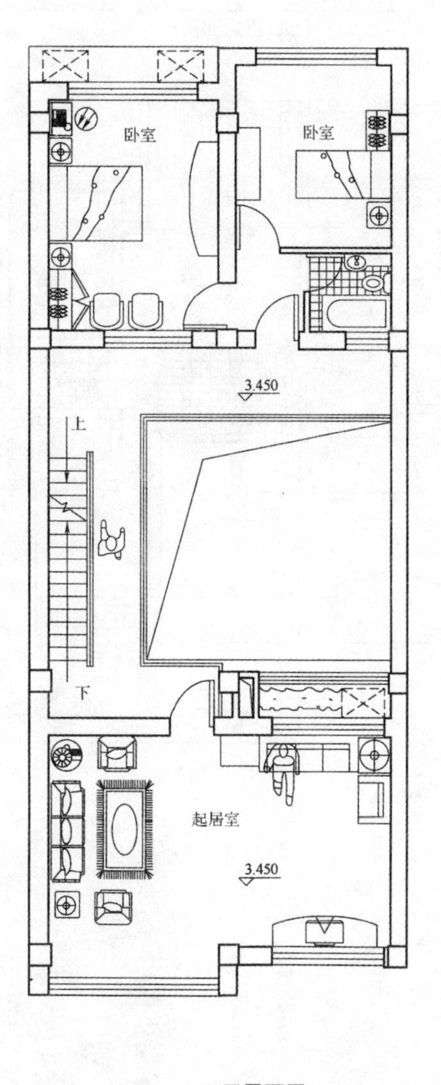

二层平面图

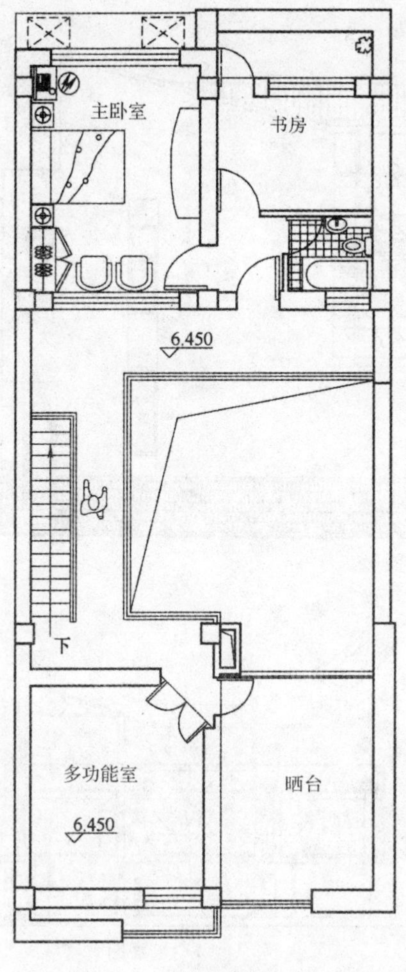

三层平面图

屋顶平面图

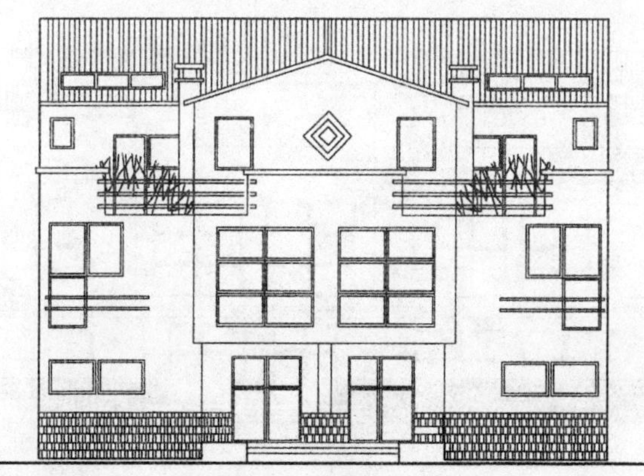

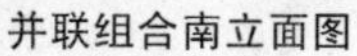
并联组合南立面图

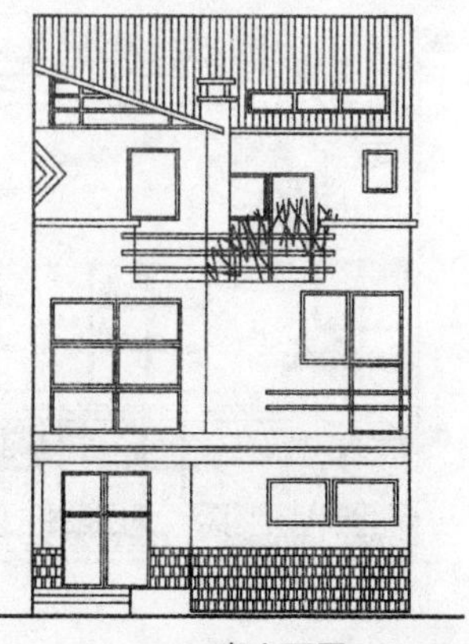

南立面图

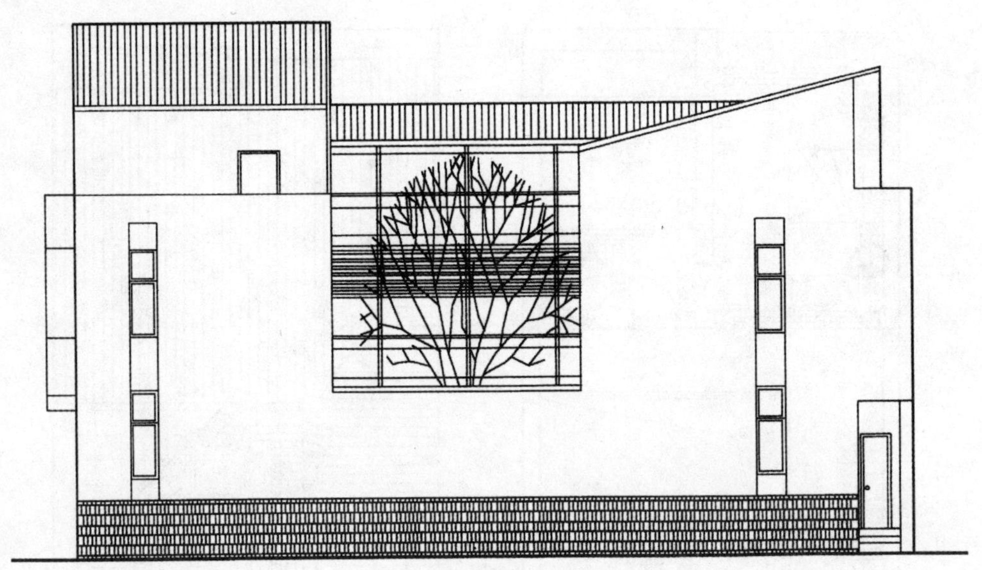

东立面图

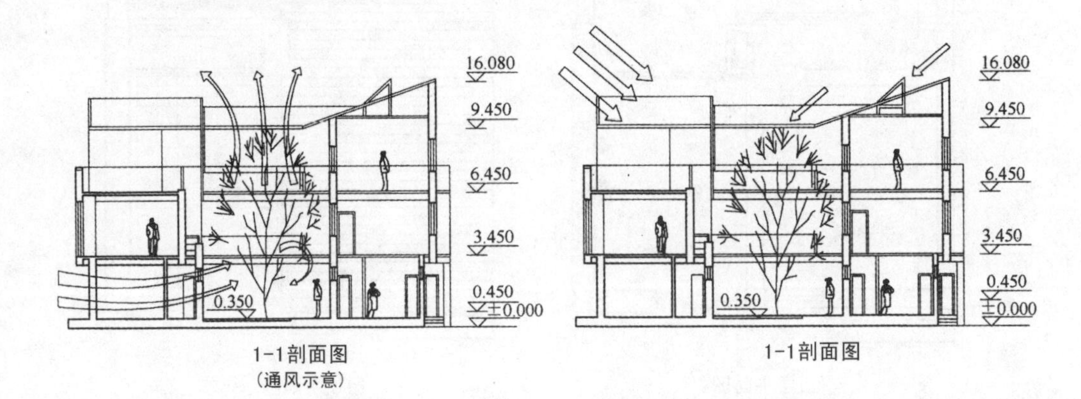

1-1剖面图
（通风示意）

1-1剖面图

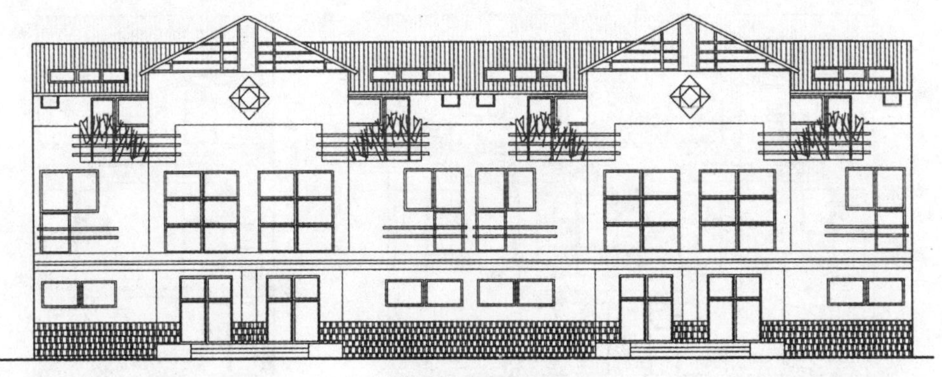

联排式组合南立面图

3.24 三层联排式住宅⑨

设计：合肥市建筑设计研究院 孙波 张庆宇

设计简介

①传承——文化的继承，粉壁、黛瓦、码火墙传承了安徽民居的建筑特点，营造皖中新民居特色。

②发展——充分利用新能源、三格式沼气池等现代技术，解决民居住宅的能源、卫生等生活问题，营造新农村新生活方式。

③衍变——以一种基本户型衍变(退台、加层)成三种不同面积的户型，可适合不同住户需要及考虑住户改扩建，从而形成鳞次栉比、层次丰富的民居村落。

④在前院，以树木、花草布置景观民居；在后院，独立设置家禽养殖处，形成安静、卫生的环境。街景衬托民居，民居成为街景的延续。为生产发展的需要，在后庭中布置了汽车及家用农器械停放点。

⑤院落层次分明：或忙碌于山川之间，或品茗于休闲庭院，或聚会于温暖厅堂，营造了卫生、安静、美观的田园生活。

⑥源于自然，回归自然：以传统文化和景观庭院的理念，努力创造一个新时代的绿色新民居。考虑住户改扩建的需求而预留了空间，采用新技术但取利于当地，有效降低了造价，引导住户形成皖中新民居。

经济指标(户型 A/B)：占地面积 136/168m²；土建估价 6.9 万/7.9 万。

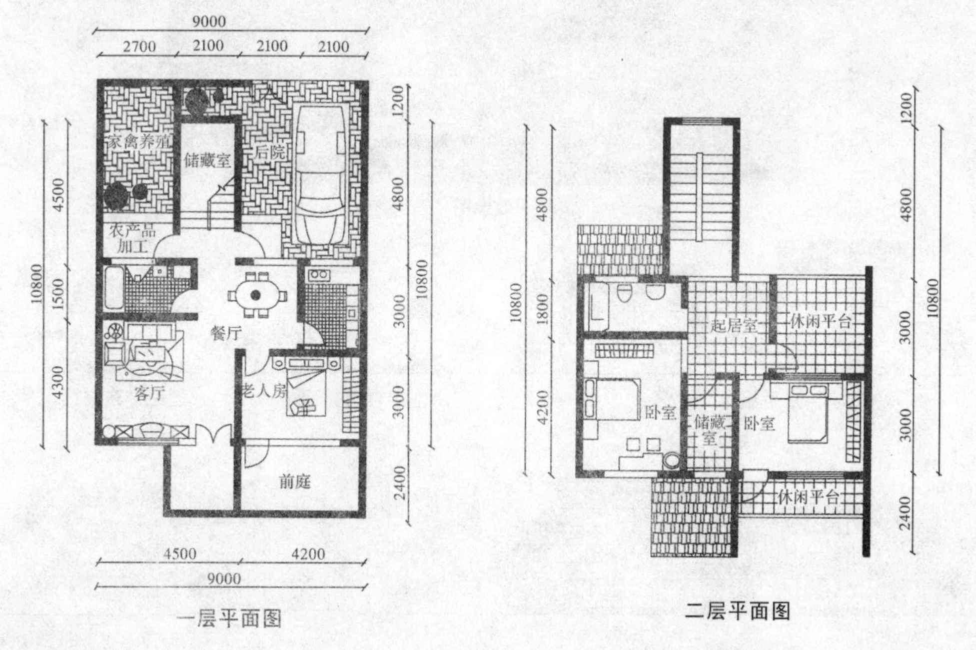

一层平面图

二层平面图

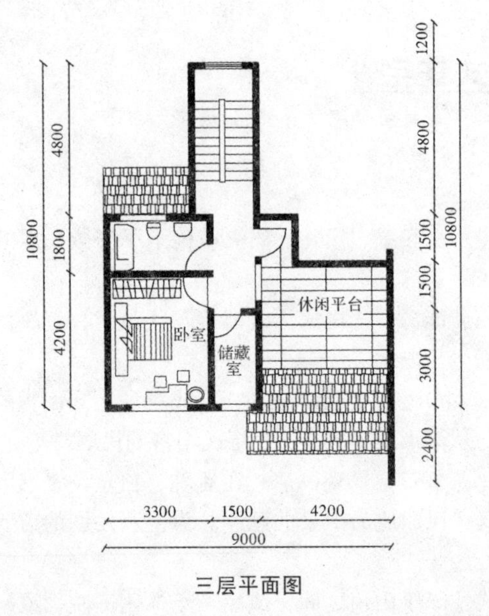

三层平面图

效果图

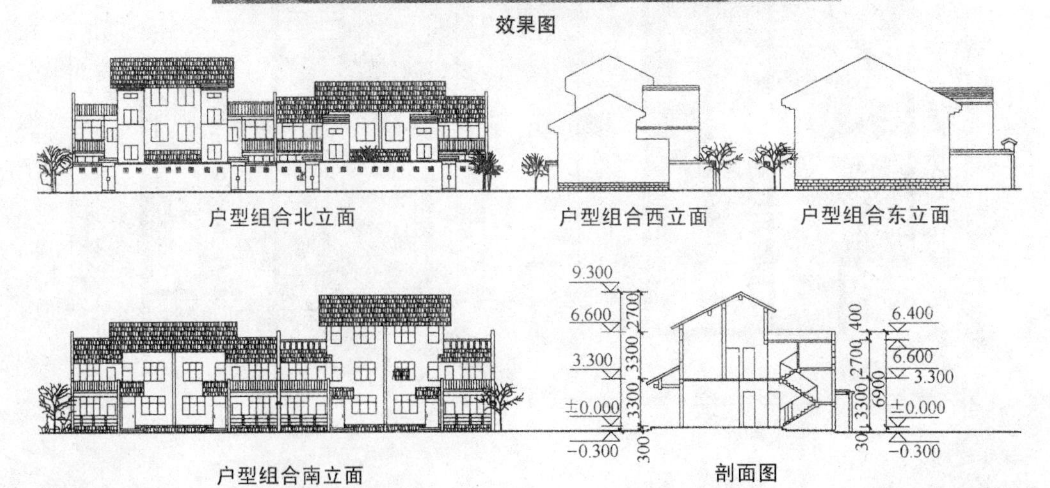

户型组合北立面

户型组合西立面

户型组合东立面

户型组合南立面

剖面图

3.25 三层联排式住宅⑩

设计：北海城市设计事务所

方案特点：本方案为联排式平坡顶结合的三层住宅。方案设计了 A、B 两种形式，A 型车库在南、B 型车库在北，为总平面布置的交通组织创造了方便的条件。平面布置较为紧凑，联排组合也有较大的灵活性。

技术经济指标：宅基地面积 81.84m^2；总建筑面积 153.96m^2；建筑基底面积 76.98m^2；建筑造价估算约 16 万元。

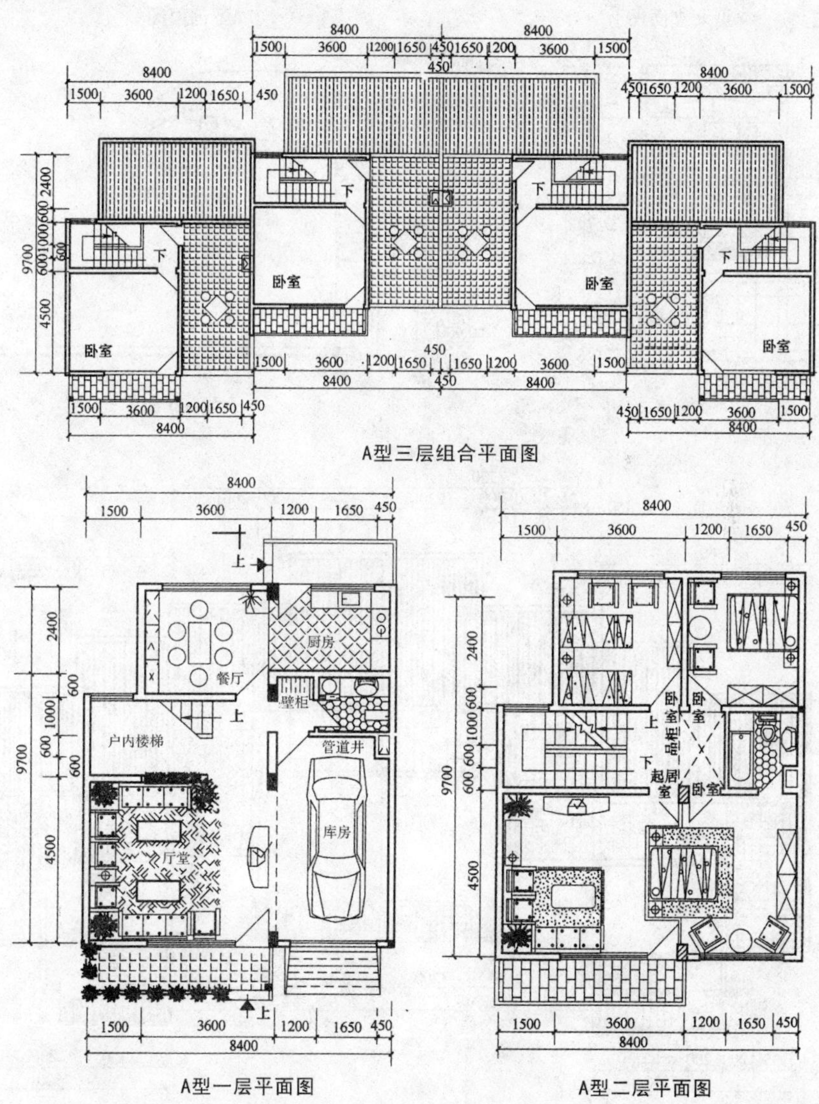

A型三层组合平面图

A型一层平面图

A型二层平面图

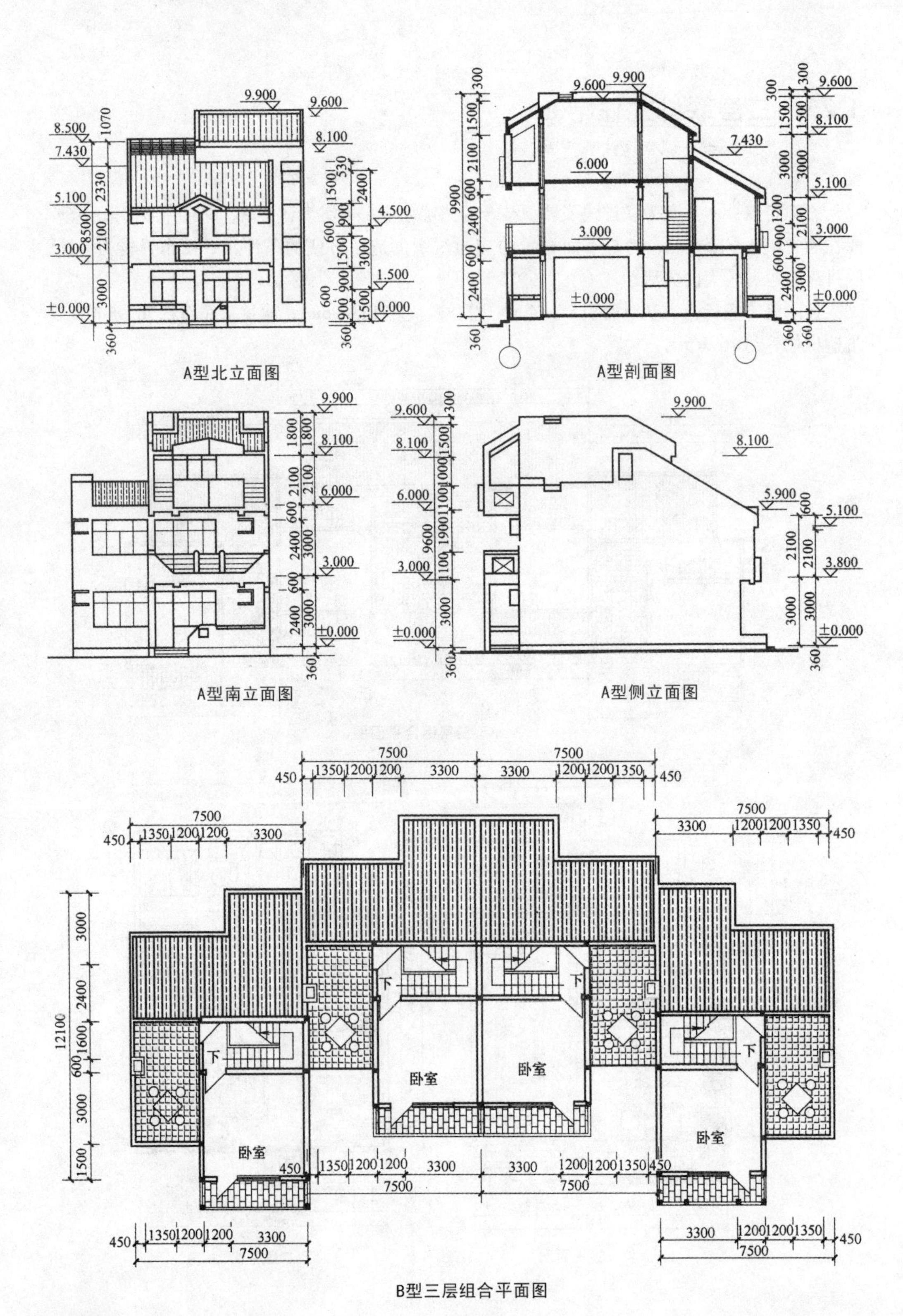

A型北立面图

A型剖面图

A型南立面图

A型侧立面图

B型三层组合平面图

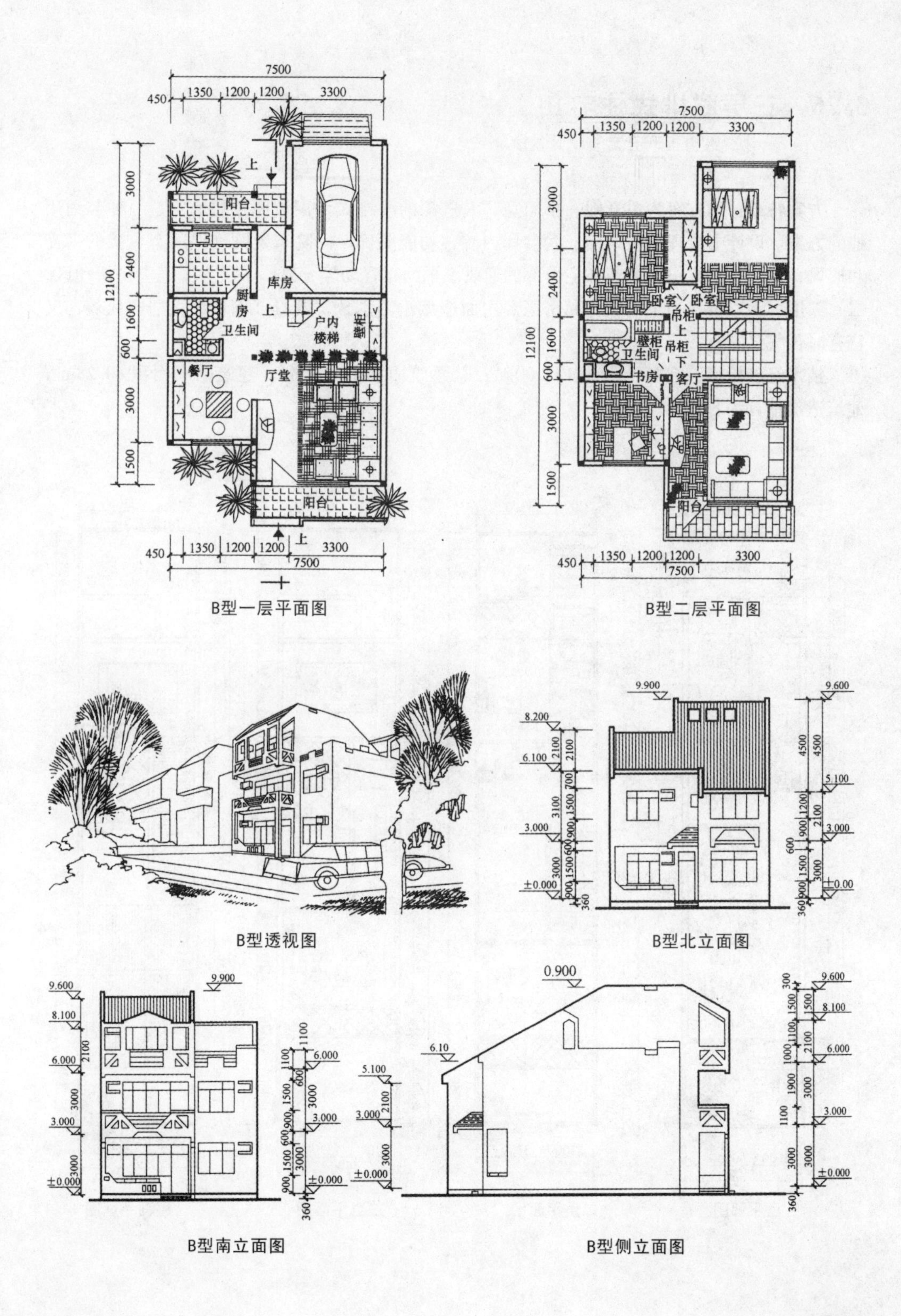

B型一层平面图

B型二层平面图

B型透视图

B型北立面图

B型南立面图

B型侧立面图

3.26 三层联排式住宅⑪

设计：温州市联合建筑设计院

方案特点：本方案为单开间、小面宽、大进深的联排式三层坡屋顶住宅，是一种节约用地的方案。设计中合理地组织前、后院和内院，功能明确。内院布置既确保所有直接的采光和通风，又有利于组织和调节住宅内部的通风。平面布置动静分离，一层为家庭主要活动区，二、三层即为以卧室为主的家庭私密区。主面造型小巧别致，既具江南传统民居的风貌，又富有时代气息。

技术经济指标：宅基地面积135.00m^2；总建筑面积192.96m^2；建筑基底面积80.28m^2；建筑造价估算约8万元。

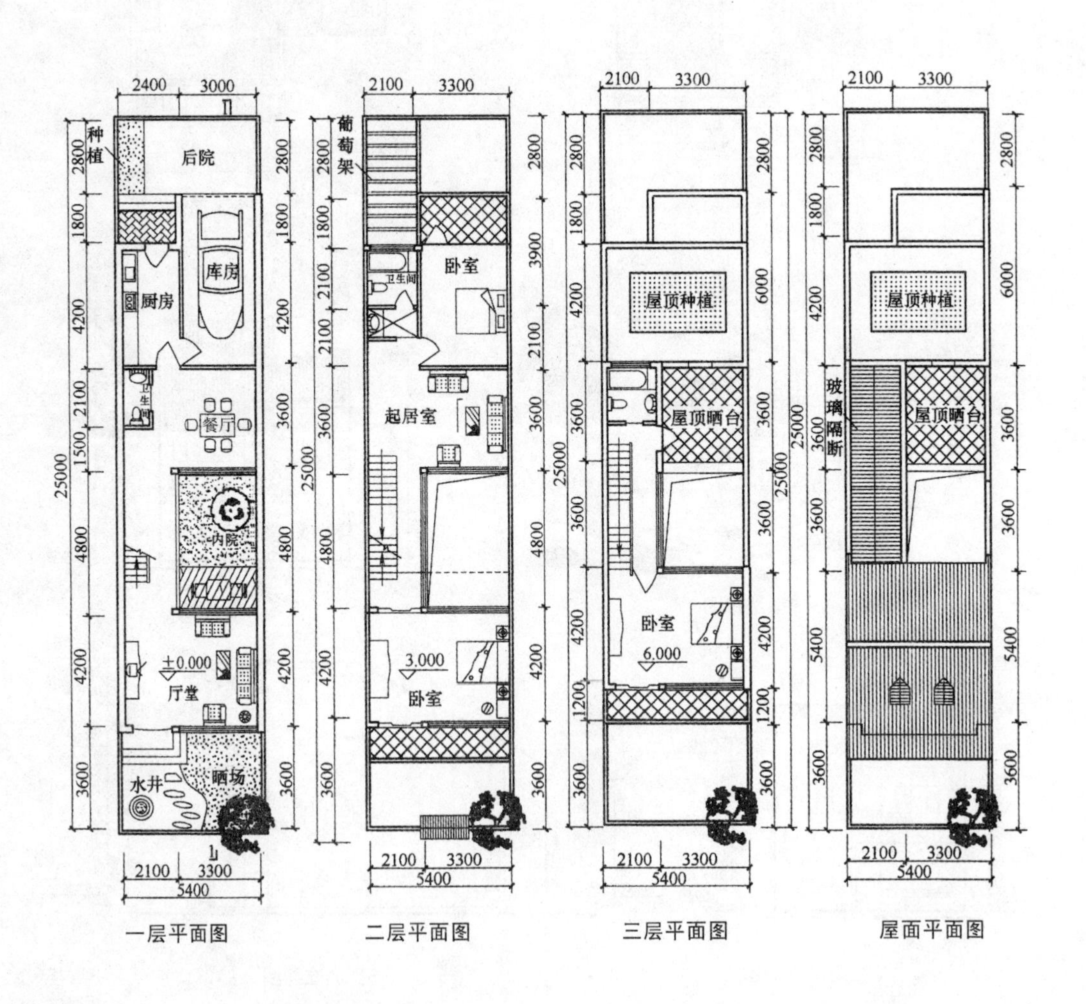

一层平面图　　二层平面图　　三层平面图　　屋面平面图

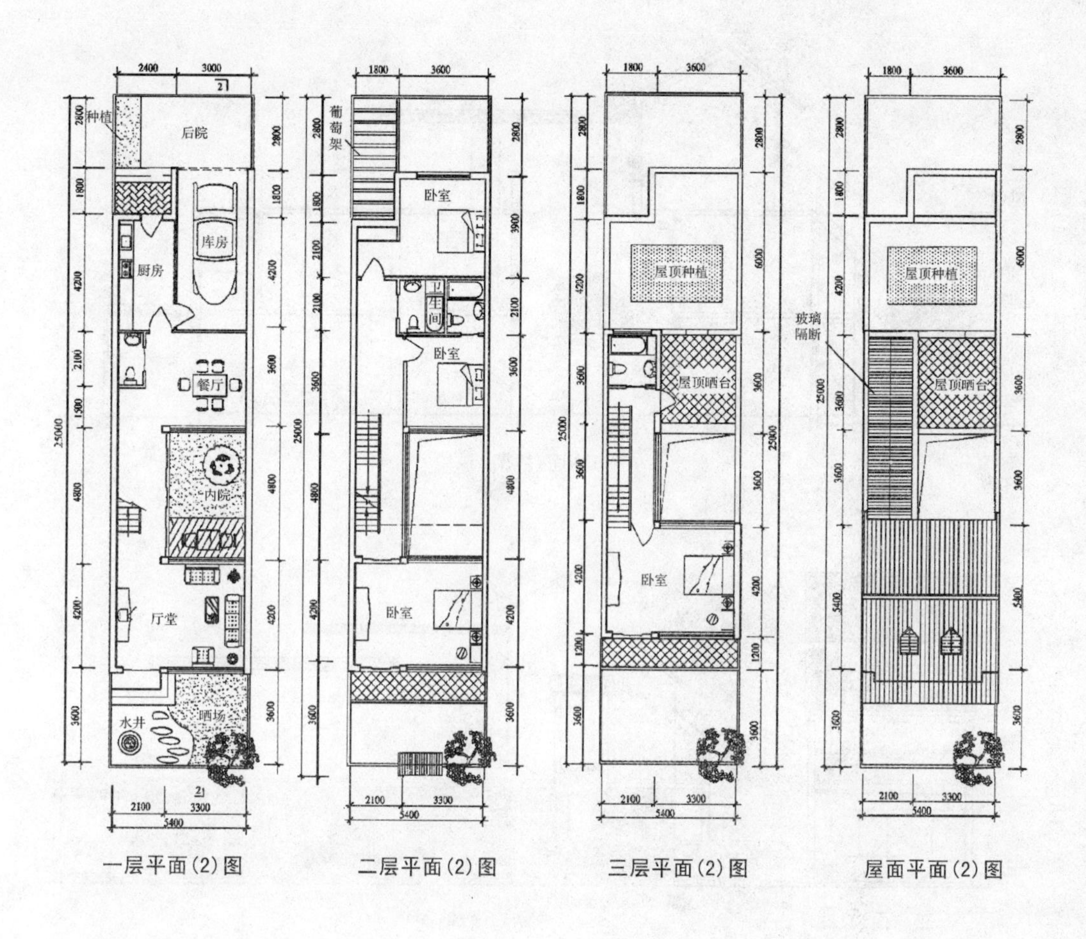

一层平面(2)图　二层平面(2)图　三层平面(2)图　屋面平面(2)图

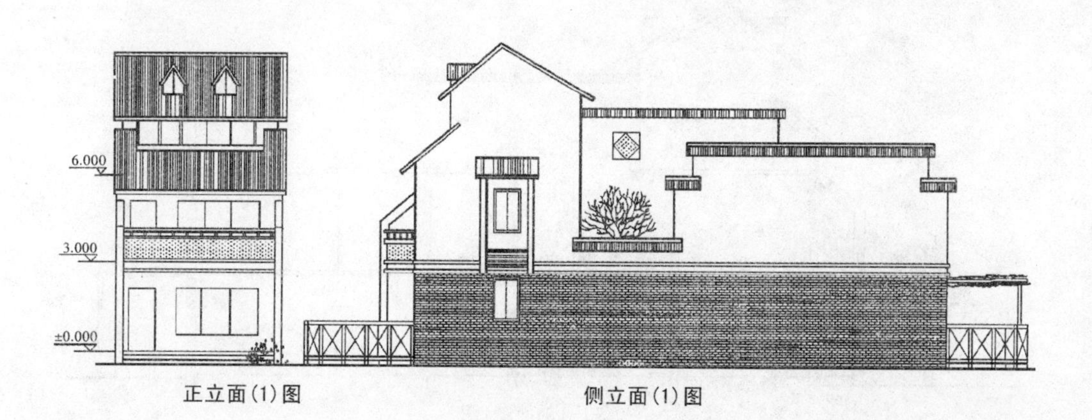

正立面(1)图　侧立面(1)图

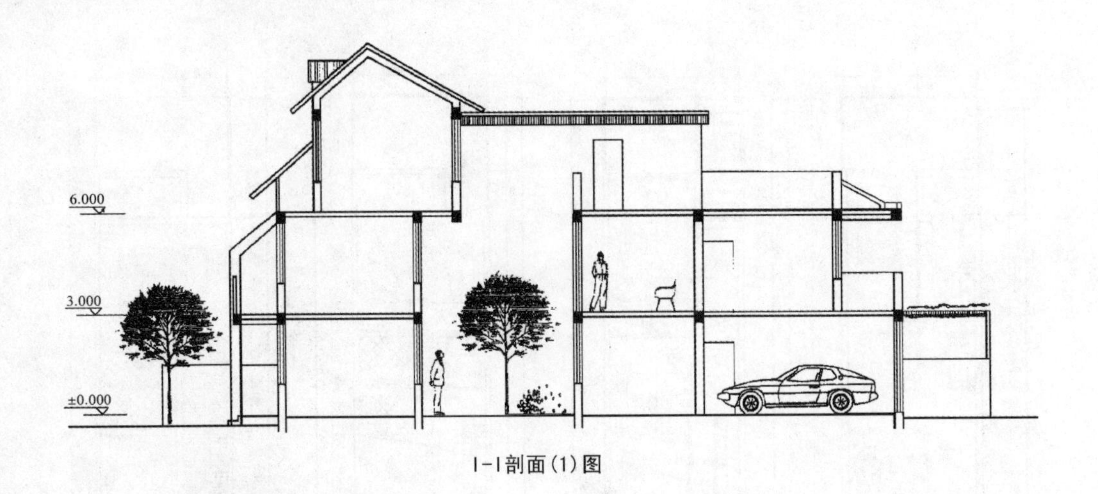

I-I剖面(1)图

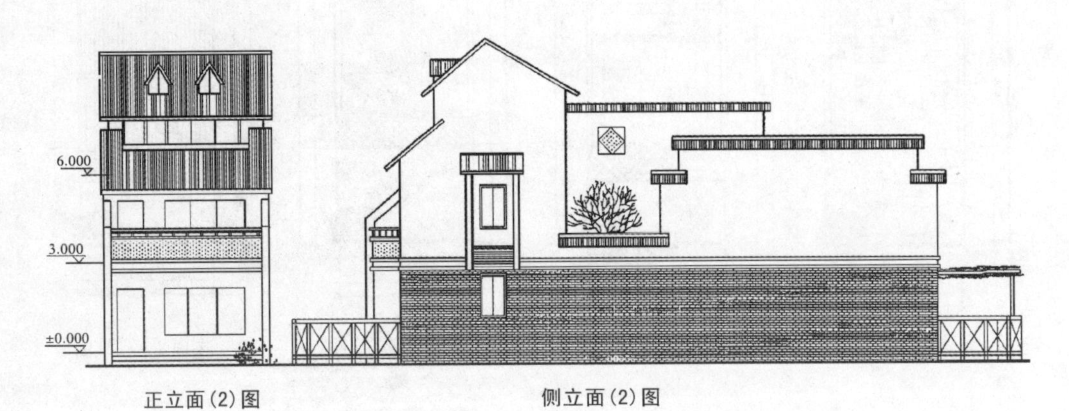

正立面(2)图

侧立面(2)图

6.000
3.000
±0.000

I-I剖面(2)图

3.27 三层联排式住宅⑫

设计：福建省龙岩市第二建筑设计院　杜华，指导：骆中钊

方案特点：本方案为三层坡屋顶住宅。其既可自行单独组成联排式，也可与本书 3.2.18 共同组合成联排式的院落，从而克服联排式住宅中间住户面宽较窄，造成个别功能空间采光通风效果较差的缺点，深受广大农民群众的欢迎。在平面布置中，同样的平面形状，可根据总平面布置的要求和农户的需求，变化车库的位置，但厅堂一定保持在南向的主要位置，以强调厅堂在农村住宅中的重要作用。平面组织紧凑，功能合理，进深达 2.4m 的阳台和三层的露台都为南方农村住户提供了户外活动的空间。

技术经济指标：宅基地面积 115.20m^2（不含庭院）；总建筑面积 290.16m^2；建筑基底面积 101.34m^2；建筑造价估算约 11.50 万元。

建成外景图

南立面图　　东立面图

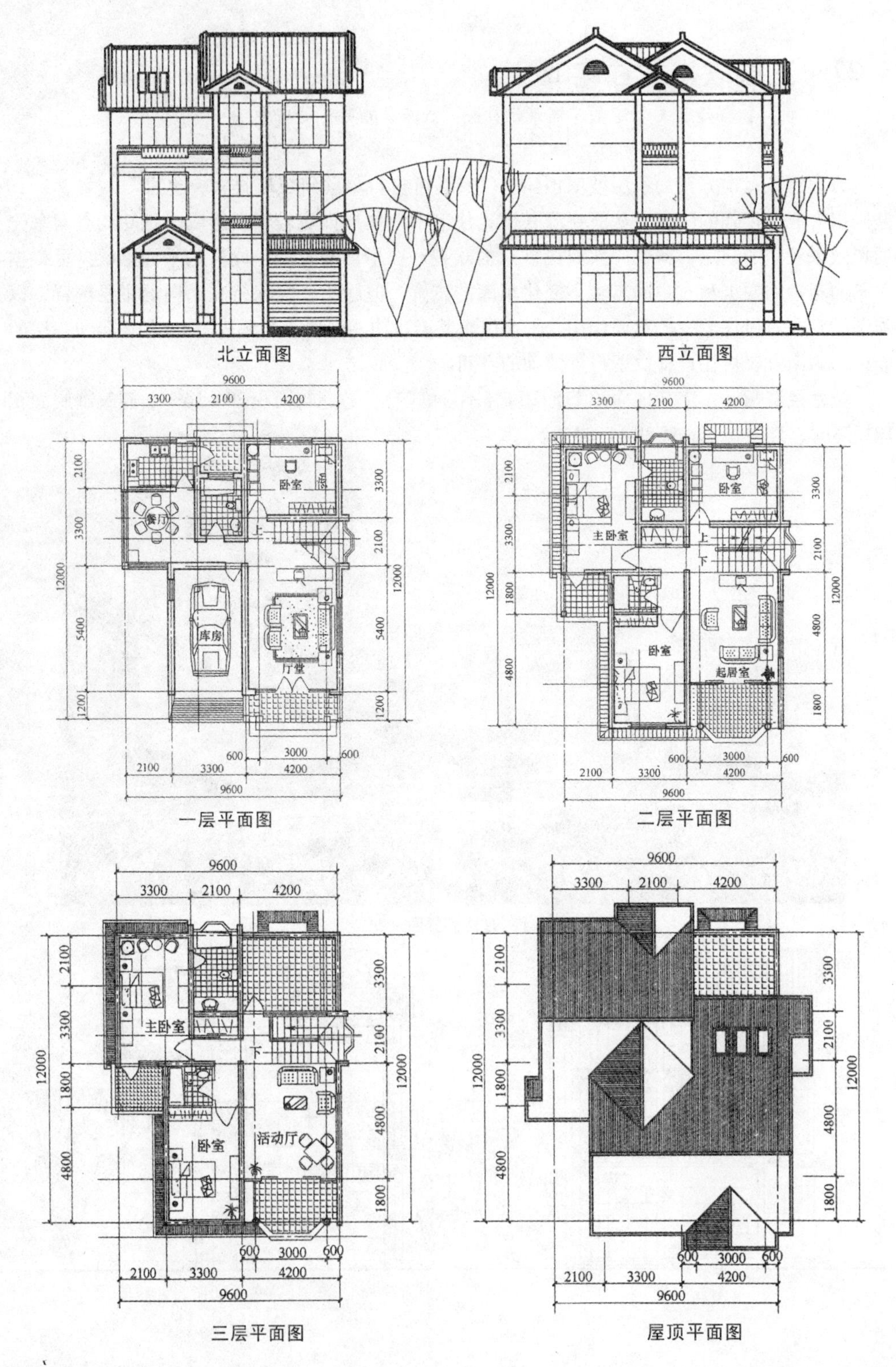
北立面图
西立面图
9600
3300 2100 4200
卧室
餐厅
上
库房
厅堂
2100 3300 12000 5400 1200
3300 2100 12000 5400 1200
600 3000 600
2100 3300 4200
9600
一层平面图
主卧室
卧室
上
下
卧室
起居室
2100 3300 1800 4800 12000
3300 2100 4800 1800 12000
二层平面图
主卧室
下
卧室
活动厅
三层平面图
屋顶平面图

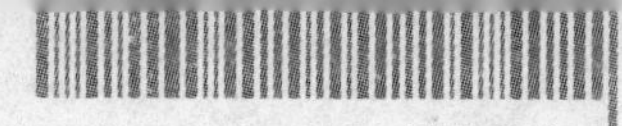

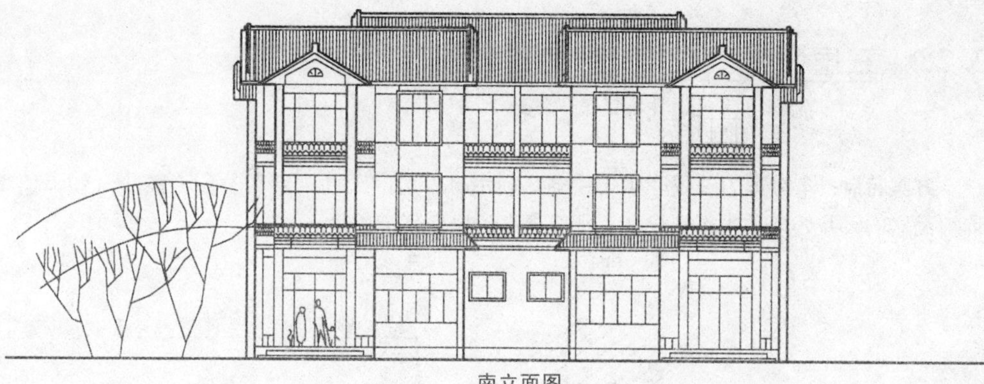

南立面图

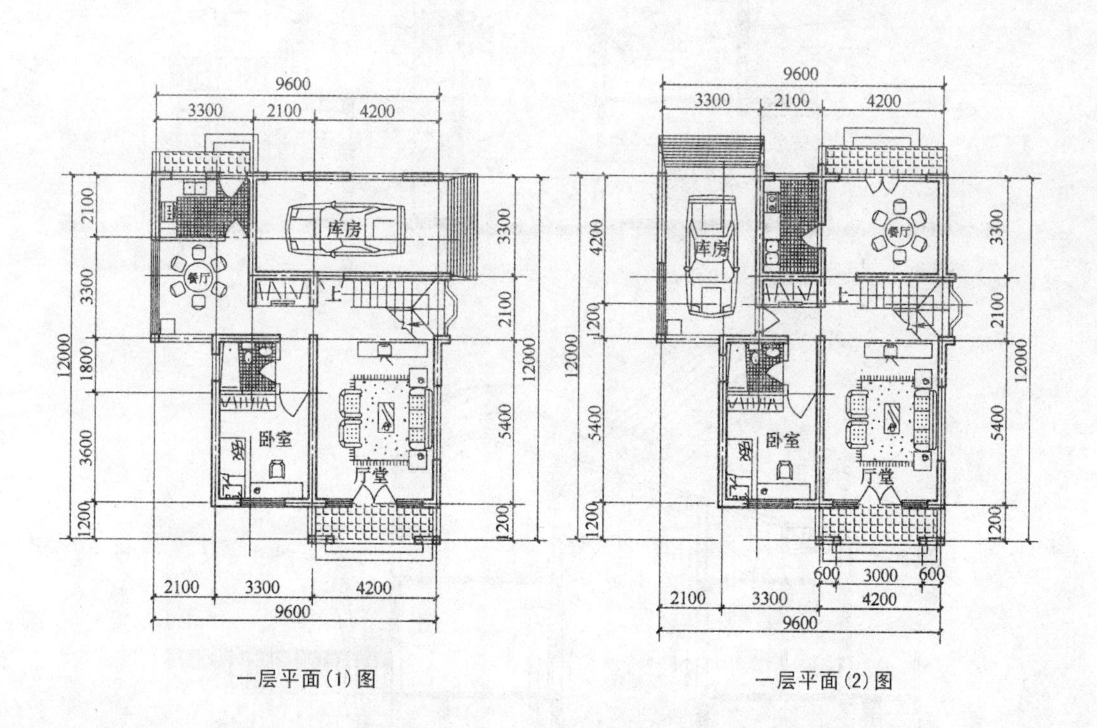

一层平面（1）图　　一层平面（2）图

3.28 三层联排式住宅⑬

设计：湖州市建筑设计研究院

方案特点：本方案为三层联排式住宅。利用可开启的天井天窗调节住宅的小气候，使得传统民居的天井处理手法得到发展，从而提高了居住环境质量。

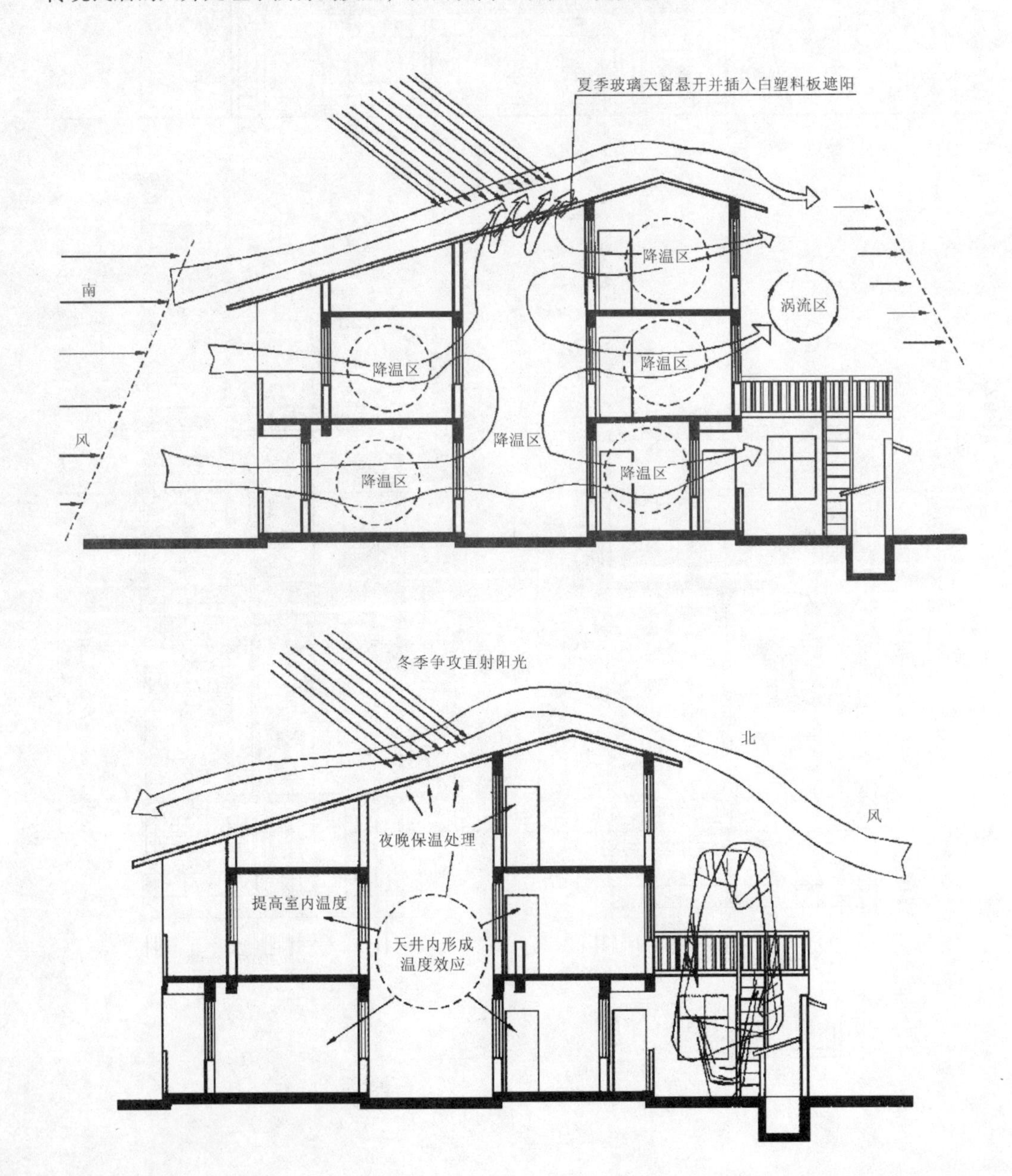

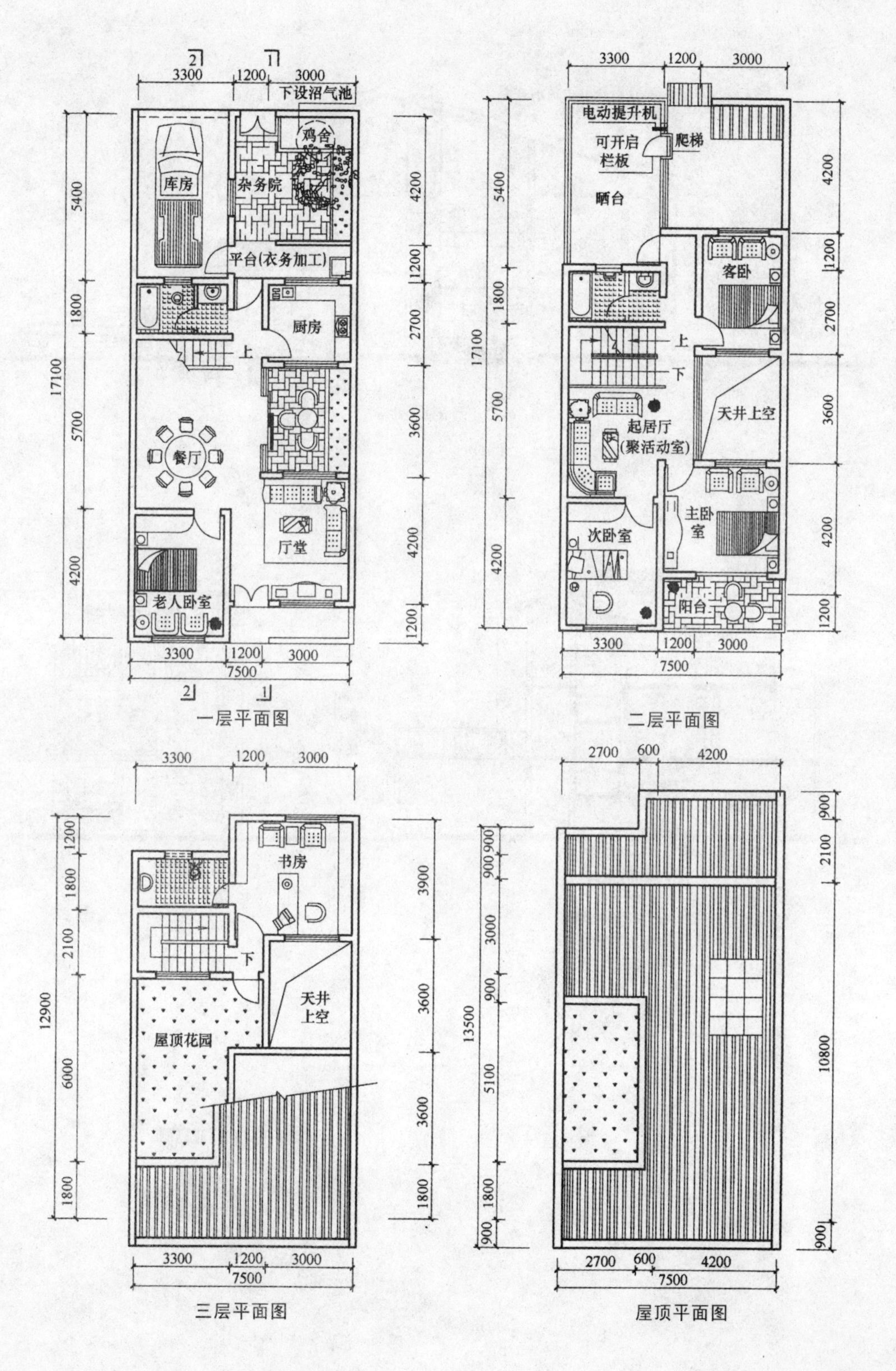
3300
1200
3000
下设沼气池
库房
杂务院
鸡舍
平台(衣务加工)
厨房
上
餐厅
厅堂
老人卧室
5400
1800
5700
4200
17100
4200
1200
2700
3600
7500
一层平面图
电动提升机
可开启
栏板
爬梯
晒台
客卧
下
起居厅
(聚活动室)
天井上空
主卧室
次卧室
阳台
二层平面图
书房
天井
上空
屋顶花园
3900
2100
6000
12900
三层平面图
2700
600
4200
900
5100
13500
10800
屋顶平面图

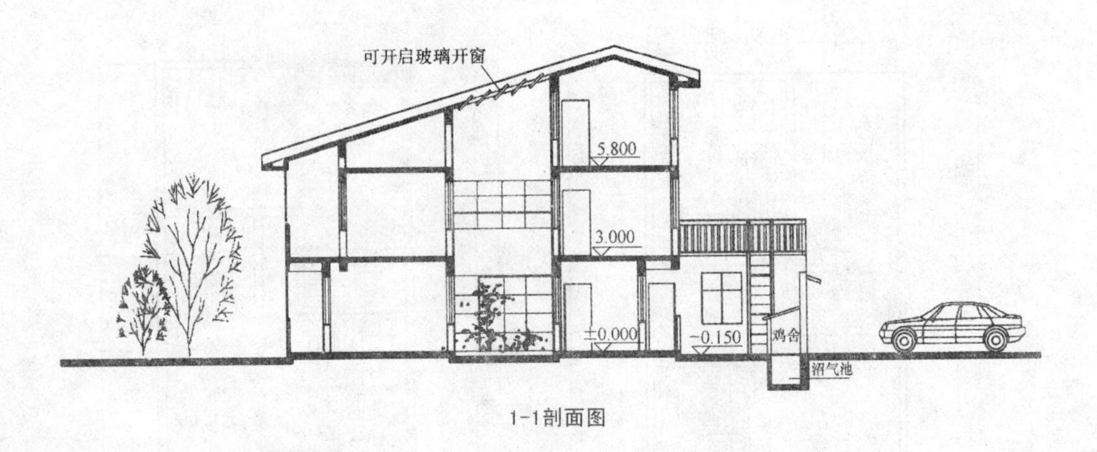

1-1剖面图

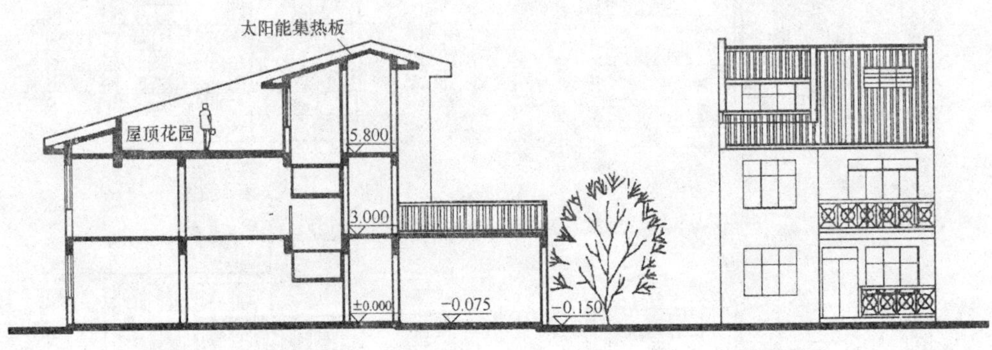

2-2剖面图

南立面图

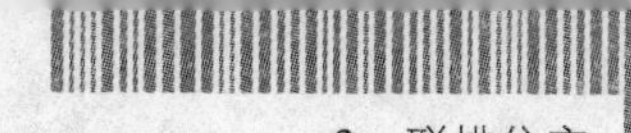

3.29　三层联排式住宅⑭

设计：清华城市规划设计研究院

方案特点：本方案为联排式住宅，平面层层缩小布置，提供了各种需要的室外活动场所。

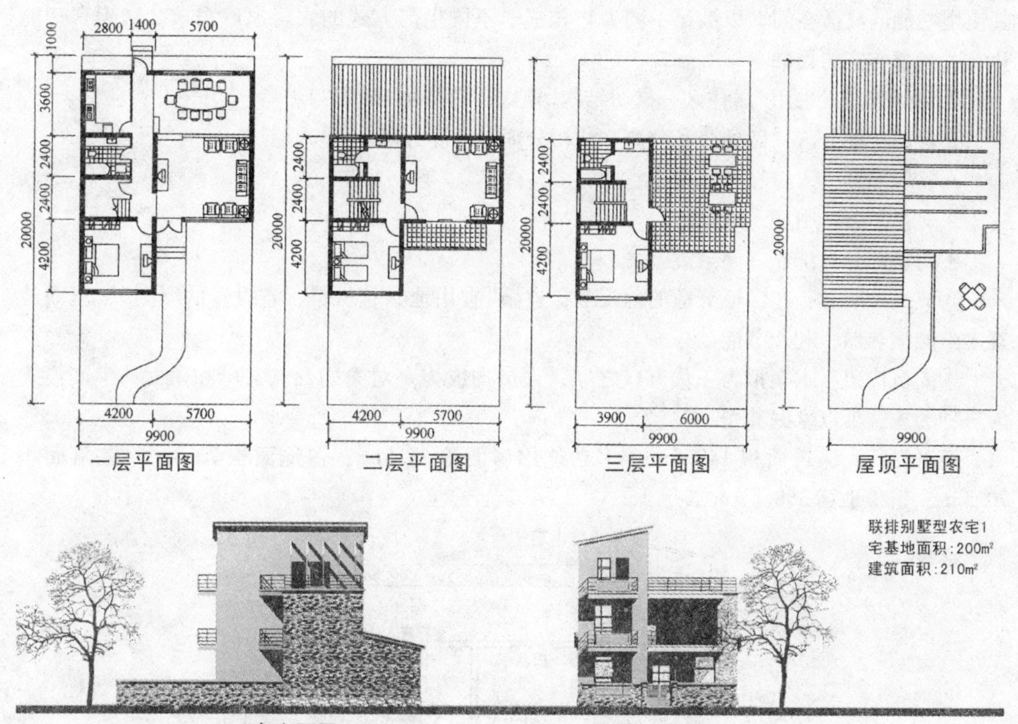

一层平面图　二层平面图　三层平面图　屋顶平面图

东立面图　南立面图

3.30 三层联排式住宅⑮

设计：安徽省建筑设计研究院　陶成前

设计简介：本方案力求结合当前时代背景，为农民提供一个可根据自身需求而自主决定其使用功能的灵活空间，以满足不同人口构成、不同生产方式的农村家庭需求，达到真正能让农民当家作主的目的。

①院落布局：采用“居住区—街坊结构”模式，每街坊16至32户。

②内部功能分区：做到公私分离、洁污分区、动静分区。

- 礼仪部分：入口、起居室、堂屋；
- 交往部分：厨房、家庭室；
- 功能部分：洗衣、储藏。

③节地、节能：在保证舒适的前提下，遵循“省用地、省材料、省投资的原则”，屋面放置太阳能集热器，利于节能。

④人员构成：本案拟为三代五口之家，人员构成为一对夫妇及其父母和子女，生产模式为耕种为主，辅以家庭养殖。

经济指标：建筑面积149.5m²；多功能用房面积28.5m²；占地面积70.3m²；院落面积70.3m²；造价估算368元/m²。

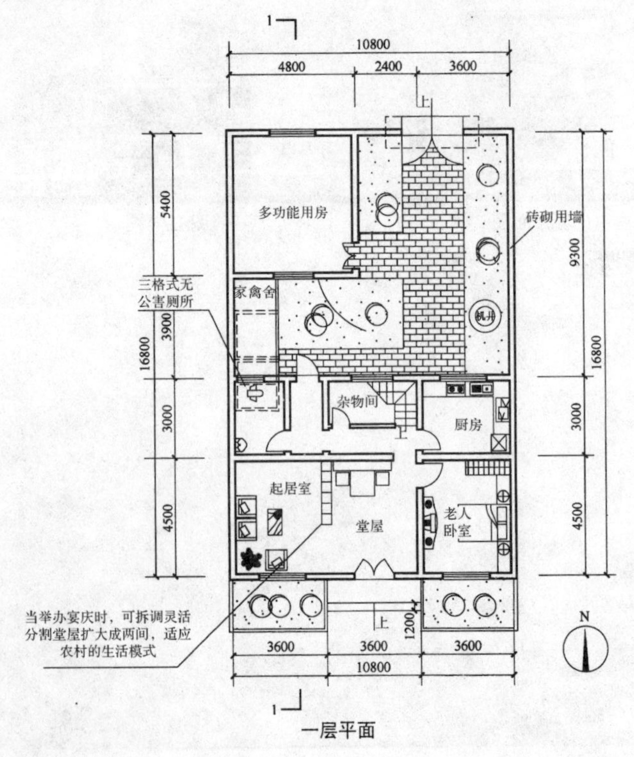

一层平面

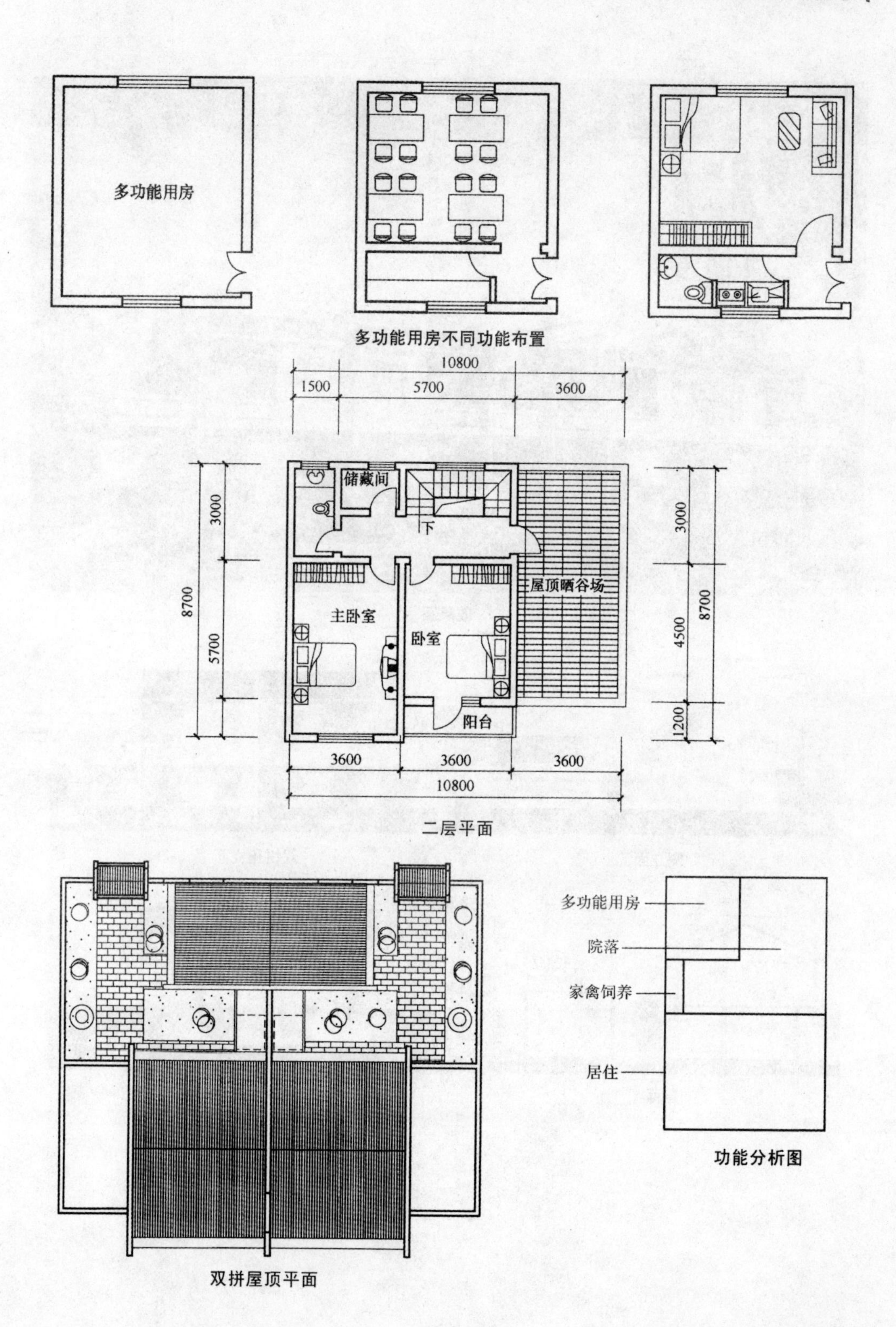
多功能用房
多功能用房不同功能布置
10800
1500
5700
3600
3000
8700
5700
储藏间
下
主卧室
卧室
屋顶晒谷场
阳台
3000
4500
8700
1200
3600
3600
3600
10800
二层平面
多功能用房
院落
家禽饲养
居住
功能分析图
双拼屋顶平面

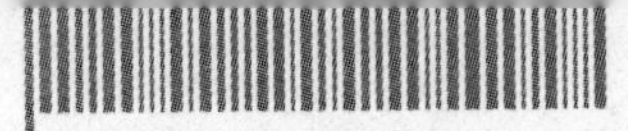

效果图

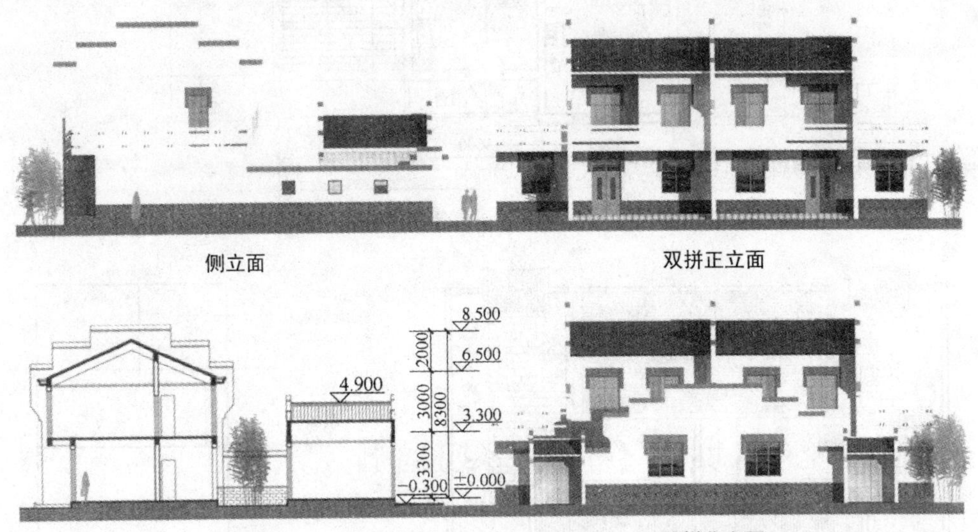

侧立面

双拼正立面

剖面图

双拼北立面

3.31 三层联排式住宅⑯

设计：平阳县设计研究院

方案特点：本方案为小面宽、大进深的联排式二层坡屋顶住宅，具有节约用地的特点。本方案也可根据农户需要增加为三层。平面布置：一层布置农户公共活动空间；二层以卧室为主，做到动静分离；把厨房餐厅布置在后半部，做到洁污分离。设置了带有开启玻璃窗的内院，既可确保主要功能空间的自然采光和通风，还可调节住宅内部的小气候。二层布置了前后晒台，可以满足农户晾晒谷物、衣物等户外活动的需求。

技术经济指标：宅基地面积144.60m^2（不含庭院）；总建筑面积193.16m^2；建筑基底面积109.03m^2；建筑造价估算7.70万元。

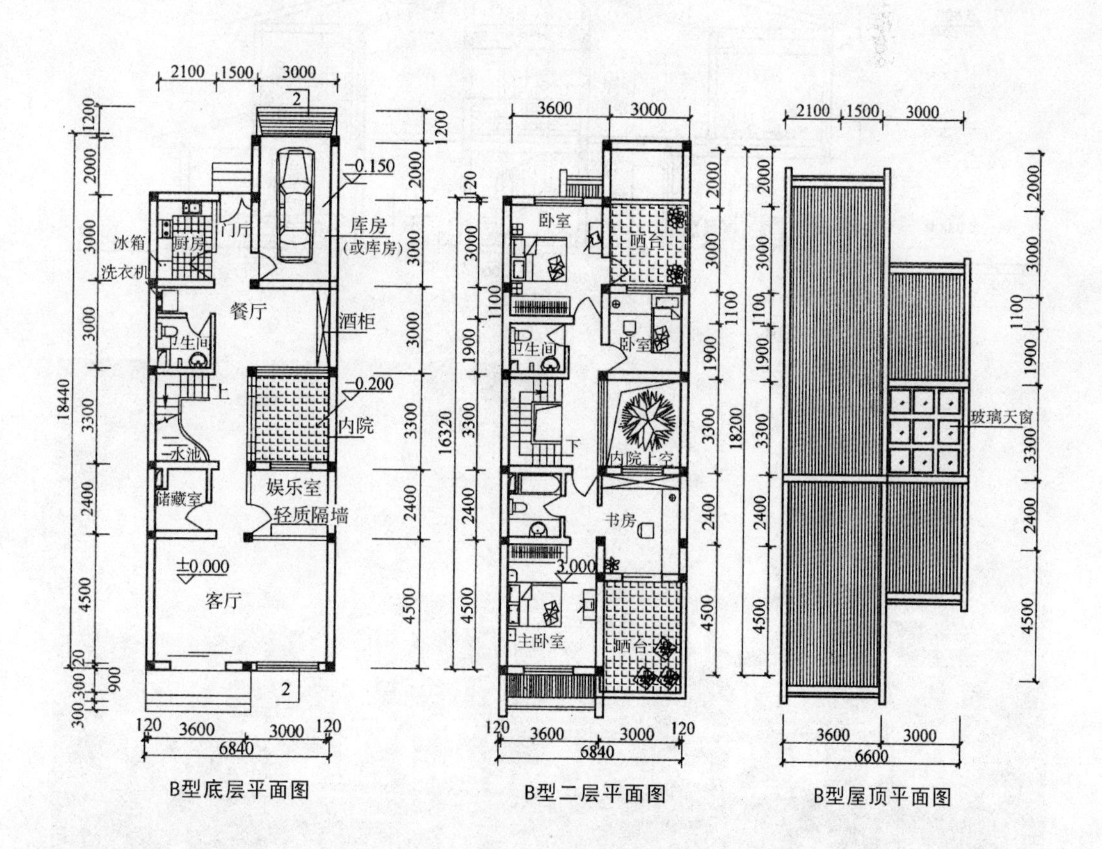

B型底层平面图　　B型二层平面图　　B型屋顶平面图

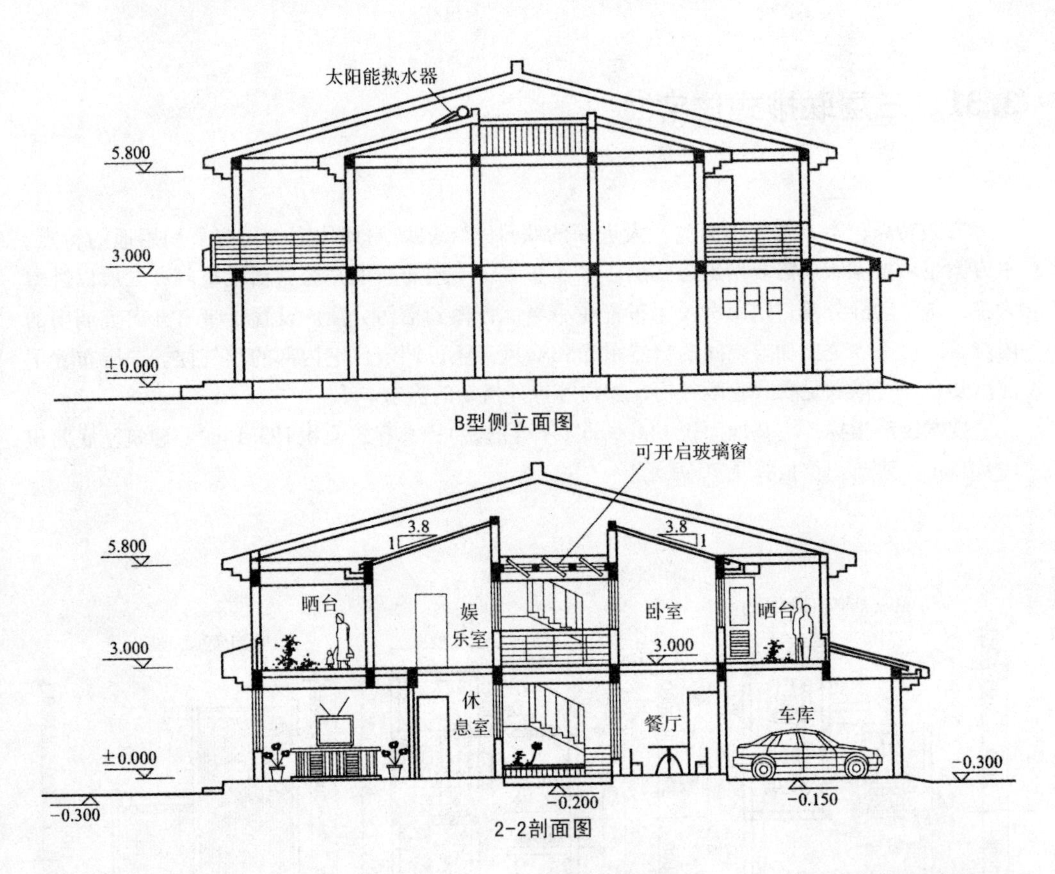

B型侧立面图

2-2剖面图

效果图

3.32 三层联排式住宅⑰

设计：湖南省城乡规划设计咨询中心

方案特点：本方案为联排式三层坡屋顶住宅。方案设计考虑到农村经济的发展，为发展“农家乐”和“乡村游”创造条件，特设置了直接通往二层的室外楼梯，相对分隔，利于管理。以居中的堂屋作为中心，对各功能空间进行有机的组织，充分展现了农村住宅的厅堂文化和庭院文化。厨房居于前院，便于农户对前院的管理，通过餐厅与后院的联系，使前、后院不仅功能明确，而且与建筑有着极为密切的联系。

技术经济指标：宅基地面积 291.33m²；总建筑面积 309.33m²；建筑基底面积 115.65m²；建筑造价估算约 12 万元。

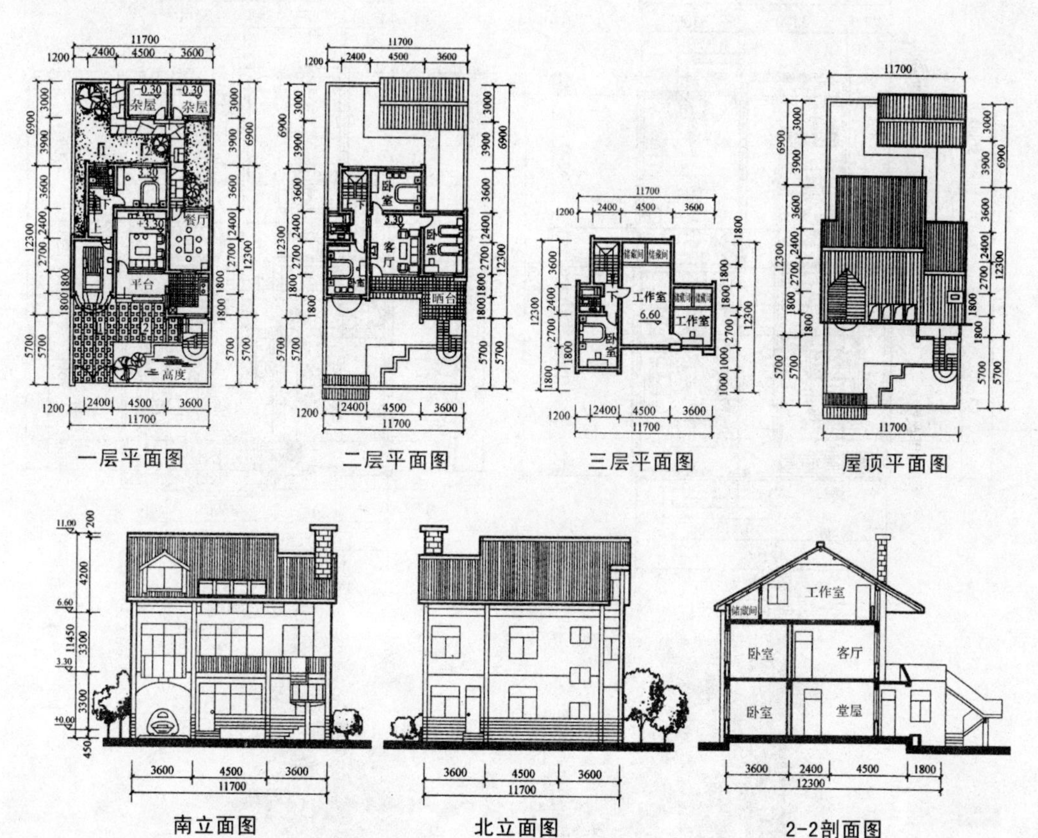

一层平面图　二层平面图　三层平面图　屋顶平面图

南立面图　北立面图　2-2剖面图

3.33 三层联排式住宅⑱

设计：福建省龙岩市第二建筑设计院　杜华，指导：骆中钊

方案特点：本方案为三层坡屋顶住宅。其既可自行单独组成联排式，也可与本书3.2.12共同组合成联排式的院落。在平面布置中，采用同样的平面形状，一层平面布置车库在南和在北的两种模式，可供总平面布置时选择。强调厅堂在农村住宅的重要作用，以厅堂为中心组织，各住宅功能空间布置紧凑，功能合理。

技术经济指标：宅基地面积97.20m²(不含庭院)；总建筑面积245.52m²；建筑基底面积91.80m²；建筑造价估算约10万元。

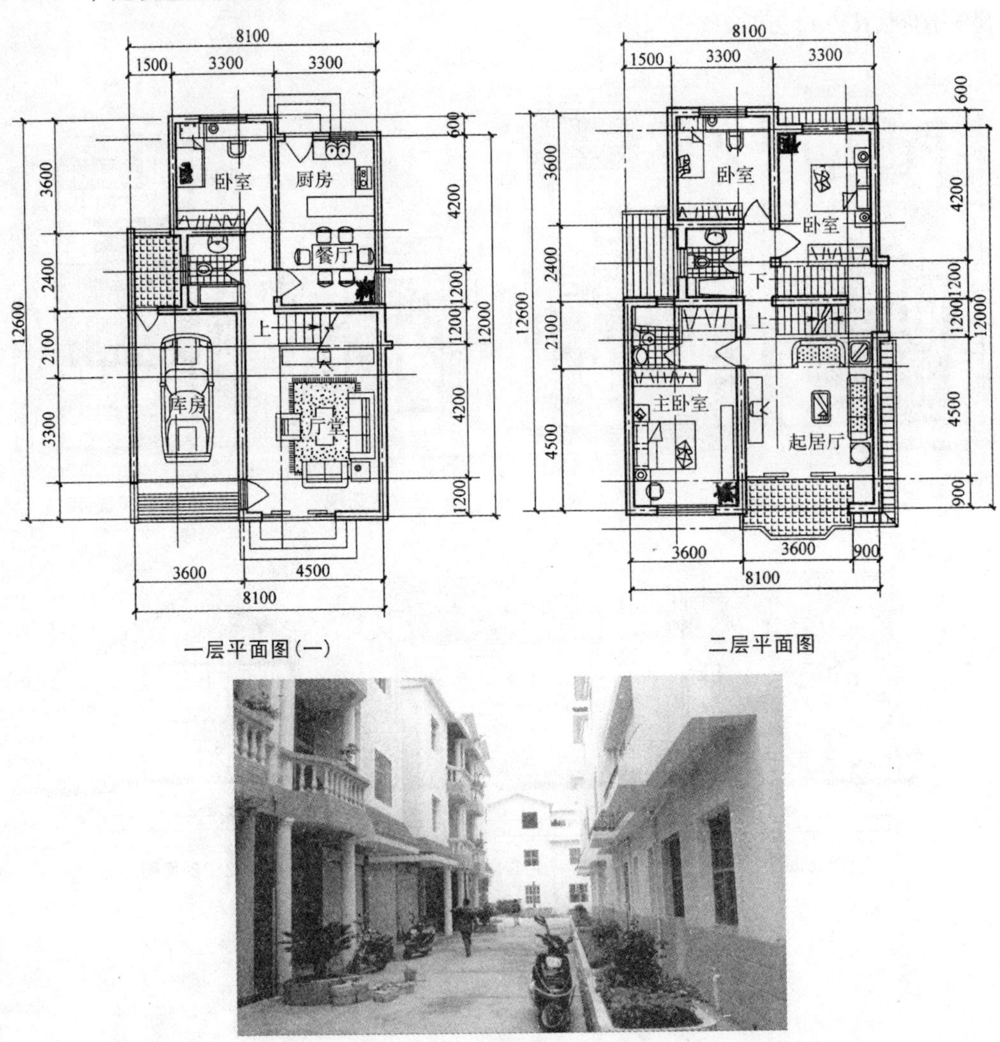

一层平面图(一)　　　　二层平面图

实景图

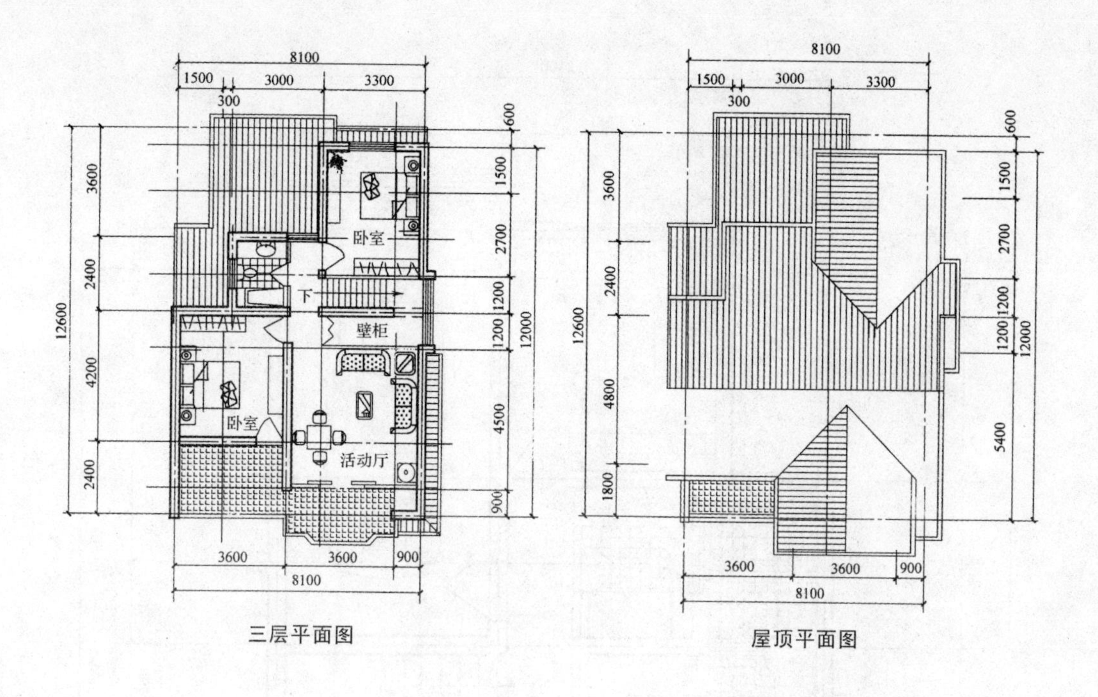

三层平面图　　　　屋顶平面图

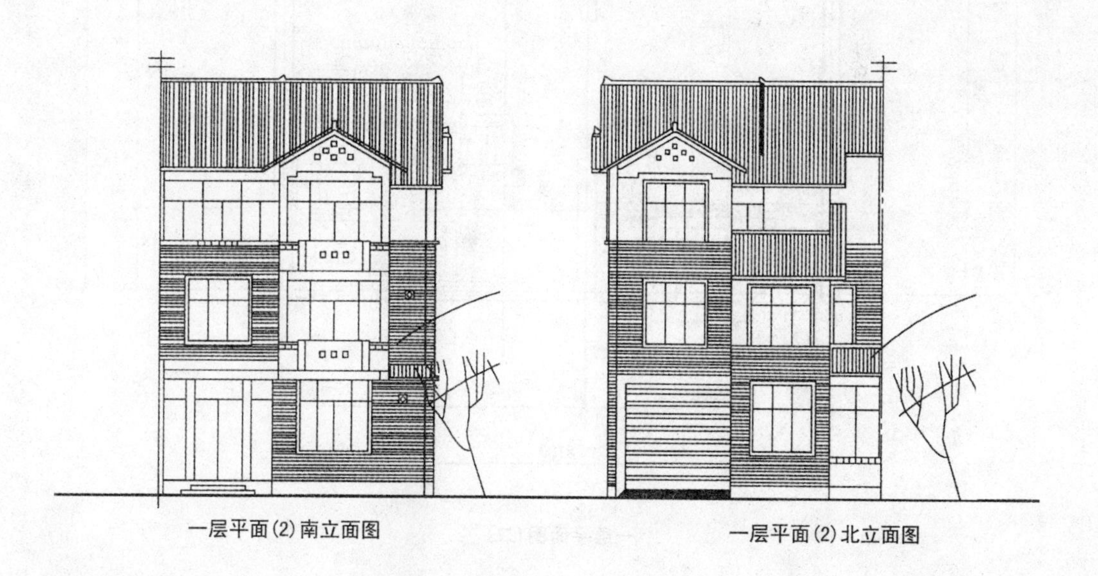

一层平面(2)南立面图　　　　一层平面(2)北立面图

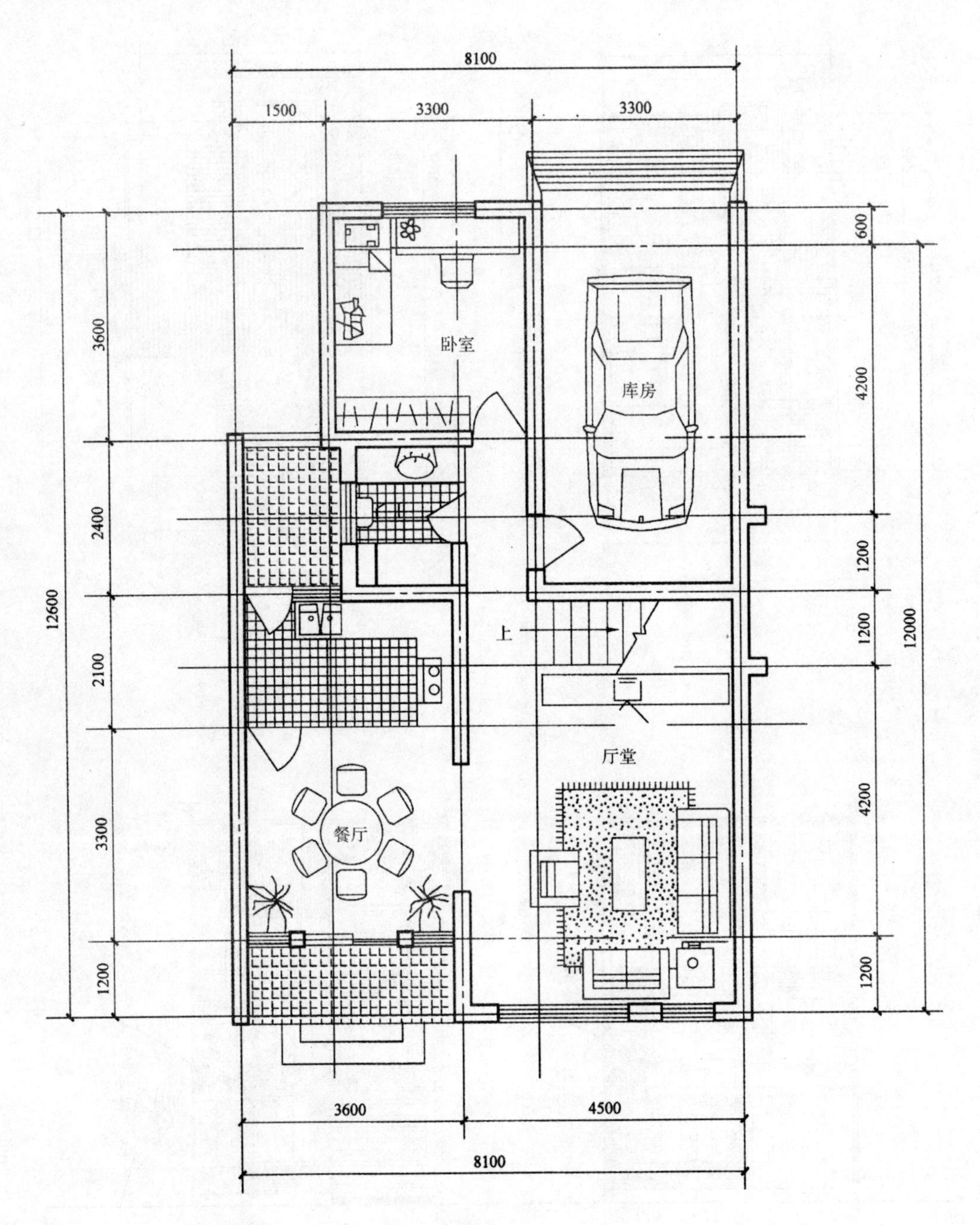
8100
1500
3300
3300
600
3600
卧室
库房
4200
2400
1200
12600
上
1200
12000
2100
厅堂
4200
3300
餐厅
1200
3600
4500
8100

一层平面图（二）

4 特色住宅

4.1 福建华安台湾原住民民俗村三层住宅

设计：福建漳州市建筑设计院　谢雨，指导：骆中钊

设计说明：台湾的原住民，是原住台湾的少数民族的总称。根据考证台湾原住民是我国古代百越族的一部分，是台湾现存最早的土著民，他们的祖先从东南沿海漾洋过海，在台湾阿里山山麓及东部山地一带繁衍，安居乐业，其共分 9 个族群。

目前，共有 150 多位第一代台湾原住民同胞散居在祖国大陆各地，而定居福建省华安县的就有 35 户 119 人，华安成为祖国大陆台湾原住民最多最集中的县，他们主要分布在沙建、仙都、华车和良村 4 乡镇的偏远山村。

各级党和政府认真贯彻党的民族政策，在政治、经济、生活方面给了他们无微不至的关怀。为发展旅游业，促进地方经济，华安县建立了台湾原住民民俗风情园、风情歌舞厅、台湾原住民同胞民俗器具展览馆，并组建了一支台湾原住民民俗表演队以及台湾原住民运动队。每逢游客到来，高山族民俗表演队身着鲜艳的台湾原住民服装、跳起激情奔放舞蹈，成为华安生态之旅一道亮丽的风景线。为了更好地帮助台湾原住民同胞发展经济，促进华安旅游业的发展，2000 年福建省漳州市华安县各级政府决定投资 400 多万元，在华安县城关规划占地约 30 亩[①]山地作为台湾原住民同胞迁入新居后种菜、发展竹果等生产项目的用地。

建设供台湾原住民同胞居住的民俗村是一项创举，但由于与台湾原住民同胞的接触极少，对台湾原住民同胞的居住情况更是一无所知。因此，完成这一任务压力极大。通过翻阅资料和调查研究，使我们对台湾原住民的建筑形式有了初步的认识。

(1) 干栏式建筑

台湾原住民同胞与百越族人居住完全一样，是采用干栏式建筑。最主要作用是避免动物、昆虫以及湿气的侵袭。继而发展成为住宅室内室外的过渡空间，这对于夏季炎热的气候有采凉的作用，同时也是聚会交谊的地方。

注：①　1 亩 =1/15 公顷

(2)形式特色

①“舌”式进口：“舌”进口及门在山墙面是台湾原住民住屋特色。

②鸟尾巴式屋顶：越人崇拜鸟神，以鸟为图腾，把鸟作为至高的象征物饰于器物。台湾原住民同胞也有崇鸟风俗，传说中“鸟”曾为台湾原住民同胞取来火种，在如今台湾原住民同胞房屋的屋脊上，仍然点缀有鸟形的饰物。

③倒梯型的墙壁：台湾原住民同胞住屋的墙壁是用芦苇编制的，外抹灰泥，墙面做成倒梯型的斜面，水在斜面上不能渗进室内，而直接滴落地面，从而起到防水的作用。

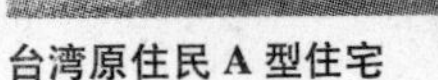

台湾原住民A型住宅

台湾原住民B型住宅

台湾原住民C型住宅

④红色玻璃珠的装饰：据有关资料介绍。台湾原住民对红色玻璃珠相当重视。据记载：“……当任何人生病，巫医在病人身上挥动香蕉叶，接吻与吸吮痛苦的部分，不管生与死，巫医唯一的报酬是红色玻璃珠”，“……把槟榔放进一个红色玻璃珠，放在掌心，在神的脸前挥动，希望能帮助并保佑他们的追猎。”“……提供槟榔与红珠的人，往往被认为可能在向对方寻找和平”。由此，他们往往把象征吉祥的红色玻璃珠作为建筑的饰物。

(3)宗教

台湾原住民的宗教信仰为祖灵信仰，在他们的祖灵里，布施与降祸几乎都是由同一灵魂所造成，这种没有清楚界定的灵魂主宰着他们的生命观。因此，祖灵是时刻与活着的人在一起的。

在高山族的生活习俗中，没有汉人过年的习俗，但却维持着过年在厨房祭祖的巴律令仪式，当天午夜全家聚集在厨房，女主人先准备一块干净的板子放在厨灶上，由家中最年长的女性开始，先在两个酒杯中分别斟上白醇酒和一般米酒，由主祭者念祷文。巴律令仪式后，一般都还有一个围炉团聚的活动，在屋内升起火，祖灵在此时会回到家中，与家人团聚，共度一个温馨的夜晚。

根据以上的标识，可以看到，台湾原住民在千百年的生活体验中，已发展出一套适应潮湿多雨的建筑文化。福建省的华安县也是一个潮湿多雨的地方，因此在华安台湾原住民民俗村的住宅设计中应从台湾原住民的建筑文化出发，采用现代建筑技术进行建造。

通过反复比较，推荐了A、B、C三个设计方案供华安的台湾原住民同胞选择，这三个设计方案的共同特点是：

①为了适应华安的气候条件和地处山坡的建筑场地，采用底层架空作为休闲空间的干栏式建筑。

②入口楼梯为布置在山墙面的“舌”式楼梯。

③在平面布置中，较为宽敞的厨房，可供炊事及在厨房举行祭祖的巴律令仪式。可供家庭自用的卧室和卫生间，一般均布置在二层，而供游客居住的客房一般布置在三层，并有宽敞的车库。为了适应游客相对独立的需要，C 型住宅布置了自室外直达三层的室外楼梯。此外，布置了露天的活动露台，以满足游客参加及欣赏各种台湾原住民同胞富有特色的活动的愿望，如露天石板烧烤、中心顶竿球、柁罗及广场的歌舞和体育活动比赛等。

(4)在立面造型上采用了带有鸟尾造型屋脊的双坡顶或歇山顶及倒梯型的墙面，并以红色玻璃珠作为山墙面的装饰

华安台湾原住民民俗村的三种住宅以其颇富传统的风貌展现了独具特色的台湾原住民建筑文化，而简洁明快、通透轻巧的立面造型又极具时代气息。

台湾原住民的干栏式民居

“舌”进口及门在山墙面

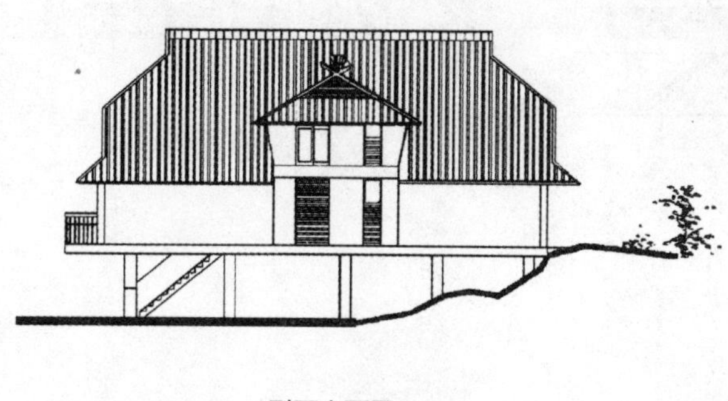

A型西立面图

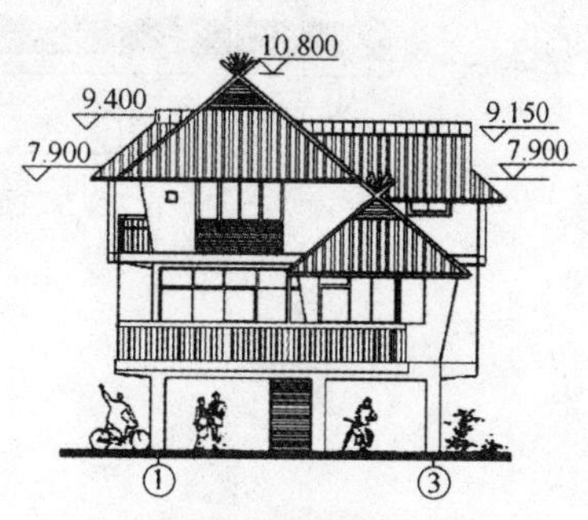

A型南立面图

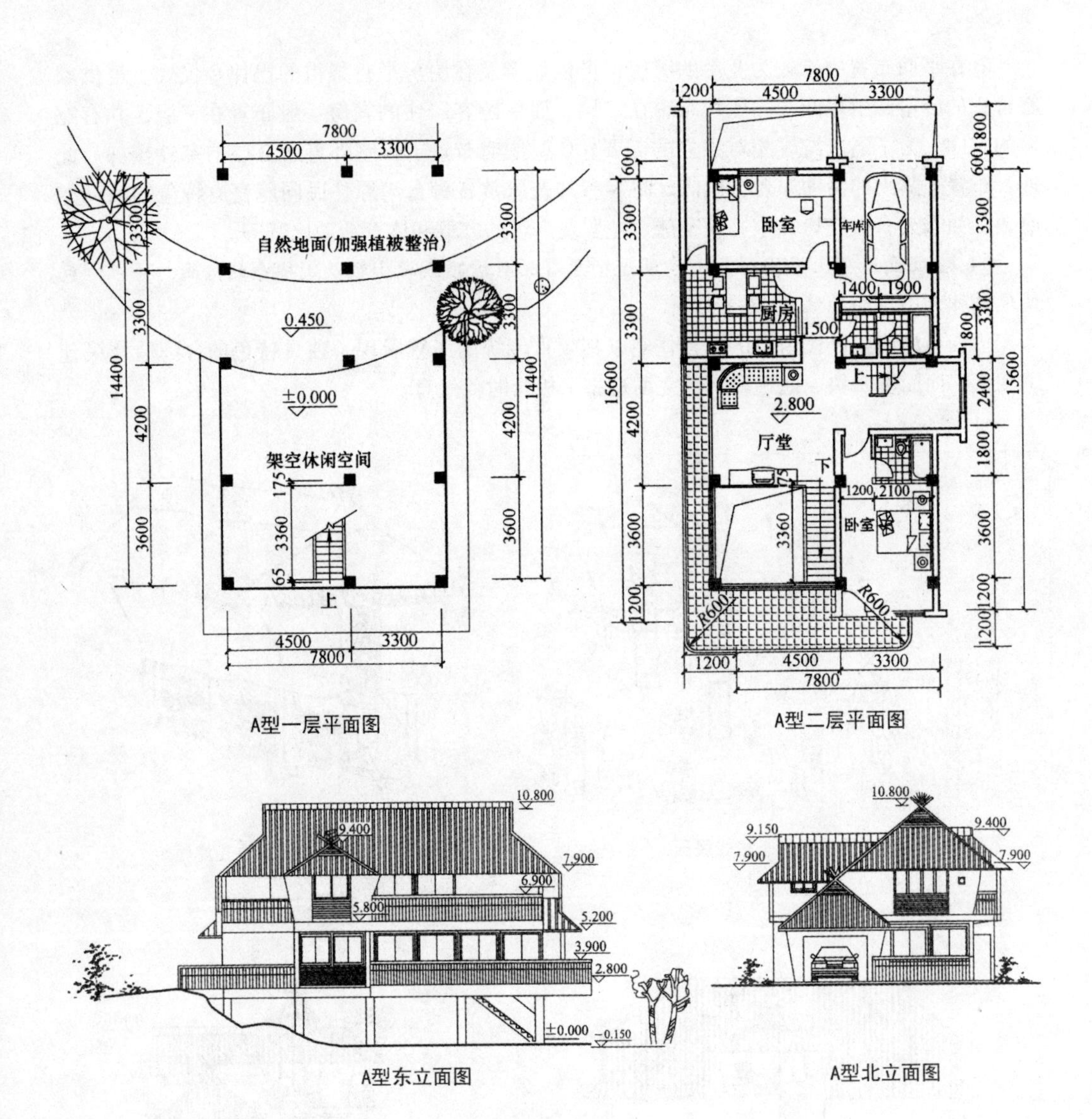

A型一层平面图

A型二层平面图

A型东立面图

A型北立面图

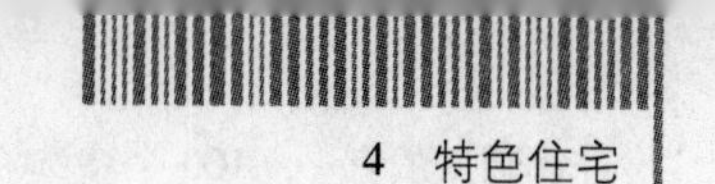

卧室
卧室
2.800
活动厅
下
卧室

A型三层平面图

A型屋顶平面图

0.450
自然地面(加强植被整治)
±0.000
架空休闲空间
-0.200

B型一层平面图

卧室
卧室
卧室
2.800
厅堂
下
卧室
主卧

B型二层平面图

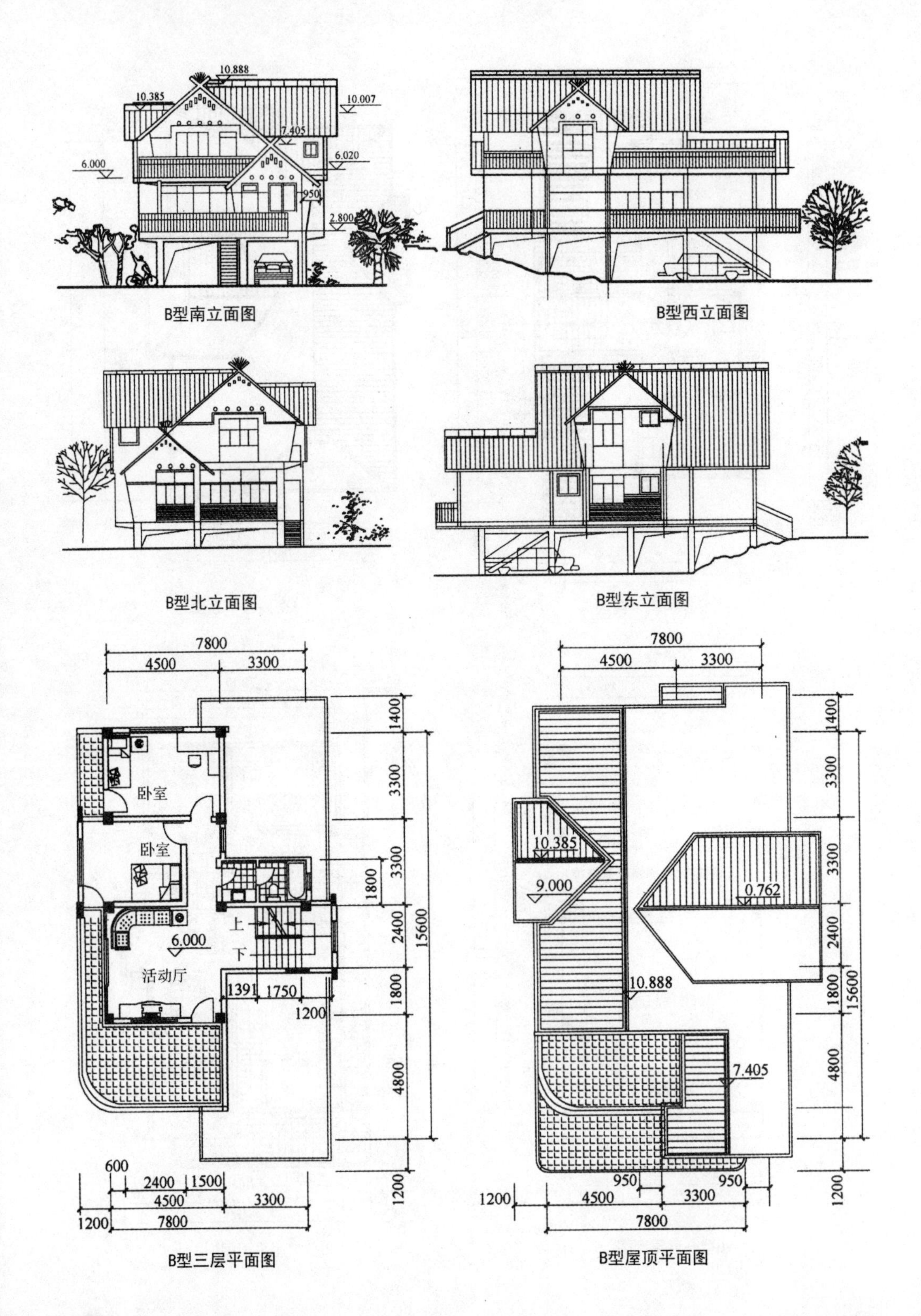

B型南立面图

B型西立面图

B型北立面图

B型东立面图

B型三层平面图

B型屋顶平面图

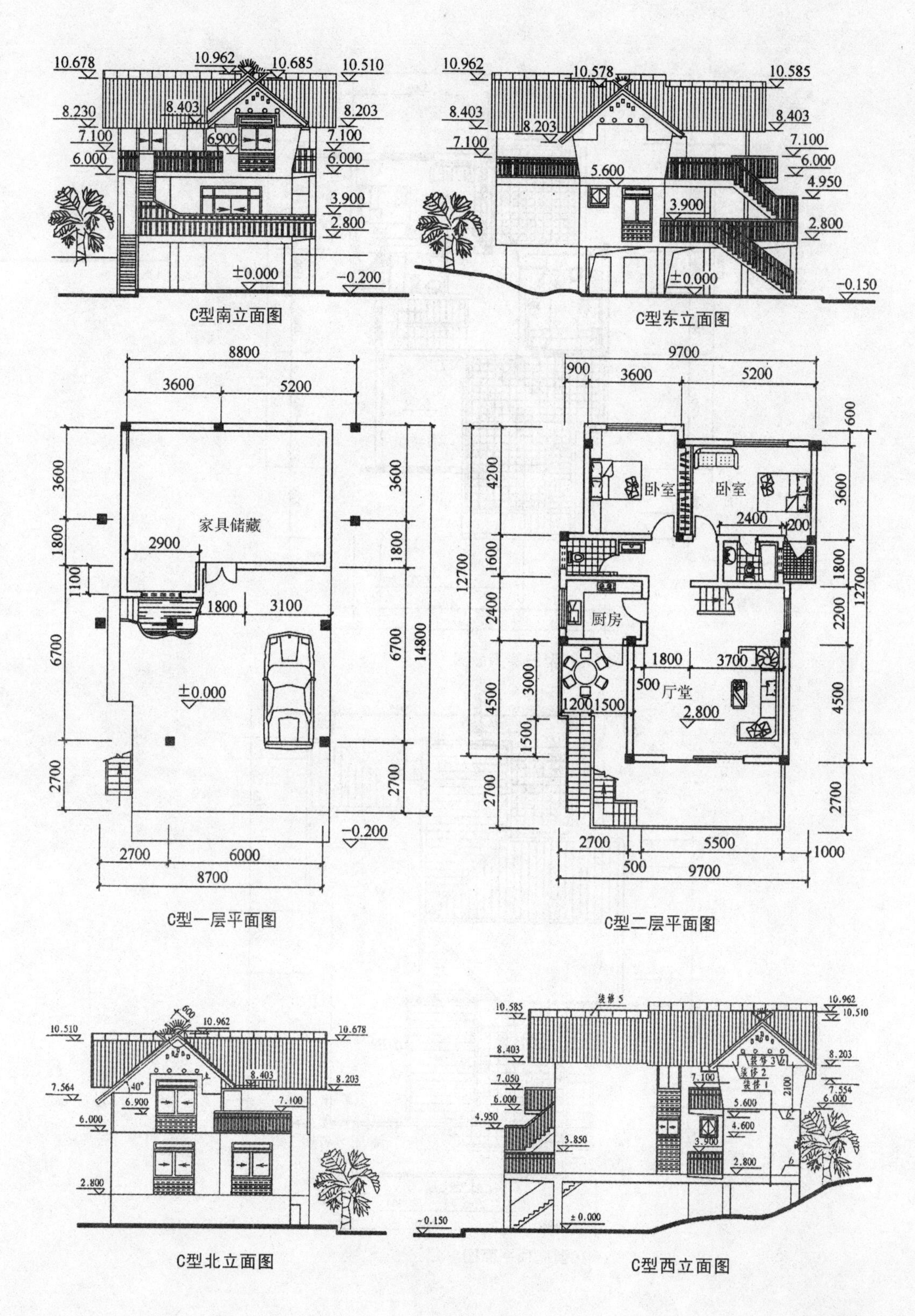

C型南立面图

C型东立面图

C型一层平面图

C型二层平面图

C型北立面图

C型西立面图

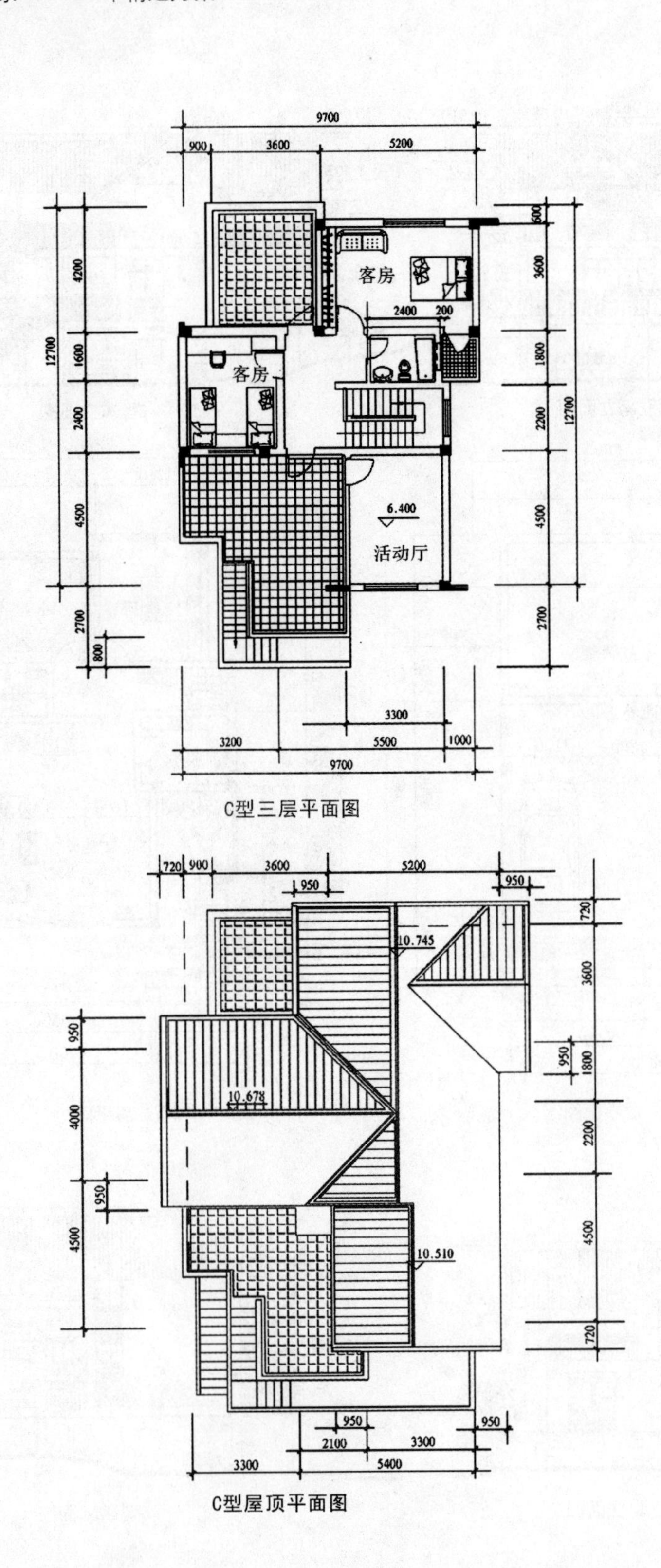

C型三层平面图

C型屋顶平面图

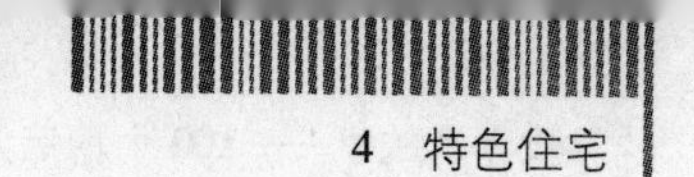

4.2 四川省凉山州木里县鸭嘴牧民住宅

设计：攀枝花市规划建设设计研究院

方案特点：本方案为四川省凉山彝族自治州木里藏族自治县鸭嘴藏族的牧民住宅，设计中注重功能要求，在建筑造型上努力突出藏族建筑的形象。

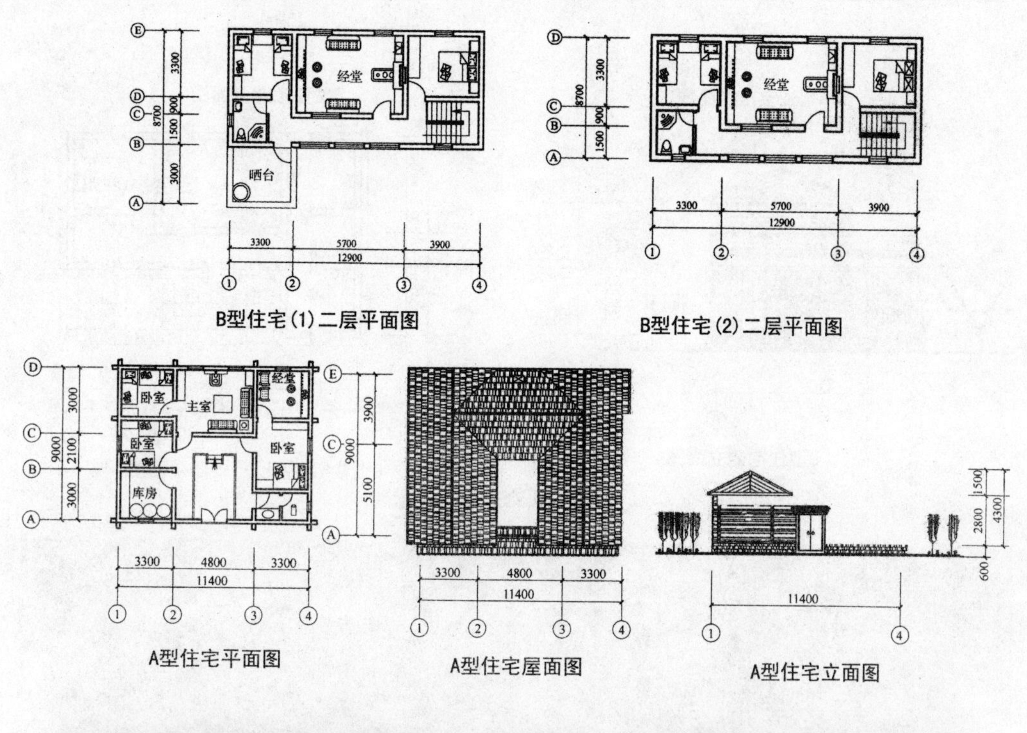

B型住宅(1)二层平面图

B型住宅(2)二层平面图

A型住宅平面图

A型住宅屋面图

A型住宅立面图

A 型住宅立面

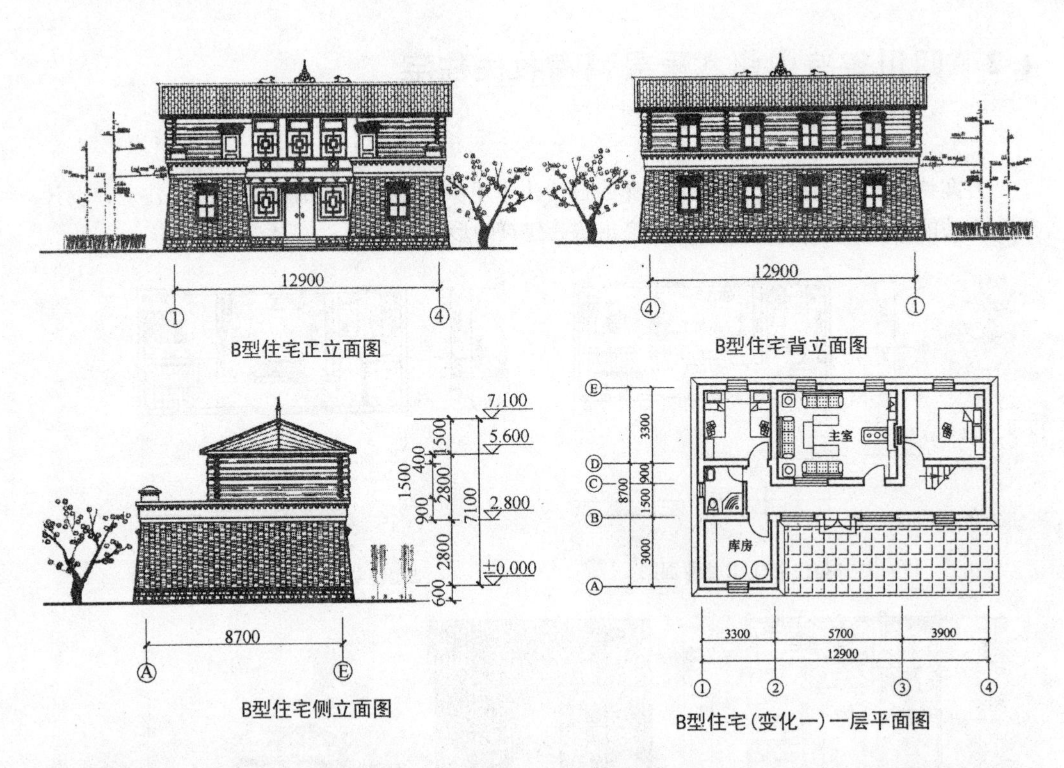

B型住宅正立面图

B型住宅背立面图

B型住宅侧立面图

B型住宅（变化一）一层平面图

B 型住宅立面

4.3 瑞丽傣族二层住宅

摘自《城镇小康住宅设计图集二》

方案特点：本方案为云南省德宏傣族景颇族自治州瑞丽市傣族住宅，是典型的底层架空干栏式建筑。功能合理，造型别致，颇具特色。

透视图

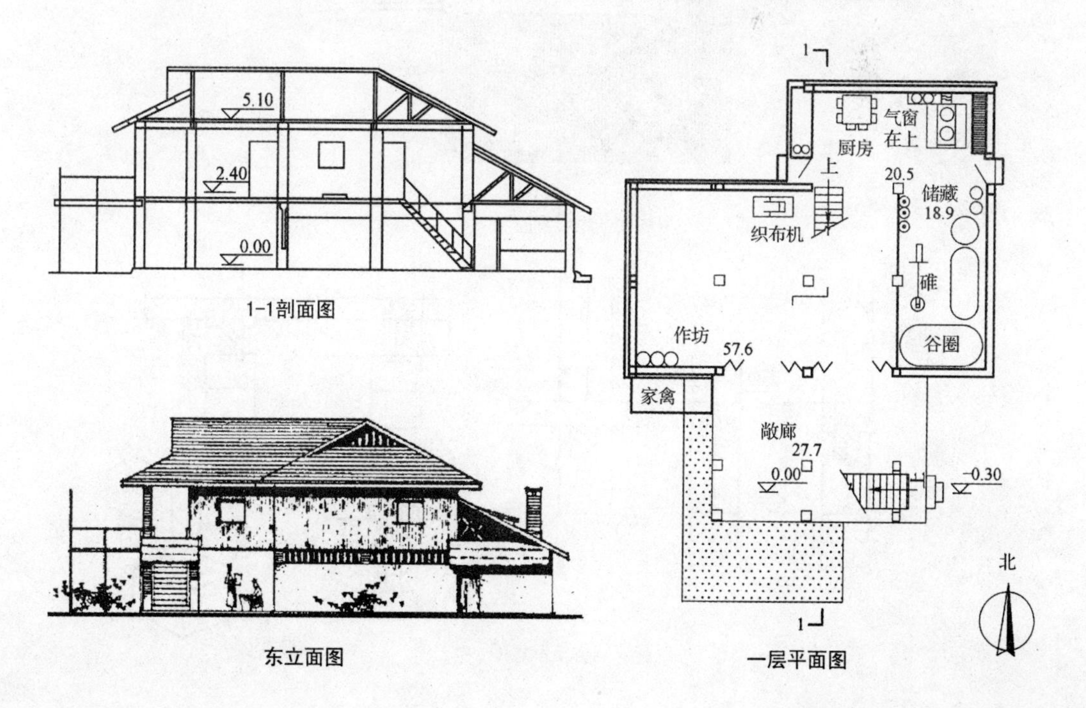

1-1剖面图

东立面图

一层平面图

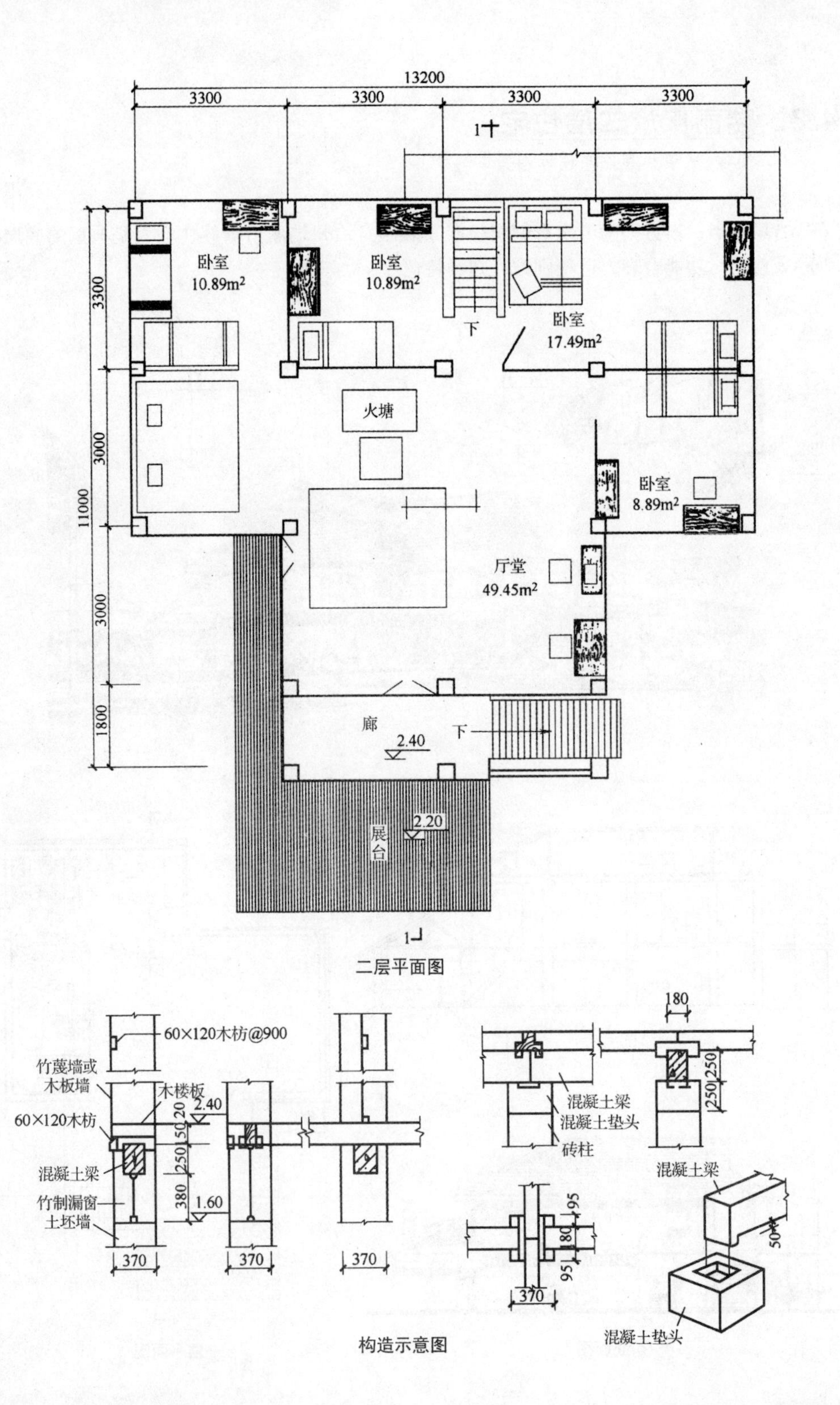
13200
3300
3300
3300
3300
1
卧室
10.89m²
卧室
10.89m²
下
卧室
17.49m²
火塘
卧室
8.89m²
厅堂
49.45m²
廊
2.40
下
展台
2.20
1
3300
3000
3000
1800
11000
60×120木枋@900
竹蔑墙或
木板墙
木楼板
2.40
60×120木枋
混凝土梁
竹制漏窗
土坯墙
1.60
370
370
370
180
混凝土梁
混凝土垫头
砖柱
250
250
95
180
95
370
混凝土梁
50
混凝土垫头

二层平面图

构造示意图

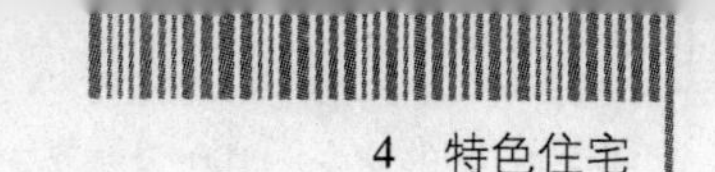

4.4 二层制茶专业户住宅

设计：福建华安县建设局 邹银宝等，指导：骆中钊

方案特点：本方案为制茶专业户住宅，除考虑住宅的居住功能外，特为制茶设置了工场、仓库和晾晒场所，以满足生产的要求。

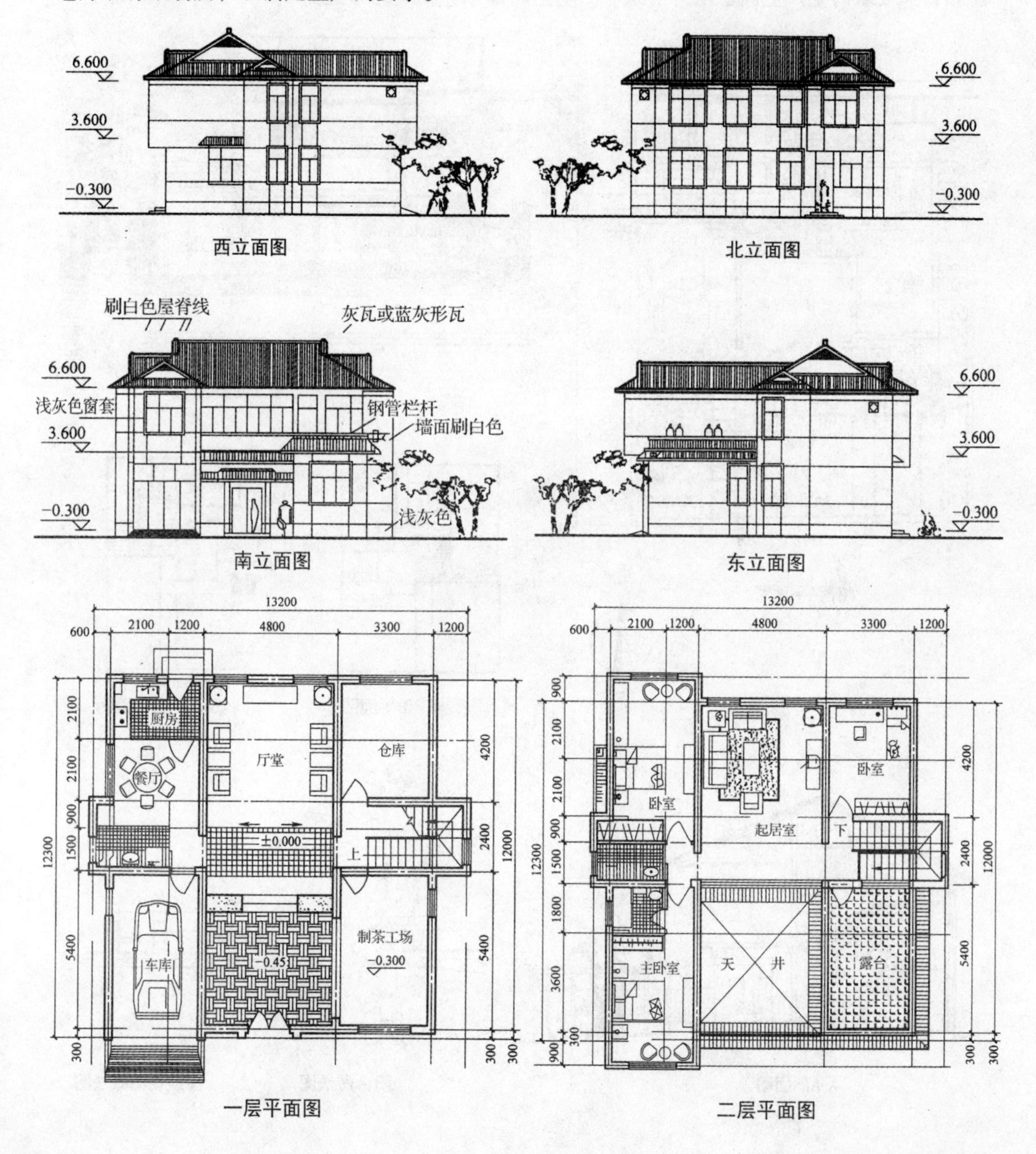

西立面图　北立面图

南立面图　东立面图

一层平面图　二层平面图

4.5 二层养花专业户住宅

摘自《村镇小康住宅设计图集二》

方案特点：本方案为养花专业户住宅，除布置家庭生活的功能空间外，把养花所需的场所和特殊要求的生产空间、对外洽谈等活动空间都做了相应的布置。

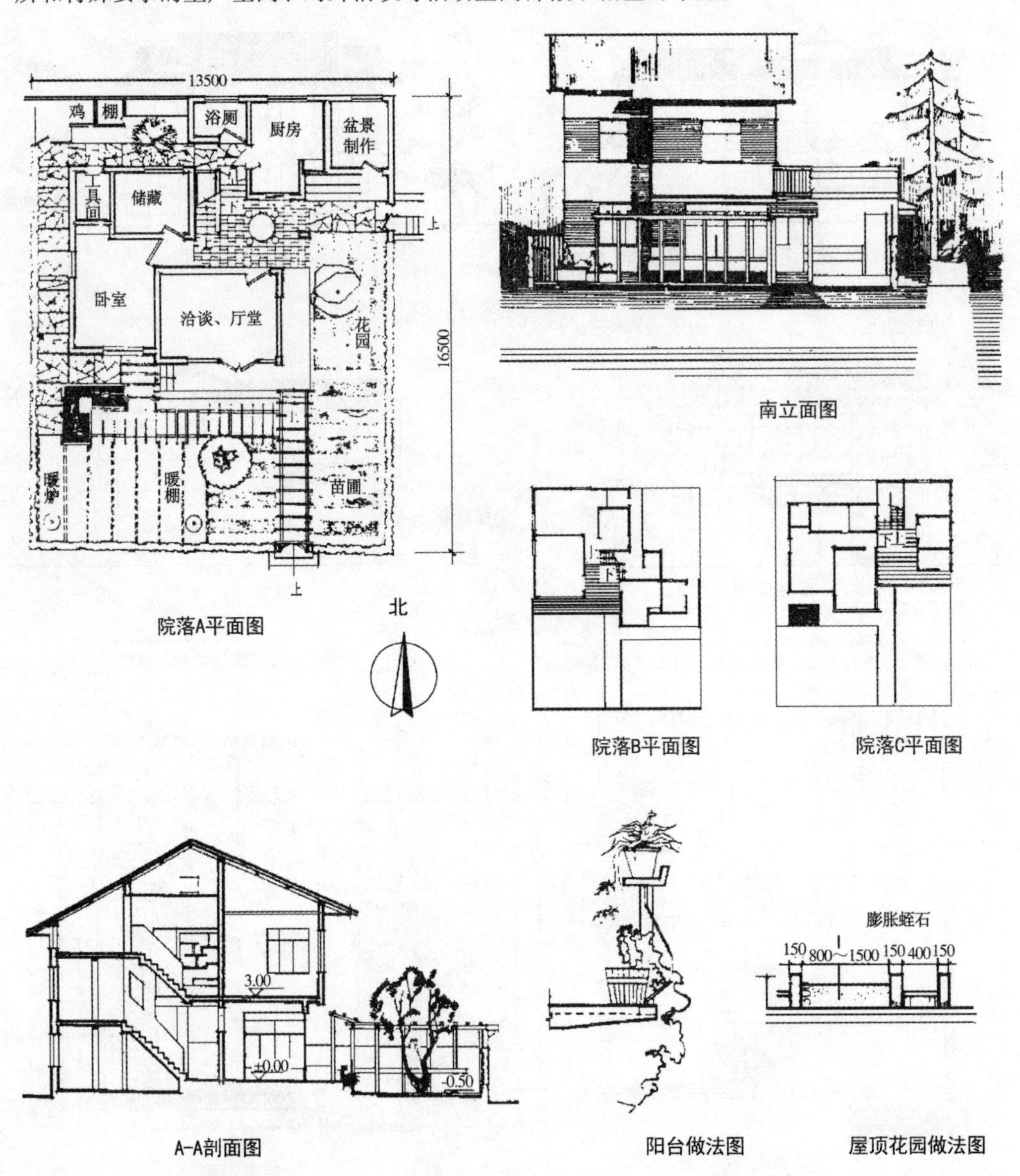

院落A平面图

南立面图

院落B平面图

院落C平面图

A-A剖面图

阳台做法图

屋顶花园做法图

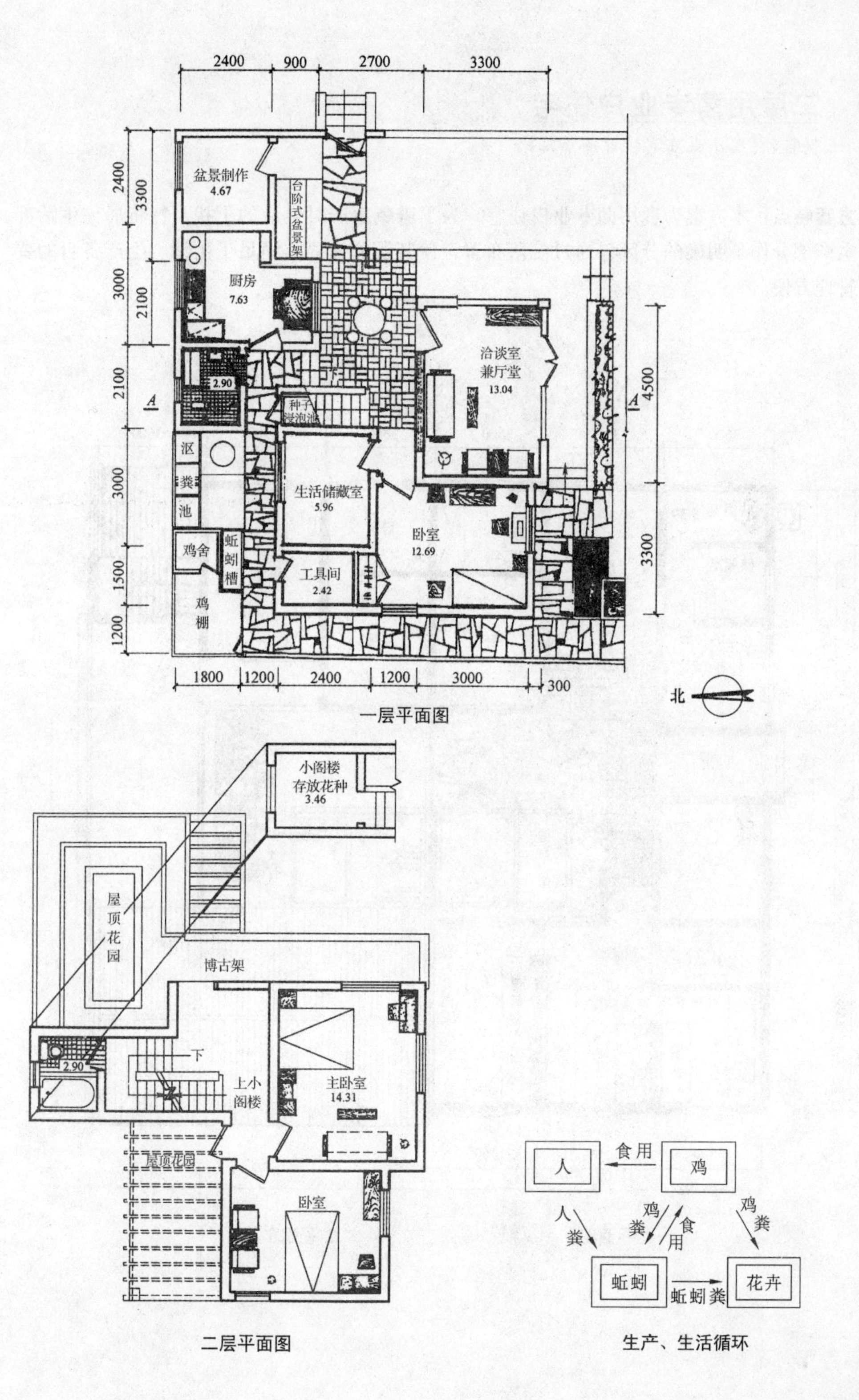

一层平面图

二层平面图

生产、生活循环

4.6 二层用菌专业户住宅

摘自《村镇小康住宅设计图集二》

方案特点：本方案为食用菌专业户住宅，为了避免生产对生活的干扰，特将居住生活部分和生产部分作了明确的分区，通过院落布置，使其既分又离，满足了生活、生产各自的要求，管理方便。

一层平面图　　二层平面图

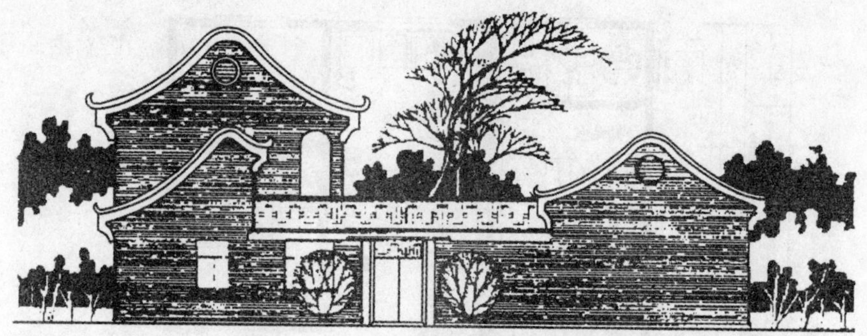

西立面图

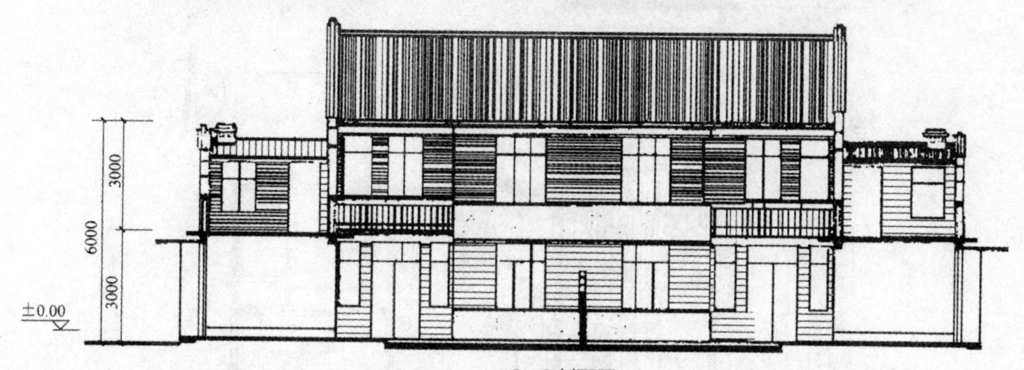

Ⅰ-Ⅰ剖面图

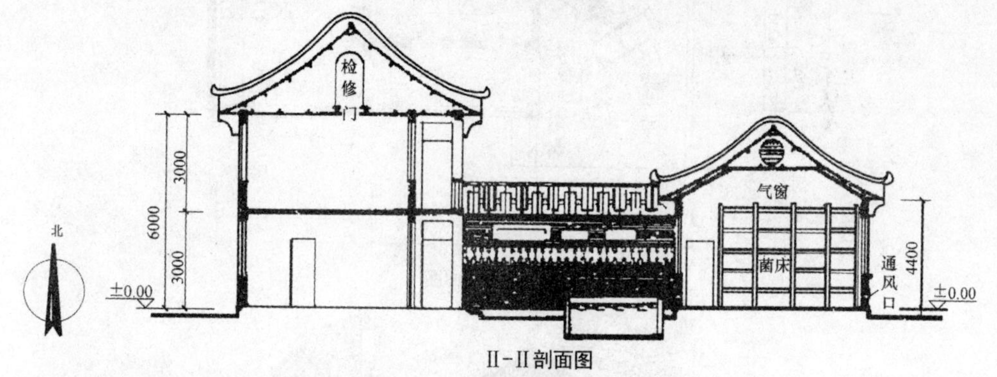

Ⅱ-Ⅱ剖面图

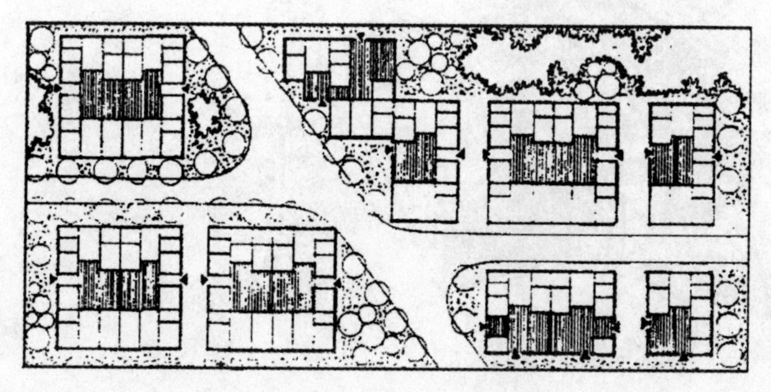

群体组合示意图

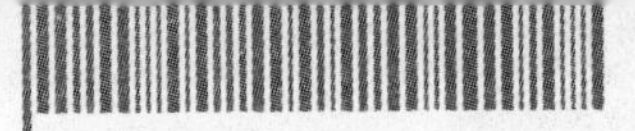

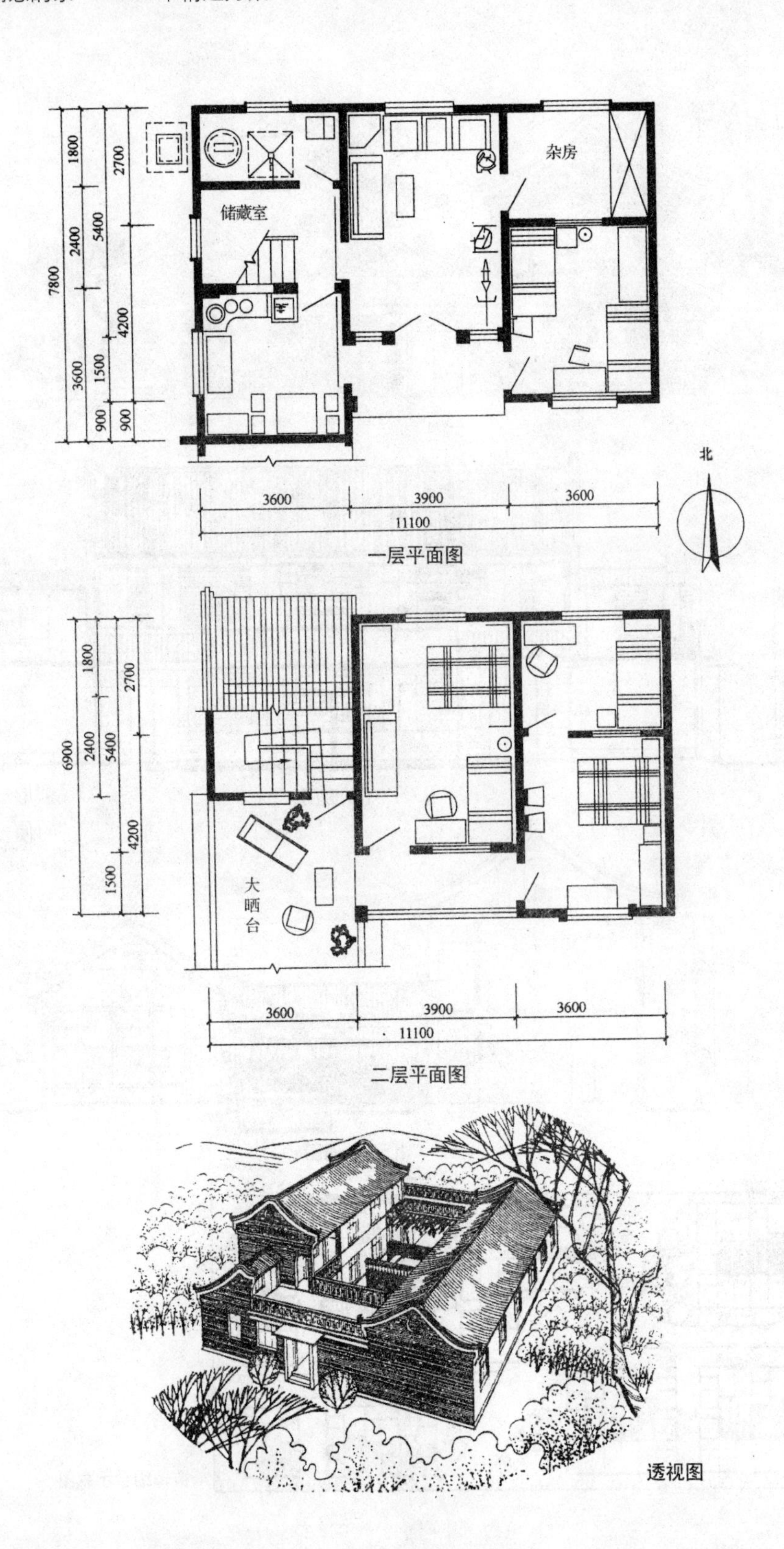
杂房
储藏室
1800
2400
3600
900
2700
5400
1500
900
4200
7800
3600
3900
3600
11100
北
一层平面图
大
晒
台
6900
1800
2400
1500
2700
5400
4200
3600
3900
3600
11100
二层平面图
透视图

4.7 两代居住宅①

设计：连云港市建筑设计研究院 屈雪娇 仰君华

设计说明

①本方案在设计上充分考虑了当代人的生活方式，以相互尊重的态度，将这一思想体现在设计中。根据老人的特点，将一层作为老年代的居住空间，设单独出入口，单独厨卫；二层作为年轻代的居住空间，也设单独出入口，单独厨卫。同时，又通过一部室内楼梯将一层、二层连接。这样形成两部分既独立又紧密联系的布局，充分体现了敬老、爱老、护老这一主题，同时，尊重了两代人互不相同的生活方式。在功能布局上利用了较符合人性的处理手法，充分体现"两代居"的特点。

②方案在庭院布局上形成前后独立的前院与后院，前院做生活庭院布置，后院做杂物院布置并设计有沼气池，形成良好的使用功能；两种方案都考虑村镇建设用地实际情况，建筑结合庭院形成矩形用地，使方案组合起来更加灵活，既可做独立布置又可做联排布置。

③方案设计充分考虑村镇居民的劳动副业问题，在机具库上部布置家庭小作房，为使用者创造更好的致富环境；同时在布局上又充分考虑作坊可能给居住空间带来的影响，利用楼梯间的休息平台做文章，既充分利用了空间，又将作坊与生活空间自然分开，同时提高了建筑的经济性。

④A、B型方案在造型上，追求一种与大自然相互融合的当代民居风格，力求形式新颖、风格独特，A、B型方案都属于小面积住宅，设计力求在小面积控制下形成良好的使用功能，为小康农家创造出更加实际、更加完美的居住条件。

技术经济指标

面积	A型	B型
建筑面积(m^2)	121	142
使用面积(m^2)	97.4	116
建筑占地(m^2)	66.1	82.4
平面利用系数(%)	80.5	81.5
前院面积(m^2)	22.2	53.2
后院面积(m^2)	9.18	25.6
总用地面积(m^2)	97.5	161.2

效果图

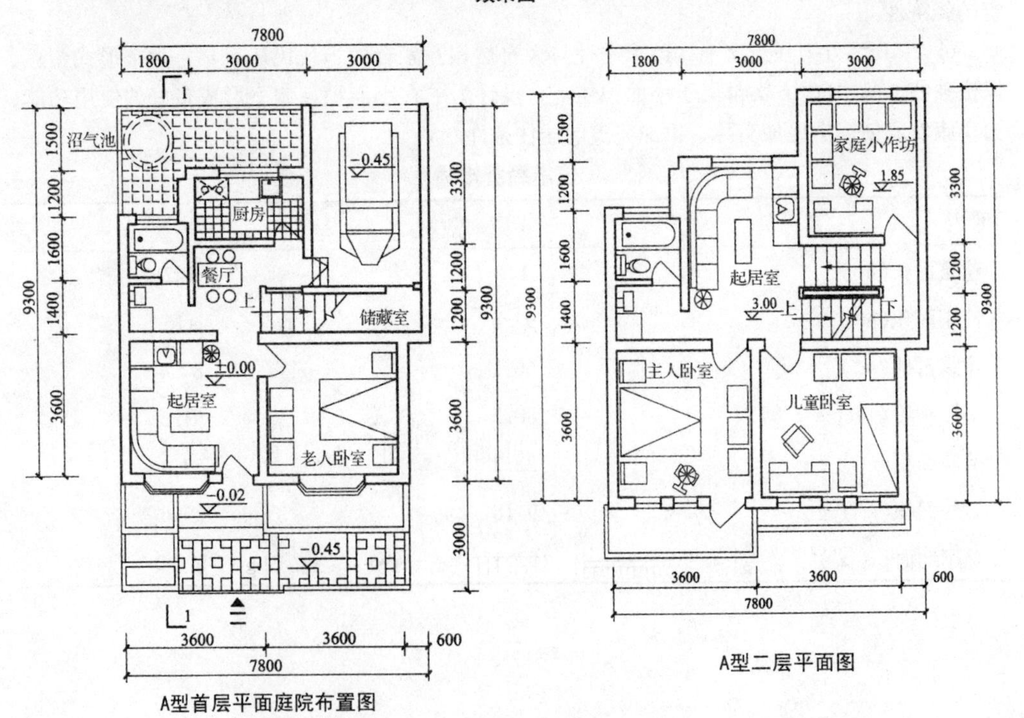

A型首层平面庭院布置图

A型二层平面图

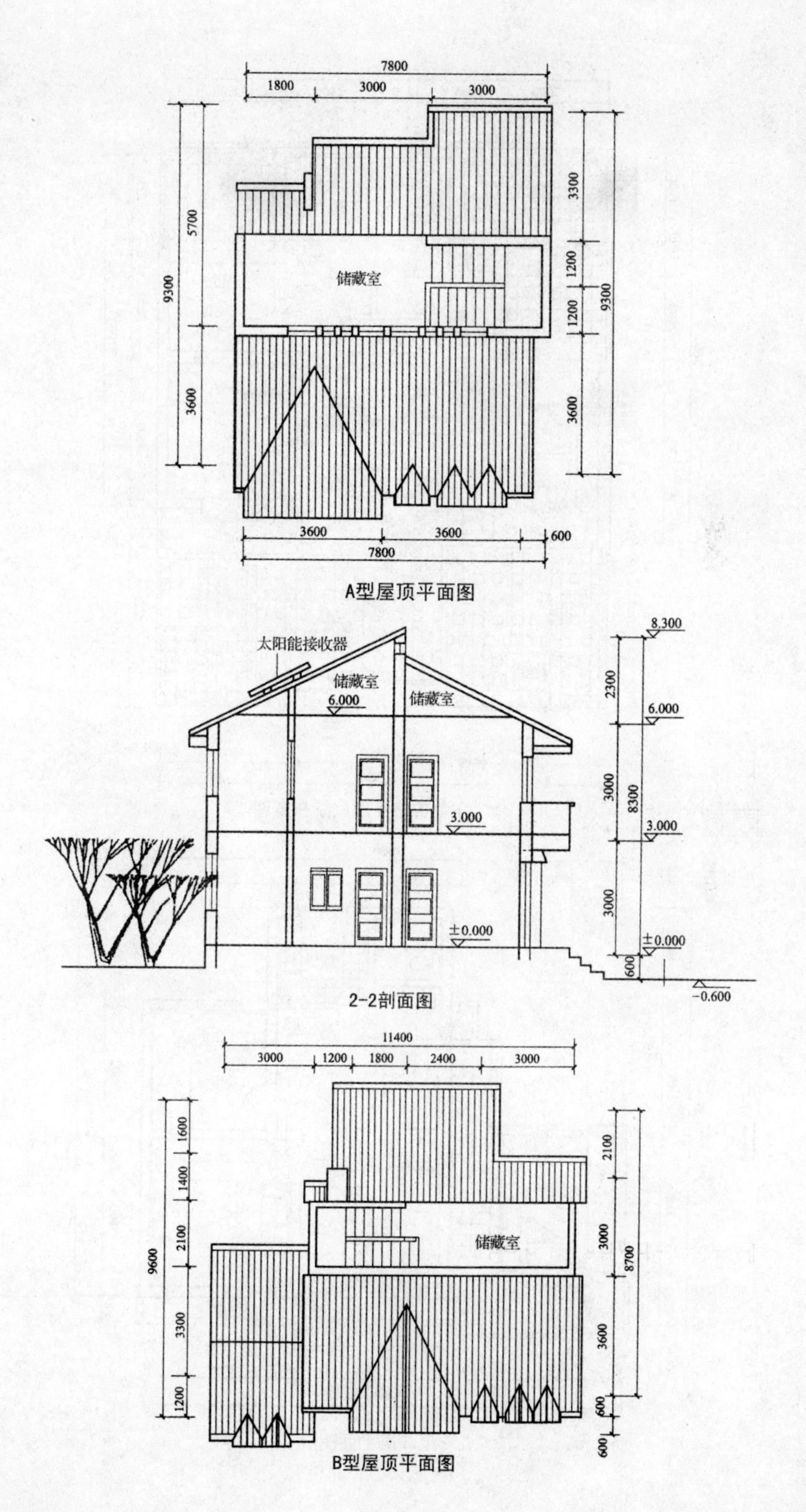
7800
1800
3000
3000
5700
9300
3600
3300
1200
1200
9300
3600
储藏室
3600
3600
600
7800
A型屋顶平面图
太阳能接收器
储藏室
储藏室
6.000
3.000
±0.000
8.300
2300
6.000
3000
8300
3.000
3000
±0.000
600
-0.600
2-2剖面图
11400
3000
1200
1800
2400
3000
1600
1400
2100
9600
3300
1200
2100
3000
8700
3600
600
600
储藏室
B型屋顶平面图

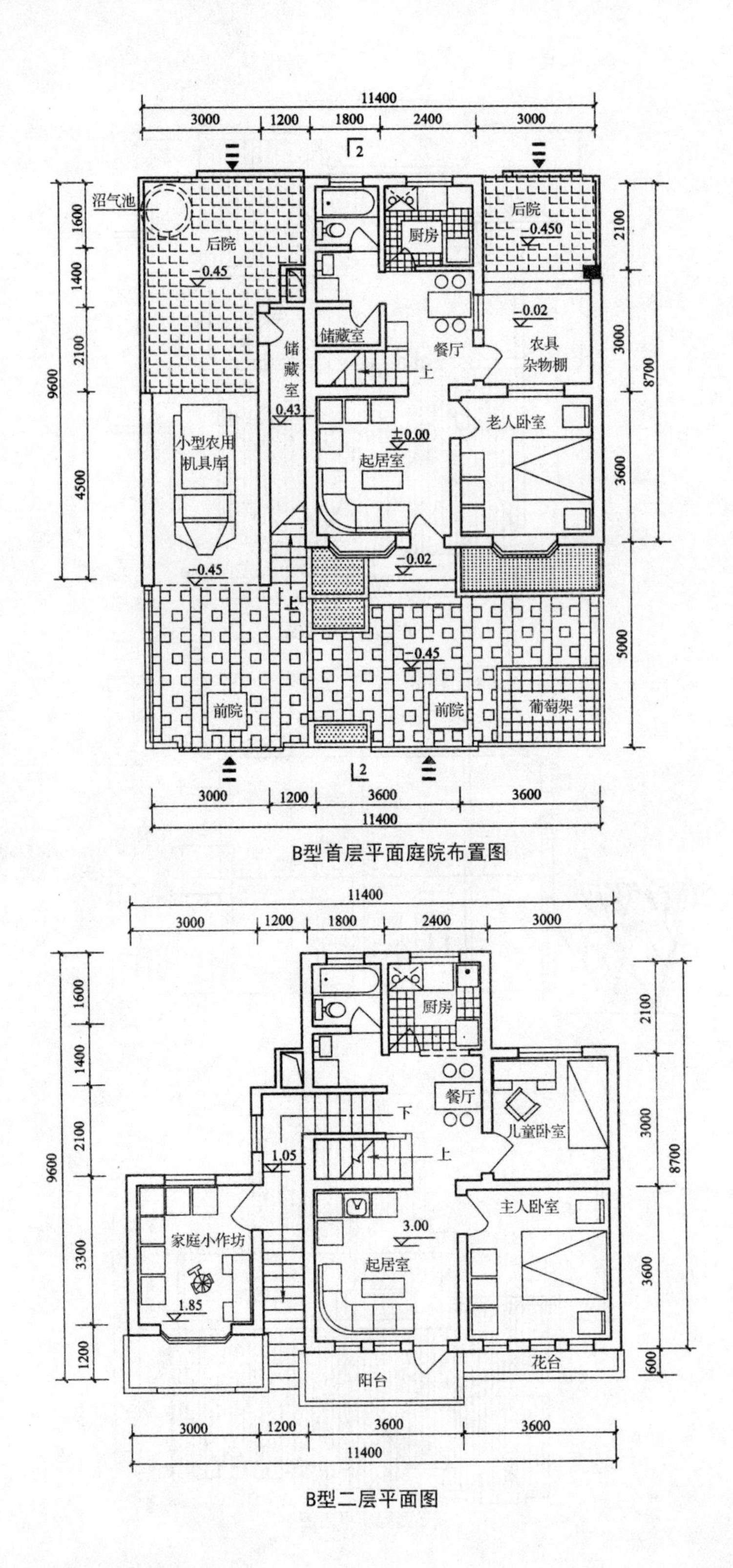

B型首层平面庭院布置图

B型二层平面图

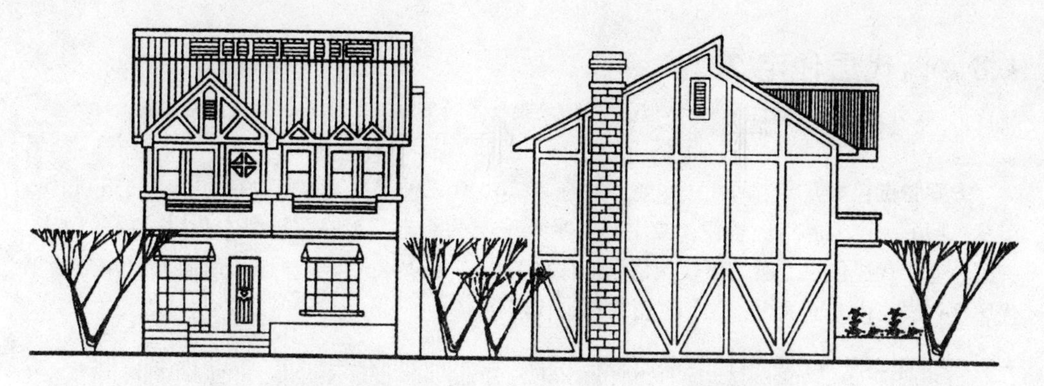

A型南立面图　　A型西立面图

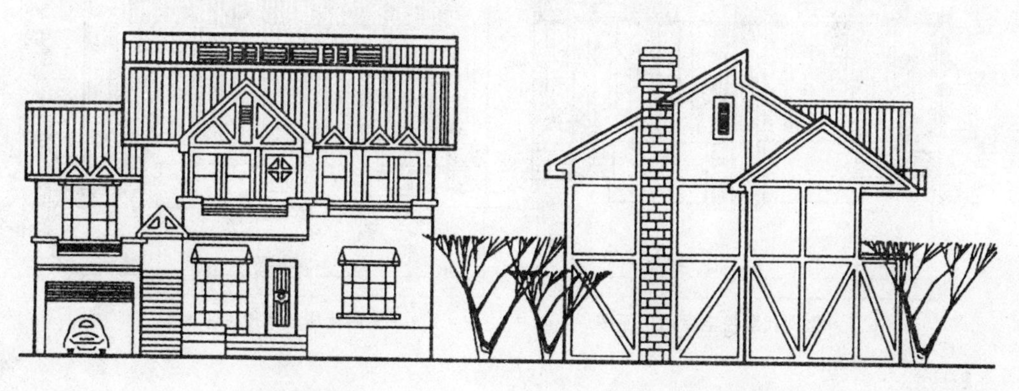

B型南立面图　　B型西立面图

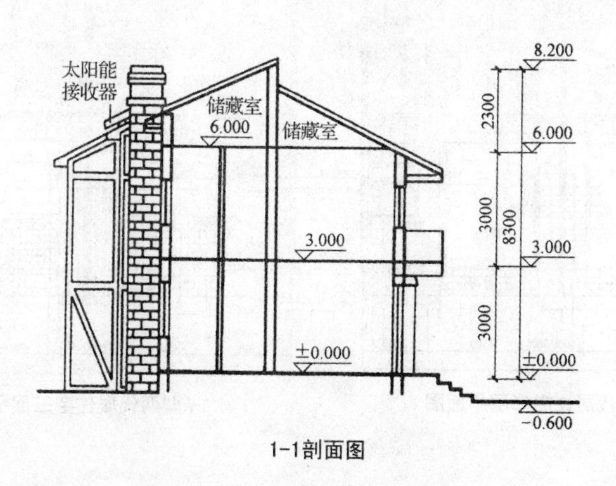

1-1剖面图

4.8 两代居住宅②

设计：北方工业大学　宋效巍，中国建筑技术研究院　梁咏华，指导：骆中钊

方案特点：本方案为两代居住宅，共有A、B、C三种类型。A型为共用一层的门廊。一层及二层的一半为老年代居住；二层的一半及三层为年轻代居住。B型为共用一层的门廊。一层为老年代居住；二层为年轻代居住。C型为南、北分开入口。一层由南面入户，为老年代居住；二层由北面入户；二、三层为年轻代居住。

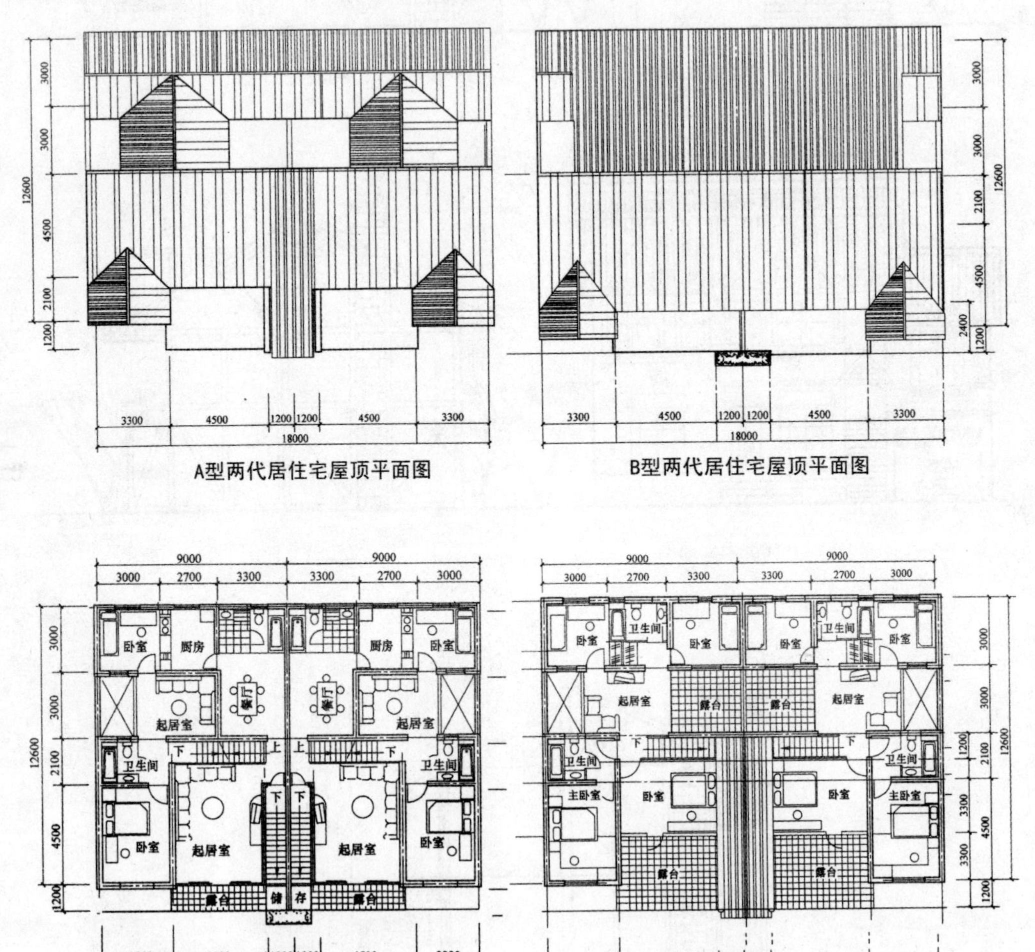

A型两代居住宅屋顶平面图

B型两代居住宅屋顶平面图

A型两代居住宅二层平面图

A型两代居住宅三层平面图

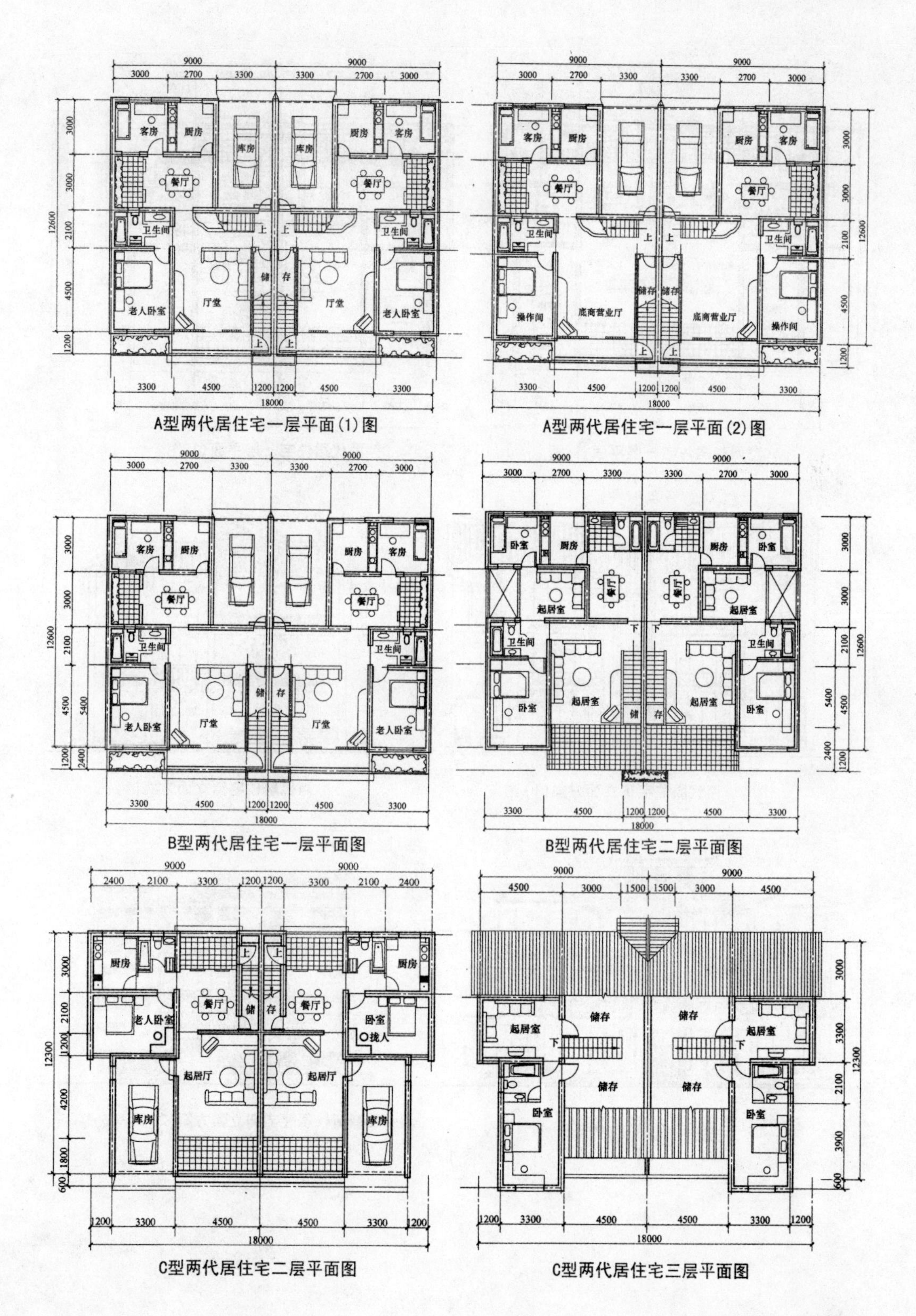

A型两代居住宅一层平面(1)图

A型两代居住宅一层平面(2)图

B型两代居住宅一层平面图

B型两代居住宅二层平面图

C型两代居住宅二层平面图

C型两代居住宅三层平面图

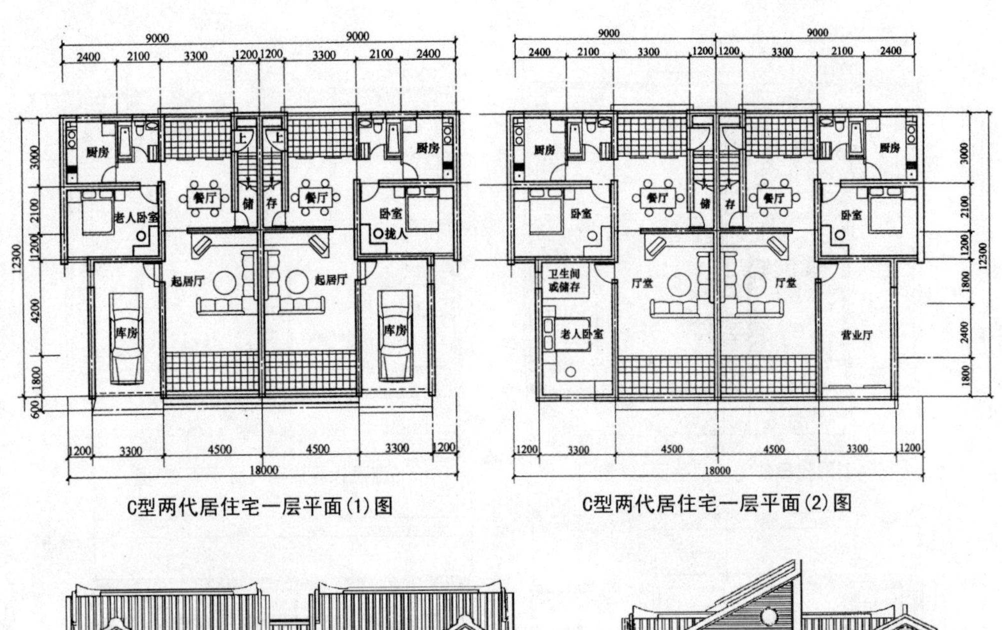

C型两代居住宅一层平面(1)图

C型两代居住宅一层平面(2)图

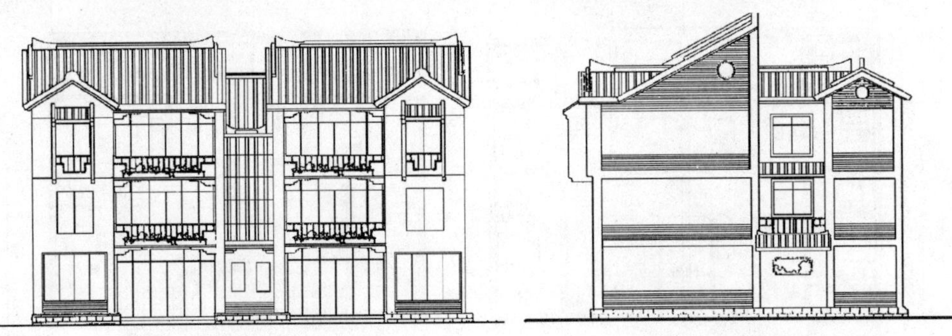

两代居住宅正立面方案(1)图

两代居住宅侧立面方案(1)图

两代居住宅正立面方案(2)图

C 型两代居住宅侧立面方案(2)图

两代居住宅立面方案(2)效果图

两代居住宅立面方案(1)效果图

4.9 两代居住宅③

设计：上海同济城市规划设计研究院

方案特点：本方案为两代居住宅，A 型均为南入口。一层居住老年代，二、三层居住年轻代。年轻代居住的二、三层既可与老年代共用一层厅堂进入，也可自侧面单独出入。B 型分为南、北入口。一层为老年代居住；二、三层为年轻代居住，由北面共用门廊出入。

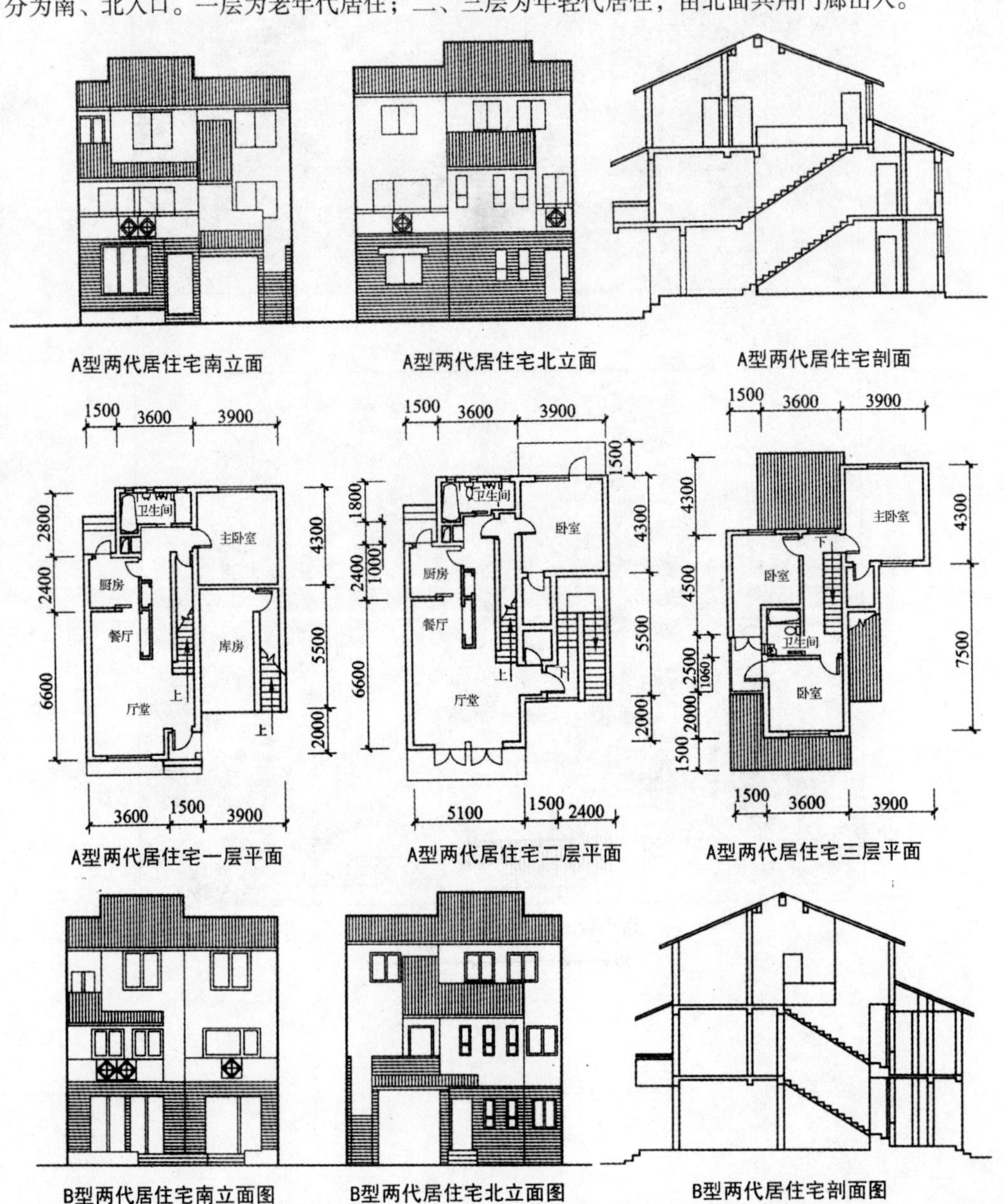

A型两代居住宅南立面　A型两代居住宅北立面　A型两代居住宅剖面

A型两代居住宅一层平面　A型两代居住宅二层平面　A型两代居住宅三层平面

B型两代居住宅南立面图　B型两代居住宅北立面图　B型两代居住宅剖面图

B型两代居住宅一层平面图

B型两代居住宅二层平面图

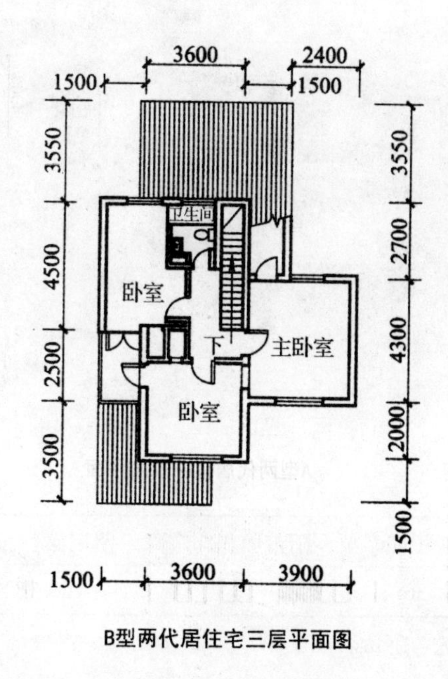

B型两代居住宅三层平面图

4.10 山坡地住宅①

设计：桂林地区规划建筑设计室　于小明

设计特点

①合理利用坡地，在创造理想的居住环境的同时改善生态环境。

②重视节能和生态环境保护，设有沼气池、太阳能热水器，并设屋顶贮水池。

③建筑造型体现桂北民居特色，依山就势，错落有致，收放自如。

④力求生活环境与自然环境息息相通，体现“天人合一”的古代自然观。

⑤庭院经济、庭院绿化立体化。

技术经济指标

户　　型	建筑面积/m²	阳台面积/m²	使用面积/m²	平面利用系数/%
两房两厅	152. 36		109. 78	72. 6

注：每户用地 150m²；建筑占地 108. 5m²。

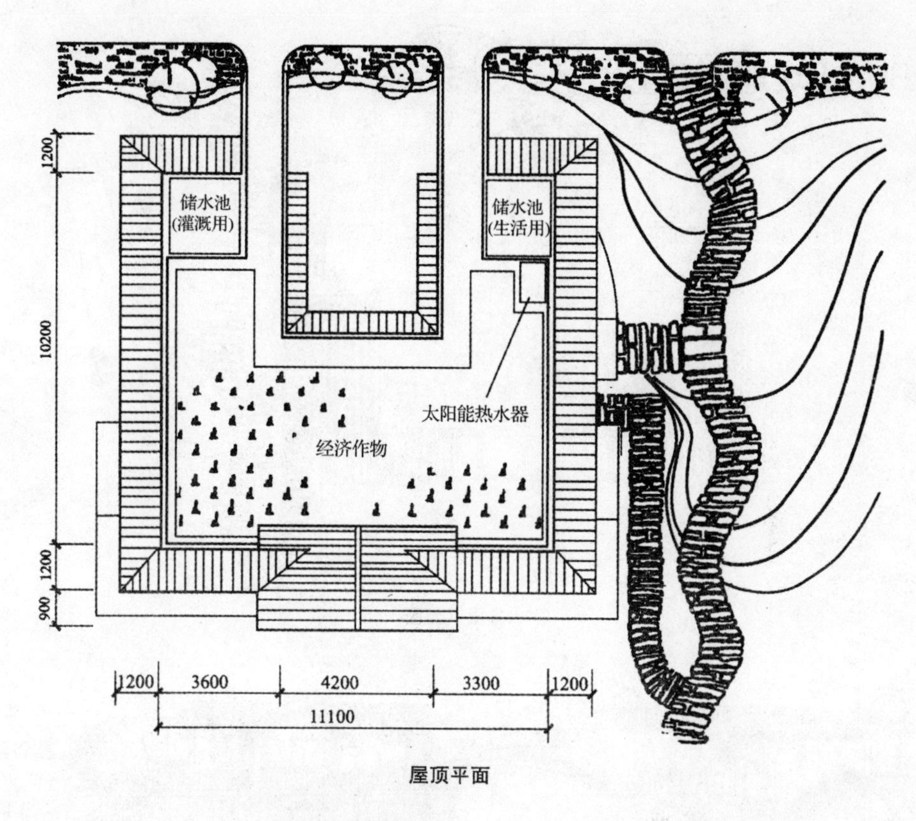
储水池
(灌溉用)
储水池
(生活用)
太阳能热水器
经济作物
1200
10200
1200
900
1200
3600
4200
3300
1200
11100

屋顶平面

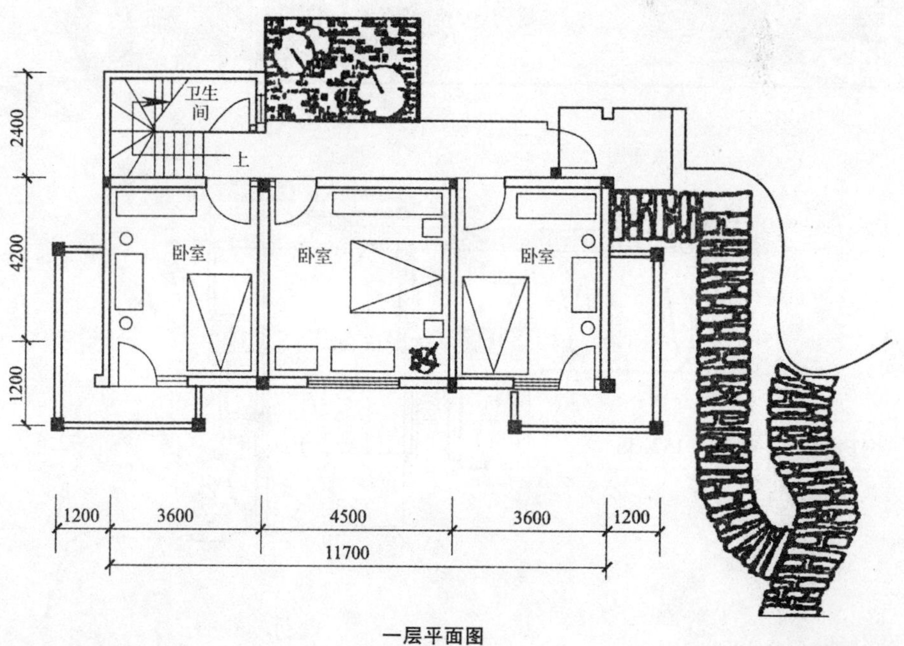
卫生
间
上
卧室
卧室
卧室
2400
4200
1200
1200
3600
4500
3600
1200
11700

一层平面图

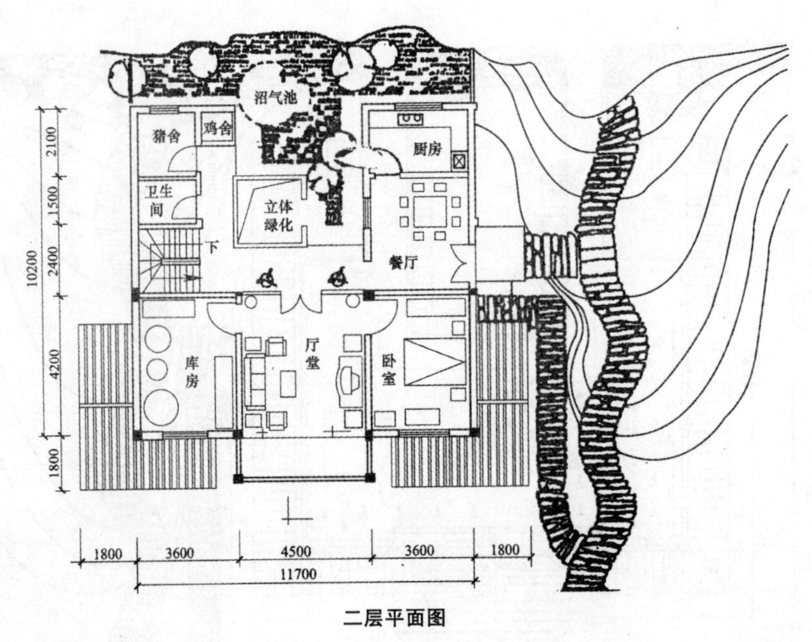

二层平面图

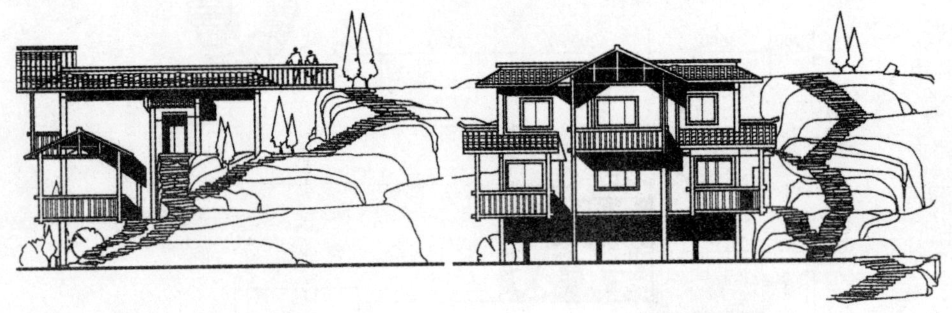

东立面图

南立面图

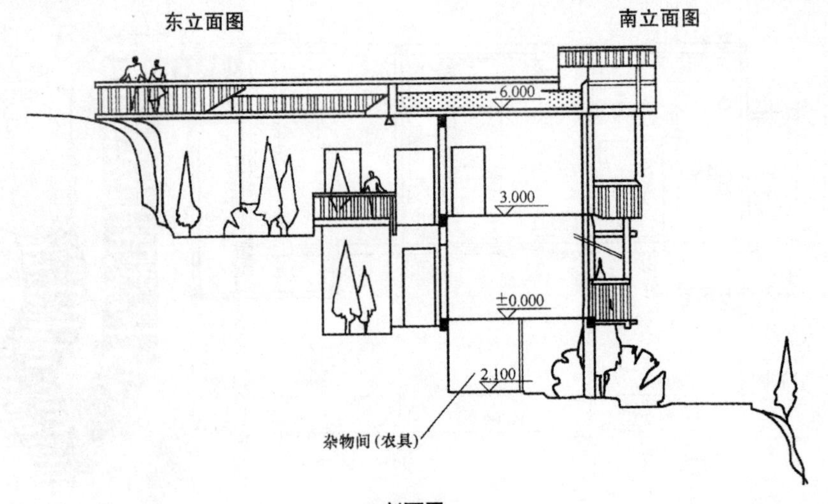

剖面图

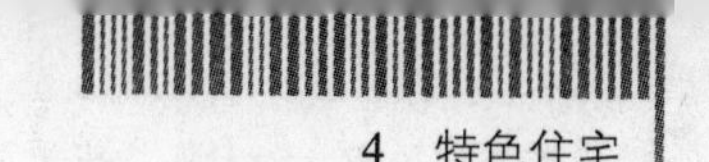

4.11 山坡地住宅②

设计：永嘉县规划设计研究院

设计说明

(1)功能齐全

各户型均有储藏、车库、饲养、农具等辅助用房，同时设有沼气池、太阳能集热板等节能设施。

(2)户型可变

根据住户家庭人口结构，可做如下4种户型变化而不改变主要结构。

①A型：六室三厅三卫(适宜三代同堂)。

②B型：五室三厅三卫(带门厅)。

③C型：五室三厅三卫(设大平台)。

④D型：四室三厅三卫(设大平台，带门厅)。

(3)组合灵活

可按用地条件和场地大小实际情况，分别以单户独立式、两户联立式或四户、六户联排式进行总平面布置，而不影响采光通风。

效果图

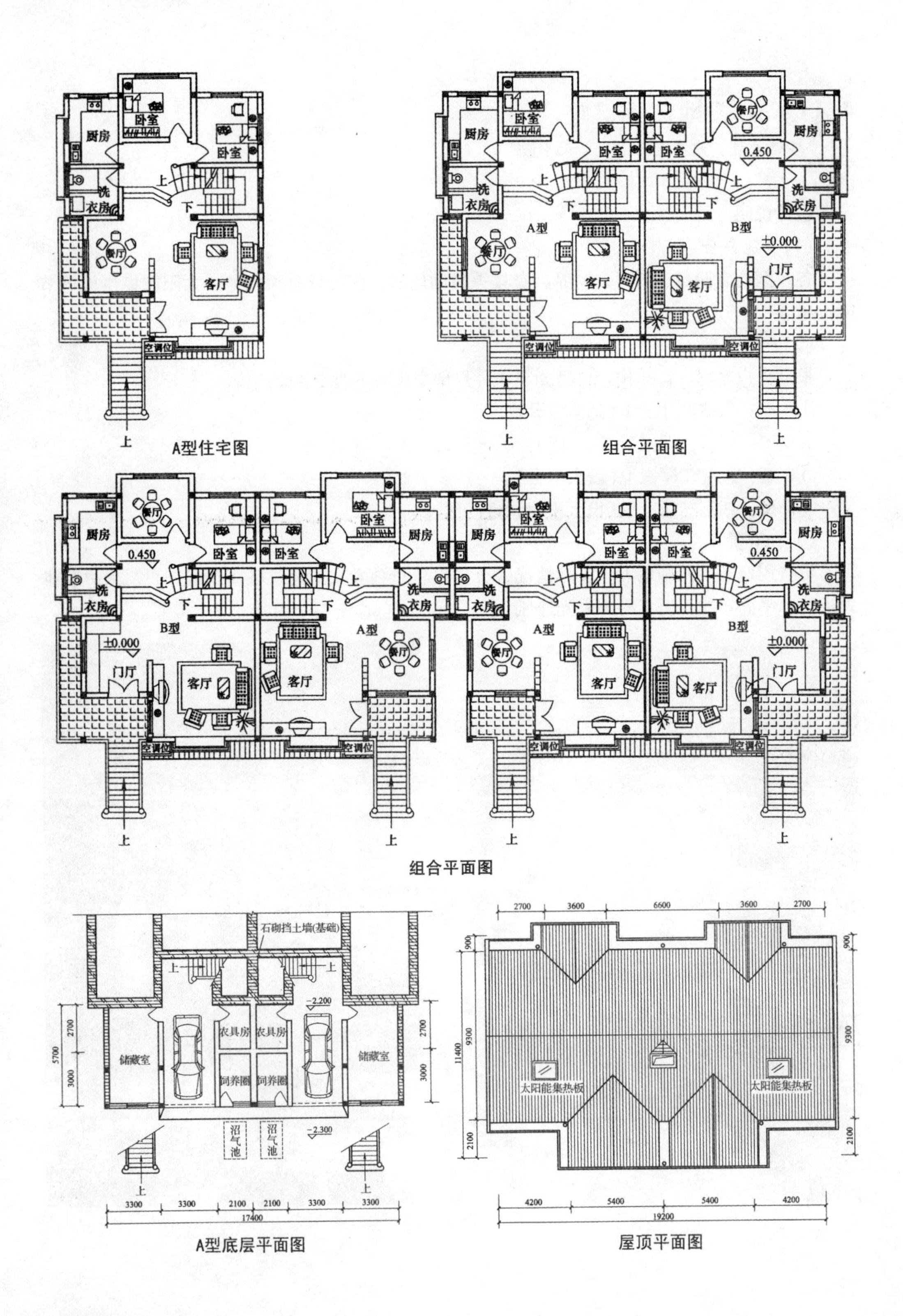

A型住宅图

组合平面图

组合平面图

A型底层平面图

屋顶平面图

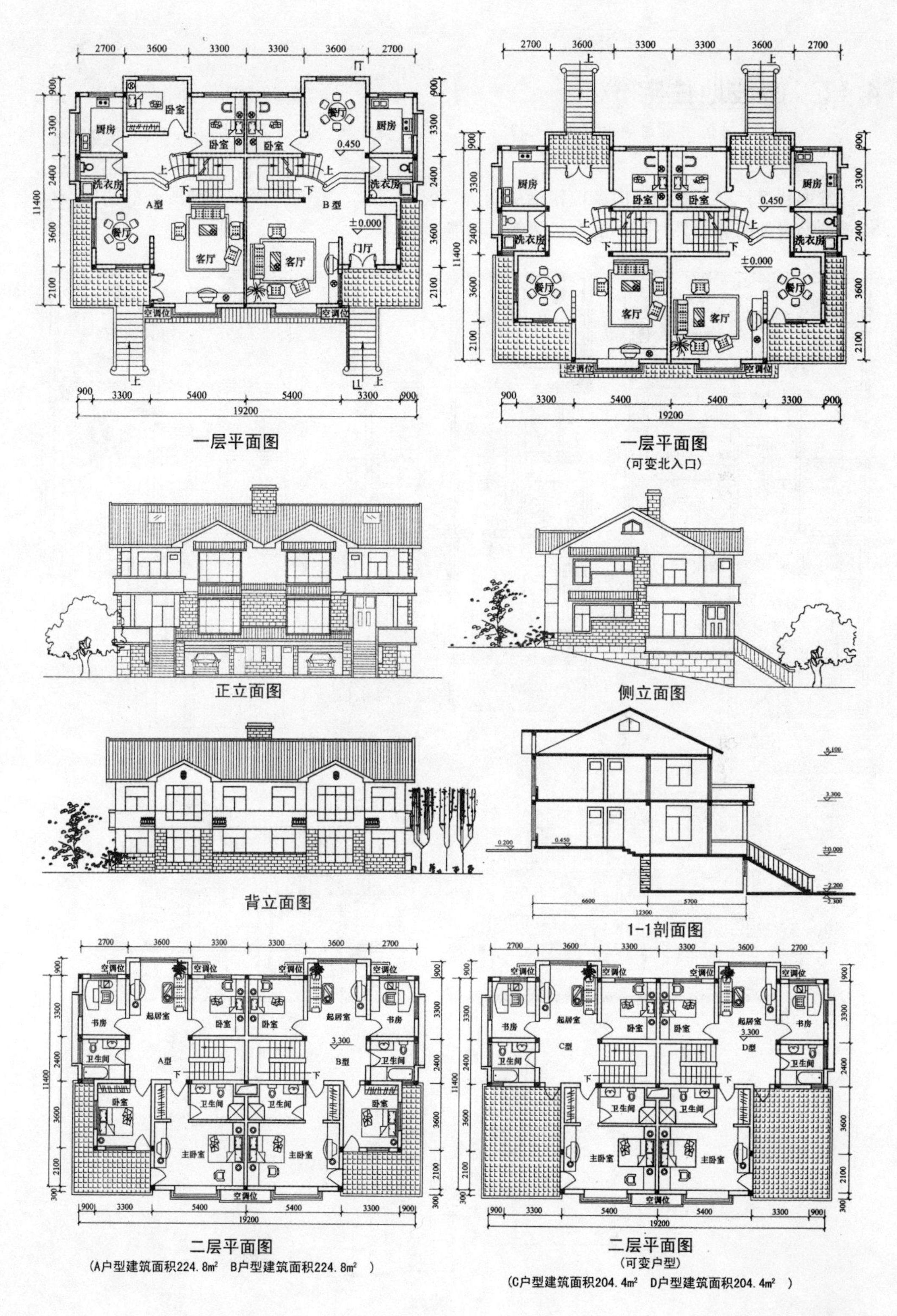

一层平面图

一层平面图
（可变北入口）

正立面图

侧立面图

背立面图

1-1剖面图

二层平面图
（A户型建筑面积224.8m²　B户型建筑面积224.8m²　）

二层平面图
（可变户型）
（C户型建筑面积204.4m²　D户型建筑面积204.4m²　）

4.12 山坡地住宅③

摘自《村镇小康住宅设计图集二》

方案特点：本方案利用山坡地作错层布置，前面三层，后面二层，做到所有的功能空间均有直接对外的通风采光，平面布置紧凑，功能齐全。

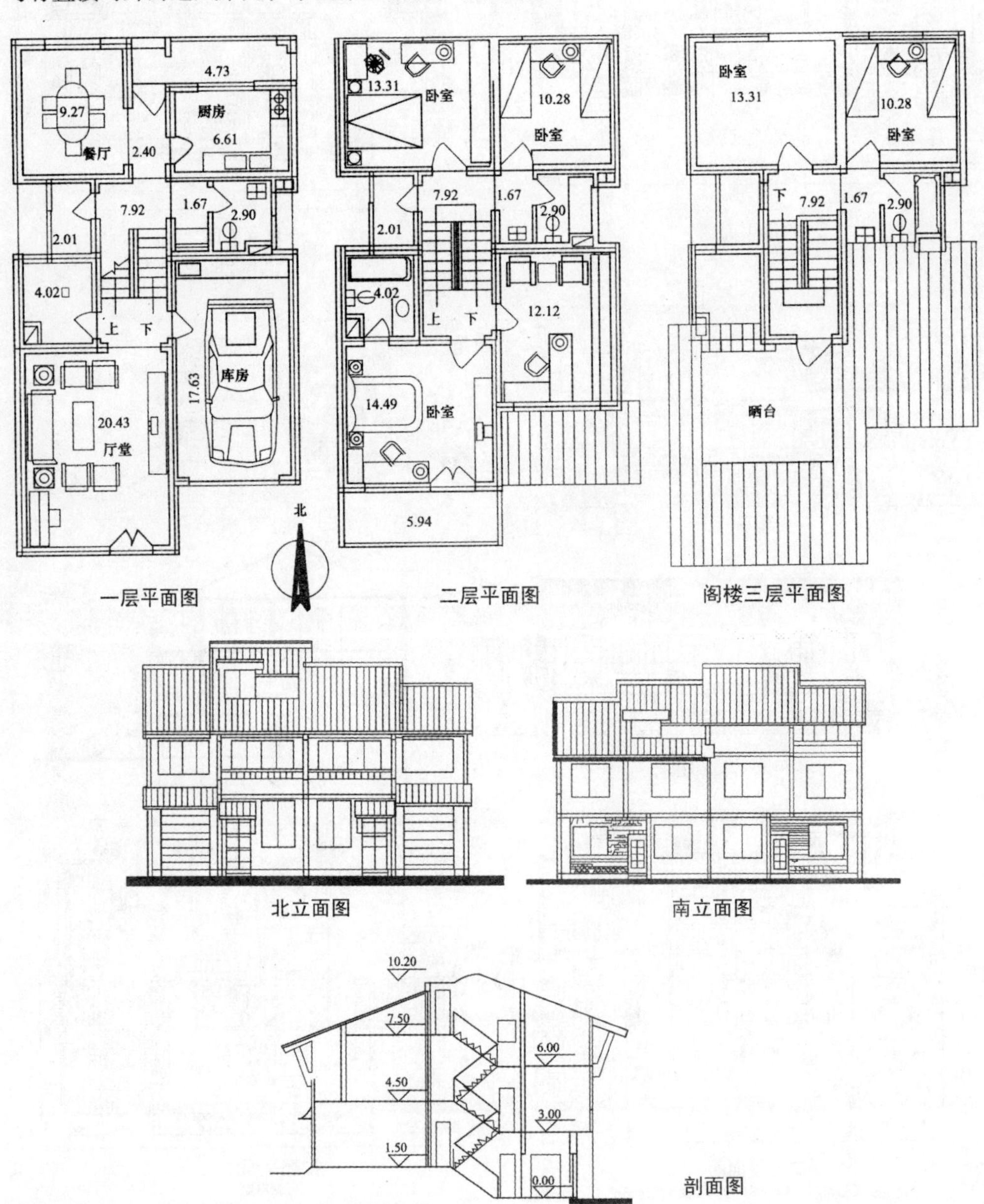

一层平面图　二层平面图　阁楼三层平面图

北立面图　南立面图

剖面图

4.13 山坡地住宅④

设计：温州市联合建筑设计院

设计说明

①平面沿自然地形，错层布置，灵活布局，合理紧凑。

②两种户型均采用两开间形式，每个层面均有平台，户型不论并排、错排、横排、竖排均有良好的通风和采光，亦使得单体住宅在适应不同的地形时具有较好的适应性，充分利用土地资源。

③宅院分为前庭和后院，丰富室内外景观，且入户方式具有较大的自由度，有利于总体规划布局。

④组合平面主要采用联排式错落围合，创造了悠闲、舒适的邻里交往空间，体现出亲切朴素的地方民居特色。

技术经济指标

户　型	宅基地面积（m^2/户）	建筑占地面积（m^2/户）	建筑面积（m^2/户）	使用面积（m^2/户）	平面利用系数（%）
户型 A	126.20	89.48	165.99	131.20	79.04
户型 B	126.20	89.48	222.36	167.59	75.37

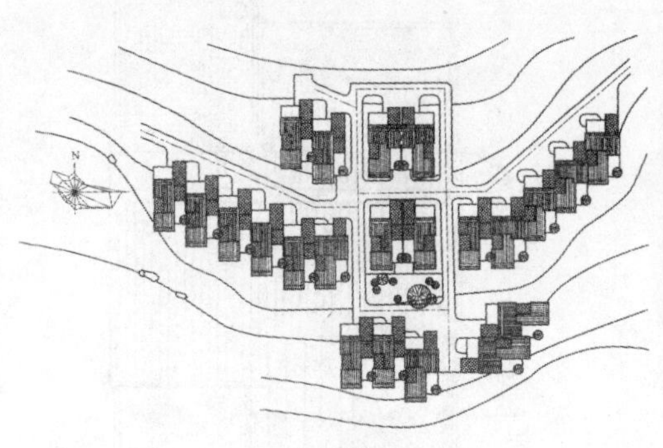

总平面图

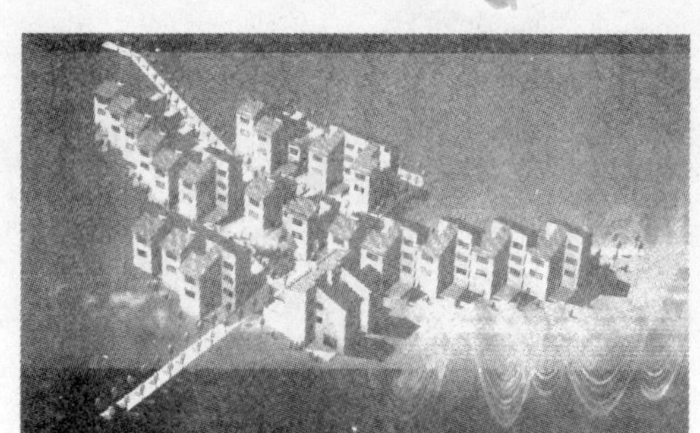

联排整体鸟瞰图

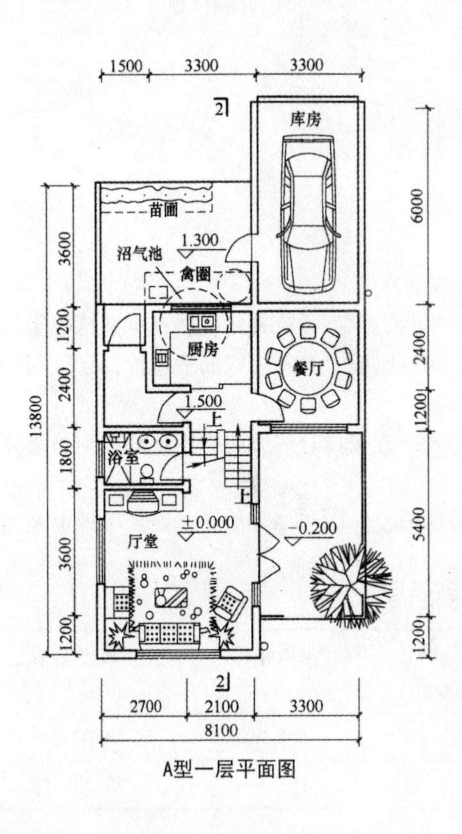

A型一层平面图

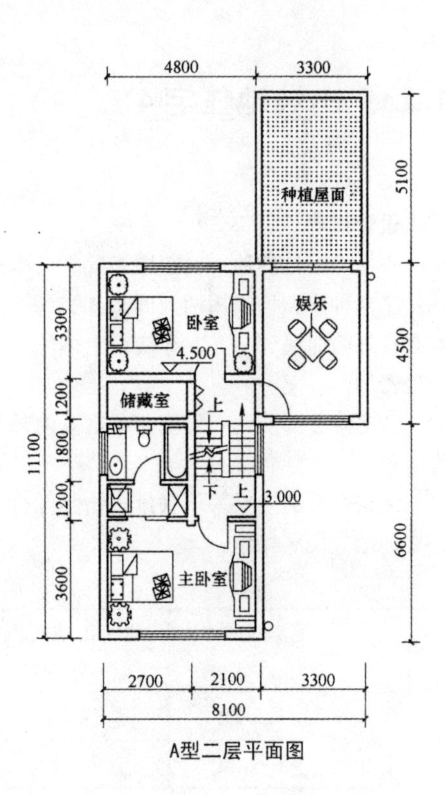

A型二层平面图

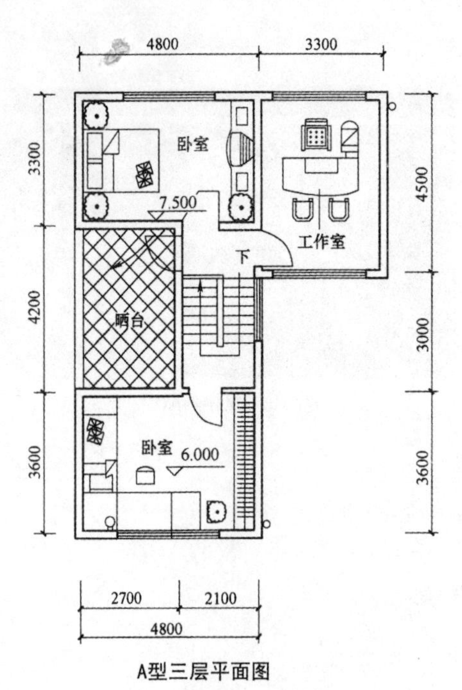

A型三层平面图

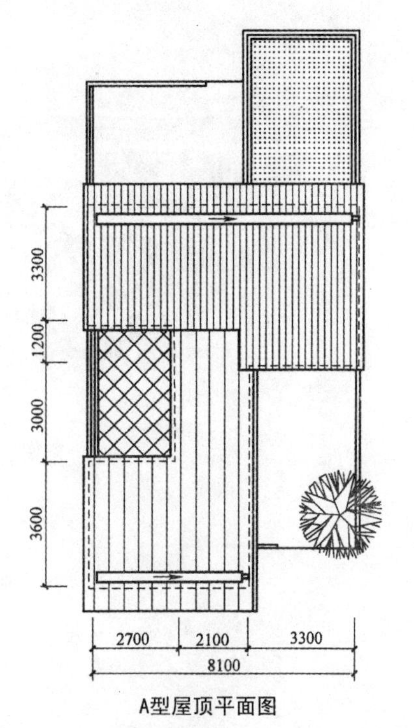

A型屋顶平面图

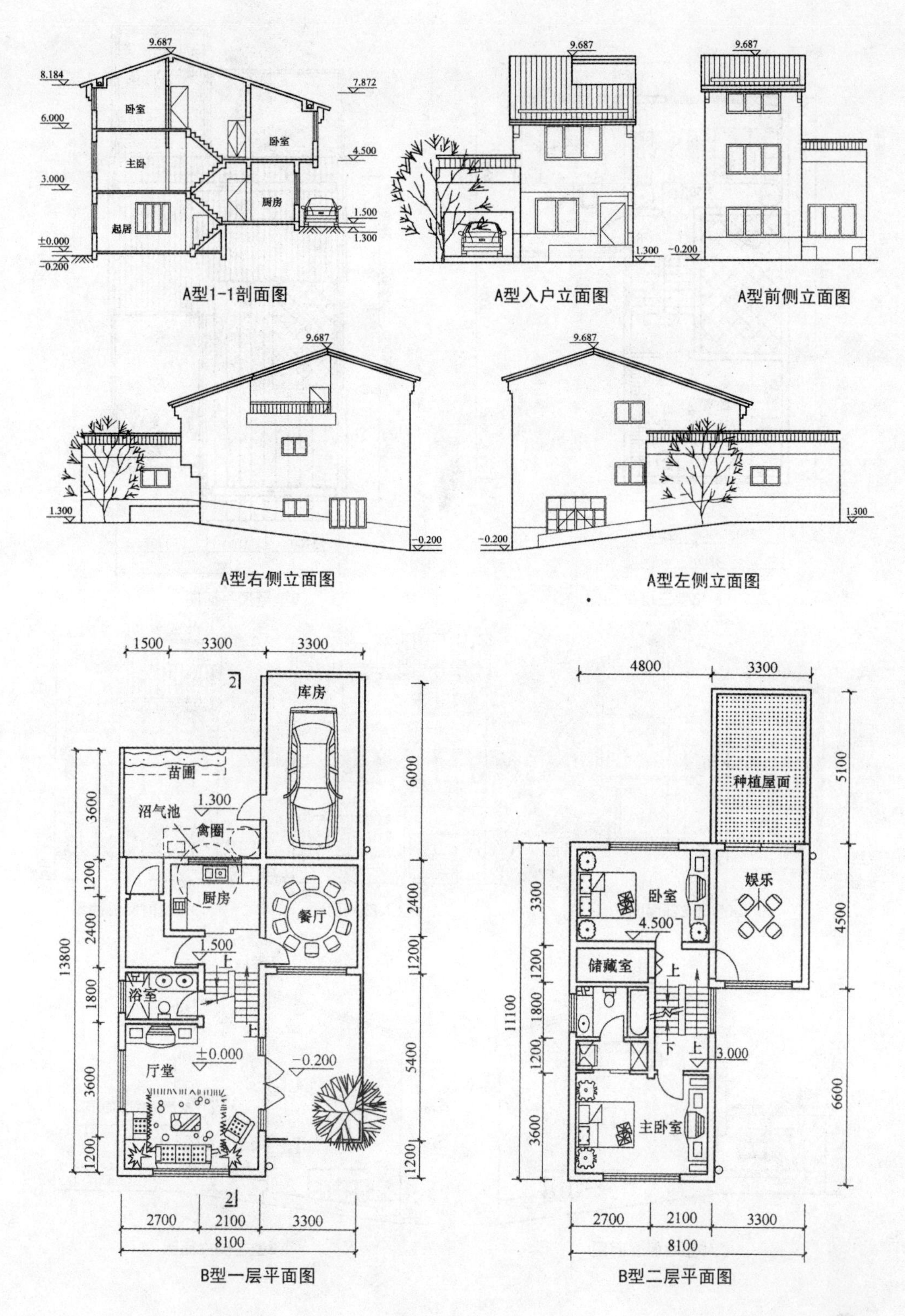

A型1-1剖面图

A型入户立面图

A型前侧立面图

A型右侧立面图

A型左侧立面图

B型一层平面图

B型二层平面图

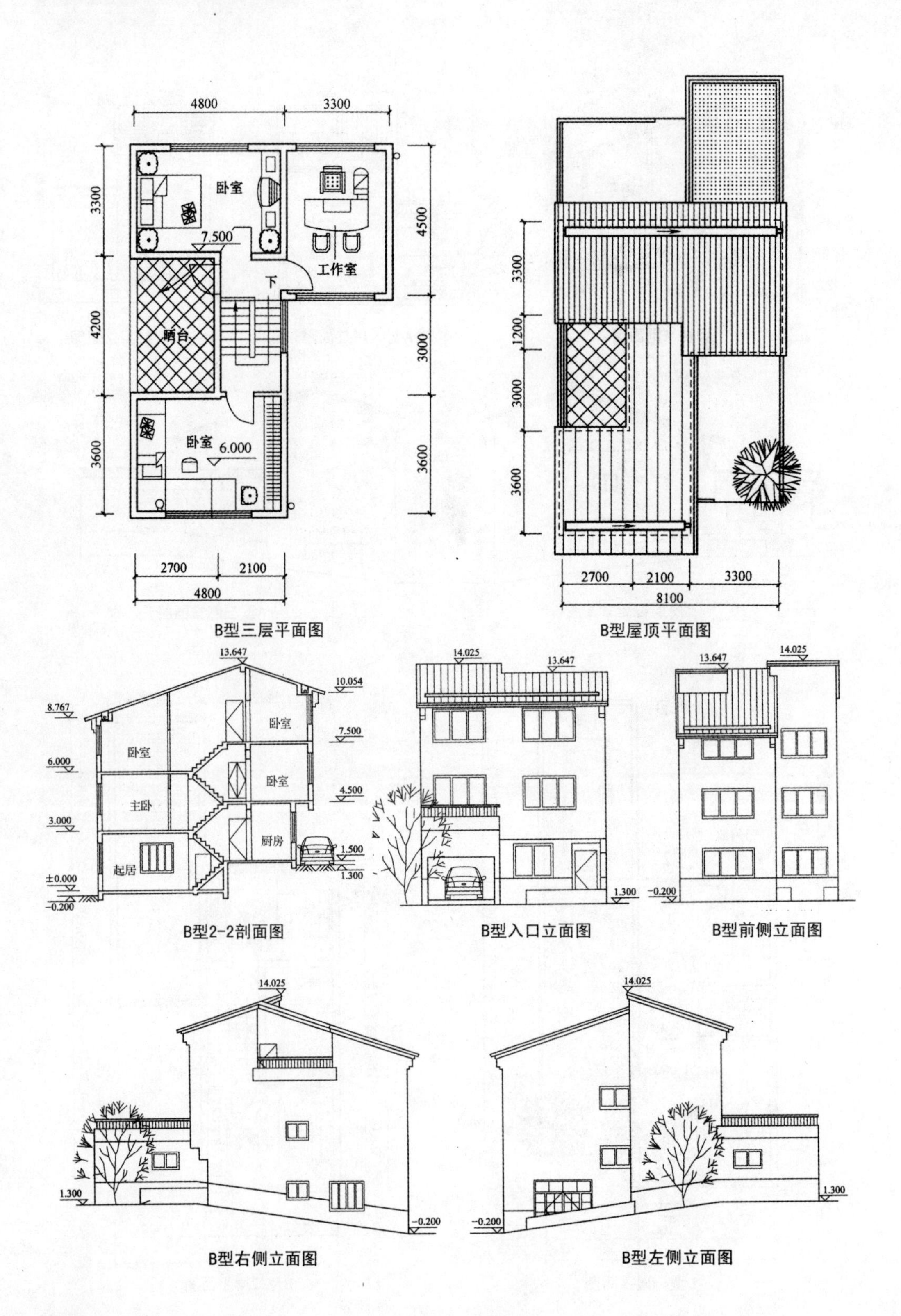

B型三层平面图

B型屋顶平面图

B型2-2剖面图

B型入口立面图

B型前侧立面图

B型右侧立面图

B型左侧立面图

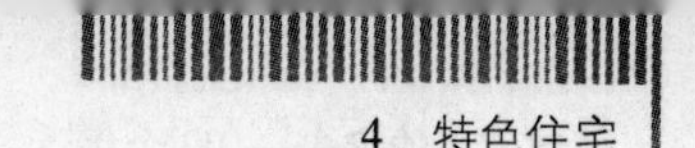

4.14 山坡地住宅⑤

摘自《村镇小康住宅设计图集二》

方案特点：本方案利用山坡地做吊脚楼布置，入口设在坡上，下坡处设吊脚及大挑台，颇具地方风貌。平面功能布置合理，二层为安静的休息区，一层及底层即为活动区。

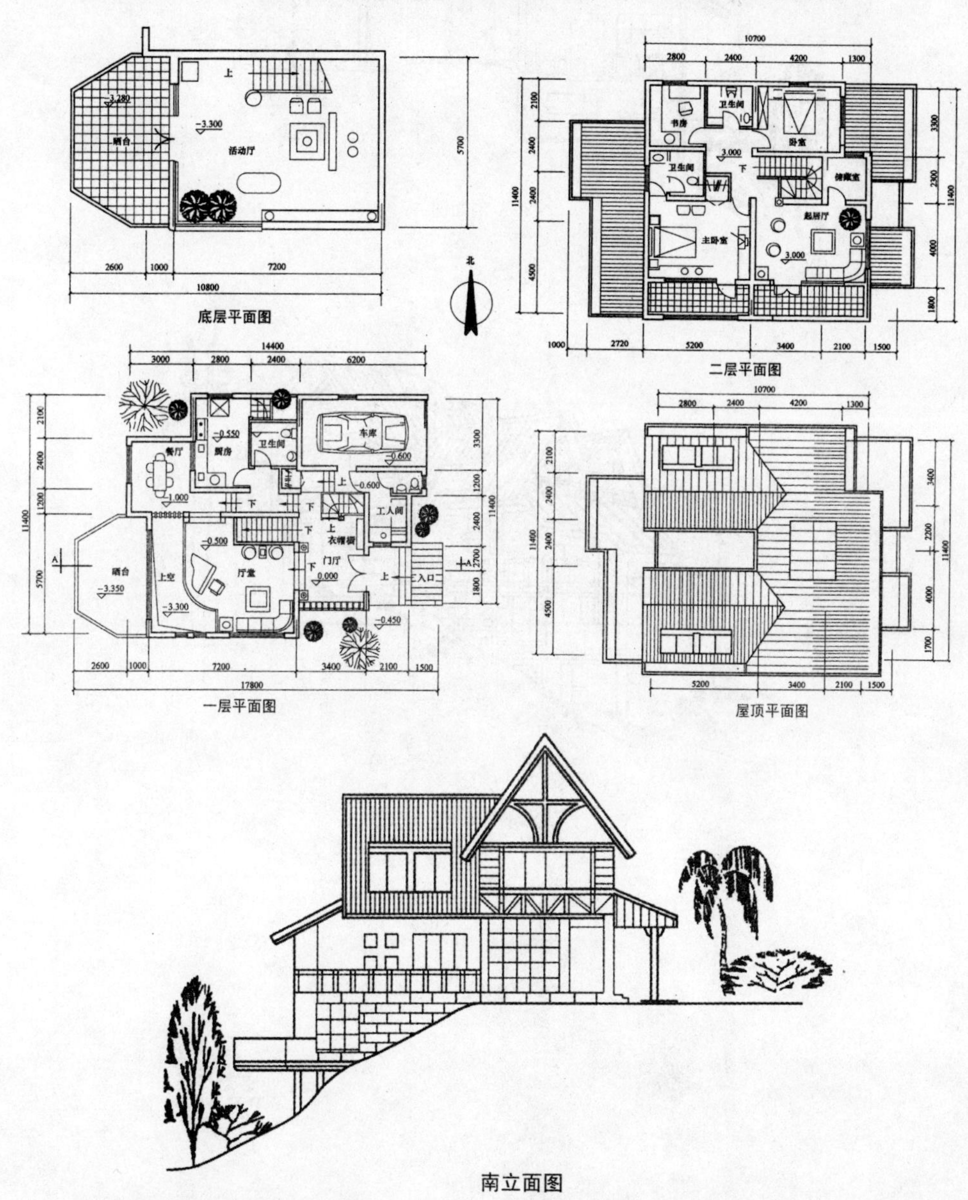

底层平面图

二层平面图

一层平面图

屋顶平面图

南立面图

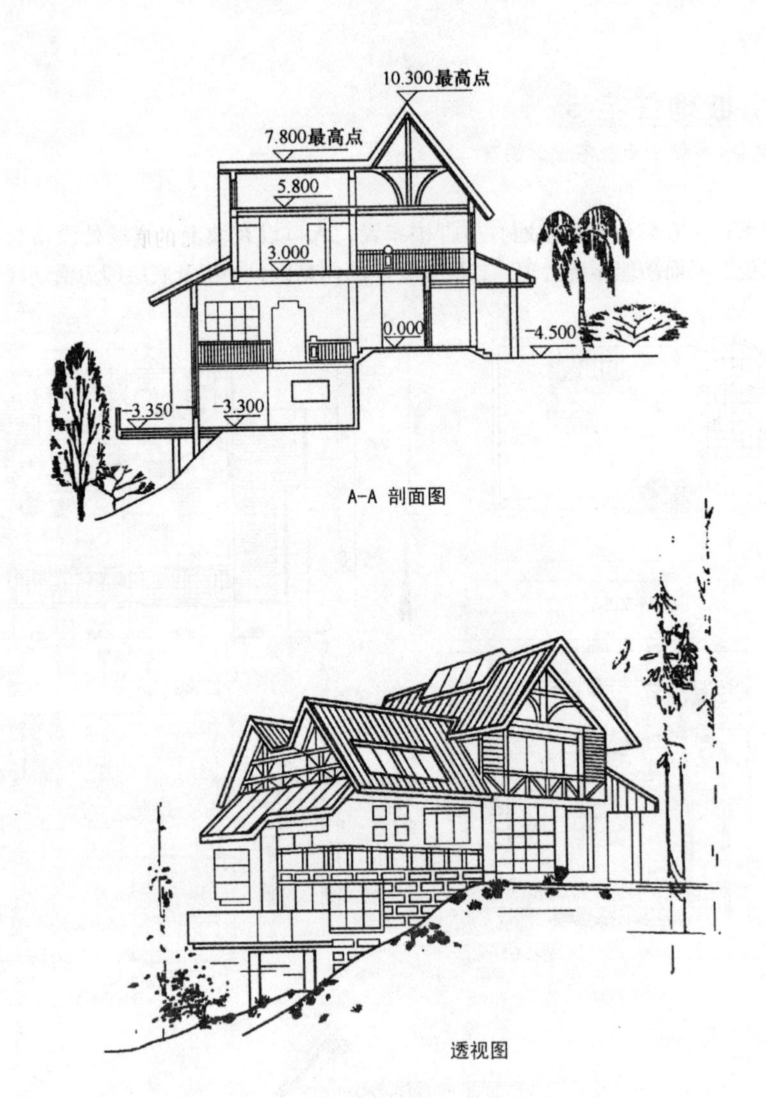

A-A 剖面图

透视图

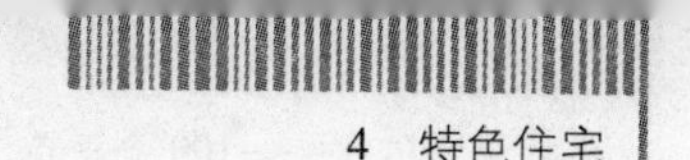

4.15 山坡地住宅⑥

设计：柳州市建筑设计研究院 沙土金等

设计说明：本方案用于桂北农村山区，采用少数民族干栏民居的底层架空、宽廊、火塘、敞厅、垂直功能分区等传统做法，用错半层及户内户外双出入流线，通过楼梯及平台联系各层房间，使动与静、污与洁、公与私、内与外分区明确，联系方便；并节约了户内交通面积。

技术经济指标

户型	建筑面积(m^2)	阳台面积(m^2)	使用面积(m^2)	平面利用系数(%)
四房二厅	160.66		124.49	77.5

注：每户用地 $172m^2$；建筑占地 $102.6m^2$。

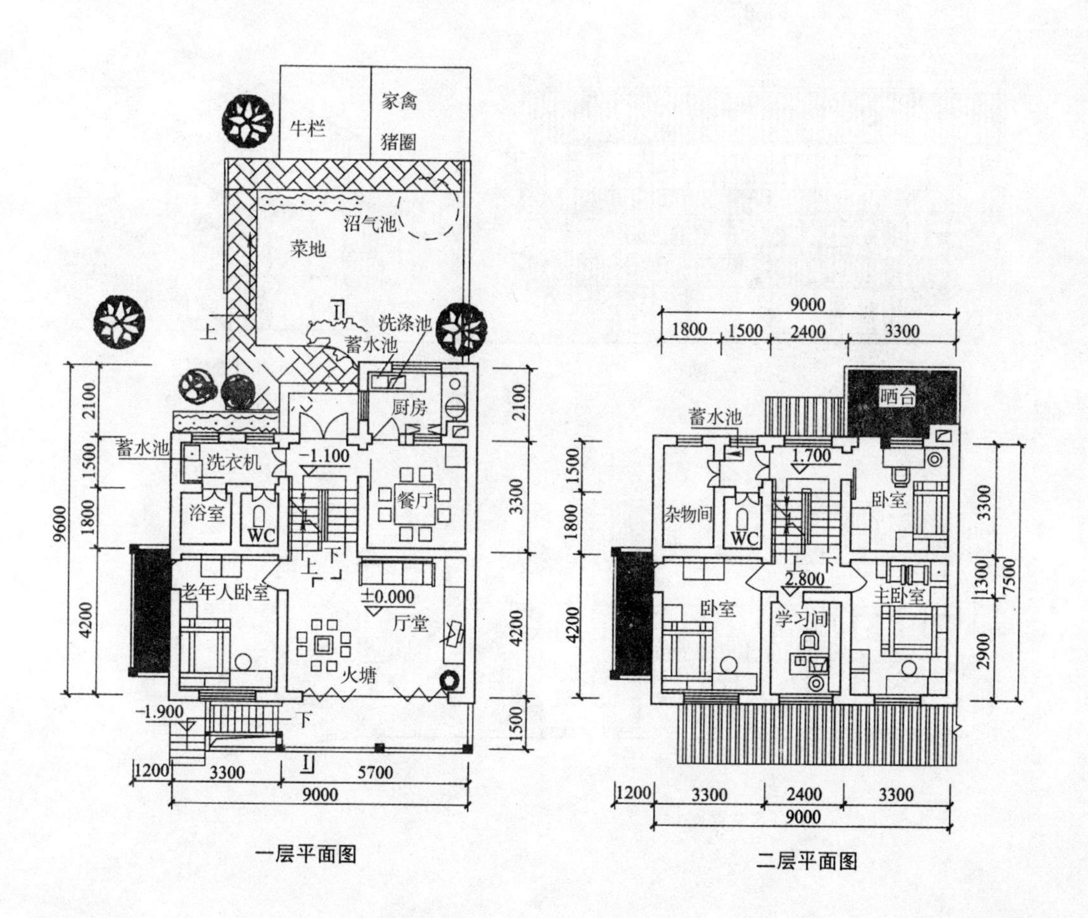

一层平面图

二层平面图

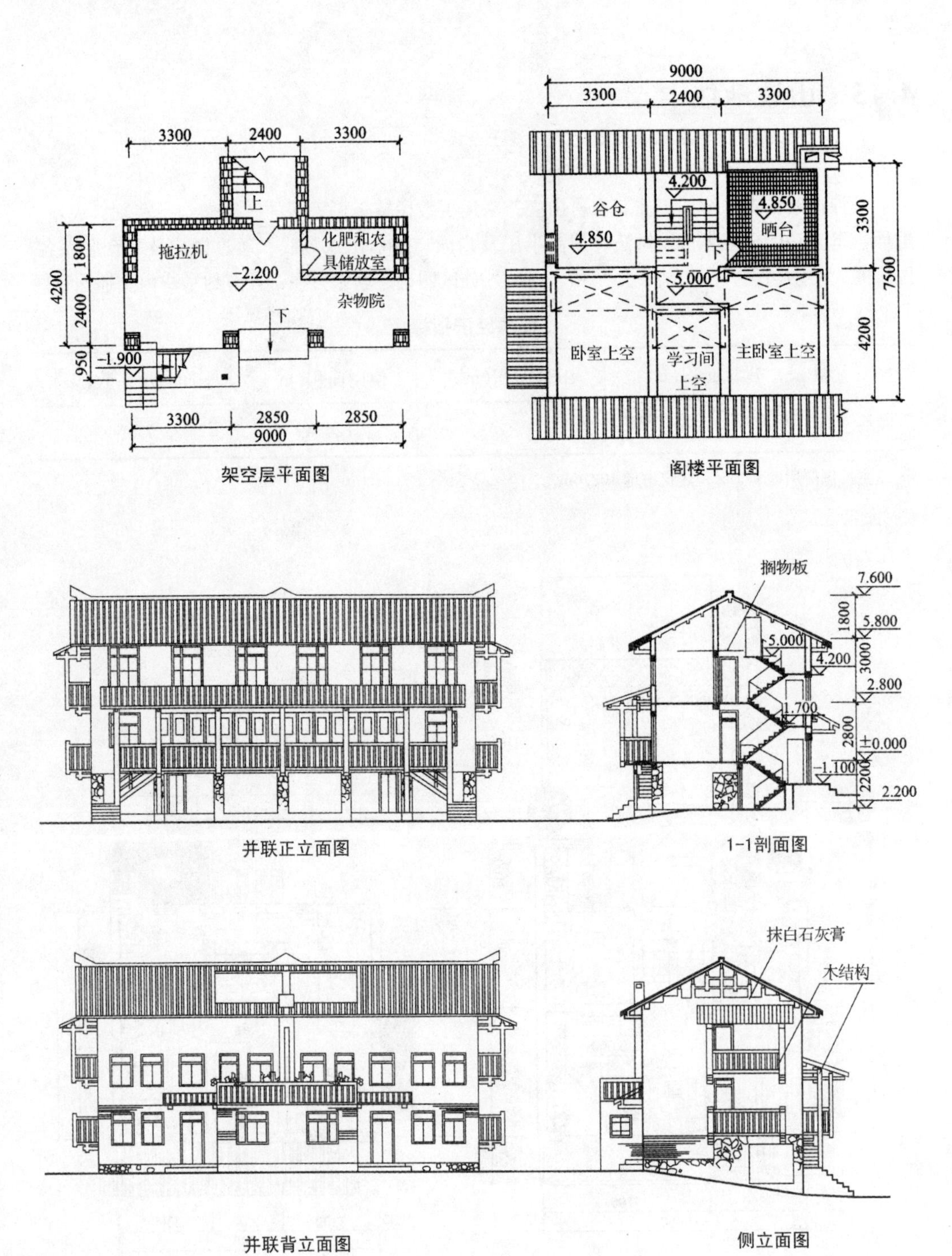

架空层平面图

阁楼平面图

并联正立面图

1-1剖面图

并联背立面图

侧立面图

5 提高农村住宅设计水平，为建设社会主义新农村服务

我国的农村，在世代繁衍的过程中，时有兴衰。早在13世纪，曾有一波斯人说过，中国的“大都小邑，富厚莫加，无一国可与中国相比拟”。这种赞誉在当时可能是当之无愧的。但是在旧中国由于封建势力的长期统治，帝国主义的侵入，兵连祸结，农村经济屡遭严重破坏。许多地方村舍被焚，大批农民背井离乡，田园荒废，茫茫千里，鸡犬不闻。1949年新中国成立后，我国的农村由经济凋敝、农民饥饿破产，开始转入全面恢复和发展。尤其是党的十一届三中全会后，随着改革开放的不断深入和发展，乡镇企业的崛起，改变了农村原有单一的小农经济模式，农村经济迅猛发展，农民收入稳步提高，使得我国的广大农村呈现出一片繁荣的景象，特别是很多农民进入大城市，感受到现代化，促使在思想意识、居住生活形态上都发生了很大的变化，再加上农村的生产方式和生产关系也不断地发展变化。全国各地的许多新农村展现在世人面前，农村面貌得到了迅速的改变，气象焕然一新，令人极为振奋。

5.1 新农村住宅的含义

不少媒体和某些干部都乐于把一些农民住宅称之为“别墅”。个别专家、学者甚至称是“别墅型”农村住宅。“别墅”是一种休闲性的豪华住宅，而农村住宅是一种兼具生产和生活功能的居住建筑，两者之间有着极大的差别，可以肯定地说，农村住宅不可能是“别墅”，这只能认为那是一种善意的误导，其后果是造成某些人片面地追求违背广大农民群众意愿、脱离实际的“政绩”和“高水平”。给广大农村群众增加负担和压力，影响农村经济的发展。

还有一些人津津乐道地称农民住宅楼为“小洋楼”。殊不知，农民的住宅楼同样也得考虑到农村生产和生活的需要，我们的农民住宅楼有着自己的功能和地方风貌。这种“小洋楼”的广为宣传，导致所谓的“欧陆风”也侵袭了我国广大的农村，使得我国的传统民居文化精髓遭受严重的摧残。

也还有一些人更是错误地把傻、大、黑、粗简陋的设计称为农村住宅，对进行深入探索传统民居建筑文化，具有地方风貌，造型丰富，造价低廉的农村住宅即视为洪水猛兽，不加分析地称为“洋”，进而大加指责。这种极其错误的思想，导致用简陋的技术进行农村住宅设计，使得拆了土房盖炮楼，新房旧貌现象十分普遍，其危害必须引起足够的重视。

那么什么才是新农村住宅呢?

新农村住宅是农村中以家庭为单位，集居住生活和部分生产活动于一体，并能够适应可持续发展需要的实用性住宅。新农村住宅不同于仅作为居住生活的城市住宅，也是城市住宅所不能比拟的；新农村住宅不是洋房，也不可能是洋房；新农村住宅更不是别墅，也更不可能是别墅。新农村住宅应努力做到安全、适用、经济和美观。

5.2 新农村住宅的特点

新农村住宅由于使用功能较为复杂，所处的环境贴近自然和各具特色的乡土文化，因此具有如下五个特点：

5.2.1 使用功能的双重性

我国有9亿人口居住在农村，广大的农民群众承担着全部的农业生产以及各种副业、家庭手工业的生产，这其中不少都是利用住宅作为部分生产活动的场所。因此，农村住宅不仅要有确保农民生活居住的功能空间，还必须考虑除了很多的功能空间都应兼具生活和生产的双重要求外，还应该配置供农机具、谷物等的储藏空间以及室外的晾晒场地和活动场所。比如，庭院是农村住宅中一个极为重要并富有特色的室外空间，是室内空间的对外延伸。在农村住宅建设大量推广沼气池中，农村住宅的平面布置就要求厨房、厕所、猪圈和沼气池要有较为直接、便捷的联系，以方便管线布置和使用。

5.2.2 持续发展的适应性

改革开放以来，农村经济发生了巨大的变化，农民的生活质量不断提高。生产方式、生产关系的急剧变化必然会对居住形态产生影响，这就要求农村住宅的建设应具有适用性、灵活性和可改性，既要满足当前的需要，又要适应可持续发展的要求。以避免建设周期太短，反复建设劳民伤财。如设置近期可用作农机具、谷物等的储藏间，日后可改为存放汽车的库房。又如把室内功能空间的隔墙尽可能采用非承重墙，以便于功能空间的变化使用。

5.2.3 服务对象的多变性

我国地域广阔，民族众多。即便是在同一个地区，也多因聚族而居的特点，而使不同的地域、不同的村庄、不同的族性也都有着不同的风俗民情，对于生产方式、生产关系和生活习俗、邻里交往都有着不同的理解、认识和要求，其宗族、邻里关系极为密切，十分重视代际关系。这在农村住宅的设计中都必须针对服务对象的变化，逐一认真加以解决，以适应各自不同的要求。

5.2.4 建造技术的复杂性

农村住宅不仅功能复杂，而且建房资金紧张，同时还受自然环境和乡土文化的影响，这就要求农村住宅的设计必须因地制宜，节约土地；精打细算，使每平方米的建筑面积都能充分发挥应有的作用；就地取材，充分利用地方材料和废旧的建筑材料；采用较为简便和行之有效的施工工艺等。在功能齐全、布局合理和结构安全的基础上，还要求所有的功能空间都有直接的采光和通风。力求节省材料、节约能源、降低造价，创造具有乡土文化特色的农村住宅，这就使得面积小、层数低，看似简单的农村住宅显现了设计工作的复杂性。

5.2.5 地方风貌的独特性

农村住宅，不仅受历史文化、地域文化和乡土文化的影响，同时也还受使用对象对生产、生活的要求不同而有很大的变化，即使在同一个村落，有时也会有所不同。对农村住宅的各主要功能空间及其布局也有着很多特殊的要求。比如厅堂(堂屋)就不仅必须有较大的面积，还应位居南向的主要入口处，以满足农村家庭举办各种婚丧喜庆活动之所需。这是城市住宅中的客厅和起居厅所不能替代的，必须深入研究，努力弘扬，以创造富有地方风貌的现代农村住宅，避免千村一面，百里同貌。

5.3 新农村住宅的居住形态和建筑文化

农村的自然环境和对外相对封闭的经济形式，使得农村广大农民对赖以生存的生态环境倍加爱护，十分珍惜自然所赐予的一切，充分利用白天的阳光日出而作，日落而歇，因此，除了田间劳动，在家中也使每一时刻都用在财富的创造之中，这种刻苦耐劳的精神使得农村住宅的居住形态与城市住宅有着很大的不同，其表现在必须满足居住生活和部分农副业生产的双重功能、多代同居的功能、密切邻里关系的功能以及大自然互为融合的功能。由此而形成了农村住宅独特的建筑文化，主要包括厅堂文化和庭院文化。

5.3.1 厅堂文化

我国的农村多以聚族而居，宗族的繁衍使得一个个相对独立的小家庭不断涌现，每个家庭又形成了相对独立的经济和社会氛围，农村住宅的厅堂(或称堂屋)在平面布局居于中心位置和组织生活的关系所在，是农村住宅的核心，是人们起居生活和对外交往的中心。其大门即是农村住宅组织自然通风，接纳清新空气的“气口”，为此，厅堂是集对外和内部公共活动于一体的室内功能空间。厅堂的位置都要求居于住宅朝向最好的方位，而大门则需居中布置，以适应各种活动的需要。正对大门的墙壁要求必须是实墙，在日常生活中用以布置展示其宗族亲缘的象征，如天地国亲师的牌位，或所崇拜的伟人、古人和神佛的圣像，或所祈求吉祥如意的中堂，尊奉祖先，师拜伟人，祈福求祥的追崇，以其朴实的民情风俗，展现了中华民族祭祖敬祖的优秀传统文化的传承和延伸。而在喜庆中布置红幅，更可烘托喜庆的气氛等，形成了农村住宅独具特色的厅堂文化。厅堂文化在弘扬中华民族优秀传统文化和构建和谐社会有着极其积极的意义，在新农村住宅设计中应必须予以足够的重视。

为了节省用地，除个别用地比较宽松和偏僻的山地外，新农村住宅已由低层楼房替代了传统的平房农村住宅，但农村住宅的厅堂依然是人们最为重视的功能空间，传承着平房农村住宅的要求，在面积较大的楼房中农村住宅厅堂的功能也开始分一层为厅堂，作为对外的公共活动空间和二层为起居厅作为家庭内部的公共活动空间，有条件的地方还在三层设置活动厅。这时，一层的厅堂其要求仍传承着农村住宅厅堂的布置要求，只是把对内部活动功能分别安排在二层的起居厅和三层的活动厅。

农村住宅的厅堂都与庭院有着极为密切的联系，“有厅必有庭”。因此，低层农村住宅楼层的起居厅、活动厅也相应与阳台、露台这一楼层的室外活动空间保持密切的联系。

5.3.2 庭院文化

农村住宅的庭院，不论是有明确以围墙为界的庭院或者是无明确界限的庭院，都是农村优美自然环境和田园风光的延伸，也还是利用阳光进行户外活动和交往的场所，是农村住宅居住生活和进行部分农副业生产(如晾晒谷物、衣被，贮存农具、谷物，饲养禽畜，种植瓜果蔬菜等)之所需，也是农村家庭多代同居老人、小孩和家人进行户外活动以及邻里交往的农村居住生活之必需，同时庭院还是农村住宅贴近自然，融合于自然环境之中的所在。广大农民群众极为重视户外活动，因此农村住宅的庭院有前院、后院、侧院和天井内庭，都充分展现了天人合一的居住形态，构成了极富情趣的庭院文化。是当代人崇尚的田园风光和乡村文明之所在，也是新农村住宅设计中应该努力弘扬和发展的重要内容。特别应引起重视的是作为低层农村住宅楼层的阳台和露台也都具有如同地面庭院的功能，其面积也都应较大，并布置在厅的南面，在南方的农村住宅，阳台和露台往往还是培栽盆景和花卉的副业场地或主要的消夏纳凉场所。低层楼房的农村住宅由于阳台和露台的设置所形成的退台，还可丰富农村住宅的立面造型，使得低层农村住宅与自然环境更好地融为一体。带有可开启活动玻璃屋顶的天井内庭，不仅是传统民居建筑文化的传承，更是调节居住环境小气候的重要措施。得到学术界的重视和广大群众的欢迎，成为现代新农村住宅庭院文化的亮点。

5.3.3 乡土文化

在我国960 万km^2的广袤大地上，居住着信仰多种宗教的中华56 个民族，在长期的实践中，先民们认识到，人的一切活动要顺应自然的发展，人与自然的和谐相生是人类的永恒追求，也是中华民族崇尚自然的最高境界。以儒、道、释为代表的中国传统文化更是主张和谐统一，也常被称为“和合文化”。

在人与自然的关系上，传统民居和村落遵循风水学顺应自然、相融于自然，巧妙地利用自然形成“天趣”；在物质与精神关系上，风水学指导下的中国广大农村在二者关系上也是协调统一的，人们把对皇天后土和各路神明的崇敬与对长寿、富贵、康宁、浩德、善终“五福临门”的追求紧密地结合起来，形成了环境优美贴近自然、民情风俗淳朴真诚、传统风貌鲜明独

特和形式别致丰富多彩的乡土文化，具有无限的生命力。成为当代城市人追崇的热土。

我们应该从其“形”与“神”的精髓中，汲取精华，寻找“新”与“旧”功能上的结合、地域上的结合、时间上的结合。突出社会、经济、自然环境、时间和技术上的协调发展。

5.4　弘扬民居的建筑文化，创造富有特色的时代农宅

传统民居建筑文化是一部活动的人类生活史，它记载着人类社会发展的历史。研究运用传统民居的文化是一项复杂的动态体系，它涉及历史的现实的社会、经济、文化、历史、自然生态、民族心理特征等多种因素。需要以历史的、发展的、整体的观念进行研究，才能从深层次中提示传统民居的内在特征和生生不息的生命力。研究传统民居的目的，是要继承和发扬我国传统民居中规划布局、空间利用、构架装修以及材料选择等方面的建筑精华及其文化内涵，古为今用，创造有中国特色、地方风貌和时代气息的新农宅。

5.4.1　传统民居建筑文化的继承

我国传统村庄聚落的规划布局，一方面奉行“天人合一”、“人与自然共存”的传统宇宙观，另一方面，受儒、道、释传统思想的影响，多以“礼”这一特定伦理、精神和文化意识为核心的传统社会观、审美观来作为指导。因此，在聚落建设中，讲究“境态的藏风聚气，形态的礼乐秩序，势态的形势并重，动态的静动互释，心态的厌胜辟邪等”。十分重视与自然环境的协调，强调人与自然融为一体。在处理居住环境与自然环境关系时，注意巧妙地利用自然形成的“天趣”，以适应人们居住、贸易、文化交流、社群交往以及民族的心理和生理需要。重视建筑群体的有机组合和内在理性的逻辑安排，建筑单体形式虽然千篇一律，但群体空间组合则千变万化。加上民居的内院天井和房前屋后种植的花卉林木，与聚落中“虽为人作，宛如天开”的园林景观组成生态平衡的宜人环境。形成各具特色的古朴典雅、秀丽恬静的村庄聚落。

在传统的民居中，大多都以“天井”为中心，四周围以房间；外围是基本不开窗的高厚墙垣，以避风沙侵袭；主房朝南，各房间的面向天井，这个称作“天井”的庭院，既满足采光、日照、通风、晒粮等的需要，又可作为社交的中心，并在其中种植花木、陈列假山盆景、筑池养鱼，引入自然情趣，面对天井有敞厅、檐廊，作为操持家务，进行副业、手工业活动和接待宾客的日常活动场所。天井里姹紫嫣红、绿树成荫、鸟语花香，这种恬静、舒适“天人合一”的居住环境都引起国内外有识之士的广泛兴趣。

5.4.2　传统民居建筑文化的发展

传统民居建筑文化要继承、发展，传统民居要延续其生命力，根本的出路在于变革，这就必须顺应时代，立足现实，坚持发展的观点。突出“变革”、“新陈代谢”是一切事物发展的永恒规律。传统村庄聚落，作为人类生活、生产空间的实体，也是随时代的变迁而不断更新发展的动态系统。优秀的传统建筑文化，之所以具有生命力，在于可持续发展，它能随着社

会的变革、生产力的提高、技术的进步而不断地创新。因此，传统应包含着变革。只有通过与现代科学技术相结合的途径，将传统民居按新的居住理念和生产要求加以变革，在传统民居中注入新的“血液”，使传统形式有所发展而获得新的生命力，才能展现出传统民居文脉的延伸和发展。综观各地民居的发展，它是人们根据具体的地理环境，依据文化的传承、历史的沉淀，形成了较为成熟的模式，具有无限的活力。其中的精髓，值得我们借鉴。

5.4.3 传统民居建筑文化的弘扬

要创造有中国特色、地方风貌和时代气息的新型农村住宅，离不开继承、借鉴和弘扬。在弘扬传统民居建筑文化的实践中，应以整体的观念，分析掌握传统民居聚落整体的、内在的有机规律，切不可持固定、守旧的观念，采取“复古”、“仿古”的方法来简单模仿传统建筑形式，或在建筑上简单地加几个所谓的建筑符号。传统民居建筑的优秀文化是新建筑生长的沃土，是充满养分的乳汁。必须从传统民居建筑“形”与“神”的传统精神中吸取营养，寻求“新”与“旧”功能上的结合、地域上的结合、时间上的结合。突出社会、文化、经济、自然环境、时间和技术上的协调发展。才能创造出具有中国特色、地方风貌和时代气息的新型农村住宅。在各界有识之士的大力呼吁下，在各级政府的支持下，我国很多传统的村庄聚落和优秀的传统民居得到保护，学术研究也取得了丰硕的成果。在研究、借鉴传统民居建筑文化，创造有中国特色的新型农村住宅方面也进行了很多可喜的探索。要继承、发展传统民居的优秀建筑文化，还必须在全民中树立保护、继承、弘扬地方文化意识，充分领先社会的整体力量，才能使珍贵的传统民居建筑文化得到弘扬光大，也才能共同营造富有浓郁地方优秀传统文化特色的新型农村住宅。

5.5 更新观念，做好新农村住宅设计

在农村住宅建设中普遍存在的问题可以概括为：设计理念陈旧、建筑材料原始、建造技术落后、组织管理不善等。这其中最根本的问题是设计理念陈旧。

针对这些问题，为了推进新农村的建设，各地纷纷提出了“高起点规划、高标准建设、高水平管理”的要求，并且都十分积极和认真地组织试点，形势十分喜人。但是如何落实、怎样实现呢？怎样把这一要求变成现实呢？如江苏某地的一个村庄建设规划时，由领导、群众和设计人员共同研究，提出了要把新村建设成“远看像公园，近看似公园，细看是公园”的具体目标。这样就为规划设计的深化提出了明确的要求，效果很好，是值得借鉴的。对于什么是农村住宅，怎样才能建好新农村呢？即由于缺乏科学和系统地深入研究，因而出现了各唱各的调，诸如：有的认为农村住宅就是盖别墅；有的认为农村住宅就是别墅加鸡窝；有的即认为只要有车库的住宅就不是农村住宅，只能是别墅；还有的认为只要农村住宅就必须设有猪圈和鸡窝等，各说不一，难以评价，也难以统一。

通过研究和实践发现，只有改变重住宅轻环境、重面积轻质量、重房子轻设施、重现实轻科技、重近期轻远期、重现代轻传统和重建设轻管理等小农经济的旧观念。树立以人为本的思想，注重经济效益，增强科学意识、环境意识、公众意识、超前意识和精品意识，才能

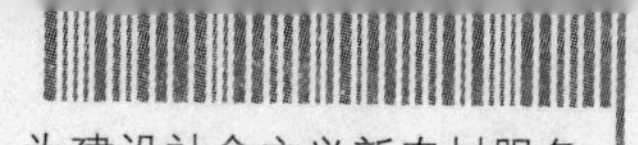

用科学的态度和发展的观念来理解和建设社会主义新农村。

多年来的经验教训，已促使各级领导和群众大大地增强了规划设计意识，当前要搞好农村的住宅建设，摆在我们面前紧迫的关键任务就是必须提高农村住宅的设计水平，才能适应发展的需要。

在新农村住宅设计中，应该努力做到：不能只用城市的生活方式来进行设计；不能只用现在的观念来进行设计；不能只用以“我”为本的观点来进行设计(要深入群众、熟悉群众、理解群众和尊重群众，改变自“我”)；不能只用简陋的技术来进行设计；不能只用模式化进行设计。

只有更新观念，才能做好农村住宅的设计。

由于长期以来忽视对农村住宅规划设计的研究，农村住宅设计方法严重滞后于城市住宅。因此，在新农村住宅设计中更要树立“以人为本”的设计思想，使农村住宅的设计贴近农村的自然环境和广大农民，创造出具有新农村特色的住宅设计精品。

5.5.1　专业设计人员要积极投入到新农村中去，并改进工作方法

由于长期以来的城市倾向，建筑师很少涉及农村。过去几年，没有一个农民会想到应请一位建筑师为其设计家园，而建筑师也不会想到这一点。僵化的农村规划设计机制和落后的管理模式已经严重滞后于农村住宅建设发展的需要。

针对这种情况，我们必须认识到，一方面专业人员要树立重视农村住宅规划设计的观念。不论是建筑师、规划师或是其他专业人员，应该积极投入到农村住宅规划设计的研究和实际工作中，置身于农村之中；另一方面应该运用自己的知识与广大农民群众相结合改进设计方法。包括：进行公众环境教育，激发环境意识，鼓励农民参与，开展社会调查，了解农民的需求；建立有效的农民组织和完善的专业技术服务机构；组织农民参观；使用模型、幻灯片等帮助农民了解设计；鼓励农民参与住区建设。

(1)重视在新农村住宅设计中的调查研究

专业人员要树立重视农村住宅设计的观念。不论是建筑师、规划师或是其他专业人员，应该积极投入到新农村住宅设计的研究和实际工作中，使用自己的知识与农民群众相结合。由于广大农村地区地理气候、生活习俗、文化传统和经济发展水平差别很大，设计人员应积极主动地深入农村，置身于农村之中，设计前，进行实态调查和走访农户对象，以充分了解农民居住生活、生产状况和要求；竣工入住后，进行回访，以不断完善设计思路与工作方法。

(2)重视多专业的配合

反映住宅标准高低的指标除了面积指标外，居住的舒适度和设备水平同样十分重要，并且随着新农村住宅的不断发展进步，其重要作用表现得越来越明显。人们在解决了住宅的有无问题之后，就会普遍关注家居环境和建筑设备的优劣。使得住宅中涉及物理环境的日照、采光、通风、保温、隔热、隔声等与住宅的舒适度密切相关的问题日益重要起来。新农村住宅是一个有机体，其标准的高低从一个有机体的整体来体现。因此在设计过程中各专业必须做好相互综合协调。并应提倡设计人员一专多能，以便简化设计程序，适应农村住宅设计的特点。

(3)适应农村居住生活、生产方式的变化

随着农村经济的飞速发展，新的生活、生产方式也不断出现，在新农村住宅设计中应密切关注这些变化并进行超前考虑。例如，在老龄化社会来临之时考虑农村老人的居住问题。由于我国农村的居住传统，分家后两代人一般仍生活在一起。应考虑在住宅一层设一间老人卧室。也可将两代人的房间分层布置，青年人住上层，老年人住底层，既便于照顾，又不互相干扰，可用两套厨房和卫生间。楼上设年轻人厨房，楼下设老人厨房。上下对齐，共用一个上下水管道系统。保持各自家庭的独立和完整。通过楼梯的巧妙设计，也可以满足两代人对独立和联系的不同程度的要求。

5.5.2 要重视公众参与，促进农村持续发展

在当前新农村住宅规划建设中，农民只关注自家的住房，却无意或无力参与农村整体环境的营造，无法保障农村的持续健康发展。在新农村的建设中，农民不仅要关注自身住宅的建设，还应该接受营造环境的责任，愿意投入时间、精力与资源，学习如何改善环境。同时，必须建立农村组织，引导和教育农民参与。

(1)重视公众参与是公众利益获得保障的前提和基础

以公众利益为价值取向的规划精神，首先包含着个人权利被承认和被尊重的思想。农民拥有得到高质量生活环境的自然权利，进而拥有参与影响自身环境变化的农村住宅规划设计与决策的权利，这是新农村住宅规划设计中公众利益获得保障的前提和基础。对公众利益的保障，就意味着对个人利益的适度限制，以适应社会持续发展的要求，但不是摒弃个人权利和个人利益。因此规划应通过多种方式征询农民的意见，并在规划设计中设身处地从农民的角度考虑未来农村发展的策略及其对服务设施的需求，以取得农民对规划设计的支持。

农村建设的突出特点是：由下而上，针对特定农村的特定问题，提出特定的解答。由于农村的人居环境极为复杂，历史和传统沉淀较多，而近年来发展又十分迅速，变化很大，对其中情况真正了解的人是使用者——农民，只有他们才是真正的专家，因而它探索的重点便是如何促使农民参与自我环境的塑造与经营。我国农村自由性建房传统也决定了农村住宅必须依赖于农民的积极参与。将住户作为使用的主体，吸收到设计与建设中来，让住户充分发挥起能动作用将给新农村的住宅建设带来新的活力。

(2)公众参与是一个教育过程，能促进聚落环境的长久改善

公众参与强调的是与公众一起设计，而不是为他们设计。由于农村住宅特有的自由性和自发性建造的特点，这一设计过程更是一个教育过程，不管是对住户，还是对设计者，不存在可替换的真实体验。正如弗里德曼所说；“设计过程有一部分是教育过程，设计者(规划者)从群众中学习社会文脉和价值观，而群众则从设计者身上学习技术和管理，设计者可以与群众一起发展方案”。

农民参与设计的最终目的是建立一个农村自主的聚落环境，并能长久地进行聚落环境的改善。在农民生活环境建设中，农民能够积极地参与建设过程，才是一个既简单而又持续长久的农村环境建设方式。农民参与的过程不但可以提供环境经营与管理的机会，也可通过对农村发展过程的共同思考，来强化文化认同与社区自主性发展，利于日后文化维护与经营管理。

在新农村发展规划制定中，所有的集体和个人都以力所能及的方式参与其中。农民参与有多种途径，比如组建各种工作委员会、农民集会、村落更新对话、举办讨论展览等，通过与农民的交流，使专业人员的智慧和技巧与农民的切实要求与愿望结合一体，这样的规划、设计是开放的、民主的，农民对规划、设计的思想、进展乃至实施都能心中有数。它具有很大的透明度，反映农民的愿望，而不是专业人员单方面的冥思苦想。这种在专家、农民及主管部门公共协作下产生的规划、设计最大限度地保障村落未来的健康发展。

参考文献

[1] 骆中钊编著．现代村镇住宅图集．北京：中国电力出版社，2001.

[2] 江苏省建设厅编．新世纪村镇家居—2002 年度江苏省村镇优秀设计方案图集．南京：江苏科学技术出版社，2003.

[3] 张靖静等编．村镇小康住宅设计图集(一)．南京：东南大学出版社，1999.

[4] 胡凤庆等编．村镇小康住宅设计图集(二)．南京：东南大学出版社，1999.

[5] 骆中钊编著．小城镇现代住宅设计．北京：中国电力出版社，2006.

[6] 刘军，刘玉军，白芳编．新农村住宅图集精选．北京：中国社会出版社，2006.

[7] 骆中钊，韦明，吴少华主编．新农村住宅方案 100 例．北京：中国林业出版社，2008.

[8] 骆中钊编著．新型农村住宅精粹．北京：中国城市出版社，2009.